Oliver Müller

Selbst, Welt und Technik

HUMANPROJEKT
Interdisziplinäre Anthropologie

Im Auftrag der Berlin-Brandenburgischen
Akademie der Wissenschaften
herausgegeben von Detlev Ganten, Volker Gerhardt,
Jan-Christoph Heilinger und Julian Nida-Rümelin

Band 11

Oliver Müller

Selbst, Welt und Technik

Eine anthropologische, geistesgeschichtliche und ethische Untersuchung

DE GRUYTER

Der Druck des Buches wird durch den vom Bundesministerium für Bildung und Forschung getragenen Bernstein Focus: „Neurotechnology – Hybrid Brains“ ermöglicht.
(Förderkennzeichen: 01 GQ 0830)

ISBN 978-3-11-033478-4
e-ISBN 978-3-11-033646-7
ISSN 1868-8144

Library of Congress Cataloging-in-Publication Data
A CIP catalog record for this book has been applied for at the Library of Congress.

Bibliografische Information der Deutschen Nationalbibliothek
Die Deutsche Nationalbibliothek verzeichnet diese Publikation in der Deutschen Nationalbibliografie; detaillierte bibliografische Daten sind im Internet über http://dnb.dnb.de abrufbar.

Einbandgestaltung: Martin Zech, Bremen
Druck und Bindung: Hubert & Co. GmbH & Co. KG, Göttingen
∞ Gedruckt auf säurefreiem Papier
Printed in Germany

www.degruyter.com

Vorwort

Dieses Buch ist die überarbeitete Version meiner Habilitationsschrift, die ich im Herbst 2011 an der Philosophischen Fakultät der Albert-Ludwigs-Universität Freiburg eingereicht habe und die im Frühsommer 2012 angenommen wurde. Von Herzen danke ich Lore Hühn, die meine Arbeit in jeder Hinsicht wunderbar unterstützt hat, und Hans-Helmuth Gander, der sich als Dekan der Philosophischen Fakultät dem Verfahren in wohlwollender wie aufmerksamer Weise angenommen hat. Ebenso herzlich danke ich Volker Gerhardt, mit dem ich seit den Jahren meiner Magisterarbeit und Dissertation in intensivem Austausch stehe, nicht zuletzt auch über die anthropologischen und ethischen Aspekte der modernen Technik, so dass ich sagen kann, dass das Thema in diesen Gesprächen die ersten Konturen bekommen hat. Zu großem Dank bin ich auch Giovanni Maio verpflichtet, an dessen Institut ich einige Projekte zu den ethischen, anthropologischen und ontologischen Aspekten aktueller Neuro- und Biotechnologien realisieren konnte, die mir die Relevanz der philosophischen Durchdringung der Thematik vor Augen führten.

Ich danke auch den Freunden und Kollegen, die mir dabei halfen, der Einsamkeit des Schreibtisches zu entkommen, um einzelne Fragen zu diskutieren oder um konzeptuell Kniffliges zu besprechen, insbesondere Uta Bittner, Joachim Boldt, Boris Eßmann, Jan-Christoph Heilinger, Josef Mackert, Carlos Spoerhase und Raphael Rauh. Letzterer hat sich auch in umsichtiger Weise um die Kärrnerarbeit des Korrekturlesens gekümmert. Dafür gebührt ihm ein Extradank.

Im Vorfeld der Entstehung dieses Buches hatte ich die Gelegenheit, einige Überlegungen, Analysen und Argumente in verschiedenen Aufsätzen zu entwerfen; manches ist auch in revidierter und fortentwickelter Form in diesen Text geflossen. Die umfänglichste Vorarbeit stellt jedoch mein Buch „Zwischen Mensch und Maschine. Vom Glück und Unglück des Homo faber“ dar, das 2010 in der edition unseld bei Suhrkamp erschienen ist. Das Format des „größeren Essays“ half mir, das Thema des technischen Selbst- und Weltverhältnisses zunächst in freierer Form anzugehen. Das vorliegende Buch konnte hiervon profitieren, da ich einzelne Ansatzpunkte und Ideen übernommen habe, um sie systematisch weiter auszubauen und zu entfalten.

Schließlich danke ich dem De Gruyter-Verlag und Gertrud Grünkorn sowie den Herausgebern der Reihe „Humanprojekt“, Detlev Ganten, Volker Gerhardt, Jan-Christoph Heilinger und Julian Nida-Rümelin, die das Manuskript freundlicherweise in ihre Reihe aufnehmen wollten. In diesem Zusammenhang danke ich auch den beiden anonymen Gutachtern, die den Text für die Aufnahme in die Reihe „Humanprojekt“ geprüft haben, für wertvolle Hinweise und Florian Ruppenstein für die gute Zusammenarbeit bei der Erstellung der Umbrüche.

Der Druck des Buches wird finanziell unterstützt von dem Freiburg-Tübinger „Bernstein Focus: Neurotechnology – Hybrid Brains“, im Rahmen dessen ich ein Teilprojekt zu den ethischen und anthropologischen Aspekten von Mensch-Maschine-Schnittstellen leite. Daher sei an dieser Stelle dem Bundesministerium für Bildung und Forschung ebenso gedankt wie den für philosophische Fragen offenen Kolleginnen und Kollegen vom Bernstein Center Freiburg.

Nicht zuletzt danke ich Ursula und meinen Eltern, die mir in den Unwägbarkeiten der akademischen Existenz einen großartigen Rückhalt geben.

Freiburg, im Sommer 2013 — Oliver Müller

Inhalt

1 Einleitung

Menschen bewegen sich nicht nur in der Welt, sie sind nicht nur eingesponnen in ein „Bezugsgewebe“[1] von Beziehungen, orientieren sich nicht nur über die Geschichten, die sie sich über sich, Gott und die Welt erzählen und strukturieren sich die Welt nicht nur mit Hilfe ihrer Begriffe. Menschen bauen sich auch ihre Welt. Mit der Technik schaffen sie Verfügungsräume, in denen sie die Welt nach ihren Vorstellungen einrichten können. Menschen „sind“ in der Welt durch Technik.

Hannah Arendt hatte die Technik daher als eine humane Grundtätigkeit bestimmt, die sich aus der Bedingtheit der menschlichen Existenz erklärt: Wegen seiner „Weltbedürftigkeit“ ist der Mensch angewiesen auf die Technik, da sie ihm „Welt“ überhaupt erst verschafft.[2] Der Mensch ist also ein technikentwickelndes Wesen, das aufgrund seiner Verfasstheit und aufgrund der Struktur und Funktionsweise seiner Rationalität Technisierungsformen ausbildet, die ihm helfen, sich in der Welt einzurichten und diese behausbar zu machen. Darüber hinaus lässt sich die anthropologische Einsicht plausibilisieren, dass der Mensch nicht nur ein techniknutzendes Wesen ist, sondern auch ein Wesen, das sich in der Anwendung von Technik selbst erst zum Menschen macht: „Im Umgang mit der eigenen Technik“, unterstreicht etwa Volker Gerhardt, „entsteht der *homo faber*, der immer auch Produkt seiner eigenen technischen Fertigkeiten ist.“[3] Entsprechend wird die Technik seit den philosophischen Anthropologien der ersten Hälfte des 20. Jahrhunderts immer wieder als ein mit der Sprache vergleichbares Charakteristikum der menschlichen Lebensform ausgewiesen.[4] Technik kann nach Gerhardt sogar als das beschrieben werden, „was Leben überhaupt möglich macht“ und insofern müsse Technik als Wesensmerkmal des sich selbst kultivierenden Menschen verstanden werden.[5]

Gleichzeitig provoziert die Technik aber immer wieder Bekundungen des Unbehagens: die Technik garantiere nicht den menschlichen Lebensraum, sondern zerstöre ihn, entfremde den Menschen von sich und seiner Welt. Die Entfremdungserfahrungen, die bezüglich der Technisierung der Lebenswelt im Zuge der Industriellen Revolution erstmals auftraten, hatte Goethe schon früh registriert und Karl Marx dann ausführlich dokumentiert. Diese Entfremdungserfahrungen flackern immer wieder auf, ballen sich nach den Erfahrungen des Ersten

1 H. Arendt: Vita activa, S. 225.

2 Ebd., S. 16.

3 V. Gerhardt: Homo publicus, S. 98.

4 Siehe insbesondere A. Gehlen: Der Mensch und die Technik, aber auch E. Cassirer: Form und Technik.

5 V. Gerhardt: Homo publicus, S. 98.

Weltkrieges zu einer veritablen Technikkritik – „Mechanisierung des Geistes“ ist das bereits 1913 von Walther Rathenau in Umlauf gebrachte Stichwort,[6] „Monotonisierung der Welt“ dasjenge von Stefan Zweig[7] –; vertraute Bezüge und Orientierungen brechen zusammen, die umwälzende Dimension der Technik wird nachdrücklich erfahren.

Spätestens nach dem Zweiten Weltkrieg wird das gewaltige, kaum noch zu erfassende Potential der modernen Technik so manifest, dass Hannah Arendt nicht nur von ihrer Zeit, sondern von der gesamten Neuzeit als von einem Zeitalter der „Weltentfremdung“ gesprochen hat.[8] Dabei identifiziert sie insbesondere folgende Gefahr:

> Sollte sich herausstellen, daß Erkennen und Denken nichts mehr miteinander zu tun haben, daß wir erheblich mehr erkennen und daher auch herstellen können, als wir denkend zu verstehen vermögen, so würden wir wirklich uns selbst gleichsam in die Falle gegangen sein, bzw. die Sklaven – zwar nicht, wie man gemeinhin glaubt, unserer Maschinen, aber – unseres eigenen Erkenntnisvermögens geworden sein, von allem Geist und allen guten Geistern verlassene Kreaturen, die sich hilflos jedem Apparat ausgeliefert sehen, den sie überhaupt nur herstellen können, ganz gleich wie verrückt oder wie mörderisch er sich auswirken möge.[9]

Arendt beschreibt hier die Reduzierung des Denkens auf ein „Erkennen“, das ihr so technomorph geworden zu sein scheint, dass die Technik nunmehr als alleiniger Maßstab humaner Aktivität fungiert und – diese Diagnose hat geradezu dystopische Züge – die Menschen gar nicht mehr anders können, als in entfesselter Weise die Welt und sich selbst zu technisieren. Diese Ausprägungen „technischen Denkens“ scheinen das individuelle und politische Handeln restlos zu bestimmen. Die Technik wurde daher schon als „philosophisches Schlüsselproblem“ bezeichnet.[10]

Lange Jahrhunderte seit der Antike war die Technik jedoch alles andere als ein „philosophisches Schlüsselproblem“. Technisches Tun war zwar immer wieder Gegenstand philosophischen Nachdenkens – und es wurde auch die menschliche Kulturentwicklung und der Zivilisationsprozess immer wieder unter Hybris-Verdacht gestellt –, allerdings war die Technik selbst, war das Spezifische der technischen Selbst- und Weltgestaltung kaum Thema des Nachdenkens. Das, was sich dann mit dem 19. Jahrhundert ändern sollte, lässt sich folgendermaßen be-

6 Siehe W. Rathenau: Die Mechanik des Geistes.
7 Siehe S. Zweig: Die Monotonisierung der Welt.
8 H. Arendt: Vita activa, S. 13, S. 244 ff.
9 Ebd., S. 10.
10 Siehe V. Hösle: Warum ist die Technik ein philosophisches Schlüsselproblem geworden?

schreiben: Als das Beunruhigende und Herausfordernde der Technik wird die mit ihr in Verbindung gebrachte Transformation des menschlichen Daseins bis in die Tiefenstrukturen seines Denkens und Handelns begriffen. An diese Erfahrung schließt dann auch Hannah Arendt an, wenn sie betont, dass es eben nicht die romantischen Ängste vor einer den Menschen knechtenden Maschinenwelt sind, die hinsichtlich der Technik das Herausfordernde sind, sondern der durch Technik veränderte Selbst- und Weltdeutungshorizont. Es ist ebenjene Verschränkung, die zunehmend als philosophisches Thema freigelegt wird: Da die Orientierung an Technisierungsprozessen offenbar Handeln und Denken von Personen ändert, ist das technische Weltverhältnis immer auch ein Selbstverhältnis. Die Weise der Weltgestaltung formt auch das gestaltende „Selbst". Und umgekehrt: Nur weil Menschen ihre technische Kompetenz als solche begreifen und technische Wissensformen generieren, können sie sich ihre Welt formen. Ohne technisches Selbstverhältnis gibt es also auch kein Weltverhältnis.

An diesem Punkt will diese Studie ansetzen und den Zusammenhang von Technisierung und Selbst- und Weltverhältnis systematisch untersuchen. Denn wenn es so ist, dass wir die Technik auf der einen Seite als zentrales Moment der humanen Kultivierung und Weltkonstitution, mithin unserer Freiheitsentfaltung begreifen, und auf der anderen Seite aber im Horizont von Entfremdungsfiguren interpretieren, dann dürfen wir vermuten, dass wir das Handeln in der technischen Zivilisation nicht losgelöst vom Selbst- und Weltverhältnis des Individuums, das sich der Technik bedient, betrachten können. Denn das menschliche Tätigsein ist immer im Horizont eines bestimmten Verständnisses von Welt und von „Wahrheit" über diese Welt zu betrachten. Gleichzeitig hat die handelnde und tätige Person ein bestimmtes „Bild" von sich, sei es auch in Form eines vagen Vorverständnisses, was für Menschen oder Personen typisch oder angemessen ist oder was sie zu können in der Lage sein sollten. Dies gilt in besonderem Maße für technisches Tun: Günther Anders hat zu recht betont, dass kein Mittel „nur Mittel" ist,[11] da jedes (technische) Mittel immer auf seinen Verwendungszusammenhang und damit auf das entsprechende Selbst- und Weltverhältnis verweist. Wir können den Einsatz von technischen Mitteln nicht isoliert von dem technischen Selbst- und Weltverständnis insgesamt betrachten. Daher macht sich diese Studie die kritische Selbstaufklärung über Technisierungsprozesse zur Aufgabe. Dies dient dem Ziel, Orientierung für das Handelnkönnen in der technischen Zivilisation zu gewinnen.

Dieses Arbeitsprogramm verlangt drei Vorbemerkungen zum Handlungsbegriff. *Erstens* in Bezug auf das Verhältnis von Handeln und Herstellen, denn

---

11 G. Anders: Die Antiquiertheit des Menschen I, S. 2, S. 99.

Technik scheint traditionell mit dem Herstellen assoziiert zu sein und strukturell von Handlungsformen unterschieden zu werden. *Zweitens* in Bezug auf die Frage, wie das Handeln einer Person überhaupt mit dem technischen Selbst- und Weltverhältnis und den entsprechenden anthropologischen und ontologischen Rahmenbedingungen zusammenhängen kann. Und *drittens* in Bezug auf das Problem, dass individuelles Handeln offenbar nicht nur im Horizont eines technischen Selbst- und Weltverhältnisses verstanden werden kann, sondern dass dieses Handeln auch von Technik gleichsam „überformt" erfahren und beschrieben werden kann.

Erstens: Handeln und technisches Herstellen werden mit Rückgriff auf Aristoteles' wirkmächtige Unterscheidung zwischen „práxis" und „poíesis"[12] meist strikt getrennt. Im Handlungsvollzug liegt nach Aristoteles selbst der Zweck, während das Herstellen die Kompetenz ist, sich der Mittel zu einem Zweck zu bedienen, der außerhalb dieser Tätigkeit liegt, nämlich in dem Produkt. Diese Unterscheidung von „Handeln" und „Herstellen" ist wirkungsgeschichtlich sehr erfolgreich gewesen. Da poíesis nur das Wissen um die richtigen Mittel umfasst und nicht als Zwecksetzungskompetenz verstanden wurde, galt das Handeln im Laufe der Philosophiegeschichte weitgehend durchgängig als die „höhere" menschliche Tätigkeit.

Diese Unterscheidung zwischen der Sphäre der Technik und einer von ihr unabhängigen Praxis ist aber nur wenig plausibel. So hat Gerhardt deutlich gemacht, dass hinter dieser Dichotomie das vereinfachte Modell des Lebens in der Polis steht, in dem die Bürger zuerst frei kommunizieren, um etwa ein gemeinsames Bauvorhaben zu beschließen – das wäre die práxis –; die Durchführung der Bauarbeiten ist dann der poíesis zuzuordnen, scheinbar völlig unabhängig von dem kommunikativen und politischen Geschehen. Doch, so wendet Gerhardt ein,

> im alltäglichen Geschehen liegen praktische, pragmatische und technische Vollzüge nicht nur nah beieinander, sondern sie überlagern sich in einer nicht eindeutig abgrenzbaren Weise: Ein Nachdenken über Ziele wird man schwerlich als ernsthaft bezeichnen, wenn es nicht auch die Mittel zu deren Realisierung bedenkt. ‚Sollen', so heißt es mit Recht, schließt ‚Können' ein, setzt also die instrumentelle Verfügung voraus.[13]

Daher sei es wichtig, „auch gegen die Anwälte einer kategorialen Trennung von Technik und Praxis festzuhalten, daß die *Lebenspraxis* im elementaren Sinn von der *Technik* nicht geschieden ist".[14] Auch Aristoteles habe, „dadurch, dass er die

---

12 Siehe Aristoteles: Nikomachische Ethik, 1139a35 ff., 1139b36 ff.
13 V. Gerhardt: Partizipation, S. 205.
14 V. Gerhardt: Selbstbestimmung, S. 54.

politische *praxis* sowohl von der Mühe der *téchne* wie auch von der Dienstbarkeit der *poíesis* trennte, die Realität des menschlichen Lebens halbiert."[15] Insgesamt gilt also, „daß Praxis und Technik im Vollzug des Lebens nicht zu unterscheiden sind."[16] Denn einerseits kann es – um es etwas plakativ auszudrücken – gute Gründe für die Anwendung einer Technik geben und andererseits spielen sich viele Handlungen in einem komplexen Raum von technischen Rahmenbedingungen und pragmatischer Expertise ab, die ein von aller Technisierung gewissermaßen „gereinigtes" Handeln als eine Illusion erscheinen lassen.[17]

Will man also Handlungsformen in der technischen Welt verstehen und bewerten, muss zunächst dem spezifischen Charakter des technischen Selbst- und Weltverhältnisses Rechnung getragen werden, weil wir das Handeln nicht losgelöst davon, gleichsam monadisierend betrachten können. Dabei muss der anthropologische und ontologische Rahmen explizit gemacht werden, um zu verdeutlichen, wie sowohl Handeln als auch Herstellen von Selbstverständnisfragen und von Annahmen über die Selbstverortung in der Welt bestimmt sind. Dabei ist insbesondere auch das Handeln vor dem Hintergrund der Selbstdeutung einer Person zu betrachten, die in bestimmter Weise über Technik verfügen kann oder die sich selbst als „Objekt" technischer Verfügungen versteht.

Zweitens: In einer gehaltvollen Handlungstheorie darf der „Akteur" daher nicht von den anthropologischen und ontologischen Zusammenhängen, innerhalb derer er handelt, isoliert betrachtet werden.[18] Handlungsstrukturen müssen in den kulturellen und sozialen Raum, in dem sich Menschen bewegen, eingebettet werden. In diesem Punkt können wir auf Charles Taylor zurückgreifen, der unterstreicht, dass das menschliche Handeln nicht losgelöst von solchen Selbstverständnisfragen betrachtet werden könne, oder genauer, dass das Selbst- und Weltverständnis sogar konstitutiv für das menschliche Handeln sei.[19] Die Orientierung in Bezug auf die Technik, das Sich-zu-eigen-Machen technischen Könnens und die „Weltkonstitution" durch Technik sowie die damit zusammenhängende Selbstverortung in der technischen Zivilisation kann man auch als eine „Quelle des Selbst" bezeichnen.

Taylor hat diese „Quelle des Selbst" nicht untersucht, wobei er sich allerdings immer wieder von utilitaristischen und naturalistischen Ethiken absetzt und die Gefahr beschreibt, die mit reduktionistischen und quantifizierenden Hand-

---

15 V. Gerhardt: Homo publicus, S. 101.
16 V. Gerhardt: Selbstbestimmung, S. 55.
17 Siehe dazu auch V. Gerhardt: Partizipation, S. 204 ff.
18 Siehe C. Taylor: Was ist menschliches Handeln?
19 Ebd., S. 52 ff. Siehe dazu auch H.-H. Gander: Konstitution des Selbst in Situationen, S. 157 ff.

lungskonzeptionen einhergeht.[20] Doch wenn wir das Spezifische der Technik philosophisch ermitteln wollen, dann dürfen wir bei dieser Reduktionismuskritik nicht stehen bleiben. Im Folgenden soll im Bezug auf das Phänomen der Technik ein vergleichbarer identitätsstiftender „Raum" in Anspruch genommen, soll aus den Beschreibungsfiguren des technischen Selbst- und Weltverhältnisses eine „Ontologie des Menschlichen" und damit eine „moralische Topographie"[21] entwickelt werden, die uns erlaubt, unser „Selbst" in dieser Hinsicht besser zu verstehen. Denn zur Konstitution unserer Identität gehören auch die Selbstbeschreibungen, Deutungsmuster und Metaphern, die in Bezug auf die Anwenundung technischer Mittel, die Benutzung von Maschinen oder der Selbstgestaltung mittels Technik generiert werden.

Dabei geht es in dieser Studie ausdrücklich nicht um eine Handlungstheorie als solche. Der Begriff des „Handelns", seine Implikationen und die mit ihm verbundenen Begriffe wie der „Grund", das „Gute", die „Absicht", die „Überlegung" usw. sollen nicht Thema sein. Auch insbesondere auf die Debatte um den „Instrumentalismus" wird nicht eingegangen werden.[22] Es geht vielmehr darum, Selbstdeutungen in Bezug auf Technisierungsprozesse und die Selbstverortung des Menschen in der technischen Welt zu beschreiben, um daraus Orientierungsmarken für die Konstituierung praktischer Selbstverhältnisse zu gewinnen, die wiederum Rahmen und Horizont menschlicher Praxis konturieren.

Individuelles Handeln ist immer von sozialen und ontologischen Kontexten abhängig und wird von diesen Kontexten geprägt. Nehmen wir die Medizin als Beispiel:[23] Eine Ärztin oder ein Arzt agiert in der Regel im Horizont von verschiedenen Techniken und Technologien. Dies liegt an bestimmten anthropologischen und ontologischen Vorannahmen: Der menschliche Körper muss „technomorph" interpretiert werden, als etwas, das mit Technik interagieren kann, in dem bestimmte technisch kontrollierbare und manipulierbare chemische und physikalische Prozesse stattfinden; aus dieser Perspektive auf den Körper ergibt sich wiederum die „Logik" und „Richtigkeit" der einzusetzenden Techniken – nicht selten geschieht dies dann auch noch vor dem Hintergrund ökonomischer Strukturgesetzlichkeiten. So ist fast jede „Handlung" des Arztes gleichzeitig auch

20 Siehe C. Taylor: Quellen des Selbst, S. 62ff.; C. Taylor: Was ist menschliches Handeln?, S. 18ff.

21 Siehe zu dem Begriff C. Taylor: Quellen des Selbst, S. 207ff.

22 Siehe etwa H. Steinfath: Orientierung am Guten, S. 42ff.

23 Im Folgenden werden daher immer wieder Medizintechniken als Beispiele herangezogen; andere Technologien mögen dabei zu kurz kommen, aber in diesem Kontext geht es um die durch Technik veränderten Handlungsrahmen und da kann man am ärztlichen Handeln und am Handeln der Patienten und „Kunden" einiges verdeutlichen.

Anwendung von Technik (samt ihren ökonomischen und juristischen Implikationen). Darüber hinaus ist es auch so, dass Technisierungsformen unseren „Gegenstandsbereich“ ändern, was Auswirkungen auf den Umgang mit den „neuen“ oder neu verstandenen Entitäten hat: Was wir insbesondere unter „lebendig“ und „tot“ verstehen, ist abhängig vom Stand der Technik. Dies hat selbstverständlich auch biopolitische Konsequenzen.[24]

Drittens: Diese Einbettung des individuellen Handelns in kulturelle, soziale und ontologische Kontexte sowie in ein „Technisierungsgeschehen“ kann nun dazu führen, dass das individuelle Handeln als von Technik „überformt“ wahrgenommen wird, was der Ausgangspunkt für Determinierungs- und Entfremdungsdiagnosen sein kann. Der Aspekt der Überformung soll hier knapp mit Wolfgang Wieland beleuchtet werden. Dieser hat im medizinischen Kontext das „natürliche Handeln“ vom „institutionellen Handeln“ unterschieden, wobei sich das „natürliche Handeln“ mit den Handlungssubjekten und deren Zielen befasst, das „institutionelle Handeln“ dagegen mit Handlungsstrukturen, die eine bestimmte Institution vorgibt und die das natürliche Handeln „überformen“ kann: Daher überrasche es kaum, so Wieland, „wenn das Handeln, betrachtet man es unter dem Aspekt seiner Einbindung in Institutionen, Strukturmerkmale zu erkennen gibt, die einem in seiner aller institutionellen Einbindung vorausliegenden Natürlichkeit betrachteten Handeln fremd erscheinen.“[25] Und er fährt fort:

> Man tut der traditionellen praktischen Philosophie gewiß kein Unrecht an, wenn man feststellt, daß sie die sich aus der institutionellen Überformung des Handelns ergebenden Probleme oft vernachlässigt hat. Die mit dieser Überformung verbundenen Schwierigkeiten werden ohnehin leicht unterschätzt. Denn eine Handlung, die von einem Menschen in seiner Eigenschaft als Glied einer Institution realisiert wird, ist nicht schon dann gerechtfertigt, wenn die Institution als solche legitim ist.[26]

Diese Unterscheidung ist für unsere Fragestellung deshalb von Bedeutung, weil sie auf das Problem der Technik übertragen werden kann, die ebenfalls durch eine Doppelgesichtigkeit charakterisiert ist: Der Begriff der „Technik“ umfasst individuelles technisches Handeln ebenso wie durch Technisierungsprozesse vorgegebene Rahmenbedingungen für individuelle Handlungen und Handlungsformen. Technisierung kann als institutionelles Handeln mitunter zu einem anonymen „Betrieb“ werden, der individuelles Handeln prägt.[27] Symptom für ein verändertes, problematisch gewordenes Selbst- und Weltverständnis ist das im-

---

24 Siehe P. Gehring: Was ist Biomacht?

25 W. Wieland: Strukturwandel der Medizin und ärztliche Ethik, S. 42.

26 Ebd., S. 42.

27 M. Heidegger: Zeit des Weltbildes, S. 83, S. 97.

mer wieder artikulierte Gefühl, in der modernen technischen Welt keinen Handlungsspielraum zu haben und bloßen Sachzwängen unterworfen zu sein.

Im Verständnis der Technik müssen wir daher über Wielands Begriff des „institutionellen Handelns“ hinaus gehen und auch von ontologischen Rahmenbedingungen reden, weil bestimmte Vorverständnisse von der „Wirklichkeit“ und „wie die Welt funktioniert“ unser Handeln ebenfalls prägen und weil bestimmte Selbstdeutungen und Selbstentwürfe im Horizont technischer Machbarkeit ebenfalls zu Phänomenen der Überformung führen können. Daher soll hier im Anschluss an Wieland davon ausgegangen werden, dass wir auch Formen der technischen Überfomung individuellen Handelns zum expliziten Thema der Praktischen Philosophie machen können und sollen.

Nach diesen Vorbemerkungen zum Verhältnis von individueller Handlungsperspektive und der Selbstverortung in der technischen Zivilisation, ist auf die leitende Frage dieser Studie zurückzukommen: Wie können Beschreibungsformen und Deutungsmuster generiert werden, die uns helfen, das technische Selbst- und Weltverhältnis adäquat in den Blick zu bekommen? Um den Reflexionsraum des technischen Selbst- und Weltverhältnisses zu erschließen und auszuloten, sollen die philosophischen Debatten und die Konstellationen aus den 1930er bis 1960er Jahren in systematischer Hinsicht fruchtbar gemacht werden, da in dieser Zeit eine Reihe von Grundlegungsarbeiten zum Problem der Technik entstanden sind.[28] Mit der Zusammenstellung und Durchdringung dieser heterogenen Ansätze soll insgesamt ein Theorierahmen erarbeitet werden, aus dem auch ein Instrumentarium für die Beschreibung der heute in der Diskussion stehenden Technisierungsformen entwickelt werden kann. Nach der Einschätzung von Werner Kogge sind in den Ansätzen zur Analyse von aktuellen Technologien (etwa Nano-Technologien oder auch die Nano-Technologien umfassenden Converging Technologies) so gut wie keine Bezüge zu den „klassischen“ technikphilosophischen Schriften vorhanden; die Diskurse könnten „nicht als integraler Bestandteil oder als Weiterentwicklung einer der klassischen Diskurse der Techniktheorie angesehen werden.“[29]

Dabei wurden in den genannten Jahren Mitte des 20. Jahrhunderts innerhalb kurzer Zeit eine Reihe wichtiger Bücher und Aufsätze zur Selbstverständigung über das Menschsein- und Handelnkönnen in der technischen Zivilisation veröffentlicht – insbesondere in den 1950er Jahren gibt es eine auffällige Konjunktur derartiger Selbstverständigungstexte. Der erste Band von Günther Anders' *Antiquiertheit des Menschen* erschien 1956, Hannah Arendts *The Human Condition*, das

28 Dies ist auch der Ansatzpunkt von O. Müller: Zwischen Mensch und Maschine.
29 W. Kogge: Technologie des 21. Jahrhunderts, S. 944.

in der deutschen Übersetzung *Vita activa* heißen sollte, erschien 1958 in den USA.[30] Ebenfalls 1958 erscheint das Buch *La struttura originaria* von Emanuele Severino, in dem die Technik schon ein Fluchtpunkt der Überlegungen des italienischen Philosophen ist. Heidegger wiederum publizierte *Die Frage nach der Technik* 1959 in seinem Band *Vorträge und Aufsätze*, hatte diesen Text aber bereits einige Jahre vorher öffentlich vorgetragen, während Jürgen Habermas in seinen frühen, ab Anfang der 1950er Jahre im *Merkur* erschienenen Texten den Reflexionen über die Technik bemerkenswert großen Raum gibt (*Die Dialektik der Rationalisierung*, *Soziologische Notizen zum Verhältnis von Arbeit und Freizeit*, *Der verschleierte Schrecken*). Auch Blumenberg schrieb in den 1950er Jahren einige bemerkenswerte Aufsätze über Technik (*Natur und Technik als philosophisches Problem*, *Technik und Wahrheit*). Und so ist es angesichts dieser geistesgeschichtlichen Lage vielleicht kein Zufall, dass 1957 auch Max Frischs *Homo faber* erschien.

Diese philosophische Konjunktur wiederum war nur durch gewichtige Vorläufer möglich, insbesondere Cassirers Aufsatz *Form und Technik* (1930) ist hier zu nennen, aber auch Ernst Jüngers *Die totale Mobilmachung* (1930), *Der Arbeiter* (1932) sowie der Essay über *Die geistige Situation der Zeit* (1930) von Karl Jaspers, die *Meditación de la técnica* (*Betrachtungen über die Technik*, 1933) von José Ortega y Gasset und Edmund Husserls *Krisis*-Schrift von 1936 oder Karl Jaspers' *Vom Ursprung und Ziel der Geschichte* aus dem Jahr 1949. Schon früh, nämlich 1926, hatte Romano Guardini seine *Briefe vom Comer See* zu Fragen der Technik verfasst. Die Debatte um die Technik wurde in dieser Zeit von rechtskonservativen Autoren angeheizt, etwa von Oswald Spengler mit *Der Mensch und die Technik* von 1934 und von Friedrich Georg Jünger, dem Bruder Ernst Jüngers, der seine *Perfektion der Technik* bereits 1939 verfasste, allerdings noch unter dem Titel *Illusionen der Technik*. Gleichzeitig etablierte sich aber auch eine marxistische Kultur- und Technikkritik; prominenteste Beispiele sind hier Max Horkheimers und Theodor W. Adornos *Dialektik der Aufklärung* (1944) und Horkheimers *Eclipse of Reason* (*Zur Kritik der instrumentellen Vernunft*) von 1947. Etwas für sich steht das monumentale kulturgeschichtliche Werk *Die Herrschaft der Mechanisierung* von Siegfried Giedion, das 1948 zuerst unter dem Titel *Mechanization takes Command* veröffentlicht wurde.

Das technikphilosophische Kraftzentrum der fünfziger Jahre speiste sich nicht nur aus verschiedenen Quellen, sondern wirkte in der deutschen und der internationalen Debatte in unterschiedlichen Formen nach, so sind sicher die ein-

30 Diese und die folgenden Texte werden an dieser überblickgebenden Stelle nicht einzeln nachgewiesen; siehe dazu das Literaturverzeichnis.

schlägigen Schriften von Habermas (*Technik und Wissenschaft als ‚Ideologie'*) und die Arbeiten von Herbert Marcuse (*Industrialisierung und Kapitalismus im Werk Max Webers, Der eindimensionale Mensch*) dazu zu zählen. Eine besonders nachhaltige Beschäftigung mit dem Thema der Technik findet sich in der italienischen Philosophie ab den 1960er Jahren bei Severino (*L'essenza del nichilismo, Gli abitatori del tempo, Il destino dell tecnica*) und Umberto Galimberti (*Psiche e téchne. L'uomo nell'età della tecnica*), die ausgehend und in Opposition zu Heidegger das Wesen der technischen Zivilisation zu verstehen suchten. Gleichzeitig etablierten und institutionalisierten sich auch die Technikfolgenabschätzung, Technikethik und Technikphilosophie an den Technischen Universitäten.

Dass diese Versuche philosophischer Selbstvergewisserung über das Leben in der technischen Zivilisation in der derzeitigen Debatte kaum präsent sind, liegt unter anderem daran, dass man sich in der angewandten Ethik selten für das Verstehen größerer kultureller Zusammenhänge interessiert. Doch geht damit ein Selbstdeutungshorizont verloren, zu dem immer auch die Erinnerung an das Humane gehört im Sinne des Sich-verständlich-Machens des Gedachten. Dies ist nicht im Sinne einer bloß musealisierenden Bestandsaufnahme zu verstehen, sondern im Wiedergewinnen und Lebendighalten von Deutungsfiguren und sinnexplikativen Auslegungsmustern. Dieser Befund eines philosophischen Vergessens soll ein Anlass sein, das philosophische Nachdenken über die Technik auch wieder in den damaligen Diskursen zu verorten. Die genannten Selbstverständigungstexte über die moderne Technik sind die Quelle für die Erarbeitung von Beschreibungsformen, die dazu dienen sollen, das technische Selbst- und Weltverhältis zu konturieren. Dabei müssen anthropologische, ontologische, phänomenologische, ideengeschichtliche und metaphysische Zugänge, Ansätze und Argumente sortiert und in eine integrale Analyse überführt sowie die Kluft verschiedener Sprachen und Sprachspiele überwunden werden.

Eine weitere Herausforderung dieser Studie ist, dass sie sich disziplinär „zwischen" philosophischer Anthropologie, Ontologie, „klassischer" Technikphilosophie, Ideen- bzw. Geistesgeschichte und Ethik bewegen muss. Die Fragestellung der Studie erlaubt den Rückgriff auf alle genannten Disziplinen, könnte aber im Rahmen nur einer der Disziplinen nicht bearbeitet werden.

Im Rahmen dieser Studie schien eine Kombination aus systematischen und historisch-genealogischen Zugängen zum Thema erfolgversprechend zu sein. Systematisch werden die anthropologischen und ontologischen Aspekte des Selbst- und Weltverhältnisses entwickelt, werden Strukturmomente von Technisierung im Rahmen eines dialektischen Modells ausgearbeitet, werden Deutungsmuster und Entfremdungsfiguren – z. B. das anthropologische Modell des Homo faber – kritisch untersucht, wird die Selbstdeutung handelnder Personen in Bezug auf das technische Selbst- und Weltverhältnis analysiert. Die Texte von

Cassirer und Heidegger bilden in den systematischen Teilen ein gewisses Zentrum. Beide haben nicht nur auf unterschiedliche Weise deutlich gemacht, dass die Technik zum Konzert der zentralen Themen dazugehört, sondern sie haben auch Reflexionstraditionen derart gebündelt – Heidegger ist hier weniger originell als es seine Selbstdarstellung nahelegen will – und gleichzeitig den Technikbegriff durch originäre Prägnanzleistungen derart konturiert, dass jede systematische Untersuchung zur Technik auch heute noch daran anknüpfen kann.

Diese systematischen Zugriffsformen auf die Thematik werden um historische Zugänge ergänzt, da wir es im Zusammenhang mit dem technischen Selbstverständnis nicht mit Konstanten, sondern immer mit Entwicklungen, Ausprägungen, Umbesetzungen zu tun haben, die in dieser Studie immer wieder kenntlich gemacht werden sollen. Insbesondere diejenigen Momente der Genese des technischen Selbst- und Weltverhältnisses sollen in verschiedenen prismatischen Brechungen explizit gemacht werden, die den „rein" anthropologischen oder ontologischen Analysen entgehen müssen. Dieser mehrschichtige Zugang dient der Differenzierung in Bezug auf die kritische Selbstaufklärung über den Rahmen unseres Handelns in der technischen Zivilisation. Fluchtpunkt der Untersuchung ist die Selbstdeutung von handelnden Individuen im Horizont von Technisierungsprozessen.

2 Methodische und begriffliche Vorüberlegungen

Immanuel Kant hat in der *Methodenlehre* der *Kritik der reinen Vernunft* gesagt, dass eine Definition als „abgemessene Deutlichkeit" die philosophische Untersuchung „eher schließe[n], als anfangen müsse."[31] Diese Regel gilt auch für diese Untersuchung; doch sollen einige methodische und begriffliche Vorüberlegungen den Gang der folgenden Überlegungen vorbereiten.

2.1 Methodische Vorüberlegungen

Will man das Individuum und seinen Handlungs- und Entscheidungsraum in der „technischen Welt" konturieren, ist eine zu umschiffende methodische Klippe, wie man es nennen könnte, die „Gefahr des doppelten Indifferentismus". Denn zum einen scheint mit einem Blick von großer Distanz der Gang der Technisierung unaufhaltsam zu sein und der Handlungsspielraum des einzelnen Subjekts so belanglos gering, dass es sich gar nicht mehr zu lohnen scheint, über das Individuum und sein Handelnkönnen in der technologischen Zivilisation nachzudenken; von einem individuellen Entscheidungsspielraum auszugehen, erscheint nurmehr als anthropologische Romantik. Zum anderen wirken die Technisierungsprozesse aus der Perspektive des Individuums merkwürdig anonym, so dass viele Philosophen und Ethiker zwar intensiv über die Konstituierung des „Selbst" und sein Handelnkönnen reflektieren, sich aber nicht für die individuellen Auswirkungen und Zusammenhänge von Technisierungsprozessen interessieren. Dabei hat schon Friedrich Nietzsche betont, dass es „Prämissen des Maschinen-Zeitalters" gebe, nämlich

> [d]ie Presse, die Maschine, die Eisenbahn, de[n] Telegraph[en],

deren „tausendjährige Conclusion noch Niemand zu ziehen gewagt hat".[32]

2.1.1 Fehlschlüsse

Um Bedeutung, Wert und Schadenspotential einer Technologie einzuschätzen, muss man die Prozesse verstehen, die neue Verfahren und Apparate hervorbringen. Wer solche Prozesse verstehen will, ist jedoch mit einigen Schwierigkeiten konfrontiert. Offenbar reicht es nämlich nicht aus, einzelne Technologien samt

---

31 I. Kant: Kritik der reinen Vernunft, A 731/B 759.

32 F. Nietzsche: Menschliches, Allzumenschliches II, S. 674.

ihren Folgen und Wirkungspotentialen zu beschreiben, man bekommt es vielmehr mit umfassenderen und abstrakteren Strukturzusammenhängen und Entwicklungen zu tun, die man häufig als „Technisierung der Lebenswelt", „technologische Zivilisation" oder „technische Rationalität" bezeichnet.

Insofern ist es aus zwei Gründen wenig aussichtsreich, eine Technologie isoliert zu betrachten. *Erstens* wird ihre Funktion erst im Kontext anderer Technologien und aus ihrer Geschichte, dem ihrer Entwicklung zugrunde liegenden „Telos" verständlich. Man kann die „Logik" hinter einer Technologie erst begreifen, wenn man auch frühere Stufen kennt. Wenn die tiefen Eingriffe ins menschliche Leben, die mit medizintechnologischen Maßnahmen einhergehen, bisweilen Unbehagen auslösen, dann liegt das oft daran, dass wir ihre „Vorgeschichte" und damit ihren „Sinn" nicht kennen. Wenn wir jedoch über diese informiert sind, scheint es, als könne der jeweils nächste technologische Schritt kaum vermieden werden. Das gilt insbesondere für intensivmedizinische Maßnahmen: Zwar gehen diese vielen Menschen intuitiv zu weit, sie sind verbunden mit Erfahrungen existentiellen Leids und sie provozieren, das zeigt die Debatte um die Patientenverfügung, tiefgreifende Ängste. Dennoch würden wohl die wenigsten Menschen auf diese Möglichkeiten verzichten, wenn sie oder ihre Angehörigen einmal in eine entsprechende Situation kommen. Auch wenn uns im Einzelfall einzelne Techniken – etwa solche, die im Rahmen der Stammzellforschung eingesetzt werden – drastisch vorkommen, können wir diese Techniken nicht isoliert betrachten, sondern nur im Horizont von Fortschrittsprozessen und den entsprechenden Entwicklungsstufen sowie gesellschaftlichen Dynamiken.[33] Dies umreißt eines der Dilemmata, die durch Technisierung der Lebenswelt entstehen können: Oft scheint uns die Technik fremd zu sein – wie es etwa das Wort „Apparate-Medizin" zum Ausdruck bringt –, gleichzeitig sind wir aber auch auf sie angewiesen und würden uns bei der Nicht-Anwendung von Techniken nicht nur rechtlich, sondern auch moralisch schuldig machen. Wie viel Unbehagen manche Techniken auch auslösen mögen, sie sind ein nicht-ignorierbarer Teil unseres Handlungshorizonts.

Die Beschäftigung mit der „inneren Logik" technologischer Entwicklungen erweckt oft den Eindruck, als erzwinge eine Innovation die nächste, als handle es sich dabei um einen Prozess, der sich weder politisch noch ethisch steuern lässt, ein Eindruck, der häufig in der problematischen physikalischen Analogie der Determination beschrieben wird; wenn behauptet wird, dass Technisierungsvorgänge das menschliche Handeln und Leben determinieren, dann steht ein „har-

33 Siehe etwa T. Lemke/R. Kollek: Hintergründe, Dynamiken und Folgen der prädiktiven Diagnostik.

ter" technologischer Determinismus dahinter, den Don Ihde in seinem Anspruch folgendermaßen charakterisiert: „A hard technological determinism would have to demonstrate that the use of given instruments or sets of instruments so determines an inquiry that only certain directions are possible rather than others."[34]

Gerade weil der Technik derartige Dimensionen zugeschrieben werden, gehört das kritische Verständnis von Strukturphänomenen dieser Art sowie interner Dynamiken und Logiken zur philosophischen Betrachtung von Technisierungsprozessen dazu. Die Welt der Technik bleibe stumm, schreibt Cassirer in seinem Aufsatz *Form und Technik*, wenn man sie nur unter dem Gesichtspunkt einzelner technischer Werke betrachtet. Sie erschließe sich erst, gebe ihr Geheimnis erst preis, „wenn man [...] von der forma formata zur forma formans, vom Gewordenen zum Prinzip des Werdens zurückgeht."[35] Der philosophischen Betrachtung der Technik muss es daher um einen Perspektivwechsel gehen: Sie muss gewissermaßen „hinter" die einzelnen Techniken sehen und – um es Kantisch zu formulieren – die grundlegenden anthropologischen und ontologischen Bedingungen der Möglichkeit für die Ausbildungen dieser Techniken erfassen und beschreiben.

Zweitens repräsentiert jede Technologie einen bestimmten Stand des menschlichen Handlungs- und Entscheidungsvermögens. Jede Innovation eröffnet somit neue Optionen und unterbindet andere. Technisierungsprozesse sind insofern immer auch Standardisierungsprozesse. Neue Apparate oder Verfahren gehören ab einem bestimmten Zeitpunkt zum Standardrepertoire und geben damit die Bandbreite unseres Handelns und die Rahmenbedingungen von Entscheidungen vor. Günther Anders hat betont, dass Geräte, Maschinen und Technologien in der technischen Zivilisation nicht einfach nur „Mittel" seien, sondern „Vorentscheidungen".[36] Daher kann man sagen, dass die Technik zu unserer Welt wird, wenn man unter „Welt" den Horizont versteht, vor dem wir die Dinge und uns selbst begreifen und vor dessen Hintergrund wir handeln.

Weil jede einzelne Technologie auf ein strukturelles oder ontologisches Mehr verweist, muss man also untersuchen, worin dieses Mehr besteht. Dass die Technik daher ein Thema der Metaphysik wird, scheint nur folgerichtig. Heidegger war nicht der erste, der der Technik den Rang einer metaphysischen Größe zugewiesen hat. Schon Hans Freyer fragte sich 1929, „wie ein System von bloßen Mitteln derart schicksalsbestimmend, menschenverwandelnd, geschichtsbildend wirken kann",[37] und versuchte mit dieser Formulierung, eine weitverbreitete

34 D. Ihde: Technics and Praxis, S. 42.
35 E. Cassirer: Form und Technik, S. 142.
36 G. Anders: Die Antiquiertheit des Menschen I, S. 2.
37 H. Freyer: Zur Philosophie der Technik, S. 196.

Vorstellung über den Einfluss der Technik auf das menschliche Leben auf den Punkt zu bringen. Wollen wir Technisierungsprozesse verstehen, müssen wir die Spannung erklären zwischen der Tatsache, dass der Mensch die Technik zu seinem Wohle hervorbringt, und dem Umstand, dass sie zugleich zerstörerisch sein kann, dass die Technik also ein menschliches Produkt ist und dass sie gleichzeitig als entfremdend, ja als quasi autonom dem Menschen gegenübertretend erlebt werden kann. Die Technik ist die ureigene Domäne des Menschen, sie ist der Grund seines Selbstbewusstseins, seiner Freiheit und seines Stolzes. Sie kann einerseits elementare Bedürfnisse befriedigen und exquisite Wünsche erfüllen, gleichzeitig begrenzt sie jedoch unseren Handlungsspielraum und schafft neue Bedürfnisse, die uns zunächst als fremd und künstlich erscheinen mögen.

Daher greift die These, dass die Technik „neutral" sei, zu kurz. Oft wird gesagt, man könne Techniken zu guten oder schlechten Zwecken einsetzen, mit dem Hammer einen Nagel in die Wand schlagen oder jemanden töten, aus Eisen Pflugschare oder Schwerter produzieren, die Hochtechnologie zum Wohle oder zur Zerstörung der Menschheit einsetzen. „Technik", schreibt Karl Jaspers in diesem Zusammenhang, „ist nur Mittel, an sich weder gut noch böse. Es kommt darauf an, was der Mensch daraus macht, zu was sie ihm dient, unter welche Bedingungen er sie stellt."[38] Jaspers formuliert hier einen beliebten technikethischen Topos, der beim genauen Hinschauen aber problematisch ist. Eine Technik stellt immer bestimmte Optionen bereit und prädeterminiert so spätere Entscheidungen. Um es mit einem besonders augenfälligen Beispiel zu erklären: Ein Geschütz, ein Panzer oder eine Rakete muss nicht eingesetzt werden, um strategische Planungen zu beeinflussen. Allein ihre Existenz gibt den Plänen eine bestimmte Richtung. Ähnliches gilt im Kontext der Medizin, auch hier legt das zur Verfügung stehende technologische Instrumentarium die konkreten Handlungen des Arztes (und des Patienten) in gewisser Hinsicht fest. Die Technik konturiert unseren Entscheidungsraum.

Aus dem Genannten dürfte deutlich geworden sein, dass man einen *isolationistischen Fehlschluss* begeht, wenn man eine Technologie isoliert vom Kontext ihrer Entwicklungsgeschichte, ihrer Logik und den spezifischen Handlungsoptionen betrachtet, die sie bereitstellt. Wenn eine bestimmte Technologie Handlungsoptionen möglich macht oder sogar nahelegt, Alternativen vielleicht sogar unterbindet, ist sie nicht mehr neutral, sondern impliziert einen durch sie erst möglichen Verfügungsrahmen. Der italienische Philosoph Umberto Galimberti widerspricht insofern Karl Jaspers, wenn er dessen Überzeugung, die Technik verschaffe „uns nur die Mittel [...], die dann die Menschen zum Guten oder Bösen

38 K. Jaspers: Vom Ursprung und Ziel der Geschichte, S. 161.

ein[zu]setzen", als „favola della tecnica neutrale" (als „Märchen der neutralen Technik") bezeichnet.[39] Auch Herbert Marcuse hat grundsätzlich Zweifel gegen die Neutralitätsthese vorgebracht: „Bestimmte Zwecke und Interessen der Herrschaft sind nicht erst ‚nachträglich' und von außen der Technik oktroyiert – sie gehen schon in die Konstruktion des technischen Apparats selbst ein [...]. [A]ls ‚geronnener Geist' ist die Maschine nicht neutral".[40] Marcuse trifft hier einen wichtigen Punkt. Es wäre naiv zu denken, dass dem menschlichen Handeln einfach ein Repertoire von Techniken und Technologien zur Verfügung steht, dessen er sich einfach bedienen kann. Schon die produzierte und die bereitgestellte Technik selbst repräsentiert bestimmte Vorentscheidungen, die den menschlichen Handlungshorizont verändern.

Man muss an dieser Stelle allerdings Jaspers zugute halten, dass seine Aussage eine nicht zu unterschätzende ethische Bedeutung hat: Er will mit seiner Neutralitätsthese auch einer bis heute weitverbreiteten technikfatalistischen Haltung entgegentreten und die Handlungsspielräume des Menschen gegenüber der Technik betonen. Geht man davon aus, dass die Technik unser Verhalten determiniert, kapituliert man angesichts eines Fortschrittes, der angeblich ohnehin nicht aufzuhalten sei, da sowieso alles technisch Mögliche irgendwann gemacht werde. Wenn man die Technik so versteht, dann unterläuft einem ein anderer Fehlschluss, den man den *fatalistischen Fehlschluss* nennen könnte. Dass die Technik in vielerlei Hinsicht unsere Welt konstituiert, lässt keinesfalls den Schluss zu, dass diese Welt-Konstituierung deterministische Strukturen hat, also „freie" Handlungsalternativen ausschließt.

Ein solcher „technologischer Determinismus"[41] wurde immer wieder in die Debatte gebracht, am pointiertesten von Helmuth Schelsky, der die technischen „Sachzwänge" als konstituierend für die moderne Gesellschaft identifiziert hatte,[42] eine These, der Jürgen Habermas mit Verweis auf die symbolvermittelte Interaktion widersprach.[43] Abgesehen davon, dass schon im Bereich der Natur jede Rede vom Determinismen mit großen philosophischen Problemen verbunden ist (an dieser Stelle sei nur an die Gedankenfigur des Laplaceschen Dämons erinnert),[44] hat schon Hannah Arendt zurecht auf die Gefahr hingewiesen, den „ar-

39 U. Galimberti: Psiche e techne, S. 34.

40 H. Marcuse: Industrialisierung und Kapitalismus im Werk Max Webers, S. 97f. Siehe dazu auch H. Marcuse: Der eindimensionale Mensch, S. 18, S. 169.

41 Siehe dazu J. Rohbeck: Technologische Urteilskraft, S. 11.

42 H. Schelsky: Der Mensch in der wissenschaftlichen Zivilisation.

43 J. Habermas: Technik und Wissenschaft als ‚Ideologie'. Siehe dazu P. Fischer: Philosophie der Technik, S. 161ff.

44 Siehe jüngst dazu überzeugend G. Keil: Willensfreiheit.

chimedischen Punkt“ der Welterklärung in so großer Distanz zu unserer Lebenswirklichkeit anzusetzen, dass alle unsere individuellen Tätigkeiten nur noch als anonyme Prozesse beschreibbar sind.[45]

Der technologische Determinismus verabsolutiert eine Perspektive auf die Technik, die durchaus ihre Berechtigung hat, denn wir sind in technische Verfügungsräume eingebunden und unser Handeln wird von technischen Möglichkeiten durchaus „kanalisiert“. Doch auch wenn die Kalibrierung unseres Entscheidungshorizonts und unserer Handlungsoptionen uns zwar immer wieder beengen mag, ist es ein philosophisch ungültiger Schritt, zu behaupten, die Technik mache uns auf einer prinzipiellen Ebene unfrei; denn abgesehen davon, dass es einige philosophisch ermittelbare Indizien gibt, dass die Technik in elementarer Weise zu unserer Freiheit beiträgt (wie noch zu sehen sein wird), ist auch die Totalisierung technischer Verfügungsräume nicht statthaft (auch dies wird noch ausführlich diskutiert werden). Darüber hinaus können wir uns auch in einer technischen Zivilisation in einem gehaltvollen Sinne über unsere Handlungsgründe und den Charakter der instrumentellen Vernunft verständigen, was ebenfalls ein Charakteristikum menschlicher Freiheit ist. Dieses Problem soll in dieser Arbeit untersucht werden als die Diskrepanz zwischen der individuellen Handlungsperspektive und dem damit verbundenen Umgang mit der Technik auf der einen und einem als anonym empfundenen technischen Apparat, der unser Handeln zu bestimmen scheint, auf der anderen Seite.

2.1.2 Eine transzendentale Fragestellung

Der isolationistische und der fatalistische Fehlschluss scheinen sich gegenseitig zu bedingen: Wenn man die Technologien in ihrem Entstehungskontext betrachtet und vor dem Hintergrund der „Welt“, die sie konstituieren, dann scheint der Schluss auf determinierende Strukturzusammenhänge zwingend. Doch ist gerade dies die philosophische Herausforderung, der es sich zu stellen gilt, nämlich die Technik als fundamentales Vermögen des Menschen und in ihrer Bedeutung für das Selbst- und Weltverhältnis zu beschreiben. In dieser Hinsicht kann die Technik vor dem Hintergrund einer transzendentalen Fragestellung im Sinne Cassirers untersucht werden. Denn auf diese Weise kann der Horizont bestimmt werden, in dem sich die Frage nach „Freiheit“ und „Determination“ überhaupt sinnvoll stellen lässt. Auch wenn Cassirer einerseits die Präsenz und Dominanz der Technik in der Gesellschaft feststellt und den Einzug technischer Rationalität in

45 H. Arendt: Vita activa, S. 315.

Form von pragmatistischen und ökonomischen Theoremen (etwa dasjenige von Ernst Mach) in die Philosophie beobachtet, sagt er gleichzeitig andererseits – wir befinden uns im Jahr 1930 –: „Die Technik aber ist diesem Kreis der philosophischen Selbstbesinnung noch nicht wahrhaft eingeordnet [...]. Mit dem Wachstum ihres Umfangs hat ihre eigentliche Erkenntnis, hat die Einsicht in ihr geistiges ‚Wesen' nicht Schritt gehalten."[46] Daher betont er die Notwendigkeit, die Technik zum Gegenstand der philosophischen Selbstverständigung zu machen. Und wenn die Philosophie das „logische Gewissen der Kultur" bleiben soll, „so wird sie – wie sie nach der ‚Bedingung der Möglichkeit' der theoretischen Erkenntnis, der Sprache, der Kunst fragt – so auch nach den ‚Bedingungen der Möglichkeit' des technischen Wirkens und der technischen Gestaltung fragen müssen."[47] Mit der Frage nach den „Bedingungen der Möglichkeit" wird der Technik die Dignität eines transzendentalphilosophischen Untersuchungsgegenstandes verliehen und zwar im Sinne von Cassirers kulturphilosophischer Transformation der Transzendentalphilosophie, in der die Kritik der Vernunft zur „Kritik der Kultur" wird, die sich unter anderem von der methodischen Prämisse leiten lässt, dass das „Sein" nur über die Beschreibung des „Tuns" zu erfassen ist.[48]

Und vor diesem Hintergrund wird die Technik nun in die klassischen philosophischen Themen eingereiht. Das bedeutet für das Phänomen der Technik: Die

> Frage nach dem Geltungsgrund, nach dem quid juris, wie Kant sie nennt, ergeht an alle geistigen Formprinzipien – und in ihr wird erst der Grund ihrer spezifischen Eigenart aufgedeckt, wird ihr Selbst-Sinn und Selbst-Wert entdeckt und sichergestellt.[49]

In diesem Sinne kann man die Technik vor einem „sinnbegrifflichen" Horizont verstehen: Während der Mensch als sprechendes Wesen fähig ist, „Seinsbegriffe" zu bilden (Cassirers Beispiel dafür ist „Elemente"), so bildet der fragende Mensch „Sinnbegriffe" (etwa: das „Gute"). Und mit diesen Sinnbegriffen kommt der Mensch von der Seinsprüfung zur Selbstprüfung.[50] Diese Selbstbefragung ist auch für das Thema der „Technik" einzuholen; auch hinsichtlich dieses Begriffs und seiner Implikationen muss sich der Mensch selbst befragen, „sein Dasein als Problem sehen".[51]

---

46 E. Cassirer: Form und Technik, S. 141.
47 Ebd., S. 142.
48 E. Cassirer: Philosophie der symbolischen Formen I, S. 9.
49 E. Cassirer: Form und Technik, S. 141.
50 E. Cassirer: Geschichte der philosophischen Anthropologie, S. 11.
51 Ebd.

Auch vor diesem Hintergrund müsse man nach Bedingungen der Möglichkeit des technischen Wirkens fragen[52] und eine Philosophie der Technik entsprechend als eine kritische in dem Sinne verstehen, dass sie die der Technik untergeschobenen Zwecke identifizieren und auch das der Technik „innewohnende immanente Gesetz“ erkennen und beschreiben müsse.[53] Später wird dann auch Herbert Marcuse, allerdings in Auseinandersetzung mit Heidegger, von einem „technologischen Apriori“ reden.[54] Daran anschließend hat auch Habermas, wenn auch mit einer anderen Pointe, vom „transzendentalen Gesichtspunkt möglicher technischer Verfügung“ gesprochen.[55] Im Folgenden soll vor diesem Hintergrund nach der Technik gefragt werden; doch auch wenn von der Metaphysik der Technik, von ihrer Dialektik und ihren verschiedenen Antinomien die Rede ist, geschieht dies ausdrücklich in diesem kritisch-transzendentalphilosophischen Sinne.

Wenn wir Technisierungsprozesse philosophisch untersuchen wollen, können wir uns nicht nur für das Anhäufen von Apparaten oder die Frage, wie umfangreich das Repertoire der zur Verfügung stehenden Technologien ist, interessieren. Technisierungsvorgänge sind vielmehr dadurch charakterisiert, dass sich mit diesen Techniken bestimmte Formen der Rationalität ebenso etablieren wie der Rahmen, innerhalb dessen wir uns selbst verstehen und entsprechend handeln können. Und schon an dieser Stelle soll unterstrichen werden, dass der Begriff des „Selbst“ selbst nicht ohne den Rückgriff auf die Technik, auf technisches Tun verstanden werden kann. Dies ist eine Hintergrundannahme, die auch die Frage impliziert: In welcher Weise wird dieses Selbst von der Technik verändert oder durch Technik hervorgebracht? Denn reden wir über den Begriff des „Selbst“ in einem gehaltvollen Sinne, dann müssen wir auch den Zusammenhang von Selbstbildungsvorgängen und Technik näher untersuchen – auch dies wird im Laufe dieser Studie einer detaillierteren Analyse unterzogen werden.

2.1.3 (Historisch-)phänomenologische und hermeneutische Methodenansätze

Die auffällige Häufung von Versuchen über die philosophische Grundlegung der Technik, wie sie in der Einleitung als materiale Quelle dieser Studien eingeführt wurde, könnte Gegenstand einer Konstellationsforschung im Sinne Dieter Henrichs sein, wenn man unter diesem Methodenkonzept die Erschließung und Re-

52 E. Cassirer: Form und Technik, S. 142.
53 Ebd., S. 147.
54 H. Marcuse: Der eindimensionale Mensch, S. 168.
55 J. Habermas: Wissenschaft und Technik als ‚Ideologie‘, S. 72.

konstruktion eines Denkraumes und dessen argumentative Muster, Referenzpunkte und Motivressourcen etc. versteht.[56] Wenn bei Henrich der exemplarische Denkraum der Tübinger und Jenaer Zeit ab den 1790er Jahren die „Grundlegung aus dem Ich“ zum Thema hat, dann könnten es eben die 1950er Jahre sein, die man als einen Denkraum im Hinblick auf die Selbstverortung des Menschen in der technischen Welt fruchtbar machen kann. Vergleichbar mit den Debatten im Deutschen Idealismus um und nach 1800, geht es auch hier um eine grundsätzliche Verortung des modernen Menschen, um das Verstehen und Beschreiben der conditio humana in einer kulturellen und sozialen Umbruchszeit.

Konstellationsforschung im strengen Sinne kann und soll hier jedoch nicht betrieben werden. Gleichwohl wird hier methodisch ein rekonstruktiv-komparatistisches Verfahren gewählt, mittels dessen nah am Textmaterial die systematischen Kernfragen und Problemstellungen erarbeitet und in ein Ordnungsraster gebracht werden sollen, das es erlaubt, nicht nur Grundlinien der Debatte zu strukturieren, sondern auch Begriff und Phänomen der „Technik“ angemessen zu erfassen, wozu insbesondere die Rekonstruktion des anthropologischen und ontologischen Bezugsrahmens gehört.

Eine weitere Methodik, die in dieser Studie Anwendung findet, ist eine (historisch-)phänomenologische: Ebenfalls nah an den genannten Texten werden möglichst differenzierte Beschreibungsformen entwickelt, mit denen das Phänomen der „Technik“ erschlossen und zugänglich gemacht werden soll. Dabei sollen ausdrücklich auch kulturelle Selbstverständigungsfiguren und die Genese von Beschreibungsformen, die durch ideen- und begriffsgeschichtliche Verfahren expliziert werden, thematisiert und für die phänomenologischen Variationen wiedergewonnen werden.[57]

Darüber hinaus wird eine hermeneutische Methode verfolgt, insofern die Selbstauslegung des Menschen als Techniker einen Angelpunkt im Verständnis der Technik bildet. Günther Anders hatte in Bezug auf die Technik eine „prognostische Hermeneutik“ gefordert:

> [W]ir haben das zu lernen, was die ‚vates‘ der Antike getan oder zu tun sich eingeredet haben: die Zukunft vorauszusehen. Die Gedärme, die wir prognostisch lesen zu lernen haben, sind nicht die der Opfertiere, sondern die der Apparate. Diese verraten uns die Welt von morgen und den Typ unserer Kindeskinder, sofern es solche noch geben wird. Und wenn sie das nicht von selber tun, dann haben wir sie dazu zu zwingen.[58]

56 Siehe dazu M. Mulsow/M. Stamm (Hg.): Konstellationsforschung.
57 Siehe dazu H. Blumenberg: Beschreibung des Menschen, S. 840.
58 G. Anders: Die Antiquiertheit des Menschen II, S. 428.

In dieser blumigen Beschreibung, wie die Hermeneutik der technischen Welt vonstatten gehen soll, findet sich eine Anleitung, die man heute immer noch beherzigen kann: Nach Anders sollen wir die technischen Apparate und Technisierungsvorgänge hinsichtlich unserer Auslegung der Welt ernst nehmen. Wir müssen lernen, technische Entwicklungen und Tendenzen auf uns selbst und unsere Verortung in der Welt hin zu interpretieren. Man könnte auch sagen: Es geht darum, die Lesbarkeit der technischen Welt zu entdecken und für unser Verständnis von uns selbst fruchtbar zu machen.[59]

Der Blick in die Zukunft, den Anders imaginiert, ist in diesem Kontext allerdings nicht das zentrale Anliegen. Es soll vielmehr darum gehen, die Technik zum Thema menschlicher Selbstdeutung zu machen. Auch hinsichtlich des hermeneutischen Verfahrens stehen die in der Einleitung erwähnten *Quellen des Selbst* von Taylor und seine Texte zum Handlungsbegriff Pate, denn Taylor entwickelt dort eine Beschreibungsdichte, mit der er komplexe Selbstkonstituierungsvorgänge zu begreifen in der Lage ist, die als Rahmenvorgaben für handelnde Individuen fungieren. Taylor zeigt dabei überzeugend, wie unserer Identität durch bestimmte Wertungen definiert ist, die „untrennbar mit uns als Handelnden verknüpft sind.“[60] Da mit der genannten Methodik auch normative Fragestellungen erschließbar sind, kann sie uns im Kontext des technischen Selbst- und Weltverständnisses gute Dienste leisten, wiewohl nicht immer explizit auf den Methodenrahmen verwiesen werden wird.

2.2 Das Begriffsfeld des „Technischen“

Die Schwierigkeiten des Technikbegriffs liegen darin, dass er sowohl konkrete Maschinen und Technologien umfasst als auch eine bestimmte Kompetenz, eine Verfahrensrationalität. Schließlich verlangt jede Technologie einen halbwegs sachgerechten Umgang, wobei das Verfahrenskalkül selbst wiederum der Anlass für die Entwicklung neuer Technologien sein kann. Darüber hinaus steht der Begriff der „Technik“ auch für Formen der gesellschaftlichen Organisation oder, wie gesehen, für eine bestimmte Verfasstheit unserer Welt und unserer Denkweisen. Letzteres nennt Vittorio Hösle „technische forma mentis“.[61] Nach Hans Blumenberg rufen die Begriffe der „Technik“ und der „Technisierung“ zwar eine kaum systematisierbare „bunte Vorstellungsreihe“ von Apparaten, Vehikeln,

59 Siehe zu diesem Topos H. Blumenberg: Die Lesbarkeit der Welt.
60 C. Taylor: Was ist menschliches Handeln?, S. 37.
61 V. Hösle: Warum ist die Technik ein philosophisches Schlüsselproblem geworden?, S. 90.

Antriebs- und Speicherungsaggregaten, Instrumenten manueller und automatischer Funktion, Leitungen, Schaltern, Signalen usw. ins Bewusstsein. Doch trotz dieser schwer zu bändigen Assoziationen könne man nicht auf diese Begriffe verzichten.[62] Bevor nun der Begriff der „Technik" in den folgenden Kapiteln systematisch untersucht wird, soll an dieser Stelle vorab an die semantische Breite des Technikbegriffes erinnert werden.

Unter die Kategorie „Technik" fallen so unterschiedliche Dinge wie Hochtechnologie oder Bürokratie, aber auch Selbst- und künstlerische Techniken, wie etwa die Meditation oder das Geigenspiel. Neben der Produktion von Artefakten scheint auch der erlernbare, zielgerichtete Umgang mit bestimmten Fähigkeiten ein Merkmal von Technik zu sein. Man kann nicht nur virtuos Geige spielen, man kann auch in virtuoser Weise über technische Instrumente nachdenken: Nicht zufällig stammt unser Begriff „Ingenieur" vom Lateinischen „ingenium" („Begabung", „Intelligenz", „Talent"); auch die Ingenieurskunst bietet folglich kreative Potentiale. Techniken sind anwendungsorientierte Formen des Wissens und nicht kategorial von wissenschaftlichen und künstlerischen Wissensformen zu unterscheiden. Neben dem Begriff der „Technik" wird häufig – etwa bei Hannah Arendt – auch im Rückgriff auf Aristoteles der Begriff des „Herstellens" oder „technischen Herstellens" verwendet, der etymologisch nicht von der „téchne" kommt, sondern von der „poíesis". Heidegger hat in einer seiner Aristoteles-Interpretationen den Unterschied zwischen „téchne" und „poíesis" folgendermaßen markiert: die „téchne" ist ein „Durchdenken des Seienden, das mit beiträgt zum *Herstellen*, zu der Art, wie etwas gemacht werden soll."[63] Diese Unterscheidung kann cum grano salis auch für die heutige Unterscheidung von Technik und Herstellen gelten.

Sprechen wir dezidiert von „der Technik" im Singular und nicht von „einer Technik", dann reduzieren sich in unserem alltäglichen Sprachgebrauch die Bereiche, die man mit diesem Ausdruck in den Blick nimmt: „Die Technik" bezeichnet die Gesamtheit der maschinellen und industriellen Technologien, also Produkte, die zur Herstellung von Waren, zur Verarbeitung von Rohstoffen, aber auch, wie etwa Medizintechnologien, in anderen spezialisierten Kontexten eingesetzt werden. Wenn von „der Technik" im Singular die Rede ist, gilt es immer zu fragen: Ist das überhaupt eine angemessene Redeweise, wird hier nicht unrechtmäßig hypostasiert? Diese Gefahr besteht zwar in der Tat, doch ist es ein Charakteristikum von „Technik", dass der Begriff immer mehr meint als eine Ansammlung von Maschinen. Ohne die Redeweise von „der Technik" könnte man sich kaum über den Charakter der technischen Zivilisation verständigen oder die

62 H. Blumenberg: Lebenswelt und Technisierung, S. 10.
63 M. Heidegger: Platon: Sophistes, S. 39.

anthropologischen und ontologischen Dimensionen der Technik benennen: Die Technik kann tatsächlich zu unserer „Welt“ werden.

„Technologie“ dagegen bezeichnet im engeren Sinne alle industriellen und maschinellen Verfahren, mit denen Menschen auf die Welt einwirken, sie verändern und gestalten. Im 19. Jahrhundert wurde für diesen neuen Typus industrieller Produktionstechnologien noch der Begriff „Maschinentechnik“ verwendet.

Unter dem Begriff der „Technisierung“ will ich schließlich einen Prozess der Veränderung von Selbst und Gesellschaft durch Technologien verstehen. Allerdings können auch Formen der Bürokratisierung, die sich am Ideal der Funktionalität und Effizienz orientieren, als Technisierung interpretiert werden, wenn dahinter die Orientierung an technischen Innovationen die entscheidende Rolle spielt. In kritischer Absicht wird unter „Technokratie“ eine skeptisch beobachtete Reduktionstendenz in politischen und gesellschaftlichen Entscheidungsprozessen bezeichnet – meist vor dem Hintergrund der Vermutung einer Art translatio imperii, in deren Rahmen vertraute politische oder moralische Rationalitätstypen durch rein sachgesetzliche Programme ersetzt werden.[64]

Wenn man über Technisierungsprozesse redet, dann muss man auch über deren Internalisierung reden. Schon Friedrich Nietzsche hatte mit Blick auf Kriegsführung und Parteiorganisationen die Tendenz zur technokratischen Organisation von gesellschaftlichen Subsystemen in *Menschliches, Allzumenschliches* II thematisiert: Die Maschine fungiere als „Lehrerin“, denn sie mache „aus Vielen eine Maschine, und aus jedem Einzelnen ein Werkzeug“.[65] Damit benennt er nicht nur die Ausrichtung an der Funktionsweise der Maschine als eine Quelle technokratischer Gesellschaftsorganisation, sondern auch die Auswirkungen auf Denkformen und Persönlichkeitsbildungen; Nietzsche setzt hier den Begriff des „órganon“ voraus, das griechische Wort für Werkzeug. An der Geschichte des Organismusbegriffs kann man, nebenbei gesagt, den Verlust eines Bedeutungshorizonts verzeichnen: Das Organ oder das Organische scheint für heutige Ohren mit dem Begriffsfeld des Werkzeugs und seinen Funktionen nichts mehr zu tun zu haben.

Nietzsche hat die Internalisierung von Technisierungsvorgängen jedenfalls immer wieder bemerkt; an einer anderen Stelle hat er von der „Maschinen-Tugend“ gesprochen, die ihre Richtwerte der „Nutzbarkeit“ und der „Unfehlbarkeit“ der Maschine entlehnt.[66] Ein Beispiel dafür ist die Redeweise, eine Person habe

---

64 H. Schelsky: Der Mensch in der wissenschaftlichen Zivilisation.

65 F. Nietzsche: Menschliches, Allzumenschliches II, S. 653.

66 F. Nietzsche: Nachgelassene Manuskripte und Texte aus dem Jahr 1885–87, S. 459f.

bloß zu „funktionieren"; in solchen Fällen sedimentieren sich Technisierungsprozesse in der Alltagssprache.

Insgesamt kann man mit Armin Grunwald, Peter Janich, Christoph Hubig und Andreas Luckner und deren – allerdings unterschiedlichen – Bezügen zu Kants Begriffsbildung in der *Kritik der reinen Vernunft* festhalten, dass „Technisierung" als Reflexionsbegriff fungiert, mit dem Menschen sich über den generellen Charakter jener Rationalisierungen verständigen können.[67] Und in diesem Sinne hat schon Hans Blumenberg betont, man könne zwar, eine gewisse begriffliche Genügsamkeit vorausgesetzt, „Technisierung" als die ständige Vermehrung und Verdichtung der technisch-maschinellen Dingwelt definieren – damit entginge einem aber das für Selbstverständigungsprozesse und damit für das Verstehen der Technik eigentlich Bedeutsame.[68]

Angesichts dieses breiten Bedeutungsspektrums soll im Folgenden ein Begriff der „Technik" verwendet werden, der „weit" ist in dem Sinne, dass hier alle instrumentellen menschlichen Tätigkeiten, die Ausprägung von technischen Rationalitätsformen und die Internalisierung derselben ebenso darunter verstanden werden, wie „die Technik" als das das technische Tun fundierende Weltverhältnis; die Steigerung und Verdichtung dieser Art von Technik wäre dann Technisierung. „Eng" zu verstehen ist der Technikbegriff in der Hinsicht, dass nicht alle Tätigkeitsformen *nur* technisch sein müssen, auch wenn sie in Teilen instrumentellen Charakter haben. Auch wenn sich z. B. in moralischem Handeln technisch-instrumentelle Aspekte finden, spielen hier auch Begründungen eine Rolle, die einen anderen Rationalitätstyp repräsentieren. Ebenso finden sich im Violinspiel technische Aspekte, aber auch Formen musikalischer Gestaltung, die über das technisch-instrumentelle Tun hinausgehen. Darüber hinaus sollen „Technik" und „Technisierung" hier ausdrücklich nicht mit Modernisierungs- und Ökonomisierungsprozessen gleichgesetzt werden; eine Abgrenzung, die oftmals schwierig sein mag, auf die aber Wert gelegt werden sollte, will man das Spezifische der Technik erfassen. Auch in diesem Punkt wird ein möglichst „enger" Begriff der „Technik" angelegt, um hier Differenzierungen zu ermöglichen.

Die Technik steht in einem bemerkenswerten Bezugsfeld von Begriffen, die für das menschliche Selbstverständnis und die Selbstverortung des Menschen von Bedeutung sind. So erscheint die Technik sowohl als Korrespondenzbegriff als auch als Konkurrenzbegriff zur Natur: Der Zugang zur Natur ist in vieler Hinsicht durch Technik vermittelt, ja sogar technikförmig, gleichzeitig wird „die Natur" oft

---

67 A. Grunwald/Y. Julliard: Technik als Reflexionsbegriff; A. Luckner/C. Hubig: Natur, Kultur und Technik als Reflexionsbegriffe; C. Hubig: Die Kunst des Möglichen I., S. 73; A. Nordmann: Technikphilosophie zur Einführung, S. 12ff.

68 H. Blumenberg: Lebenswelt und Technisierung unter Aspekten der Phänomenologie, S. 10.

als das „Andere" von Kultur und Technik beschrieben, auch wenn die Antithetisierung von Natur und Technik einige Probleme mit sich bringt.[69] Die Entgegensetzung von Natur und Technik ist nicht nur in theoretischer, sondern auch in normativer Hinsicht problematisch. In dieser Arbeit wird die These aufgestellt, dass man ohne Rückgriff auf den Naturbegriff die Strukturmerkmale von „Technisierung" erarbeiten kann. Das Technische gehört zur menschlichen Selbstentfaltung und ist daher nicht mit einer „Natur" des Menschen in einen Gegensatz zu bringen. Einen „uomo pre-tecnologico" (Galimberti), einen rousseauistischen „homme naturel" kann es nicht geben, das menschliche Dasein ist schon immer durch einen technischen Selbst- und Weltbezug charakterisiert; teilt man die Intuitionen Hegels und Cassirers, dann wird sogar erst in den technischen Werken uns unsere „ursprüngliche Natur" erschließbar.[70] Menschsein ist in diesen Konzeptionen ohne Technik gar nicht zu denken.

Daneben ist in dem Technikbegriff auch eine Form des Wissens enthalten, wie es in der antiken téchne und den artes des Mittelalters zum Ausdruck kommt. Daher wird im Begriff der „Technik" die Trennung von Theorie und Praxis verwischt; es scheint so, dass im Blick auf die Technik die theoretische und praktische Perspektive unseres Wirklichkeitsverhältnisses in einem Wechselverhältnis stehen, die für beide Seiten konstitutiv ist.[71]

Auch wenn das Nachdenken über die Technik so anspruchsvoll wie reizvoll ist, *gerade weil* in diesem Begriff theoretisch-naturphilosophische, ontologische, epistemologische, handlungstheoretische und ethische Perspektiven in einem bestimmten Brechungsindex erscheinen,[72] soll im Folgenden *allerdings* die Verortung der Technik in dem begrifflichen Bezugsfeld von „Natur", „Wissen" und „Handeln" in den Hintergrund treten. Gleichwohl ist diese Zwischenstellung des Technikbegriffs von eminenter Bedeutung und fundiert *letztlich* diese Untersuchung. Doch verlangte ein systematisches In-Beziehung-Setzen der Technik mit den genannten Begriffen eine eigene Untersuchung mit einer anderen Systematik. Thema sind vielmehr die anthropologischen, ontologischen, epistemologischen und praxeologischen Dimensionen des Technikbegriffs selbst. Der Zugang, der hier gewählt wird, ist für das angestrebte Ziel vielversprechender: Das Charakteristische des technischen Tuns und das Eigentümliche der verschiedenen Formen der Technisierung unserer Lebenswelt soll gewissermaßen von „innen heraus" – in der Analyse des technischen Tuns und der Technisierungsvorgänge selbst – beschrieben werden, auch gerade um zu vermeiden, dass „die Technik" zu

---

69 Siehe dazu O. Müller: Natur und Technik als falsche Antithese.
70 Siehe G. W. F. Hegel: Phänomenologie des Geistes, S. 295; E. Cassirer: Form und Technik.
71 Siehe dazu E. Angehrn: Kritik der Metaphysik und der Technik, S. 268.
72 Siehe dazu A. Nordmann: Technikphilosophie zur Einführung, S. 9 ff.

schnell als das „Andere" der „Natur" oder als ein Konkurrenzbegriff zum Handeln o. ä. beschrieben wird. Denn dabei besteht die Gefahr, dass das Spezifische des Technikbegriffs und dessen fundamentale Bedeutung für das menschliche Selbst- und Weltverhältnis aus dem Blick gerät. Dies ist übrigens ein Grundproblem der philosophischen Auseinandersetzung mit der Technik. Denn häufig werden mit der „Technik" Modernisierungsphänomene – oder in einer negativistischen Betrachtung: Entfremdungsphänomene – beschrieben, die etwa auch oder sogar in erster Linie durch Ökonomisierungs- oder Bürokratisierungsvorgänge entstehen können; insbesondere im Kontext von Entfremdungsdiagnosen kann daher das Spezifische der Technik verloren gehen.

Nach dieser ersten begrifflichen Differenzierung wird das Problemfeld weiter erschlossen. Die folgende Explikation der Thematik verdeutlicht in der Verständigung über die conditio humana den historisch und kulturell variablen Rahmen der Selbstdeutung und Selbstauslegung, der auch die entsprechenden Weisen der Weltgestaltung und Rationalitätsformen impliziert, und der auf den Menschen als selbstdeutendes Wesen zurückwirkt. Diese These, dass der Selbstdeutungsrahmen bis zu einem gewissen Grad kulturell variabel ist, ist von ethischer Bedeutung: Denn der Mensch ist das einzige Seiende, das durch die Erkenntnis, was es ist, gleichzeitig auch verändert wird.[73]

73 M. Landmann: Philosophische Anthropologie, S. 9.

3 Historisch-systematische Explikation des technischen Selbst- und Weltverständnisses

In der im Nachlass erschienenen „Göteborger Vorlesung“ hebt Cassirer gleich zu Beginn hervor: „Die Antwort auf die Frage was er [der Mensch] ist, mußten wir also nicht allein der Logik, Physik und Ethik[,] sondern der Philosophie der Technik u[nd] der Sprachphilosophie entnehmen.“[74] Doch scheint dies für Cassirer, zumindest im Rekurs auf die Technik, keine Selbstverständlichkeit zu sein. Denn in *Form und Technik* betont er:

> Die Technik aber ist diesem Kreis der philosophischen Selbstbesinnung noch nicht wahrhaft eingeordnet. Sie scheint noch immer einen eigentümlich peripheren Charakter zu behalten. Mit dem Wachstum ihres Umfangs hat ihre eigentliche Erkenntnis, hat die Einsicht in ihr geistiges ‚Wesen‘ nicht schritt gehalten.[75]

Dieser Diagnose Cassirers ist im Prinzip zuzustimmen. Gleichwohl hat die moderne Reflexion über die Technik durchaus eine Vorgeschichte, in der wichtige begriffliche Klärungen unternommen wurden, die in vieler Hinsicht immer noch ihre Gültigkeit haben. Schon der Blick in die Kulturgeschichte zeigt – insbesondere, was Selbstverständigungsfiguren wie die Prometheus-Chiffre angeht –, wie tief das Bedürfnis nach Orientierung hinsichtlich des technischen Tuns und seinen Implikationen und Ansprüchen im kulturellen Tiefenbewusstsein verankert ist. Daher soll im Folgenden in einem ersten Schritt exemplarisch dargestellt werden, in welcher Weise Menschen sich die Technik immer wieder zum Thema von Selbstverständigungsanliegen gemacht haben, um der sich daran anschließenden philosophischen Reflexion einen breiteren Horizont zu geben.

Dann wird an einzelnen philosophischen Stationen schlaglichtartig und keineswegs mit dem Anspruch auf Vollständigkeit gezeigt werden, wie sich das Nachdenken über die Technik etabliert, wie es sich ausformuliert, geändert, präzisiert und dramatisiert hat. Daher sollen exemplarische Unruhezonen, in denen das Nachdenken über die Technik Philosophen beschäftigt hat, ins Zentrum gerückt werden, an denen deutlich wird, wie das Technische immer wieder Gegenstand der philosophischen Irritation und Selbstverständigung war. Da die „Technik“ ein Grenzbegriff zwischen „Wissen“, „Handeln“ und der „Natur“ des Menschen ist und von diesen Begriffen nur schwer zu trennen ist, bleibt es philosophisch schwer auszuweisen, dass etwas oder eine Tätigkeit „bloß“ Technik

---

74 E. Cassirer: Vorlesungen und Studien zur philosophischen Anthropologie, S. 6.
75 E. Cassirer: Form und Technik, S. 141.

sei. Viele Verständigungen über die Technik mögen daher vielleicht subkutan geblieben sein oder verschwanden in Stellvertreter-Diskursen (etwa über den angeblichen „Reduktionismus" neuzeitlicher Rationalität). Trotzdem kann man mit Blick auf die vorherrschenden Themen der philosophischen Besinnung sagen, dass das Nachdenken über die Technik oft marginalisiert wurde; die Technik wurde als Thema vernachlässigt und bekam nicht den Rang den sie verdient.

Um die philosophische Bedeutung der Technik für das menschliche Selbstverständnis herauszupräparieren, werden im Folgenden drei Reflexionsräume untersucht: Am Beispiel Platons wird das technische Denken der Antike konturiert; in knapper Skizze wird der sich ändernde Technikbegriff exemplarisch anhand von Texten von Kant, Hegel, Marx und Goethe analysiert; in einem begriffsgeschichtlichen Verfahren wird schließlich der sich ab Beginn des 20. Jahrhunderts herausbildende Begriff des „Homo faber" untersucht, um anhand dieses Begriffes die sich in ihm brechenden anthropologischen, ontologischen und ethischen Konzeptionen zu bündeln. Auch wenn die mit dem „Homo faber" erfasste Thematik der Sache nach Wurzeln hat, die bis in die antiken Mythen hinein reichen, wurde der Begriff erst in der Moderne geprägt. Ein Grund dafür ist, dass mit dem „Homo faber" auf eine defizitär angelegte philosophische Anthropologie aufmerksam gemacht werden sollte, denn der Mensch ist nicht nur als „zôon lógon échon" zu definieren. Er ist auch das Werkzeug und Maschinen konzipierende und diese zu seinen Zwecken einsetzende Wesen. Gleichzeitig wurde mit dem „Homo faber" aber auch ein kritisches Deutungsmuster hinsichtlich des Selbstverständnisses des Menschen als ein die Welt nach seinen Maßstäben einrichtender und sich selbst formender „Techniker" etabliert.

3.1 Elementare kulturelle Verständigungsfiguren

Das technische Herstellen als eine grundlegende Tätigkeit des Menschen wird schon in frühen literarischen Zeugnissen thematisiert. Anhand der Figuren wie Hephaistos, Daidalos und Prometheus benennen Hesiod, Homer, Aischylos, aber auch Platon sowohl die Charakteristika der Technik als Tätigkeitsform als auch die anthropologischen und kulturellen Implikationen derselben. Hephaistos erscheint in den literarischen Imaginationen als ungeliebtes Götterkind, das die Schmiedekunst aus einem Kompensationsbedürfnis heraus erlernt, dann aber vor allem durch die Qualität seiner Produkte – wie insbesondere der Schild des Achill, die Konstruktion des Olymp und nicht zuletzt die Kette, mit der Prometheus an den Kaukasus gefesselt werden soll – in die Mythologie eingegangen ist. Die technischen Fähigkeiten des Hephaistos waren in der Tat weitreichend: Er hat bei der Kopfgeburt von Athene wesentlich mitgewirkt und zwei goldene Roboter-Statuen gebaut, gewissermaßen die Prototypen aller künftigen Androiden. Trotz dieser Ingenieursleistungen wird Hephaistos als hässlich und als nicht sonderlich beliebt dargestellt (seine Frau Aphrodite betrügt ihn bekanntermaßen mit dem attraktiveren Kriegsgott Ares), sein Hinken wird in der späteren Rezeption etwas Mephistophelisches bekommen, sein Wirken ist unter die Erde verbannt. Dieser tragische Zug in der Hephaistos-Figur lässt Richard Sennett sogar zu folgendem Bekenntnis hinreißen: „Der klumpfüßige Hephaistos – mit seinem Stolz auf die eigene Arbeit und auch auf sich selbst – ist die würdigste Gestalt, die wir werden können.“[76]

Die Diskrepanz zwischen der herausragenden Qualität technischer Produkte und ihren „schmutzigen“ Entstehungsbedingungen findet sich auch in den nordischen Sagen. Noch in Richard Wagners *Ring des Nibelungen* sind die Techniker, von denen sich die Götter abhängig machen, ungeschlachte Riesen oder unsympathische, herrschsüchtige Zwerge. Auch hier scheint angesichts des „insuffizienten“ Wesens der Techniker das Kompensationsmotiv leitend zu sein, auch wenn bei Wagner freilich der ökonomisch-kontraktualistische Verstrickungszusammenhang des modernen Individuums durchgespielt wird.

Während die Hephaistos-Tradition der Technik also thematisiert, zu welcher Leistung es ein (von Natur aus wenig begünstigter) Techniker aus eigenem Erfindungsreichtum bringen kann und wie handwerkliche Produkte die Dingwelt der Götter und Menschen bereichern, greift das Prometheus-Mythologem zwar die Kompensationsthese auf, legt aber den narrativen Akzent dagegen auf die Unrechtmäßigkeit des Erwerbs und damit auch des Besitzes und der Anwendung technischer Fähigkeiten. Prometheus raubt Hephaistos und Athene sowohl die technische Kompetenz als auch das Feuer, um sie den Menschen zu geben, um deren „Mängelwesen“-Status auszugleichen; sein Bruder Epimetheus hatte, so der Mythos, bei der Ausstattung der Lebewesen versagt und die Menschen nackt und wehrlos gelassen. Dies wollte Prometheus durch Raub (übrigens von Hephaistos) und Übermittlung des Feuers an seine humanoiden Schützlinge ausgleichen – und hat sich mit der Technisierung der menschlichen Lebenswelt bekanntermaßen den Zorn des Zeus auf sich geladen. Das Wort „humanoid“ wurde hier gewählt, weil sich schon in der mythischen Charakterisierung der genannten Wesen die Frage stellt, ob diese vor dem Erwerb der technischen Kompetenz überhaupt schon Menschen im streng anthropologischen Sinne sind. Die in der Promethie erzählte Menschwerdungstheorie unterstreicht jedenfalls die eminente Bedeutung der Technik für die Humanisierung des Menschen.

---

76 R. Sennett: Handwerk, S. 392.

In Platons Variante des Prometheus-Mythologems hat der Mensch durch die illegale Tat des Prometheus nicht nur das Feuer, sondern auch die „éntechnos sophía", die „technische Kunst" erworben und damit die „perí tòn bíon sophía", also das Wissen um die Lebensführung. Doch bleibt nach Platon die Kulturalisierung des Menschen noch unvollständig, denn es fehlt ihm noch die „tèn politikèn sophía", die „bürgerliche Kunst",[77] und so will das Zusammenleben der ersten Menschen nicht recht gelingen; Zeus erbarmt sich schließlich und übermittelt über Hermes aidós und díke, Scham und Recht, um das Menschengeschlecht nicht aussterben zu lassen. Dahinter steht ein anthropologisches Schichtenmodell, in dem handwerkliches Können und soziale Praxis als verschiedenartige Ausprägungen verstanden werden, und anhand dessen vorgeführt werden soll, wie die technische Kompetenz ohne soziale und politische Kompetenzen zu Selbstgefährdungsformen führen kann.[78]

Schon früh in der Kulturgeschichte wird also über die technische Kompetenz des Menschen reflektiert: Sie scheint eine kompensative Fähigkeit zu sein, mit der eine als unvollständig eingeschätzte „Natur" durch technische Einrichtungen und kulturelle Formungen bewohnbar gemacht werden kann. Diese kulturalistische Leistung ist bemerkenswerterweise von Beginn an mit einem Unbehagen verknüpft. Die durch die Technik mögliche Offenheit der menschlichen Weltgestaltung scheint immer schon Sorge über die Angemessenheit derselben hervorzurufen. Dies vielleicht deshalb, weil der angestammte Ort des Menschen im Kosmos mit der Möglichkeit technischer Selbst- und Weltgestaltung in Frage gestellt zu sein scheint. Die technische Kompetenz scheint darüber hinaus in der Antike immer auch an Gewalt und Hybris geknüpft zu sein; so skizziert es auch Lukrez in den kulturanthropologischen Passagen von *De rerum natura*.[79] Es ist daher kein Zufall, dass Hans Jonas auf die Antike zurückgreifen kann, um die Ambivalenz der technischen Gestaltung und Bemächtigung der Welt zu pointieren: In seinem *Prinzip Verantwortung* hat er an die sophokleische Charakterisierung des Menschen als „deinós" erinnert – als „großartig" und „schrecklich" gleichermaßen.[80] Mit diesem Wort wird die im griechisch-antiken Menschenbild liegende Skepsis gegenüber dem Menschen als schöpferisches Wesen zum Ausdruck gebracht.

Mit der Figur des Prometheus wird eine elementare anthropologische Signatur thematisiert. Wegen dieser Ambivalenz des Technischen und wegen der intuitiven Überzeugungskraft der Kompensationsanthropologie wird das „Prometheische" zu einer der wichtigsten Chiffren der menschlichen Selbstauslegung. Die Pro-

---

77 Platon: Protagoras 320c-323a.

78 Siehe dazu W. Krohn: Platons Philosophie der Technik.

79 Lukrez: De rerum natura, V. 1120.

80 H. Jonas: Das Prinzip Verantwortung, S. 17.

metheus-Figuration begleitet die Reflexion über den Menschen als Techniker durch die Kulturgeschichte. So wird Marx am Ende der Vorrede seiner Dissertation notieren: „Prometheus ist der vornehmste Heilige und Märtyrer im philosophischen Kalender."[81] Und es ist Blumenberg der diesen Eintrag ernst nimmt und die humane Demiurgizität in der Gestalt des Prometheus in der *Arbeit am Mythos* zu einer Grundsignatur der menschlichen Selbstdeutung gemacht hat.[82]

Cassirer hatte das Prometheus-Mythologem in kulturgenetischem Kontext gesehen, das er an die neue „Weltstellung" des Menschen durch die Technik knüpft: „Der Mensch steht jetzt an jenem großen Wendepunkt seines Schicksals und seines Wissens von sich selbst, den der griechische Mythos in der Gestalt des Prometheus festgehalten hat."[83] Nach Cassirer wird mit der Figur des Prometheus kulturgeschichtlich ein fundamentaler Wandel im Selbstverständnis des Menschen, der sich selbst als Techniker begreifen lernt, thematisiert; die Entwicklung und Anwendung von Technik fordert zu Selbstbefragungen heraus und verlangt ein Austarieren dieser neuen Kompetenz. Anhand dieser Figur wurde auch das Verhältnis von Gott und Mensch, wurden Anspruch und Anmaßung des schöpferischen Selbstbewusstseins in verschiedenen Varianten und mit verschiedenen Stoßrichtungen austariert. Dabei reicht die Bandbreite der Bestimmung der conditio humana vom prometheischen Selbstbewusstsein, für die Goethe in seinen frühen Gedichten die prägnanteste Form gefunden hat, bis zur „prometheischen Scham", die Günther Anders in seiner *Antiquiertheit des Menschen* ausführlich beschreibt.[84] Anders hat auch einen Abgesang auf den Titanen geschrieben und vermutet, dass der „heutige Prometheus" nur noch der „Hofzwerg des eigenen Maschinenparks" sei.[85]

Das Nachdenken über die Technik scheint im weiteren Verlauf der Geschichte sowohl von der Hephaistos-Tradition als auch von der Prometheus-Tradition geprägt zu sein: So erscheint die Technik gleichermaßen als fundamentale Kompetenz des Menschen und als Faszinosum.[86] Wie tief sich technische Phantasien im kollektiven Gedächtnis haben verankern können, zeigt der Text *Luftschiff und Tauchboot in der mittelalterlichen Vorstellungswelt* von Aby Warburg, in dem der Autor zwei burgundische Gobelins untersucht, auf denen zwei Heldenlegenden Alexanders des Großen abgebildet sind.[87] Warburg zitiert hier den „Biografen"

81 K. Marx: Über die Differenz der demokritischen und epikureischen Naturphilosophie, S. 22.
82 Siehe H. Blumenberg: Arbeit am Mythos.
83 E. Cassirer: Form und Technik, S. 163.
84 G. Anders: Die Antiquiertheit des Menschen I, S. 21-95.
85 Ebd., S. 25.
86 Ein später Reflex findet sich bei G. F. Jünger: Die Perfektion der Technik, S. 175ff.
87 A. Warburg: Luftschiff und Tauchboot in der mittelalterlichen Vorstellungswelt.

Jean Wauquelin, der die technische Eroberung der Welt – allerdings mit ziemlich abenteuerlichen prototechnischen Konstruktionen – als Fortsetzung und logische Konsequenz der militärisch-politischen Unterwerfung des Persischen Reiches beschreibt:

> Nachdem Alexander sich die Reiche des Orients bis nach Indien unterworfen hatte, kam er an einen Berg, so hoch, daß er mit seiner Spitze den Himmel zu berühren schien, und wie er nun so diesen Berg betrachtete, da dachte er bei sich, wie er wohl über die Wolken hinausgelangen könnte, um zu erfahren, was für ein Ding die Luft sei [...]. Kurze Zeit nachher stieg in ihm der Wunsch auf, ebenso wie die Luft auch den Meeresgrund zu erforschen, um dessen Wunder zu sehen, und flugs ließ er Handwerker kommen, denen er auftrug, ein Glasfaß herzustellen, so groß und weit, daß man sich bequem darin umdrehen könnte. In einem solchen Faß würde er trefflich alle Dinge sehen können, die da unten passierten.[88]

Dieses mythische Zutrauen in die Möglichkeiten der Technik erinnert an die von Ernst Bloch beschriebenen märchenhaften Aspekte der Technik: „Auf jeden Fall: auch die Mechanik schien Geheimes zu zeigen, ein Abenteuer- und Hybrisland über den Grenzen, mitten in der Nüchternheit."[89] Bloch arbeitet damit Aspekte der Technik heraus, die als heimliche Antriebskräfte der Entwicklung von Technologien fungieren können. Die Faszination für die Technik verdichtete sich in der frühen Neuzeit in den menschen- und tierähnlichen Automaten, in denen sowohl hehre Kunstleistung als auch niedere Körperfunktionen simuliert werden sollten: So baute Jacques de Vaucanson sowohl einen Flötenspieler als auch eine kotende Ente.[90] Der Automatenbau hat sein Pendant in den Theorieansätzen seit Descartes und LaMettrie, tierische Organismen als Maschinen zu interpretieren. Nietzsche hat diesen Ansatz immer wieder gefeiert und mit der Auflösung der Sonderstellung des Menschen durch Darwins Evolutionstheorie in Verbindung gebracht: „was überhaupt heute vom Menschen begriffen ist, geht genau so weit als er machinal begriffen ist."[91] Von diesem wissenschaftstheoretischen Befund ist es nur ein kleiner Schritt zur Schaffung perfekter Menschmaschinen, um das humane Optimum herzustellen. Prominente dämonisierende und erotisierende Reflexe der Suche nach dem perfekten Menschen im Automaten-Nachbau finden sich bekanntermaßen in der scheinbar aus tiefer Ergriffenheit permanent „Ach! Ach!"-sagenden Olimpia E. T. A. Hoffmanns und in der letzten Geliebten Casanovas in Fellinis Film über den legendären Frauenhelden.

88 Ebd., S. 417.
89 E. Bloch: Das Prinzip Hoffnung II, S. 736.
90 Siehe dazu R. Sennett: Handwerk, S. 119f.
91 F. Nietzsche: Der Antichrist, S. 180.

Aber auch über diese Sehnsuchtsmomente hinaus, in denen die Faszination an technischer Perfektion und Schöpfungs-Macht interferieren, werden der Technik nicht selten geradezu „übersinnliche" Dimensionen zugeschrieben. Ein Beispiel hierfür findet sich in Goethes Faust, in dem er Technik mit der Magie in Verbindung bringt. Hiermit hat Goethe ein Motiv formuliert, das sich bis in die James-Bond- und Science-Fiction-Filme unserer Tage verfolgen lässt. Der Selbstentwurf des Menschen ist von technischen Vorstellungswelten geprägt.

Die Entwicklung von Techniken ist daher vom Reiz des Utopischen nicht zu trennen. Friedrich Georg Jünger lässt *Die Perfektion der Technik* mit technischen Utopieentwürfen beginnen, ein Buch, das in der ursprünglichen Version, wie oben erwähnt, *Illusionen der Technik* heißen sollte.[92] Dass Technisierungsprozesse immer von Hoffnungen und Ängsten, von Utopien und Verfallstheorien begleitet sind, ist ein Indiz dafür, dass sich mit ihnen ein menschliches Bedürfnis nach Selbstvergewisserung verbindet. Solche Prozesse sind kulturelle Transformationen, sie sind unterlegt mit Hintergrundvorstellungen, sie werden generiert durch Träume von einem besseren Leben, einer besseren Welt oder von der Weltherrschaft. Einer ihrer Motoren ist die Säkularisierung eschatologischen Denkens. Die Vorstellung einer göttlichen Erlösung am Ende der Tage verwandelt sich in ein Projekt der humanen Selbsterlösung durch Technik. Diese Idee der Erlösung aus eigener Kraft in Verbindung mit einer linearisierten, auf ein Ziel gerichteten Zeitvorstellung ist hinsichtlich der Dynamik der Technisierung nicht zu unterschätzen.

Gleichzeitig provozieren Technisierungsprozesse insbesondere wegen der ihnen eigenen Ausweitung der Verfügbarkeitssphäre eine Reflexion über das Maß des Menschen und seine Stellung in der Welt, insbesondere auch über sein Verhältnis zu Gott. Es ist auffällig, dass die menschliche Technik immer wieder als Konkurrenzunternehmen zur göttlichen Schöpfungsleistung gesehen wurde und daher schon früh, das zeigt eben die Figur des Prometheus, den Vorwurf der Hybris auf sich zog. Die prometheische Selbstbehauptung des Menschen ist aber nur ein Motiv für die Engführung von Technologie und Theologie. Schon das menschliche Streben nach gottähnlicher Vollkommenheit hängt eng mit der technischen Weltkonstitution zusammen; denn der Mensch kann sich hier selbst als Konkurrent oder als begabter „Assistent Gottes" sehen.[93] Für das Selbstverständnis des Menschen spielt es eine große Rolle, dass auch Gott nicht nur als Schöpfer, sondern auch als Handwerker, Demiurg, Uhrmacher usw. begriffen wurde. Vor dieser theologisch-technizistischen Matrix konnte der Mensch sich selbst ein

92 F. G. Jünger: Die Perfektion der Technik, S. 10ff.
93 Dem geht nach K. Meyer-Drawe: Menschen im Spiegel ihrer Maschinen, S. 41ff.

anthropologisches Profil als Techniker geben. Dies kulminiert in der frühen Neuzeit bei Giovanni Pico della Mirandola. In seiner berühmten Rede *De hominis dignitate* nennt Pico Gott den „summus Pater architectus Deus", den höchsten Baumeister und „optimus artifex", den besten Künstler.[94] Die anthropologische Bedeutung dieser Titel wird in der Pointe der Rede klar: Im Gegensatz zu den anderen Wesen hat der Mensch auf der Erde keine feste Wohnstatt, sondern muss sie sich selbst schaffen. „Weder als einen Himmlischen", so spricht Gott in Picos Text zu Adam – womit Pico jenem seine Anthropologie in den Mund legt –,

> noch als einen Irdischen haben wir dich geschaffen und weder sterblich noch unsterblich dich gemacht, damit du wie ein Former und Bildner deiner selbst nach eigenem Belieben und aus eigener Macht zu der Gestalt dich ausbilden kannst, die du bevorzugst.[95]

Nachdem Gott als der beste Architekt vorgestellt wurde, wird der Mensch auch als Baumeister seiner selbst und seiner Welt bezeichnet. Technik ist hier gewissermaßen angewandte Theologie.

Zu dieser Deutung der Technik als Königsweg, gottähnlich zu werden, findet sich naturgemäß auch die entgegen gesetzte: Die mittels der Apparate angestrebte Gottähnlichkeit wird oft gerade als das Problem der Technik gesehen, denn in ihr drückt sich eine als problematisch eingeschätzte Allmachtsanmaßung aus. Auch Sigmund Freud hat in *Das Unbehagen in der Kultur* diese Tradition aufgegriffen und den Menschen als „eine Art Prothesengott" bezeichnet, der, wenn er „alle Hilfsorgane anlegt", „recht großartig" sei.[96] Allerdings betont er im kulturkritischen Tenor seiner Abhandlung: „Im Interesse unserer Untersuchung wollen wir aber auch nicht daran vergessen, daß der heutige Mensch sich in seiner Gottähnlichkeit nicht glücklich fühlt."[97] Günther Anders hat dann versucht, um eine Wendung von Marx aufzugreifen, die „theologischen Mucken und metaphysischen Spitzfindigkeiten" der Technisierungsprozesse zu beschreiben, um ihren immensen Erfolg zu erklären. Nur weil der Mensch sich als guter „Objekthirte" verstehen kann, weil er sich zu seinem Leib- und Seelenheil der imitatio instrumentorum verschreibt, weil er von einer „Dingfrömmigkeit" geprägt ist,[98] verleiht er der Technik einen solchen Stellenwert in seinem Leben. Allein dadurch, dass in der Technik bestimmte Theologoumena aufgenommen und konserviert

94 G. Pico della Mirandola: De hominis dignitate, S. 6; siehe K. Meyer-Drawe: Menschen im Spiegel ihrer Maschinen, S. 52ff.

95 G. Pico della Mirandola: De hominis dignitate, S. 9.

96 S. Freud: Das Unbehagen in der Kultur, S. 57.

97 Ebd., S. 58.

98 Siehe G. Anders: Die Antiquiertheit des Menschen I, S. 43.

werden, kann sie nach Anders ihre auratische Macht entfalten. Auch Blumenberg betont, dass sich selbst hinter einer simplen Apparatur wie etwa einer Türklingel eine theologische Tiefenstruktur verbirgt: „Befehl und Effekt, Order und Produkt, Wille und Werk sind auf die kürzeste Distanz aneinandergerückt, so mühelos gekoppelt wie im heimlichen Ideal aller nachchristlichen Produktivität, dem göttlichen ‚Es werde!' am Anfang der Bibel."[99] Als Leitbild für die technische Ausweitung der menschlichen Leistungssphäre hatte Blumenberg schon die Schöpfung aus dem Nichts, die creatio ex nihilo, in der die Welt als eine nicht schon vorhandene, sondern als eine gemachte verstanden wird, als „technischen Urakt" bezeichnet.[100] Darüber hinaus ist die mit der Technik verbundene Fortschrittsteleologie ohne die Säkularisierung eines vormals eschatologischen Horizonts kaum zu verstehen. Die Entwicklung der Technik wird nicht nur als quasievolutionäre gedeutet, sondern mit ihr verbindet sich oft eine Art Heilsversprechen: Technisierungsprozesse werden nicht als „neutrale" Entwicklungsphänomene wahrgenommen, sondern immer vor dem Hintergrund von Hoffnungen auf ein besseres, leidfreies, glückliches Leben. Dem eigenen Körper eine paradiesische Existenzform zu verleihen, wenn nicht das Himmelreich auf Erden, so doch die mutmaßliche körperliche und seelische Verfassung himmlischen Glücks zu realisieren, scheint neuerdings das Anliegen vieler biotechnologischer Visionen zu sein, in denen von Trans- oder Posthumanismus gesprochen wird.[101]

Solche theologischen Substrukturen der Technik erlauben den Befund, dass Technisierungsprozesse mehr sind als die Vermehrung technischer Produkte und die gesellschaftliche Etablierung technischer Rationalitätsformen. Sie sind vielmehr immer mit dem Bedürfnis verknüpft, den durch sie möglich werdenden Handlungsoptionen eine Legitimität zu verleihen. Das Begreiflichmachen dessen, um was es geht, wird in der Debatte um neue Technologien häufig mit theologischen Begriffen oder zumindest mit theologischen Allusionen („Gott spielen") zum Ausdruck gebracht – wie haltlos solche medialen Insinuierungen auch sein mögen: Technisierungsprozesse scheinen theologische Fragen jedenfalls immer auch mitzuproduzieren. Die Dynamik der Technik scheint nicht nur, aber zumindest auch an theologische Hintergrundvorstellungen zur Stellung des Menschen in der Welt und zu dessen Verhältnis zum perfektesten Wesen geknüpft zu sein.

99 H. Blumenberg: Lebenswelt und Technisierung unter Aspekten der Phänomenologie, S. 36.
100 H. Blumenberg: Natur und Technik als philosophisches Problem, S. 463.
101 F. Fukuyama: Our posthuman Future; N. Knoepffler/J. Savulescu (Hg.): Der neue Mensch?

Dieser kurze Ausflug in die Kulturgeschichte sollte verdeutlichen, wie tief die Technik im Repertoire an Mythen und Narrationen über den Menschen und sein Selbstverständnis schon vorphilosophisch verwurzelt ist und dass die Technik offenbar seit den Anfängen der Kulturgeschichte ein andauerndes Thema und bisweilen eine Herausforderung für die humane Selbstdeutung darstellt.

3.2 Das Beispiel Platons

Sokrates und Platon waren die ersten, die die Technik philosophisch reflektiert haben. Vor Platon kann man nach Wolfgang Krohn zwar von einem „Erwachen des technologischen Bewußtseins" sprechen, doch gewinnen erst mit Platon „die Reflexionen auf die Technik philosophische Qualität".[102] Oft findet dies in Auseinandersetzung mit den Sophisten statt, die zwar auch bestimmte Technikbegriffe gebraucht haben (wie man vor allem an den Platonischen Dialogen sehen kann). Doch kann man mit einem gewissen Recht behaupten, dass sich eine Bestandsaufnahme der Technik als Phänomen in systematischer Hinsicht erst bei Sokrates und Platon findet. Im Folgenden sollen zwei Aspekte der platonischen Auseinandersetzung mit der téchne dargestellt werden, die als zwei Seiten einer Medaille zu verstehen sind: Die Ausdeutung der téchne als eine elementare Kompetenz und deren Implikationen (insbesondere das Wissensförmige der téchne) auf der einen und die Orientierung an téchne und poíesis für die Verständigung über die Formen des Wissens überhaupt auf der anderen Seite.

3.2.1 Die philosophische Formulierung einer Kompetenz

Das griechische Wort „téchne" bedeutet Geschicklichkeit, Kunstfertigkeit und handwerkliche Fähigkeit. Die Bedeutung kann durchaus ins Pejorative hineinspielen, denn auch „List" und „Kunstgriff" impliziert dieses Wort, ganz ähnlich wie „mechané", das zunächst soviel wie einen durch theatrale Maschinerien produzierten Trick meinte. Im Griechischen werden „Handwerk" und „Kunstwerk" nicht unterschieden, so dass „téchne" auch „Kunst" heißt, aber in erster Linie in dem generellen Sinne einer bestimmten Fertigkeit, etwas herzustellen, gebraucht wird.

Etymologisch leitet sich „téchne" – ursprünglich nur im adjektivischen Gebrauch von „téchnikos" – wahrscheinlich von der indoeuropäischen Wurzel *tek

---

102 W. Krohn: Platons Philosophie der Technik, S. 155, S. 162.

her, die etwa „zimmern, Holz behauen und damit bauen" impliziert[103] oder auch im Sinne von „flechten", das Holzwerk eines Hauses zusammenflechten.[104] Eine andere Etymologie (leicht ironisch in Form eines kleinen Rätsels vorgestellt) gibt Platon im *Kratylos*: „téchne" komme von „héxis noú", was man etwa mit „Haben von Geist (oder Vernunft)" oder „Verfügenkönnen über den eigenen Geist" übersetzen könnte.[105] Wenn diese Wortherkunftserklärung sicherlich als eine Kunst-Etymologie zu betrachten ist, kombiniert dieser Ausdruck recht treffend die wissensmäßigen Aspekte der Technik, die mit einer bestimmten Umsetzungskompetenz verbunden ist. Téchne ist immer auch eine Form des Wissens, und – wie diese ersten Etymologien suggerieren – eine spezifische Gestaltungsweise, die dem Menschen einen gewissen Lebensraum erschließt und ermöglicht. Téchne ist sowohl eine Form der Kompetenz, etwas herzustellen – also das, was man als Handwerk im engeren Sinne bezeichnet –, als auch eine Kompetenz, etwas zu bewirken, wie es in der Medizin, Rhetorik oder Politik erforderlich ist. Damit ist die téchne, wie Wolfgang Wieland unterstreicht, eine *Sachkompetenz*,[106] eine Fähigkeit, ein praktisches Wissen, das sich auf ein bestimmtes Gebiet erstreckt und in diesem Gebiet hinreichend ist. Wenn Platon Sokrates in der *Politeia* fragen lässt, ob es denn besser sei, wenn einer viele téchnai ausübe oder jeder nur eine, diese dafür aber zuverlässig,[107] dann umreißt er die téchne auch als eine Spezialisierung. Sokrates, selbst gelernter Steinmetz, nimmt in den Dialogen die einzelnen téchnai immer wieder zum Anlass oder als Beispiel für eine Reflexion über das Vermögen der Menschen. So wird im *Sophistes* am Begriff des „asplieutés", des „Angelfischers", das dihairetische Verfahren dargestellt.[108] Der erste Schritt hierbei ist, ihn als einen techníte̲s zu bestimmen, also einen, der ein „Verständiger", ein Fachmann in Sachen Angelfischen ist. Mag der Angelfischer auch sonst nichts anderes können, angelfischen kann er besser als andere Berufsgruppen. In der *Apologie* beschreibt Sokrates, wie er den Spruch der Pythia in Delphi, dass sich niemand finde, der weiser sei als er selbst, prüfen wollte. Und nachdem ihn die Dichter und Staatsmänner hinsichtlich ihrer Weisheit bereits enttäuscht hatten, wandte er sich den Handwerkern zu – die aber auch eben jenen Fehler machten, dass sie zwar zu recht behaupten, in einem Gebiet alles zu wissen, aber diese Kompetenz auch auf

103 R. Löbl: TEXNH - Techne, S. 6ff.
104 P. Fischer: Technikphilosophie, S. 256-258. Zur Etymologie vgl. auch J. Kube: TEXNH und ARETE. Sophistisches und platonisches Tugendwissen, S. 9-11.
105 Platon: Kratylos 414bc.
106 W. Wieland: Platon und die Formen des Wissens, S. 253.
107 Platon: Politeia 370b.
108 Platon: Sophistes 218d-221c.

andere Gebiete auszudehnen versuchten.[109] Die téchne ist also Spezialisierung; das mit ihr verbundene Wissen und Können ist nur auf einen bestimmten Bereich erstreckt.

Wie schon angesprochen, ist die téchne ein Können, in dem, so definiert es Rudolf Löbl, „neben der praktischen Hand-Werks-Fähigkeit ein bestimmtes Maß an theoretischem Wissen enthalten ist."[110] Dass es sich bei der téchne um eine bestimmte Form nicht-propositionalen Wissens handelt, ist die These von Wieland, der damit die téchne als Form des Wissens begreift und damit in gewisser Weise aufwertet. Unter nicht-propositionalem Wissen versteht er alle Fähigkeiten, Fertigkeiten, auch die Urteilskraft, Erfahrung, Formen des Gebrauchs- und Dispositionswissens.[111] Mit einer metaphorischen Wendung aus der *Politeia*, nach der die téchne ein Wissen sei, das „in die Handlung eingewachsen" ist, umreißt Wieland den Aspekt des Nicht-Propositionalen dieser Wissensform.[112]

Bei Platon finden sich auch viele Stellen, in denen der Wissensaspekt der téchne sogar im Vordergrund der Betrachtungen steht. Im *Gorgias* beispielsweise sagt Sokrates, dass die téchne „verständig" sein, „lógon échein", also lógos haben müsse.[113] „Lógos" ist im Griechischen das höhere Verständnis einer Sache, orientiert an der Ordnung des Kosmos. Vor diesem Hintergrund betont Sokrates im *Kratylos*, dass der Tischler eine „Weberlade" nach dem „eídos" verfertigt, also nach einem ideellen Abbild oder Urbild.[114] So muss der Tischler wissen, wie eine funktionstüchtige Weberlade idealiter beschaffen sein muss. Und sie ist gleichzeitig eine davon abgeleitete spezifische Sachkompetenz: der Tischler muss im Wissen um Gestalt und Funktion der Weberlade mit seinem Werkzeug umgehen können und das Verfahren zum Herstellen einer Weberlade kennen. Übrigens hat Karl Marx genau diese technische Wissensform in den anthropologischen Passagen des *Kapital* beschrieben:

> Was aber von vornherein den schlechtesten Baumeister vor der Biene auszeichnet, ist, daß er die Zelle in seinem Kopf gebaut hat, bevor er sie in Wachs baut. Am Ende des Arbeitsprozesses kommt ein Resultat heraus, das beim Beginn desselben schon in der Vorstellung des Arbeiters, also schon ideell vorhanden war.[115]

109 Platon: Apologie 22c-e.
110 R. Löbl: TEXNE – Techne, S. 210.
111 W. Wieland: Platon und die Formen des Wissens, S. 233.
112 Ebd., S. 254.
113 Platon: Gorgias 465a.
114 Platon: Kratylos 389a-b.
115 K. Marx: Das Kapital, S. 193.

Marx wird diese Kompetenz dann, wie noch zu sehen sein wird, zum Charakteristikum des Menschen als „tool-making animal" ausweiten.

Dem téchne-Begriff Platons liegt das antike Weltbild zugrunde, in dem die Technik nicht im Gegensatz zu Natur und Kosmos verstanden wird, sondern als sinnvolle Eingliederung in das Weltganze und (wie bei Aristoteles) als Vervollständigung der Welt, als, so drückt es Blumenberg aus, „das ins Reale wirkende Können des Menschen insgesamt".[116] In diesem allgemeinen Sinne dient die Kompetenz des Handwerkers als Modell des Wissens von einer Sache. Téchne ist also nicht nur das irgendwie durch Erfahrung gemachte und erprobte Wissen, sondern eine Kompetenz, die sich über die eigene Tätigkeit, ihre Ziele und Anforderungen im Klaren ist und weiter vermittelt werden kann, also erlernbar ist. Die téchne ist nicht nur eine handwerkliche Fertigkeit, sondern auch Methode oder das Verfahren, das Wissen, wie man mit welchen Mitteln ein bestimmtes Ziel erreicht. Zu den téchnai gehören für Platon auch Staatskunst und Rechtspflege.[117]

Typisch für die antike Diskussion über die téchne ist die Engführung der handwerklichen Techniken mit der Rhetorik, der „rhetórike téchne" (im Griechischen ist fast ausschließlich diese stehende Wendung für den Begriff der „Rhetorik" gebräuchlich). Die Unterscheidung der téchnai findet nur gelegentlich statt, wie im *Gorgias*, wo die Rhetorik von den handwerklichen téchnai dadurch abgegrenzt wird, dass Gorgias jene als „cheirúrgai"[118] beschreibt, also dasjenige was man mit der Hand herstellt und verfertigt. Auch der Ausdruck „demiourgói" für „Handwerker" wird nicht auf Rhetoriker angewendet. Zudem gibt es in der Antike den Begriff der „banáusoi téchnai" für die „Handwerker" (was nach Hannah Arendt in der Bedeutung des Philiströsen durchaus auch abwertend gemeint war).[119]

Das technische Verfahren in der Rhetorik ist anderen Charakters als dasjenige, das das Handwerk ausmacht. Es geht um gewisse Regeln, das Gegenüber rhetorisch zu überzeugen, es geht um die Mittel, einen beliebigen Zweck durchsetzen zu können. Platon hat die Gefahren der Manipulation in der Rhetorik zu einem seiner Themen gemacht und im *Gorgias*, der eine intensive Auseinandersetzung mit der sophistischen Rhetorik darstellt, behauptet, die Rhetorik sei genaugenommen keine téchne, der Namensbildung – rhetorike téchne – zum Trotz, sondern nur eine Art Scheinkunst.[120] Die Rhetorik gehöre vielmehr nur zu den, wie er es nennt, „schmeichelhaften Scheinkünsten", die den wirklich nützlichen téchnai für Kör-

116 H. Blumenberg: Wirklichkeiten, in denen wir leben, S. 55.
117 Platon: Gorgias 464b-c.
118 Platon: Gorgias 450c.
119 H. Arendt: Vita activa, S. 100.
120 Vgl. v.a. Platon: Gorgias 463a-466d.

per und Seele gegenüberstehen. An dieser Stelle wird der Schmeichelei (kolakeía) abgesprochen, eine téchne zu sein, weil sie keine Einsicht habe, sondern nur empereía (Erfahrung, Übung) und tribé (Fertigkeit) sei, also in diesem Fall das aus der Erfahrung Angenehme zu nutzen wider das eigentlich Beste für Körper und Seele.

Der Widerstreit zwischen Arzt und Koch, der im *Gorgias* vorgestellt wird, um über diese Analogie die Grenzen der Technik der Rhetorik herauszufinden, verdeutlicht die Bedeutung der Kompetenz hinsichtlich der richtigen Speisen für den Körper, der vernünftige Mensch wird (längerfristig) der Kompetenz des Arztes vertrauen. Überhaupt ist die Heilkunst vielleicht das signifikanteste Beispiel der antiken Vorstellung von téchne, weil hier besonders deutlich der unmittelbare Aspekt der Kenntnis der Mittel und Kuren, um den kranken Körper zu heilen, mit der abstrakten Vorstellung, der „Idee" von Gesundheit, verbunden ist. Da die Medizin eine der ältesten Kulturtechniken ist, werden das ärztliche Handeln und die Medizintechnik auch im Laufe dieser Untersuchung immer wieder als Beispiel für die Technik herangezogen.

Platon versucht mitunter, der téchne einen neuen Sinn zu geben, der, in Ansehung der handwerklichen und ärztlichen Tätigkeit, deren Kompetenz mit dem Guten zu verbinden sucht. Nur wer um das wahre Ziel und den eigentlichen Sinn einer téchne weiß, hat die entsprechende Kompetenz, weiß um den lógos. Daher wird im *Gorgias* sogar behauptet, dass die Technik das Wissen um Gründe und Zusammenhänge sei.[121]

Der Hintergrund dieser Debatte um den „richtigen" téchne-Begriff ist folgender: Wie Jörg Kube herausgearbeitet hat, kommt die sophistische Beschäftigung mit der Technik aus einer Art Einpassungskrise in die Geschehniszusammenhänge des Kosmos. Mit der téchne werden Bereiche formuliert, die man mit menschlichem Wissen und Handeln rationalisieren kann.[122] Dieser Diskurs um die anthropologische Bedeutung des téchne-Begriffs ist Ausgangspunkt und Anlass der sokratisch-platonischen Auseinandersetzung mit der technischen Kompetenz des Menschen.

Vor Platon galt die téchne als ethisch neutral.[123] Das *Wie* ist das Entscheidende, das Ziel muss nicht unbedingt ein gutes sein. Diese Bedeutung der téchne kann man mit dem griechischen Wort „pharmakón" vergleichen, das sowohl das Heilmittel als auch das Gift bezeichnet. Entsprechend kann man sagen, dass ein Arzt mit der medizinischen téchne sowohl fähig ist, einen Patienten zu heilen oder

121 Platon: Gorgias 465a.
122 J. Kube: TEXNE und ARETE, S. 117.
123 R. Löbl: TEXNE – Techne, S. 211.

einen Menschen krank zu machen. Platon hat die Ambivalenz der Technik insbesondere am Beispiel der Rhetorik bemerkt und diskutiert.[124] Insgesamt geht es ihm aber vor allem darum, die téchne als das Wissen um die richtigen Zusammenhänge und Verfahren auszuweisen.

Vor diesem Hintergrund ist die Rückbindung des téchne-Begriffs an die Ideen ebensowenig verwunderlich wie die Intention Platons, die „téchne“ in die Nähe der „areté“ zu rücken. Denn auch die „areté“ ist eine Kompetenz, wobei der Begriff allgemein den Bestzustand einer Sache oder die optimale Disposition des Menschen meint (bekanntlich meist als „Tugend“ übersetzt). Jörg Kube hat den Zusammenhang von téchne und areté untersucht und die téchne in den Rahmen der platonischen Frage nach der Lehrbarkeit des Guten oder der Tugend gestellt. Er vertritt die These, dass sich Platons téchne-Begriff von dem der Sophisten als ein „finaler“ von einem sophistisch „pragmatischen“ unterscheidet.[125] Und damit sei der platonische téchne-Begriff nur in Abgrenzung zu dem der Sophisten und mit Hinblick auf die ontologischen Konsequenzen seiner Philosophie zu denken. Wenn man die Verbindung von téchne und areté ernst nimmt, dann wäre die areté des Arztes, in Nutzung seiner téchne, die Gesundheit des Patienten „herzustellen“ und entsprechend diejenige des Schusters, ein derartiges paar Schuhe zu schustern, das den üblichen Anforderungen an Schuhe entspricht.

Neben der sokratisch-platonischen Nobilitierung des téchne-Begriffs durch die Betonung der systematischen Nähe zum Ideen-Wissen und zur areté scheint aber die Skepsis der Sophisten und die entsprechende Konturierung des téchne-Begriffs ebenfalls ihre Berechtigung zu haben. Denn wenn die Sophisten in ihren Argumenten gegen Sokrates weniger das generelle Verständnis einer Sache, sondern vielmehr die Effizienz und Funktionstüchtigkeit eines Verfahrens, unabhängig von dem Ziel, unterstreichen, dann scheint das ein Verständnis von Technik, das wir bis heute haben, zu erfassen. Insbesondere in der sophistischen Rhetorik kommt dieser Technikbegriff zum Tragen, da sich die Sophisten mit einem formalen Wissen und mit einem Sich-auf-etwas-verstehen-Können begnügten und einen pragmatischen und funktionalen Technikbegriff vertraten. Man könnte sagen, dass sich aus diesen beiden Deutungen der Begriff der „Technik“ der späteren Jahrhunderte – und die entsprechende Evaluierung derselben – speist: Die Technik als handwerkliche und künstlerische Tätigkeit und als Sachkompetenz auf der einen und als ein „bloß“ technisches Kalkül auf der anderen Seite. Man könnte sagen, dass die platonische Diskussion der téchne sich an diesem Gegensatz entzündet: So will sie die bloße rhetorische Technik der So-

124 Siehe W. Wieland: Platon und die Formen des Wissens, S. 261.
125 J. Kube: TEXNH und ARETE, S. 63.

phisten desavouieren und ihr ein philosophisches System entgegensetzen, dem eine unveränderliche Wahrheit zugrunde liegt. Die Technik wird damit in einen Problemhorizont gerückt, der für ihren Begriff bis heute relevant bleiben wird. Platon wirft nämlich gegenüber den Sophisten die Frage auf, ob die Technik als ein Wissen und eine Kompetenz zu verstehen ist, das auch eine gewissenhafte Umsetzung dieses Wissens impliziert – oder ob das technische Wissen in seinem Kern auf moralisch neutrale oder sogar verwerfliche Nutzung (also durch das Nutzen der technischen Kompetenz für eigennützige oder zerstörerische Ziele) ausgelegt ist. Diese Frage ist daher zentral, weil die jeweilige Antwort nicht nur die Bewertung des technischen Tuns, sondern auch das Selbstverständnis als Techniker beeinflussen wird.

Trotz der differenzierten Platonischen Begriffsarbeit an der téchne wird der Vorbehalt gegen die Rhetorik in die Philosophiegeschichte Einzug halten – mit weitreichenden Folgen für den Technikbegriff, denn es bildet sich zunehmend als eine Art Topos heraus, die Rhetorik als „bloße" Technik zu disqualifizieren. Exemplarisch sei hier Kants Fußnote in der *Kritik der Urtheilskraft* zitiert, in der er die Rhetorik als eine „hinterlistige Kunst" bezeichnet, die „Menschen als Maschinen in wichtigen Dingen zu einem Urteile zu bewegen versteht."[126] Kant verwendet hier die Metapher der Maschine, um die Entmündigung der Menschen zu formulieren – wie übrigens im § 59 der dritten *Kritik*, in dem er die Analogie der „Handmühle" als einer „bloßen Maschine" als Beispiel für den Charakter eines autokratisch geführten Staats nennt.[127] Aufgrund derartiger Metaphernbildungen hat Blumenberg die These aufgestellt, dass „Platos Abweisung der Sophistik die Ausschließung der Technik aus der geistigen Legitimität der europäischen Tradition"[128] impliziere: „Es war zum Schicksal der Philosophie geworden, die Selbstbehauptung ihrer Substanz nur *gegen* die ‚Technik' im weitesten Sinne leisten zu können."[129] Und ganz im Sinne der sophistischen Interpretation der téchne sieht Blumenberg in seinem Aufsatz *Anthropologische Annäherungen an die Aktualität der Rhetorik* Technik und Rhetorik in einer strukturellen Verwandtschaft.[130] Gegen Platon wertet Blumenberg den sophistischen Technikbegriff auf, weil er diesen in anthropologischer Hinsicht überzeugender findet: Bei Blumenberg ist der Mensch dadurch charakterisiert, dass er sich in einem prinzipiellen Evidenzmangel in der Welt zu verorten und sein Selbst zu konturieren hat. Vor diesem Hintergrund ist ihm der platonische Technikbegriff zu voraussetzungsreich. Im sophistischen

---

126 I. Kant: Kritik der Urtheilskraft, S. 328.
127 Ebd., S. 254.
128 H. Blumenberg: Lebenswelt und Technisierung unter Aspekten der Phänomenologie, S. 45.
129 Ebd., S. 14.
130 H. Blumenberg: Anthropologische Annäherung an die Aktualität der Rhetorik, S. 106ff.

Technikbegriff sieht Blumenberg dagegen die Kompetenz, sich trotz des Evidenzmangels und trotz metaphysischer Einpassungskrisen Räume des Humanen zu erschließen, denn die Rhetorik ermöglicht Aufschub und vorläufige Konsense. Die Humanität des Provisorischen steht hier gegen die Fundamentalität der Letztbegründung.

Nicht nur mit dieser Studie, sondern auch mit seiner reichen Anthropologie, wie man sie in der *Beschreibung des Menschen* findet, trägt Blumenberg zu einer Rehabilitierung der Technik und der instrumentellen Vernunft bei, wie Birgit Recki gezeigt hat.[131] Doch trotz dieser Kritik Blumenbergs, die sich auf den mit der Technik verbundenen Anspruch bezieht, bleibt Platons Differenzierung des techné-Begriffs hinsichtlich ihrer verschiedenen Aspekte phänomenologisch immer noch gültig, denn ihm gelingt es, die Technik als eine humane Kompetenz zu umreißen. Wenn man Wieland folgt, dann formuliert Platon mit seinem Begriff der „Technik" erstmals dezidiert eine bestimmte Form nicht-propositionalen, pragmatischen Wissens aus. Auch wenn die téchne nicht den Rang der epistéme hat, kommt ihr doch in den platonischen Dialogen eine nicht unwichtige Bedeutung zu. Sie ist oftmals, wie noch zu sehen sein wird, Beispiel und Analogie für die Entwicklung der Gedanken. Es ist die Leistung Platons, die Technik als menschliche Grundtätigkeit auszuweisen und in Beziehung zu Kategorien des Wissens und der Selbstbildung zu setzen.

Für die weitere Rezeption des antiken Technikbegriffs wird dann die aristotelische Unterscheidung von „téchne" und „poíesis" kanonisch werden, die Unterscheidung zwischen dem Herstellungswissen und dem Herstellungsprozess selbst, eine Unterscheidung, die bei Platon angelegt ist, aber nicht in dieser Form auf den Begriff gebracht wurde.[132] Der Entdeckung dieser Begriffsdistinktion soll an dieser Stelle nicht nachgegangen werden, denn abgesehen von dieser Präzisierung findet sich der antike Technikbegriff anhand der detailreichen Beispiele, die Platon aus seiner Lebenswelt nimmt, schon weitgehend repräsentativ umrissen.

Neben der Entdeckung und Formulierung der téchne als humane Kompetenz und Wissensform, fungiert die téchne in der Platonischen Philosophie aber auch als Analogie für andere Denk- und Wissensformen. Es mag auf den ersten Blick überraschen: Die téchne hat bei Platon eine bemerkenswerte Funktion in der philosophischen Theoriebildung.

---

131 B. Recki: Auch eine Rehabilitierung der instrumentellen Vernunft.

132 Siehe Aristoteles: Nikomachische Ethik, 1139b14ff. Siehe dazu die erhellenden Passagen von M. Heidegger: Platon: Sophistes, S. 21-47.

3.2.2 Das Paradigma des Herstellens in der philosophischen Theoriebildung

Die téchne dient Platon nicht nur als Beispiel, sondern auch als Ausgangspunkt und Modell des Wissens; die Technik bekommt eine Orientierungs- und Modellfunktion für den Menschen. Im *Timaios* hat Platon zur Plausiblisierung seiner Kosmologie und Ideentheorie den „demiourgós" in einer Art Kunst-Mythos eingeführt („eíkos mythos"), einen „Handwerker", der hier allerdings sogar als „Welt-Baumeister" fungiert und der mit Blick auf die unveränderlichen Ideen die Welt der Erscheinung technisch baut. Anhand dieser handwerklichen Großtat kann Platon das Verhältnis zwischen Idee und Wirklichkeit „technisch" erklären.[133] Platons Kunst-Mythos ist einer der technomorphen Schöpfungsmythen, die von biomorphen, in denen Zeugungsvorgänge eine zentrale Rolle spielen, und logomorphen Schöpfungsgeschichten, die auf der Kraft des Wortes basieren (abendländischer locus classicus ist natürlich der Beginn des Johannes-Evangeliums) zu unterscheiden sind.[134] Charakteristisch für technomorphe Schöpfungsmythen ist, dass sie den Schöpfungsakt als Ergebnis handwerklichen Tuns beschreiben. Nicht selten ist in diesen Imaginationssystemen das Ausgangsmaterial als vorhanden und „minderwertig" gedacht: eine Vorstellungsquelle, die bekanntlich auch frühchristliche gnostische Theorien speiste, in denen der böse Schöpfergott – denn er hatte ja den Sündenpfuhl Erde erschaffen – einem guten Erlösergott gegenübergestellt wurde. Dies kann als eine folgenreiche Entgegensetzung gelten, die man unter anderen Vorzeichen auch noch in Heideggers Begriffen der „Machenschaft" oder des „Ge-stells" findet, mit denen die Technik als zur „Seinsverlassenheit", mithin zu einer desolaten Verfassung der gesamten Wirklichkeit führend, begriffen wird – wie noch zu sehen sein wird.

Trotz der Abwertung des Materiellen, die im *Timaios* mitklingt, hat dieser Dialog noch nicht diese metaphysisch-theologische Ausprägung, wie man sie in der Gnosis findet. Und bemerkenswerterweise nimmt Platon in seinen Kunst-Mythos auch die logomorphe Schöpfungsgeschichtentradition mit auf, denn der demiourgós muss auch „überzeugen" können (*peíthein*).[135] Insofern wird hier auch die Technik der Rhetorik kosmologisiert. Das ist insofern aufschlussreich, als dass die beiden wichtigen Aspekte des Technischen, mit denen sich Platon in seiner begrifflichen Auseinandersetzung befasste – nämlich die handwerkliche und die rhetorische *techné* –, sich hier in kosmologischer Dimension widerspiegeln.

---

133 Platon: Timaios 27c-29d.
134 J. Schummer: Das Gotteshandwerk, S. 20ff.
135 Platon: Timaios 48a.

Gleichzeitig unterstreicht dies noch einmal die Nähe der Technik zum lógos, wenn hier ein Realisierungsverhältnis zwischen eídos und techné beschrieben wird. In Platons kosmologischem Entwurf wird die Welt als ganze als hergestellte beschrieben. Wenn Platon, schreibt Cassirer,

> das Verhältnis von ‚Idee' und ‚Erscheinung' entwickelt und wenn er es systematisch zu begründen sucht: so greift er für diese Begründung nicht in erster Linie auf die Gestalten der Natur, sondern auf die Werke und Gebilde der téchne zurück. Die Kunst des ‚Werkbildners', des ‚Demiurgen', liefert ihm eines der großen Leit- und Musterbilder, an denen er Sinn und Bedeutung der Idee darstellt.[136]

Das Tun des göttlichen Demiurgen und das des menschlichen Handwerkers korrespondieren. Aus der Beobachtung des Herstellungsprozesses im handwerklichen Alltag wird die Leistung des göttlichen Demiurgen extrapoliert und in der Beschreibung des göttlichen Tuns kann die anthropologische Bedeutung des scheinbar banalen Herstellens illustriert werden, auch wenn „Herstellen" in der Platonischen Kosmologie die Produktion der Materie selbst meint, was freilich über das handwerkliche Können hinausgeht: Im *Sophistes* spricht Platon entsprechend von der theía téchne und der anthropíne téchne.[137]

In seiner auch für die Deutung des Platonischen téchne-Begriffes wegweisenden Dissertation versucht Bruno Snell die verschiedenen Ausdrücke für den Begriff des „Wissens" in der vorplatonischen Philosophie genetisch-begriffsgeschichtlich zu klären.[138] Nicht selten ergibt sich eine Entwicklung der abstrakten Begriffe aus konkreten Zusammenhängen oder aus den Regeln praktisch-alltäglichen Verhaltens. Sowohl sophía als auch epistéme stehen in ihrer Genese, in ihrer „Entdeckung" in enger Verbindung zur téchne; der Ausdruck „éntechnos sophía" aus dem Protagoras ist ein Beispiel, wie diese Wissensformen zusammengedacht wurden. Im *Protreptikos* hatte Aristoteles, unter anderem sogar mit Blick auf Aischylos, der Prometheus als „téchnai sophistés" bezeichnet hat, den Ursprung der Philosophie aus den téchnai behauptet, wie Snell zeigt.[139] Die Auseinandersetzung mit der téchne findet vor allem über den Begriff des „télos" statt, also der zweckgerichteten Herstellung, einem Können, das um seine Ziele weiß. Diese genetische Deutung der Entstehung des Wissens aus der Sphäre des Herstellens und des Werkzeuggebrauchs erinnert nicht von ungefähr an die entsprechenden Passagen in der *Philosophie der symbolischen Formen*, in denen Cassirer das Technik-Thema entdeckt und als eine zentrale symbolische Form

---

136 E. Cassirer: Form und Technik, S. 143f.
137 Platon: Sophistes 265b-e.
138 B. Snell: Die Ausdrücke für den Begriff des Wissens in der vorplatonischen Philosophie.
139 Ebd., S. 4.

erkennt und die Technik damit neben Sprache, Wissen und Kunst stellt. Snell verweist selbst auf die ersten Bände der *Philosophie der symbolischen Formen* Cassirers, um dieses ursprüngliche Weltverhalten und das gewissermaßen Gestische der ersten theoretischen Erkenntnis zu verdeutlichen.[140]

In Snells Darstellung schied sich die sophía jedoch bald als etwas „Geistigeres" von der téchne. Der Begriff der „sophía" scheint sich immer mehr auf den „rein geistigen Teil" der Tätigkeit zu beziehen, die konkete Umsetzung wird immer mehr als „téchne" bezeichnet, womit der Begriff für die Technik offenbar selbst semantisch begrenzt wurde. Erst Platon verwendet die „sophía" wieder explizit in Bezug auf die Handwerker[141] und setzt die „téchne" mit dem Wissen in Verbindung. Schließlich wird die „sophía" jedoch immer deutlicher im Kontrast zur „téchne" verwendet, als menschliches Wissen im Gegensatz zum Können. Eine einzige Berufsgruppe gab es in der Antike, die den Begriff der „téchne" wesentlich länger in seiner „geistigen" bzw. „epistemischen" Bedeutung verwendet: die Ärzte. Die „téchne" wird richtiggehend zur Bezeichnung der medizinischen Wissenschaft und die „sophía" ist in diesem Zusammenhang, wie Snell zeigt, begrifflich von der „téchne" kaum zu trennen.[142]

Ähnlich signifikant ist die Nähe der „téchne" zur „epistéme". Noch bei Homer bedeutet „epistemai" in erster Linie „sich auf etwas verstehen, etwas können", also eine Form des Wissens durchaus verwandt mit der Kompetenz einer „téchne". Doch zunehmend wird die epistemische Bedeutung dieses Wortes das Entscheidende, es kann sich aber nicht in allen Bereichen des Wissens durchsetzen. Im *Corpus Hippocraticum* überwiegt auch in diesem Falle der Begriff der „téchne", obwohl man, so Snell, wie in vergleichbaren Kontexten eher „epistéme" erwarten würde.[143] In den frühen platonischen Dialogen werden „téchne" und „epistéme" ähnlich verwendet, wobei „epistéme" zunehmend, ähnlich wie die „sophía", die theoretische Seite des praktischen Könnens bezeichnet. Schließlich wird die „epistéme" der wichtigste Ausdruck Platons für die Gesamtheit des Wissens. Snell betont vor allem die ethische Bedeutung der „epistéme", die ihr Sokrates verleiht. Das Entscheidende aber ist, dass Sokrates das Wissen wieder mit einem Können verbunden hatte: „Den Ausgangspunkt für seine Fragen nach Erkenntnis entnahm Sokrates der Sphäre, in der er diese Verbindung von Wissen und Können verkörpert fand, der Sphäre der téchnai: epistéme besaßen die Handwerker, das war

140 Ebd.
141 Ebd., S. 7.
142 Ebd., S. 16.
143 Ebd., S. 84.

jedem offenbar."[144] Und oft genug argumentiert Sokrates mit dem Wissen und Können der Handwerker, um philosophische Fragen zu klären. Die téchne ist nicht nur eine gewisse Kompetenz und inhaltliches Wissen, wie etwa eine Weberlade aussieht, sondern eine Form des Wissens und als solche Form auch Modell für die anderen Wissensformen. In der Beobachtung des Handwerks lassen sich einzelne Arbeitsschritte trennen und rein technisch-praktische Tätigkeiten von einem eher geistigen Tun unterscheiden, wie etwa die Vorstellung von dem zu bauenden Bett oder der Weberlade.[145] Im Rahmen des technischen Prozesses finden sich Momente des Wissens, die zur Klärung der philosophischen Probleme des Wissens beitragen. Ganz in diesem Sinne fügt Snell schließlich hinzu:

> Das Bild des Handwerkers, von dem Sokrates immer wieder ausging, hatte für ihn weit mehr als bloß illustrativen Wert. Auch für Platon hatte der enge Zusammenhang von sophía und epistéme mit téchne und demiourgía tiefere Bedeutung; seine Anschauung vom Wissen des Handwerkers ist gewissermaßen das noch unverarbeitete Material für sein philosophisches Denken.[146]

Wissen und Denken orientiert sich immer an Modellen. Ohne Bilder, Metaphern und „sinnliche" Strukturen kann theoretisches Denken nicht auskommen. Wissen ist Teil einer symbolischen Formung, einer spezifisch geprägten und prägenden Ordnungsleistung. Die téchne ist in diesem Sinne als Modell zu verstehen. Die unmittelbare Nachvollziehbarkeit dieser Form des Wissens, d.h. die phänomenale Anschaulichkeit der Materialien oder Mittel und der Umsetzung von etwas Gedachtem oder Vorgestelltem in die materielle Wirklichkeit, dient der Überlegung über die Strukturen von Wissen überhaupt. Diese Technik ist das Modell des mimetischen Handelns in Anbetracht der ewigen und unveränderlichen Ideen, sie ist das ins Reale wirkende Wissen. Das Nachdenken über Handwerk und Technik ist Ausgangspunkt philosophischer Reflexion; Philosophieren entsteht – so der platonisch-sokratische Impetus – aus der Alltäglichkeit des Menschseins.

Neben der Entstehung des philosophischen Wissens aus technischen Wissensformen in der vorsokratischen Philosophie ist es bei Platon vor allem die Anschaulichkeit des Wissens im Falle der handwerklichen Tätigkeit, die eine philosophische Reflexion über die Struktur des Wissens überhaupt ermöglicht, und damit ist die Betrachtung und Auseinandersetzung mit der téchne oftmals

---

144 Ebd., S. 93. Er verweist an dieser Stelle auch auf die entsprechende arete, die Bestmöglichkeit des handwerklichen Verfertigens und den bürgerlichen Hintergrund für das Schätzen der jeweiligen Fähigkeit; zudem: Tugend ist lehrbar.

145 Zur Bedeutung der téchne für das sokratische Philosophieren siehe auch B. Snell: Entdeckung des Geistes, S. 294f.

146 B. Snell: Die Ausdrücke für den Begriff des Wissens, S. 93f.

Beginn des Philosophierens, Anlass des systematischen Nachdenkens über die menschlichen Tätigkeits- und Denkformen. Aber im Moment des Illustrativen liegt auch eine Grenze: denn das Wissen lässt sich nicht nur über das Modell der Technik veranschaulichen, sondern die Technik ist selbst zugleich auch dieses Wissen. Die Technik ist das „unverarbeitete Material" des philosophischen Denkens, d.h. Stoff und Formgebung, „Idee" bzw. „Vorstellung" und materiale Umsetzung sind im Handwerk zu beobachten, ebenso wie gewisse systematische Elemente des Wissens, der Zusammenhang der Arbeitsschritte, die faktischen und ideellen Grenzen der eigenen Profession, der Aspekt von Ziel und Mittel, schließlich die soziologische Stellung der téchnai in der Polis. Die Technik ist kulturelle und soziale Tatsache des Menschen. Die philosophische Reflexion des Sokrates und Platon geht, vor allem in den frühen Dialogen, in einem nicht zu unterschätzenden Sinne von einem téchne-Modell bzw. von einer téchne-Analogie aus.[147] In der Auseinandersetzung mit den Sophisten und ihrer Technik kann Platon seine eigene Philosophie und Technik des Denkens entwickeln, und anhand der handwerklichen Technik epistemische Probleme klären. Die Analogie der téchne und damit eine „technische Denkweise" ist, wie Morimichi Kato herausgearbeitet hat, ein wichtiges Motiv im Werk Platons.[148] Ausgehend von den téchne-Analogien des ersten Buches der *Politeia* zeigt er, dass durch diese Analogien die Struktur der Philosophie Platons geprägt worden ist: die téchne-Analogie ist ein wichtiges Modell in der platonischen Reflexion über die areté und das agathón. Kato stellt sogar die These auf: „[O]hne die Technik-Analyse hätte Platon sein Konzept des Guten gar nicht ausführen können oder wenn doch, nur in ganz anderer Weise. Die Téchne bzw. die ‚technische' Denkweise ist die conditio sine qua non des platonischen Begriffs des ‚Guten'."[149]

Wegen dieser „technischen Denkweise", die die Platonische Philosophie grundiert, wurden in der modernen Reflexion über die technische Zivilisation und ihre Wurzeln immer wieder Linien zu Platon gezogen. Insbesondere Heidegger betont: „Platon hat [...], und zwar maßgeblich für die Folgezeit, alles Anwesende als Gegenstand des Herstellens erfahren."[150] Dies steht im Zusammenhang mit seiner These, dass im Herstellen von etwas der primäre Bezug zum Sein eines Seienden liege und dass das „Herstellen" der „antike Auslegungshorizont des Seienden" sei, dass die antike Philosophie das Sein „im Horizont des Herstellens im weitesten Sinne" interpretiere.[151] Und Hannah Arendt betont, dass Platon seine

---

147 Siehe M. van Ackeren: technê-Analogie.

148 M. Kato: Techne und Philosophie bei Platon, S. 78.

149 Ebd., S. 77f.

150 M. Heidegger: Das Ding, S. 170.

151 M. Heidegger: Grundprobleme der Phänomenologie, S. 211, S. 405.

Begriffe aus der Sphäre des Herstellens generiert, sieht dies jedoch vor dem Hintergrund ihrer These, dass das Herstellen das Handeln ersetzen soll, entsprechend kritisch:

> So wird Platos Bestreben, das Herstellen an die Stelle des Handelns zu setzen, um dem Gebiet menschlicher Angelegenheiten die dem Herstellen eigene Dauerhaftigkeit und Ordnung zu verleihen, dort am deutlichsten, wo er die in der Ideenlehre, also dem eigentlichen Zentrum seines Werkes, gewonnenen Begriffe auf das Politische anwendet.[152]

Arendt interpretiert sogar, nebenbei gesagt, die von Aristoteles in seiner *Metaphysik* aufgestellte Rangordnung des Wissens derart, dass sie die strukturelle Nähe des „Herstellungswissens" („epistéme poietiké") zur „theoría" aus den entsprechenden Passagen herauslesen will.[153] Auch wenn die Schlussfolgerungen von Arendt und Heidegger nicht unproblematisch sind – Heidegger wird seine Philosophie als eine seinsgeschichtliche Verfallstheorie ausformulieren und Hannah Arendt Handeln und Herstellen in einen philosophisch fragwürdigen Gegensatz bringen –, haben sie recht, wenn sie die Bedeutung des technischen Herstellens für die Ausbildung der platonischen Epistemologie und Ontologie herausarbeiten. Heidegger, aber auch Emanuele Severino – davon wird noch zu sprechen sein – werden anhand solcher Einschätzungen die gesamte Metaphysik schließlich unter das Paradigma des Technischen stellen („Technik als vollendete Metaphysik") – allerdings vor dem Hintergrund einer verfallsgeschichtlichen Nihilismus-Diagnostik. Dieser Befund widerspricht der oben genannten These von Blumenberg, der ja den Ausschluss der Technik aus der Philosophie und die entsprechende Delegitimierung der Technik behauptet hatte. Denn wenn die gesamte Metaphysik Technik ist und umgekehrt, dann scheint es ja eher so zu sein, dass das Technik-Thema nicht etwa vergessen, sondern gleichsam omnipräsent im Denken des Abendlandes ist. Läuft Blumenbergs These nun von dem Ausschluss der Technik aus der Philosophie des Abendlandes ins Leere? Nein, Blumenbergs Beobachtung bleibt gültig: Denn auch wenn Heideggers Einschätzung richtig ist, dass wesentliche menschliche Handlungstypen und Wissensformen eng mit der téchne verwandt sind, wenn nicht sogar auf ihnen gründen, scheint dieses Bewusstsein der Rückbindung an die Technik in der Ausbildung philosophischer Theorien verlorengegangen zu sein; darum muss Heidegger ja seine Interpretation als „Entdeckung" präsentieren. Eine Geschichte der Philosophie bräuchte Heideggers Identifizierungsthese – „die" Metaphysik ist „die" Technik – nicht zu folgen, um die Nähe antiker Begriffsbildungen zum semantischen Feld der Technik heraus-

---

152 H. Arendt: Vita activa, S. 286.
153 Ebd., S. 384.

zuarbeiten – gerade was die scheinbar mit der technischen Welt nichts zu verbinden scheinenden Formen des Wissens angeht –, um dann nachzuzeichnen, wie es dazu kommen konnte, dass dieser Bezug vergessen wurde.

Man kann an der Antike und der genannten Rezeption und Interpretation antiker Begriffe also sowohl das Bedürfnis nach Legitimierung als auch dasjenige nach Delegitimierung der Technik ablesen. Insgesamt wird die „Technik" als Schlüsselbegriff für das menschliche Sein identifiziert.

Wie auch immer man das Verhältnis der Platonischen Theoriebildung zum Herstellen einschätzt, ein weiterer begriffsdistinktiver Schritt, der sich erst bei Aristoteles findet, ist die strikte Unterscheidung zwischen „poíesis" und „práxis", als eine strikte Trennung zwischen der technisch-künstlerischen Sphäre und der des politischen oder ethischen Handelns.[154] Im Prinzip übernimmt Aristoteles die Platonische Beschreibung des technischen Vermögens des Menschen, er sieht die téchne als ein „mit Vernunft verbundenes hervorbringendes Verhalten" und unterstreicht die empirische Dimension, indem er die Bedeutung des „Erprobens" und „Betrachtens" betont.[155] Er etabliert jedoch die „poíesis" als einen Oberbegriff für das handwerkliche und künstlerische Tun des Menschen. Mit der Analyse, der Planung des Herstellungsprozesses beginnt auch bei Aristoteles das technische Denken. Die geistige Vorwegnahme des eigentlichen Herstellungsprozesses, die Abschätzung der Mittel, die Vorstellung von dem Ziel, das man erreichen will, sind grundsätzliche Denkmuster eines technischen Denkens. Auch die Arbeit des Arztes ist für Aristoteles mit diesem Schema der Herstellung, in diesem Fall eben der (Wieder-)Herstellung von Gesundheit, vergleichbar.

Hier kam es darauf an, zu zeigen, wie sich bereits in der Antike wesentliche Momente der Technik herausbildeten, wobei insbesondere deutlich wurde, wie eng die Technik an den griechischen Begriffen für das „Wissen" angesiedelt ist; daher ist es plausibel, dass sich die téchnai in den mittelalterlichen artes fortsetzten – die auch bestimmte Wissens- und Könnensbereiche umfassen – und entsprechend neu konturierten.

An Platon zeigt sich, wie die Technik, aus der Lebenswelt der Menschen kommend, ein Tun ist, das praktische Aspekte und Wissensformen integriert. Gleichzeitig formuliert Platon in seiner Sophisten-Kritik die Schwierigkeiten, wenn die Technik als reine Operationalität ohne die Rückbindung an die Realisierung von „guten" Zwecken betrachtet wird. Darüber hinaus kann man am antiken Technikbegriff auch die historische und kulturelle Bedingtheit ablesen, denn die „téchne" bleibt auf die handwerklichen Techniken bezogen (so Erstaunliches mit

154 Siehe Aristoteles: Nikomachische Ethik, 1140ff.
155 Aristoteles: Nikomachische Ethik, 1140a12f.

ihnen gerade in architektonischer Hinsicht auch geleistet werden konnte). Die Änderungen der Technologien in der Industriellen Revolution und die Technisierung der Arbeitswelt gehört zu den Phänomenen, die es in der Antike noch nicht gab. Insofern werden ab Ende des 18. Jahrhunderts bestimmte Aspekte der Technik überhaupt erst thematisch – wie vor allem der anonyme Charakter der Technik, die dem Menschen gegenüberzustehen und ihn zu beherrschen scheint. Um diese Aspekte zu erhellen, soll die Umbruchszeit von Kant zu Hegel, Marx und Goethe, in der fundamentale Änderungen der Industriellen Revolution philosophisch in den Blick gerieten, näher untersucht werden, weil mit der veränderten Phänomenlage auch der Begriff der „Technik", seine Funktion und seine semantische Reichweite in Bewegung gerieten.

3.3 Eine Umbruchszeit im Denken über die Technik: Kant, Hegel, Marx, Goethe

Die Entwicklungen und Umbrüche in der Neuzeit, die Formulierung eines neuen Wissenschaftsideals und die Etablierung des überprüfbaren empirischen Experiments und vor allem die neue Bedeutung der Mechanik als Paradigma für das neue Wissen („mos mechanicus"), wofür die Schriften Galileo Galileis und Francis Bacons stehen, insbesondere dessen programmatisches „Novum Organum", sollen hier nicht noch einmal nachgezeichnet werden,[156] auch wenn diese Entwicklungen für eine Kultur- und Geistesgeschichte der Technik von ebenso großer Bedeutung sind wie die im geistigen Umfeld der Automatenfaszination entstehenden mechanistischen Modelle, um organische und seelische Funktionszusammenhänge zu erklären, wofür *L'Homme machine* von LaMettrie sicher das prominenteste wie umstrittenste Beispiel ist. Auch wenn die Faszination für Automaten als eine Art anthropologische Konstante zu bezeichnen ist – denn die Maschine als das Andere des Menschen hatten auch in Antike und Mittelalter zu Vergleichen und zu entsprechenden Installationen und Konstruktionen herausgefordert –, wird doch in der Neuzeit nicht nur der Nachbau von Menschen und Tieren perfektioniert, sondern die Maschinenmetapher manifestiert sich als Herausforderung für die Selbstbeschreibung des Menschen sowohl als rationales als auch als organisches Wesen. Blumenberg hat herausgearbeitet, dass insbesondere die Erfindung der Rechenmaschine nicht etwa aus dem zu erwartenden Nutzeffekt herrührt, sondern aus der neuen Auffassung, die die rationalistische

---

156 Siehe exemplarisch H. Blumenberg: Genesis der kopernikanischen Welt. Siehe überblickshalber auch K. Gloy: Das Verständnis der Natur I und II.

Philosophie vom Denken entwickelt hatte, nämlich die eines kombinatorisch-operativen Denkens. Insofern diente die Rechenmaschine der Demonstration und Erklärung der Funktionsweise des menschlichen Denkens.[157] Wie die mechanistische im Vergleich zur organischen „Hintergrundmetaphorik" – also die subkutan wirkende Verwendung bestimmter mechanischer oder organischer Ausdrücke und Metaphern – die Theoriebildungen immer wieder imprägniert, hat Blumenberg in den *Paradigmen zu einer Metaphorologie* mit Blick auf die frühe Neuzeit systematisch untersucht.[158]

In diesem Kontext interessiert weniger die geistes- und kulturgeschichtliche Verortung der Technik, sondern die philosophische Selbstbesinnung hinsichtlich der Technik, mithin die Aufnahme der Technik in die philosophische Reflexion, die in der Zeit der Industriellen Revolution und der mit ihr einhergehenden Umgestaltung der sozialen Welt neue Impulse bekommt. Dabei sollen die Änderungen des Technikbegriffs von Kant über Hegel und Marx zu Goethe nachvollzogen werden,[159] weil hier Dimensionen der Technik entdeckt werden, die in der Antike noch nicht erfahrbar und daher noch nicht beschreibbar waren. Wie man an der Aufnahme der Änderungen in Lebenswelt und alltäglichem Erfahrungshorizont durch die Industrielle Revolution in die philosophischen Systeme ablesen kann, steht die Neuformulierung des Technikbegriffs auch für eine Adaption desselben an eine neue Realität.

In der Epoche von Kant zu Hegel, Marx und Goethe vollzieht sich eine Entdeckung der Technik als ein „System", das das menschliche Sein und das individuelle Handeln in ganz anderer Weise prägt, als es der an der handwerklichen Kompetenz orientierte Technikbegriff der Antike umreißt. Mag Platon schon eine demiurgische Konzeption einer im ganzen technisch verfassten Welt imaginiert haben, so bleibt dies doch Hintergrundvorstellung und Erklärungsmodell für seine Ontologie und Metaphysik. Erst in einer Epoche, in der die Technik in Form von Maschinerien ein großes Maß an Sichtbarkeit erreicht hat, wird ein neues Verständnis der Technik thematisch, eines, das über das individuelle Handeln hinaus geht und dieses Handeln sogar „überformen" kann. In dieser Zeit kann man daher einige bemerkenswerte Bedeutungsverschiebungen in Bezug auf auf das semantische Feld der Technik beobachten. Während man an Kant einerseits eine Neuformulierung des antiken (und mittelalterlichen) Technikbegriffs als Präzisierung durch die Zweck-Mittel-Relation ablesen kann und gleichzeitig andererseits eine höchst bemerkenswerte Verwendung des Technikbegriffs in seiner

157 H. Blumenberg: Methodologische Probleme einer Geistesgeschichte der Technik, S. 76.

158 H. Blumenberg: Paradigmen zu einer Metaphorologie, S. 92ff.

159 Entgegen der Chronologie ihrer Schriften steht Goethe hier aus systematischen Gründen an letzter Stelle.

Naturphilosophie findet, sind bei Hegel dann die Änderungen im philosophischen Programm deutlich ablesbar: Mit seiner Philosophie wird mit der modernen Maschinen- und Arbeitswelt ein Feld phänomenal erschlossen, das bei Kant noch keinen systematischen Ort hatte.

Auch wenn neben der Technik in dieser Zeit gern der Begriff der „Maschine“ verwendet wird, ist im Folgenden meist vom Oberbegriff der „Technik“ die Rede. Kant und Hegel etwa verwenden beide den Begriff der „Maschine“ oder der „Maschinentechnik“ um – meist pejorativ – die Veränderung in Denken und Lebenswelt zu erfassen; man denke an Kants oben bereits erwähnte Metapher der „bloßen Maschine“ um den „entfremdenden“ Charakter der Rhetorik und der autokratischen Staatsformen zu erfassen.[160] Es ist ein begriffsgeschichtlich bemerkenswerter Befund, dass die Rede von der Maschine als Diagnoseinstrument für Änderungen im Selbstverhältnis mit dem beginnenden 19. Jahrhundert von dem Begriff der „Technik“ abgelöst wird. Wie noch zu sehen sein wird, stehen bei Kant noch „Maschine“ (oder „Mechanik“) als etwas „Entseeltes“ der Technik als quasi-natürliches Produktionsprinzip gegenüber.

Erst zur Zeit Hegels beginnt sich eine Bedeutung von Technik zu etablieren, die den Ausdruck der Maschinentechnik zunehmend ersetzen wird. Ein begriffsgeschichtlicher Schlüsseltext ist hier August Koelles 1822 erschienenes *System der Technik*, eine Art Lehrbuch für Ingenieure, in dem verschiedene Technologien systematisiert werden.[161] Kolles Technikbegriff hat sich von Kants naturphilosophischem Technikbegriff weit entfernt. Doch werden einige Jahrzehnte vergehen, bis sich dieser Begriff durchgesetzt hat, noch Marx wird – wie noch zu sehen sein wird – ganz selbstverständlich im Zusammenhang mit Darwins Theorie von einer „Technologie der Natur“ reden können.[162] Erst in der zweiten Hälfte des 19. Jahrhunderts etabliert sich die „Technik“, weitgehend losgelöst von den Begriffsfeldern der „Kunst“ und der „Natur“ als ein eigenständiger Begriff – wie insbesondere Kapps *Grundlinien zu einer Philosophie der Technik* von 1877 zeigen. Kapp entwirft vor dem Hintergrund seiner Organprojektionsthese eine Anthropologie der Technik, die nur vor dem Hintergrund der begrifflichen Neujustierung in dieser Form möglich war: Die Technik als ein, wenn nicht das Grundvermögen der menschlichen Existenz.[163] Aber auch in anderen Kontexten zeigt sich, dass sich der Technikbegriff spätestens Ende des 19. Jahrhunderts als eigenständiger Begriff semantisch evolviert hat. Ein Zitat aus Nietzsches *Zur Genealogie der Moral* möge dafür als Beispiel dienen: „Hybris ist heute unsere ganze

160 Siehe zur Maschinen-Metapher generell B. Remmele: Maschine.

161 Siehe dazu P. Fischer (Hg.): Technikphilosophie, S. 111ff.

162 Siehe K. Marx: Das Kapital, S. 392, Fußnote 89. Darauf wird später noch einzugehen sein.

163 E. Kapp: Grundlinien einer Philosophie der Technik.

Stellung zur Natur, unsere Natur-Vergewaltigung mit Hülfe der Maschinen und der so unbedenklichen Techniker- und Ingenieurs-Erfindsamkeit".[164]

Im Folgenden wird in vier Stationen – Kant, Hegel, Marx, Goethe – die entsprechende Begriffsdynamik vorgeführt; es muss nicht betont werden, dass es sich hier um bloße, wiewohl hoffentlich prägnante Schlaglichter handelt.

3.3.1 Kant: Die Natur der Technik

Der Königsberger Philosoph unterscheidet in der *Grundlegung zur Metaphysik der Sitten* technische, pragmatische und moralische Imperative,[165] wobei die hier interessierenden technischen Imperative als „zur Kunst gehörig" auch „Imperative der Geschicklichkeit" genannt werden und folgendermaßen charakterisiert sind: „Wer den Zweck will, will (sofern die Vernunft auf seine Handlungen entscheidenden Einfluß hat) auch das dazu unentbehrliche Mittel, das in seiner Gewalt ist."[166] Technische Imperative sind eine spezifische „Nöthigung des Willens", die nach Kant „analytisch" aus dem Willen zum Zweck folgt. Das heißt: Will ich den Zweck, muss ich auch die entsprechenden Mittel zu seiner Realisierung wollen. Damit steht Kant in der Tradition des antiken téchne-Begriffs als Sachkompetenz. Doch die Überführung der Technik in die Zweck-Mittel-Relation gibt der Technik eine Grundstruktur, die sich zwar der Sache nach, aber nicht in der expliziten Formulierung in der Antike findet. Wenn Kant die Technik im Vergleich zu den pragmatischen und moralischen Imperativen als Geschicklichkeit ausweist und beschreibt, dann versteht er sie als Form menschlicher Praxis. Die Technik ist als eine ganz bestimmte Ausprägung der Zweck-Mittel-Relation zu verstehen, denn auch das kluge und das moralische Handeln sind durch Zweck-Mittel-Relationen bestimmt. Hierbei ist es wichtig zu sehen, dass Kant mit der Zweck-Mittel-Relation eine Grundstruktur von Praxis identifiziert und etabliert, die es erlaubt, die verschiedenen Praxistypen zu vergleichen und zu unterscheiden. Vor diesem Hintergrund definiert er den Mittelbegriff ganz generell: „Was dagegen bloß den Grund der Möglichkeit der Handlung enthält, deren Wirkung Zweck ist, heißt das *Mittel*."[167] Die menschlichen Handlungsformen, auch wenn sie unterschiedlich ausformuliert und unterschiedlichen Imperativen zugeordnet werden, sind über die Zweck-Mittel-Relation strukturell miteinander verwandt.

---

164 F. Nietzsche: Zur Genealogie der Moral, S. 357.
165 I. Kant: Grundlegung zur Metaphysik der Sitten, S. 416f.
166 Ebd., S. 417.
167 Ebd., S. 427.

Technisches Handeln ist entsprechend an die Kenntnis der geeigneten Mittel zu einem bestimmten Zweck geknüpft. Allerdings unterstreicht Kant: „Ob der Zweck nun vernünftig und gut sei, davon ist hier gar nicht die Frage, sondern nur was man tun müsse, um ihn zu erreichen."[168] Vor diesem Hintergrund sieht er die Technik des Arztes auf derselben Ebene wie die des „Giftmischers" und beobachtet auch in der Kindererziehung, das auf die Ausbildung von Techniken wert gelegt wird, in denen die Mittel zunächst zu „beliebigen Zwecken" erlernt werden, um die Geschicklichkeit zu fördern.[169] Diese Beschreibung der technischen Zweck-Mittel-Relation basiert – das belegen insbesondere die empirischen Beispiele – auf einer Anthropologie: Der Mensch ist das Wesen, das sich in der Zweck-Mittel-Rationalität orientiert und ein Teil seines Tätigkeitsspektrums an ihr ausrichtet.

Insofern ist Kants Konzeption von anthropologischen Vorannahmen geprägt: Wenn man als Kern seines Konzepts moralischer Praxis die freiwillige Selbstverpflichtung bezeichnen kann, die den vernünftigen Menschen zwingt, das als allgemeingültig angesehene Sittengesetz zu befolgen, dann steht hinter der strengen Betonung der Pflicht die Vorstellung des Menschen als eines fehlbaren und nicht „von Natur" aus guten Wesens. Aber gleichzeitig ist damit die Überzeugung verbunden, dass der Mensch in der Lage ist, diese Selbstverpflichtung ohne fremde Autorität wahrzunehmen und umzusetzen, was wiederum eine spezifische Verfasstheit der menschlichen Vernunft zur Folge hat. Trotz Kants strenger Ablehnung anthropologischer Begründungsfiguren in der praktischen Philosophie, steht hinter seiner Theorie menschlicher Praxis ein ganz bestimmtes Konzept vom Selbstverständnis des Menschen (als Menschen). Und dies gilt nun auch für das Verhältnis von Technik und Praxis, wie man an Kants Unterscheidung zwischen kategorischen, technischen und pragmatischen Imperativen erläutern kann.[170] Kant betrachtet, wie gesehen, den Menschen im Rahmen dieser Differenzierung offenbar grundsätzlich als ein Wesen, das in der Lage ist, in ganz bestimmter Weise zwischen Mitteln und Zwecken zu unterscheiden und das je nach Situation oder Anforderung verschiedene Weisen der Realisierung von bestimmten Zwecken verfolgen kann. Da der technische Imperativ eine Kompetenz der Mittelverwendung verlangt, jedoch eine Orientierung schon voraussetzt, da die zu erreichenden Zwecke schon feststehen, stellt Kant das technische Herstellen neben die moralische Praxis; auch wenn ihn das moralische Handeln mehr interessiert und er diese Tätigkeitsform als „höher" einstufen würde, ist doch

168 Ebd., S. 415.
169 Ebd.
170 I. Kant: Grundlegung zur Metaphysik der Sitten, S. 416

auffällig, wie er die strukturelle Verwandtschaft von Technik und Praxis hervorhebt.

In der *Kritik der Urtheilskraft* verwendet Kant einen anderen Technikbegriff; dort spricht er von einer „Technik der Natur", die er als „ein produktives Vermögen derselben [der Natur, O.M.], welches Zweckmäßigkeit der Gestalt für unsere bloße Apprehension an sich zeigt", definiert.[171] Dabei bringt der das Technische mit dem „bloß" Mechanischen in einen Gegensatz. Der Kausalität als „blinden Mechanism" stellt er das Vermögen, die Natur „technisch zu denken" entgegen, wobei er aber betont, dass wir behutsam in der Einschätzung sein sollten, ob wir Naturphänomene eher mit mechanistischen oder mit teleologischen Begriffen erklären.[172] Diesen Gegensatz beschreibt Kant in der „ersten Einleitung" zur *Kritik der Urtheilskraft* wie folgt: „Die Natur verfährt in Ansehung ihrer Producte als Aggregate mechanisch, als bloße Natur; aber in Ansehung derselben als Systeme, z.B. Cristallbildungen, allerley Gestalt der Blumen, oder dem innern Bau der Gewächse und Thiere, technisch d.i. zugleich als Kunst."[173] Die „Technik der Natur" hat ihren Reflex auch in der Ästhetik. So notiert Kant, dass in der ästhetischen Betrachtung der Natur die „Technik der Natur" entdeckt werde, „so daß diese nicht bloß als zur Natur in ihrem zwecklosen Mechanism, sondern auch als zur Analogie mit der Kunst gehörig" beurteilt werden muss.[174]

Bei Kant interferieren die Bedeutungen von Kunst und Technik noch. Und dies dient bemerkenswerterweise dazu, den Technikbegriff als Deutungsmuster für Komplexe naturale Zusammenhänge zu etablieren. Gleichzeitig sagt Kant aber auch, dass im Kontext der Naturphilosophie die Analogie zur Kunst von begrenzter Aussagekraft ist, insbesondere dann, wenn wir über Organismen reden.[175] Gleichzeitig kann ein Organismus mit keiner (mechanistischen) Kausalität erklärt werden.[176] Und vor diesem Hintergrund bedient sich Kant nun der Zweck-Mittel-Relation, um den Organismus zu charakterisieren: „Ein organisirtes Product der Natur ist", so Kant, „vielmehr das, in welchem alles Zweck und wechselseitig auch Mittel ist."[177] Kant verwendet hier also die Zweck-Mittel-Relation im Kontext der Naturphilosophie. Sie fungiert als transzendentales Prinzip in der Naturerklärung. Dabei ist entscheidend, dass sich *hier* die transzendentale und die anthropologische Ebene berühren. Denn weil die Orientierung im Rahmen der Zweck-Mittel-

---

171 I. Kant: Kritik der Urtheilskraft, S. 411.
172 Ebd., S. 360.
173 I. Kant: Erste Einleitung zur Kritik der Urtheilskraft, S. 217.
174 I. Kant: Kritik der Urtheilskraft, S. 246.
175 Ebd., S. 374.
176 Ebd., S. 375.
177 Ebd., S. 376.

Rationalität charakteristisch für die menschliche Lebensform ist, kann sie – mit den entsprechenden methodischen Kautelen – auch als Muster für Erkenntnis in der Naturphilosophie fungieren.

Wenn die Technik der Natur für eine bestimmte Erkenntnisform steht, dann kann man Kant in einer gewissen Tradition der Antike sehen, denn auch dort diente die Analogie der Technik dazu, wie gesehen, bestimmte epistemologische und ontologische Grundprobleme zu verdeutlichen. Allerdings überführt Kant seinen Technikbegriff systematisch in seine transzendentale Als-ob-Struktur der reflektierenden Urteilskraft.

Kant konserviert in seinem Technikbegriff also zum einen den Begriffsgehalt der „téchne" bzw. „ars" als ein künstlerisches Vermögen. Allerdings hat er die Bedeutung der Zweck-Mittel-Kategorie für das tätige Individuum deutlicher herausgearbeitet, als es in der Antike zu finden war, und hat damit den generellen Strukturzusammenhang beschrieben, der technisches und moralisches Handeln vergleichbar macht. Nach Kant wird das Zweck-Mittel-Verhältnis als Interpretationskategorie leitend bleiben für die Beschreibung der Technik. Die Konzepte des Zweckrationalen über die instrumentelle Vernunft bis hin zu den kulturkritischen Diagnosen von der „Umkehrung" des Zweck-Mittel-Verhältnisses[178] haben letztlich hier ihre begrifflichen Wurzeln.

Zum anderen arbeitet Kant heraus, dass man unter Technik eine bestimmte Art der Produktivität verstehen kann, die wir auch im Ansehen der Natur erkennen. Die Technik fungiert als ein Muster für die Erkenntnis von organischen Zusammenhängen, dessen sich die Urteilskraft bedienen kann. Technisches Tun ist bei Kant vom „bloß" Mechanischen unterschieden und erfasst eine bemerkenswerte Selbstentfaltungsdimension. Für heutige Ohren klingt „Technik der Natur" zunächst fremd, doch findet sich in den aktuellen Wissenschaftstheorien bestätigt, dass technische und mechanische Metaphern die Funktionsweisen der Natur z.T. sehr präzise zu beschreiben in der Lage sind.[179] Kants Analyse der „Technik der Natur" lässt also den Schluss zu, dass es mittels technischer Rationalität möglich ist, Zweckmäßigkeitszusammenhänge zu erkennen.

In der Wiedererkennung von technischen Herstellungsprozessen in Naturvorgängen ist Kants „Technik der Natur" vielleicht auch als ein Reflex des demiourgós-Modells in Platons *Timaios* zu verstehen. Während bei Platon der Weltbaumeister noch gewissermaßen in persona eingeführt wird, transzendentalisiert Kant die Idee des klugen Hergestelltseins der Natur und verortet sie im Erkenntnisvermögen des Menschen. Explizit knüpft Kant an die Tradition demi-

178 Siehe G. Simmel: Philosophie des Geldes, S. 672ff.

179 Siehe exemplarisch M. Gutmann: Der Mensch als technisches Wesen.

urgischen Denkens bereits in der *Allgemeinen Naturgeschichte und Theorie des Himmels* an, wenn er dort schreibt: „Mich dünkt man könne hier in gewissem Verstande ohne Vermessenheit sagen: Gebet mir Materie, ich will eine Welt daraus bauen!“[180] Die Konzeption ist in der *Kritik der Urtheilskraft* allerdings eine andere. Auch wenn die Technik der Natur nicht als Herstellungswissen verstanden werden kann (wie die berühmte Absage an den „Newton des Grashalms“ verdeutlicht),[181] erlaubt die Technik aber doch die Erkenntnis bestimmter Strukturmomente, die dem menschlichen Tun verwandt sind – und gerade wegen dieser Verwandtschaft erst als verstehende Kategorie fungieren können.

Insgesamt verschränkt Kant also die Technik als Tätigkeits- und Wissensform in einer Zweck-Mittel-Kompetenz, die auch die Erkenntnis des Zweckmäßigen einschließt, und die immer wichtiger wird für das Selbstverständnis des Menschen, denn, wie Gerhardt in seiner Kant-Interpretation vermerkt, der

> Mensch, so wie er sich begreift, ist ein *Produzent seiner selbst*. Dass er dabei auf Bedingungen angewiesen ist, über die er nicht verfügt, versteht sich angesichts des Ineinanders von Natur und Kultur, Leben und selbstbewusstem Zweck nicht nur in einem trivialen, sondern auch in einem emphatischen Sinn von selbst.[182]

Auch wenn es Ende des 18. Jahrhunderts schon erste Wortbildungen wie „Hydrotechnica“ gibt – also die Verwendung von „Technik“ für einen eindeutig technologischen Bereich und nicht mehr für Kunst –, hat Kants Technikbegriff pragmatische, ästhetische und naturphilosophische Konturen. Dies ist zweifelsohne eine bemerkenswerte Bündelung und originelle Aktualisierung des Begriffserbes – doch konnte damit die sich ausbildende Welt der Industrie noch nicht oder nicht adäquat erfasst werden. Dies ändert sich mit Hegel, der die technikbedingten Transformationsprozesse explizit thematisiert, der Grundzüge einer Ausbildung von Individualität durch Technik entfaltet und der den logischen Begriff des „Mittels“ deutlicher in Bezug zu den Bedingungen und Eigenschaften der technisierten Lebenswelt setzt.

---

180 I. Kant: Allgemeine Naturgeschichte und Theorie des Himmels, S. 229f.
181 I. Kant: Kritik der Urtheilskraft, S. 337f.
182 V. Gerhardt: Immanuel Kant, S. 326.

3.3.2 Hegel: Die Logik der Technik

Hegel schreibt in seinem frühen Jenaer Systementwurf (*Das System der speculativen Philosophie*):

> Das Werkzeug als solches [...] bleibt seine [des Menschen, O.M.] Thätigkeit, die auf ein todtes gerichtet ist, und zwar ist seine Thätigkeit wesentlich das Tödten desselben, es aus seinem lebendigen Zusammenhange herauszureissen, und es zu setzen als ein zu vernichtendes; als ein solches; in der Maschine hebt der Mensch selbst diese seine formale Thätigkeit auf, und läßt sie ganz für ihn arbeiten. Aber jener Betrug, den er gegen die Natur ausübt [...] rächt sich gegen ihn selbst; was er ihr abgewinnt, je mehr er sie unterjocht, desto niedriger wird er selbst. Indem er die Natur durch mancherley Maschinen bearbeiten läßt, so hebt er die Nothwendigkeit seines Arbeitens nicht auf, sondern schiebt es nur hinaus, entfernt es von der Natur [...], und das Arbeiten, das ihm übrig bleibt, wird selbst maschinenmäßiger.[183]

Mit Aplomb formuliert hier der junge Hegel eine Entfremdungstheorie, die vielleicht rousseauistisch inspiriert ist, die aber Werkzeug und Maschine derart in das Zentrum seiner Analyse rückt, wie es eine Generation vor Hegel kaum möglich gewesen wäre.

Aber auch über diese Versuche, die Änderungen der Arbeitswelt seiner Zeit zu erklären, hinaus, kann man an Hegels Philosophie ablesen, wie die Industrielle Revolution Spuren in seiner Terminologie hinterlässt. In der Einleitung in die *Phänomenologie des Geistes* setzt er sich mit den methodischen Schwierigkeiten auseinander, das Absolute zu erkennen und wählt dafür das Begriffsfeld des Werkzeugs und des Mittels um erste Aporien aufzuweisen.[184] Auch wenn er an dieser Stelle den Werkzeugcharakter des Denkens kritisch sieht, merkt man diesen Passagen an, dass sie die Phänomenologie des technischen Tuns voraussetzen. Hier schreibt ein Autor, dem die technische Welt schon zu einem Problem geworden ist, dem aber gleichzeitig die Bedeutung der nicht nur praktisch, sondern auch technisch verstandenen Zweck-Mittel-Relation für das menschliche Selbstverständnis eine vertraute Ausdrucksweise war. In dem schon genannten ersten Jenaer Systementwurf gibt es ein Kapitel, das mit „Potenz des Werkzeugs" überschrieben ist,[185] in dem er das Werkzeug neben die „Potenz der Sprache" und die „Potenz des Besitzes, und der Familie" stellt; dort begreift Hegel das Werkzeug folgendermaßen: „Das Werkzeug ist die existirende Vernünftige Mitte existirende Allgemeinheit des praktischen Processes".[186] Das Werkzeug bekommt hier zudem

183 G. W. F. Hegel: Systementwurf I, S. 321.
184 G. W. F. Hegel: Phänomenologie des Geistes, S. 68f.
185 G. W. F. Hegel: Systementwurf I, S. 297ff.
186 Ebd., S. 300.

schon durchaus die an Hannah Arendt erinnernde Funktion, Dauerhaftigkeit und Bestand zu garantieren. An einer späteren Stelle in der *Phänomenologie des Geistes* schließt Hegel entsprechend an Kants Zweck-Mittel-Relation an, um das tätige Individuum zu beschreiben. Die Fähigkeit, Zwecke durch Mittel zu realisieren, ist dabei von zentraler Bedeutung: „Das Individuum kann daher nicht wissen, was es ist, eh es sich durch das Tun zur Wirklichkeit gebracht hat.“[187] Hegel formuliert hier die Konturierung des individuellen Selbst bei der Ausbildung der Zweck-Mittel-Kompetenz; Individualität entsteht aus einem instrumentalen Selbst- und Weltverhältnis.

Für den Technikbegriff von besonderem Interesse ist hier allerdings das Teleologie-Kapitel der *Wissenschaft der Logik.* Denn an diesen Passagen kann man ablesen, wie das „Mittel“ als logischer Begriff und als praktisch-technischer interferieren. Hegel sucht hier offenbar eine Äquivokation, um eine anthropologische Phänomenlage zu erfassen, die Cassirer später folgendermaßen beschreiben wird:

> Alles Denken ist seiner reinen logischen Form nach mittelbar – ist auf die Entdeckung und Gewinnung von Mittelgliedern angewiesen, die den Anfang und das Ende, den Obersatz und den Schlußsatz einer Schlußkette miteinander verknüpfen. Das Werkzeug erfüllt die gleiche Funktion, die sich hier in der Sphäre des Logischen darstellt, in der gegenständlichen Sphäre: Es ist gleichsam der in gegenständlicher Anschauung, nicht im bloßen Denken erfaßte ‚terminus medius‘. Es stellt sich zwischen den ersten Ansatz des Willens und das Ziel – und es gestattet in dieser Zwischenstellung erst, beide voneinander zu sondern und die gehörige Distanz zu setzen.[188]

Diese Leistung der Distanz und die entsprechende Wirklichkeitserkenntnis sind für Cassirer erst durch diese Mittel-Funktion des Werkzeugs möglich.[189]

Hegel formuliert das anders aus. Ihm geht es um das Verhältnis der subjektiven Zwecke und der Zwecke der Natur:

> [U]nd in demselben Momente, in welchem das Subjekt des Zwecks *sich* bestimmt, ist es auf eine gleichgültige, äußerliche Objektivität bezogen, die von ihm jener inneren Bestimmtheit gleichgemacht, d.h. als ein durch den *Begriff Bestimmtes* gesetzt werden soll, zunächst als *Mittel.*[190]

187 G. W. F. Hegel: Phänomenologie des Geistes, S. 297.
188 E. Cassirer: Form und Technik, S. 158f.
189 Siehe dazu auch O. Schwemmer: Mittel und Werkzeug.
190 G. W. F. Hegel: Wissenschaft der Logik, S. 448.

Wir können nach Hegel Mittel als Mittel erkennen, weil, so pointiert Andreas Luckner, „wir selbst Mittel bzw. Werkzeuge sein können – oder besser: weil wir wissen, was es heißt ein Mittel bezogen auf einen Zweck zu sein."[191]

Charles Taylor hat diese Passagen des Teleologie-Kapitels wie folgt interpretiert:

> Alle im Bereich des Endlichen Handelnden gebrauchen Mittel, um ihre endlichen Ziele zu erreichen. Sie nehmen etwas von der äußeren Welt auf und wenden es auf etwas anderes an, um ihre Absicht zu realisieren. Sie gebrauchen zum Beispiel Werkzeuge. Auf diese Weise wird ein Teil der Welt in ihre Aktivität eingeschlossen, er wird in die Tätigkeit eingegliedert [...]. Diese Tätigkeiten können als Mittel angesehen werden, aber sie sind nicht vom Handelnden getrennt. Er handhabt diese Tätigkeiten nicht, vielmehr *sind* seine Handhabungen der Dinge diese Tätigkeiten [...]. Wenn wir aktiv in die äußere Wirklichkeit eingreifen, bemerken wir, daß einige dieser einfachen Tätigkeiten unsere geschickte Handhabung bestimmter Werkzeuge einschließen, so daß in diesem Sinne unsere Wechselbeziehung mit den von uns als Werkzeuge verwendeten Gegenständen nicht nur mechanisch ist [...]. Der formschaffende Mensch ist in dem Geformten enthalten.[192]

Taylor hat damit einen Aspekt Hegelschen Denkens ausformuliert, den man mit gutem Recht als eine entscheidende Entdeckung bezeichnen kann: Auch wenn im Denken der Neuzeit das Moment der Selbsterschaffung überhaupt eine wichtige Rolle spielt, betont Hegel erstmals ausdrücklich den Zusammenhang zwischen Selbstsein und Technik. Die technische Gestaltung der Welt hat ihr Korrelat in der Struktur des Selbstseins selbst. Durch Technik bringt sich das Selbst erst hervor. „Das Selbst" ist selbstverständlich ein erläuterungsbedürftiger Begriff. Allerdings soll es an dieser Stelle bei der schlaglichtartigen Diagnostik der Begriffsdynamik bleiben. Im Zusammenhang mit Cassirer wird der Begriff des „Selbst" dann systematisch wieder aufgegriffen.

Die technische Einrichtung der Welt wiederum geschieht nach eigenen Gesetzen, die Hegel folgendermaßen beschreibt:

> Insofern ist das Mittel ein Höheres als die endlichen Zwecke der äußeren Zweckmäßigkeit; – der Pflug ist ehrenvoller, als unmittelbar die Genüsse sind, welche durch ihn bereitet werden und die Zwecke sind. Das Werkzeug erhält sich, während die unmittelbaren Genüsse vergehen und vergessen werden.[193]

---

191 A. Luckner: Heidegger und das Denken der Technik, S. 44.
192 C. Taylor: Hegel, S. 422f.
193 G. W. F. Hegel: Wissenschaft der Logik, S. 453.

Und es ist dann eine „List der Vernunft",[194] dass der Mensch mit seinen Werkzeugen „Macht über die äußerliche Natur" besitzt, „wenn er auch nach seinen Zwecken ihr vielmehr unterworfen ist."[195] Die Erkenntnis der „inneren Zweckmäßigkeit" der Natur (hier bezieht sich Hegel auf Kant) wird durch die Technik ermöglicht, denn das technische Denken ist gewisserweise Experte für die Verhältnissetzung von Mitteln und Zwecken und insbesondere für die Aspekte der Zweckrealisierung.[196] Bei Hegel können wir nicht nur Ansätze für die Bedeutung der Technik für die Selbstverortung des Menschen in Natur und Kultur erkennen, sondern in der Figur der „List der Vernunft" benennt er auch schon ein Moment von Tragik in der Technik, das wir dann bei Goethe ausbuchstabiert finden.

Hegel formuliert hier eine bemerkenswerte Parallelität von Denken und Technik, die allerdings erst Cassirer in seinem kulturanthropologischen Ansatz als eine symboltheoretische Grundfunktion ausweist, in der Sprechen, Denken und Technik systematisch miteinander verbunden werden. Aber nicht nur Cassirer, sondern auch Hannah Arendt wird die Bedeutung der Technik für die Ausbildung des individuellen Selbst und seines Lebensraums weiterentwickeln und deutlicher konturieren; doch hat Hegel hinsichtlich des technischen Selbstverständnisses des Menschen grundlegende Einsichten formuliert, auf die im Zusammenhang mit der Ausbildung des Selbstseins durch Technik noch einmal zurückzukommen sein wird.

Darüber hinaus hat Hegel mit der Herr-Knecht-Unterscheidung in der *Phänomenologie des Geistes* das technische Handeln des Menschen ebenfalls umrissen, denn der Knecht erscheint hier als das Mittel des Herrn, auch wenn er „das Ding" bearbeitet.[197] Der in der Herr-Knecht-Dialektik formulierte Begriff der „Arbeit" und die damit verbundene „technische" Vergegenständlichungsleistung und befreiende Selbsterzeugung des Menschen ist sowohl von Marx in den *Ökonomisch-Philosophischen Manuskripten* als auch von Heidegger in seinem *Brief über den ‚Humanismus'* als entscheidender Schritt in der Herausbildung eines technischen Selbst- und Weltverständnisses formuliert worden (bei Heidegger: „der sich selbst einrichtende Vorgang der unbedingten Herstellung").[198]

Wie schon an dem frühen *Systementwurf* deutlich wurde, interessiert sich Hegel für die Auswirkungen gesellschaftlicher Transformationsprozesse auf das menschliche Tun und die Konstituierung von Individualität. In seinen späteren

194 Ebd., S. 452.
195 Ebd., S. 453.
196 Siehe dazu auch C. Hubig: Historische Wurzeln der Technikphilosophie, S. 34ff.
197 Siehe G. W. F. Hegel: Phänomenologie des Geistes, S. 151.
198 K. Marx: Ökonomisch-Philosophische Manuskripte, S. 328f.; M. Heidegger: Brief über den ‚Humanismus', S. 340.

Schriften wird dies aber nicht mehr in jenem technikkritischen Pathos der ersten Systementwürfe geäußert. Hegel integriert seine „Technikphilosophie" (oder die Rudimente derselben) in das „System der Bedürfnisse" (etwa in den §§ 524-528 der *Enzyklopädie der philosophischen Wissenschaften*). Damit versucht Hegel die conditio von Personen in der modernen Gesellschaft zu beschreiben, indem er auch der technisierten Arbeitswelt einen Platz in seinem System einräumt:

> Die damit zugleich abstraktere Arbeit führt einerseits durch ihre Einförmigkeit auf die Leichtigkeit der Arbeit und die Vermehrung der Produktion, andererseits zur Beschränkung auf eine Geschicklichkeit und damit zur unbedingteren Abhängigkeit von dem gesellschaftlichen Zusammenhange. Die Geschicklichkeit selbst wird auf diese Weise mechanisch und bekommt die Fähigkeit, an die Stelle menschlicher Arbeit die Maschine treten zu lassen.[199]

Mit dieser Analyse hat Hegel Kants Imperativ der Geschicklichkeit gewissermaßen für die moderne technische Welt reformuliert. Die Grundstruktur geschickter Zweck-Mittel-Realisierungen findet ihre Übersetzung und dann Ersetzung in den Maschinen.

Mit Kant und Hegel hat sich im Feld des Technischen die Zweck-Mittel-Relation im Verhältnis zur Antike deutlicher ausformuliert, wobei sich Hegel konsequenter bemüht, die durch Technisierungsvorgänge veränderte Lebenswelt seiner Epoche auf den Begriff zu bringen, gewissermaßen auch in diesem Feld seine Zeit in Gedanken zu fassen. Dabei sensibilisiert er deutlicher für die Technik als „systemisches" Phänomen, das nicht mehr allein durch die Beschreibung individueller Handlungsstrukturen (wie noch bei Kant) erfasst werden kann.

3.3.3 Marx: Die Realität der Technik

Die zunehmende Einsicht hinsichtlich der Technik als grundlegende Tätigkeit und Fähigkeit des Menschen führt dann bei Marx zu einer deutlichen Anthropologisierung der Technik-Thematik. Marx hat als einer der ersten den Menschen als Homo faber beschrieben, der durch eine „zweckmäßige Tätigkeit" und die entsprechende Entwicklung von „Arbeitsmitteln" charakterisiert ist: „Franklin", schreibt er, „definiert daher den Menschen als ‚a toolmaking animal', ein Werkzeuge fabrizierendes Tier."[200] Höhlenfunde dienen ihm hierfür als Beispiele. Marx

---

199 G. W. F. Hegel: Enzyklopädie der philosophischen Wissenschaften im Grundrisse, S. 322.
200 K. Marx: Das Kapital, S. 194.

bindet die technische Tätigkeit des Menschen aber auch an die Leiblichkeit des Menschen zurück:

> Die seiner Leiblichkeit angehörigen Naturkräfte, Arme und Beine, Kopf und Hand, setzt er in Bewegung, um sich den Naturstoff in einer für sein eigenes Leben brauchbaren Form anzueignen. Indem er durch diese Bewegung auf die Natur außer ihm wirkt und sie verändert, verändert er zugleich seine eigne Natur.[201]

Auch Marx unterstreicht damit den Zusammenhang von technischer Formung der Welt und Selbstformung des Menschen.

Diese anthropologische Deutung der Technik bringt Marx nun in eine Spannung zu der technisierten Arbeitswelt seiner Zeit, wie er sie im Kapitel „Maschinerie und große Industrie" im *Kapital* beschreibt. Denn in Marx' Augen führt die Technik zu einer Überformung des individuellen technischen Tuns:

> Nachdem erst die Werkzeuge aus Werkzeugen des menschlichen Organismus in Werkzeuge eines mechanischen Apparats, der Werkzeugmaschine, verwandelt, erhielt nun auch die Bewegungsmaschine eine selbständige, von den Schranken menschlicher Kraft völlig emanzipierte Form [...]. Mit der Anzahl der gleichzeitig bewegten Arbeitsmaschinen wächst die Bewegungsmaschine und dehnt sich der Transmissionsmechanismus zu einem weitläufigen Apparat aus.[202]

Marx beschreibt hier die Transformation der leiblich rückgebundenen Werkzeug-Technik als einen auf eigenen Regeln basierenden Funktionszusammenhang der Maschine, in den die Werkzeugtechnik auf dieser neuen Stufe der Technikentwicklung „aufgehoben" ist.

Marx sieht die Technik wie die Entwicklung der Wissenschaften durchaus vor einem emanzipatorischen Hintergrund. Doch buchstabiert er in seinen Analysen der durch Technisierung veränderten Arbeitswelt auch die durch diese ausgelösten Entfremdungserfahrungen aus. Dabei anonymisiert er die Technisierungsvorgänge und interpretiert sie als quasi-deterministische Struktur:

> Die Maschinerie, mit einigen später zu erwähnenden Ausnahmen, funktioniert nur in der Hand unmittelbar vergesellschafteter oder gemeinsamer Arbeit. Der kooperative Charakter des Arbeitsprozesses wird jetzt also durch die Natur des Arbeitsmittels selbst diktierte technische Notwendigkeit.[203]

201 Ebd., S. 192.
202 Ebd., S. 398.
203 Ebd., S. 407.

Damit formuliert Marx einen Umschlagpunkt: Zunächst hat er die Entwicklung der industriellen Produktion und ihrer Maschinen aus der Arbeitsteilung und der damit verbundenen Struktur der Manufakturen erklärt.[204] Ab einer gewissen Entwicklungsstufe der Technik sieht er aber offenbar die Arbeitsteilung durch die Maschinen als eine „technische Notwendigkeit". Im weiteren Verlauf dieses Kapitels wird Marx die durch die Maschinen veränderte Arbeitswelt folgendermaßen beschreiben:

> Wir sahen dann, wie die Maschinerie das menschliche Exploitationsmaterial des Kapitals vermehrt durch Aneignung der Weiber- und Kinderarbeit, wie sie die ganze Lebenszeit des Arbeiters konfisziert durch maßlose Ausdehnung des Arbeitstages und ihr Fortschritt, der ein ungeheuer wachsendes Produkt in stets kürzrer Zeit zu liefern erlaubt, endlich als systematisches Mittel dient, in jedem Zeitmoment mehr Arbeit flüssig zu machen oder die Arbeitskraft stets intensiver auszubeuten.[205]

Damit wird die Technik nicht mehr nur in ihrer Entlastungsfunktion, sondern, wie es schon Hegel formuliert hat, auch als Möglichkeit der „Ausbeutung" der menschlichen Arbeitskraft begriffen. Mit diesem Blickwinkel auf das Problem befinden wir uns in einem Paradigma, das in der Antike und bei Kant nicht denkbar war. Auch wenn es über Rousseau und seine Rezeption durchaus kritische bis pessimistische Reflexionen über die Vergesellschaftung des Menschen gibt, ist die systematische Beschreibung der Entfremdung des Menschen als ein über Technologien verfügendes Wesen ein neues Feld. Die Verschränkung der Homo-faber-Figur mit dem Homo oeconomicus findet sich erst in dieser Zeit deutlich ausformuliert.

Interessant für diesen Kontext ist, dass Marx von dem „Leib der Fabrik" und der „Gliederung des Maschinensystems" spricht. Denn diese Metaphern sind der Versuch, den Übergang von den handwerklichen Techniken und den dafür typischen Werkzeuggebrauch in einem Funktionszusammenhang aufgehen zu lassen, der eine neue Stufe technischer Entwicklung beschreibt, wofür sich Marx organischer Metaphern bedient, mit denen er die Genese der Technik aus der Struktur des Leibes erklärt und gleichzeitig die Substitution derselben organischen Voraussetzungen in der Funktionsweise der Maschine beobachtet, wobei diese Substitutionen in Form von „Einverleibungen" stattfinden, die dann zur „Emanzipation" der Maschine führen: Nachdem die Werkzeuge aus den Funktionen des menschlichen Leibes entstanden sind – Marx formuliert hier schon früh eine Organprojektionsthese –, verselbständigen sich die Werkzeuge in der Maschine

204 Ebd., S. 390.
205 Ebd., S. 441.

derart, dass sich die Maschine als Funktionssystem von den leiblichen Bedingungen und Begrenzungen schließlich völlig emanzipiert. Dieses Moment der Emanzipation der Maschine charakterisiert die neue Dimension von Technik, die das Individuum nicht nur zu entmündigen scheint, sondern zur Maschine selbst degradieren kann, wie Marx etwa in den *Ökonomisch-Philosophischen Manuskripten* schreibt:

> Die Vereinfachung der Maschine, der Arbeit wird dazu benutzt, um den erst werdenden Menschen – das *Kind* – zum Arbeiter zu machen, wie der Arbeiter ein verwahrlostes Kind geworden ist. Die Maschine bequemt sich der *Schwäche* d[es] Menschen, um den *schwachen* Menschen zur Maschine zu machen.[206]

Um diese These zu plausibilisieren, entwickelt Marx im *Kapital* eine reiche Metaphern-Welt, mit der er die neuen industriellen Kräfte anschaulich macht – und zunehmend auch dämonisiert:

> Als gegliedertes System von Arbeitsmaschinen, die ihre Bewegung nur vermittelst der Transmissionsmaschinerie von einem zentralen Automaten empfangen, besitzt der Maschinenbetrieb seine entwickeltste Gestalt. An die Stelle der einzelnen Maschine tritt hier ein mechanisches Ungeheuer, dessen Leib ganze Fabrikgebäude füllt und dessen dämonische Kraft, erst versteckt durch die fast feierlich gemeßne Bewegung seiner Riesenglieder, im fieberhaft tollen Wirbeltanz seiner zahllosen eigentlichen Arbeitsorgane ausbricht.[207]

Die Metaphern des Tanzes der Maschine und des Tanzes mit der Maschine wird auch Hannah Arendt verwenden um ein spezifisches Entfremdungsmoment auszuweisen.[208] Das durch die Metapher des Tanzes zum Ausdruck Gebrachte ist vermutlich das Rhythmische, das eben auch die Maschine kennzeichnet, die damit gewissermaßen den Takt vorgibt und daher „mitreißend" ist. Der Umschlag ins Metaphorische, der hier bei Marx festzustellen ist, kann auch als Indiz dafür gewertet werden, dass Marx die Sphäre des „Unbegrifflichen" im Sinne Blumenbergs wählt, weil er sich mit seiner ökonomischen Theorie in diesem Punkt – was die Technisierung aus dem Menschen macht und machen kann – selbst noch im Vorfeld der Begriffsbildung befindet und hier eher „Substrukturen" der technischen Rationalität formuliert.[209] Es scheint so, als könnte man in Marx' Analysen metaphorologische Vorzeichen einer Philosophie der Technik erkennen.

---

206 K. Marx: Ökonomisch-Philosophische Manuskripte, S. 348.
207 K. Marx: Das Kapital, S. 402.
208 H. Arendt: Vita activa, S. 173.
209 Siehe dazu H. Blumenberg: Ausblick auf eine Theorie der Unbegrifflichkeit; H. Blumenberg: Paradigmen zu einer Metaphorologie, S. 13.

Nach Marx kommt das handwerksmäßige Element in der avancierten Maschinerie wieder vor, aber in „zyklopischem Umfang", in einer „zyklopischen Wiedergeburt".[210] Auch an dieser literarisch ambitionierten Dämonisierung der Technik kann man das Bedürfnis ablesen, das Unbehagen über die Zustände in den Fabriken in Worte zu fassen. Über die Sozialkritik zeigt Marx' Dämonisierung der Technik, dass die überfordernde, entfremdende Veränderung der Lebenswelt durch Technisierung sich als ein Thema etabliert: „Die Technik" scheint mit Hegel und Marx ein überindividuelles Phänomen zu sein, für das eine Sprache gefunden werden muss, in der die neuen Erfahrungen artikuliert werden können. Marx' Anklänge an mythologische Figuren sind Ausdruck einer Verlegenheit beim Betreten von philosophischem Neuland.

Von verschiedener Seite wurde die Kritik geäußert, dass Marx in dieser frühen Suche nach einer Theorie der Technik das „Eigentliche" der Technik entgehe. Insbesondere die Verwischung zwischen Technik- und Ökonomiekritik wurde als ernsthaftes Problem angesehen. So hat Jürgen Habermas in einer seiner frühen Marx-Kritiken veranlasst, ein Manko von dessen Theorie zu identifizieren:

> Nie hat Marx begriffen, daß diese ‚Maschinerie' (und das ganze gesellschaftliche System in ihrem Gefolge), daß die Technik selbst, und nicht erst eine bestimmte Wirtschaftsverfassung, unter der sie arbeitet, die Menschen, die arbeitenden wie die konsumierenden, mit ‚Entfremdung' überzieht. Ebenso wenig konnte er daher begreifen, daß die Menschlichkeit ihre Partie dort verlieren muss, wo die technischen Daten von vornherein als gut und ‚fortschrittlich' gelten, und wo sie deshalb in ihrem problematischen Zusammenspiel mit den ‚menschlichen Wesenskräften' gerade nicht wahrgenommen werden können.[211]

Habermas kritisiert an Marx, dass er nicht erkannt hatte, dass die Logik der Technik selbst schon verkehrungsstrukturell verstanden werden muss; daher könne Marx' These, dass sich die Nutzung und damit der „Charakter" der Technik ändern kann, wenn man nur das Privateigentum aufhebt, in techniktheoretischer Hinsicht nicht überzeugen. Völlig zustimmen kann man Habermas in dem folgenden Punkt: Eine Theorie der Technik muss die technische Rationalität selbst, unabhängig von den ökonomischen Verhältnissen und den veränderten Arbeitsbedingungen in den Blick bekommen.

Doch kann man dies auch von einer anderen Seite betrachten: Das Urteil von Habermas ist auch daher von Bedeutung, weil man an ihm ablesen kann, dass Marx selbst die Technik und ihre Rationalität noch keinesfalls unter Generalver-

---

210 Siehe K. Marx: Das Kapital, S. 406.

211 J. Habermas: Marx in Perspektiven, S. 80. Siehe zur Entwicklung des „frühen" Habermas A. Pinzani: Jürgen Habermas, S. 30ff.

dacht stellt, sie sogar als Potential der Befreiung gesehen hat. Von der Technik- und Modernekritik der 1920er Jahre abgesehen, wird erst ab den 1940er Jahren bei Horkheimer, Marcuse und Habermas die Technik selbst zur „Ideologie". Daher kann man auf der einen Seite sagen, dass Marx in gewisser Weise präziser war als seine späteren Interpreten, wenn er die Probleme der Technisierung an konkreten Erfahrungen und Problemen am Arbeitsplatz betrachten will. Auf der anderen Seite muss man jedoch einräumen, dass Habermas' Kritik an Marx auch einen Punkt trifft: Denn in der Tat formuliert Marx keine umfängliche und hinreichend spezifische Theorie der Technik, die die Änderungen des Selbst- und Weltverständnisses registriert und reflektiert.

3.3.4 Goethe: Die Tragik der Technik

Die genannte Spannung zwischen dem Anliegen, die Technik an die leibseelische Verfasstheit des Menschen zurückzubinden, und das Bedürfnis, das Vereinnahmende, „Überindividuelle" der Technik auf den Begriff zu bringen, wird dann bei Goethe in ein tragisches Modell überführt. Dabei kann man zunächst an die Dynamik der Technisierungsvorgänge erinnern, die Blumenberg folgendermaßen beschrieben hat:

> Es ist Unfug zu glauben, der Mensch hätte den technisch möglich gewordenen Flug zum Mond genauso gut unterlassen können; genauso wie es Unfug ist zu meinen, er würde jemals auf einen der erreichbaren sportlichen Rekorde verzichten, welches auch immer der Preis dafür sein möge. Der Mensch macht vom Prinzip der Distanz auf sich selbst gegenüber Gebrauch, indem er seine Belastbarkeit experimentell objektiviert.[212]

Wenn Tragik[213] nun heißt, dass individuelles Handeln unverschuldet zu einem unlösbaren Konflikt führt, dann entwickelt Goethe in *Faust II* ein Deutungsmuster, das erlaubt, den Zusammenhang zwischen individuellem technischen Tun und der damit verbundenen Etablierung von Technisierungsprozessen, die wiederum individuelle Verantwortlichkeiten übersteigen können, genauer in den Blick zu bekommen.[214]

Faust II ist ohnehin einer der wichtigsten Seismographen für Umbrüche in der modernen Welt. Unter den vielen Themen, die Goethe im *Faust* behandelt, finden

---

212 H. Blumenberg: Beschreibung des Menschen, S. 591.

213 Siehe zur Aktualität der Frage nach dem Tragischen L. Hühn/P. Schwab: Die Philosophie des Tragischen.

214 Siehe zum Reflexionsraum der „Techniktragödien" im Gegensatz zu „Technikromanzen" A. Nordmann: Technikphilosophie zur Einführung; M. Hard/A. Jamison: Hubris and hybrids.

sich auch Analysen zum Einsatz und zur Entwicklung von Technologien und zu den Dynamiken hinter Technisierungsprozessen. Die radikale Veränderung der Lebenswelt durch den technischen Fortschritt weckte schon damals vielerlei Befürchtungen. Goethe hatte in *Wilhelm Meisters Wanderjahre* den Ängsten der beginnenden Industrialisierung in den Worten der Weberin Susanne folgenden ahnungsvollen Ausdruck verliehen: „Das überhandnehmende Maschinenwesen quält und ängstigt mich, es wälzt heran wie ein Gewitter, langsam, langsam; aber es hat seine Richtung genommen, es wird kommen und treffen.“[215]

Faust II ist ein Text, der bis heute eine der wichtigsten Reflexionen über die Dynamik der Technisierung, utopische Sehnsüchte und die realen Sackgassen der conditio humana darstellt. Goethe entwickelt hier ein anthropologisches Modell des „Strebens“, des „dunklen Dranges“ nach Selbstvervollkommnung mittels der Instrumente der neuzeitlichen Wissenschaft und Technik. Er zeigt aber auch, wo das tragische Potential der Technik liegt, nämlich darin, dass der Mensch das ursprüngliche Ziel dieser Selbstvervollkommnung aus den Augen verlieren kann. Die Figur des Faust selbst durchläuft im Stück eine Entwicklung: Während er zunächst von egoistischen Motiven getrieben scheint, bekennt er sich später zu humanistischen und sozialen Werten. Er formuliert schließlich, inzwischen erblindet, eine eigene Utopie („Der Völker breiten Wohlgewinn“), die er mittels diverser Entwässerungs-, Dammbau- und der Kultivierung von Land gewidmeten Projekten realisieren will.[216] Und doch scheitert er mit der von ihm eingesetzten Technik: Philemon und Baucis, die zwei alten Liebenden aus der Antike, von denen es in den *Metamorphosen* Ovids heißt, sie würden in Bäume verwandelt, deren Wurzeln sich ineinander verschlingen, werden von dem Techniker Mephistopheles vertrieben, ihre Hütte wird vernichtet, sie werden im metaphorischen Sinne entwurzelt.

Dies weckt in Faust Zweifel: „Könnt’ ich Magie von meinem Pfad entfernen,/ Die Zaubersprüche ganz und gar verlernen,/ Stünd’ ich, Natur, vor dir ein Mann allein,/ Da wär’s der Mühe wert, ein Mensch zu sein.“[217] Mit Magie meint er die Technik, derer sich Mephistopheles jederzeit virtuos bedienen kann, und die offenbar zu einer Erfahrung des Verlusts geführt hat, der die Natur als Sinnressource gegenübergestellt wird – was allerdings recht hilflos wirkt. Ein einfaches „Zurück zur Natur“ kann es auch für Goethe nicht geben.

Ulrich Gaier hat in seiner *Faust*-Interpretation die Vermutung geäußert, Goethe habe sich möglicherweise am anthropologischen Programm des Renais-

215 J. W. von Goethe: Wilhelm Meisters Wanderjahre, S. 429.
216 J. W. von Goethe: Faust, V. 1125ff.
217 Ebd., V. 11404ff.

sance-Philosophen Marsilio Ficino orientiert.[218] Die Anthropologie noch in theologischen Kategorien denkend, beschrieb Ficino das Streben des Menschen grundsätzlich als ein Streben der menschlichen Seele, wie Gott werden zu wollen. Ficino nannte verschiedene Wege, auf denen der Mensch dieses Ziel erreichen könne: durch Einsicht in eine höchste Wahrheit, durch Leistung, Macht, aber auch indem er sich selbst verehre wie einen Gott. Im *Faust* spiele Goethe diese Wege der Selbstvervollkommnung durch, um ihr tragisches Potential vorzuführen. Im *Faust* wird der Mensch als das über sich hinaus strebende Wesen vorgestellt, das die Renaissance-Idee des Gottgleichwerdens auch durch Technik zu säkularisieren sucht. Diese kryptotheologische Energie der Technisierungsprozesse kann Bedeutendes und Humanitäres hervorbringen, gleichzeitig kann der Mensch aber an seinem eigenen Anspruch scheitern. Es muss darum gehen, das Eskalationspotential dieses Strebens zu erkennen – die Aufdeckung der Momente des Tragischen in den Technisierungsprozessen kann zur anthropologischen Selbstvergewisserung beitragen. Dabei soll keinesfalls mit Spengler kulturmorphologisch gemunkelt werden, dass die westliche Zivilisation an ihrer „faustischen Technik" und „faustischen Kultur" notwendigerweise zugrunde geht, weil der „faustische Mensch zum Sklaven seiner Schöpfung geworden" sei.[219] Der *Faust* thematisiert vielmehr die Struktur der Technik als eine tragische, die entsteht, wenn die Selbstperfektionierung keinen Richtwert hat – bzw. wenn an die Stelle des Werdens wie Gott die Selbstanpassung an die Perfektion der Technik tritt. In der Technik liegt Tragik, weil die Orientierung an der durch die Technik suggerierte Verfügungskonsequenz und Potenz in der Gestaltung der Wirklichkeit – und sei es eben auch zu humanitären Zwecken – das individuelle Handeln notwendigerweise in einen Verstrickungszusammenhang führt, da es sich der Technik anpassen muss. Denn da die Technik wichtige Handlungsoptionen ermöglicht, würde sich der Handelnde auch in einem selbstverordneten Bescheidungsimperativ, der zum Nicht-Einsatz von Technik führt, „schuldig" machen. Gleichzeitig ist es aber genauso möglich, dass das Humanum, was man durch die Technik erreichen wollte, gerade durch die Technik verloren geht, wie der *Faust* vorführt. Es ist eben die List der Vernunft, dass sie den Menschen mit der Technik einzelne Zwecke verfolgen lässt, auch wenn der Gesamtzweck der technischen Welt verborgen bleiben muss.

Goethe geht aber im *Faust II* noch weiter: Er zeigt, dass es in der Anwendung der Technik nicht nur um Kontrolle und Nutzung der äußeren Welt geht, sondern dass diese Verfügungsformen ihren Reflex in der technischen Selbstverfügung

---

218 Siehe U. Gaier: Faust, Tragische Bilanz der Neuzeit, S. 15-56.
219 O. Spengler: Der Untergang des Abendlandes II, S. 631.

haben. Die Industrielle Revolution wäre ohne das bereits seit der Renaissance etablierte und programmatisch gewordene prometheische Selbstverständnis des Menschen nicht möglich gewesen. Günther Anders hat dieses prometheische Potential in Fichtes Philosophie ausgemacht, wenn auch in vulgäridealistischer Verknappung: „Fichtes ‚sich selbst setzendes Ich' ist die spekulative Umschreibung des selfmade man, also des Menschen, der nicht geworden, nicht geboren sein will, sondern wünscht, sich als sein eigenes Produkt sich selbst zu verdanken."[220] Diese Verwandlung eines erkenntnistheoretischen Prinzips in ein ontologisches oder anthropologisches Modell hatte auch Goethe im Blick, als er im *Faust II* dem Bakkalaureus folgende Selbstvergottungsformel in den Mund legt: „Die Welt, sie war nicht, eh' ich sie erschuf".[221] Für die Dynamik der Technisierung heißt das: Das Bewusstsein der prometheischen Potenz, also das Bewusstsein, durch Technik mehr Einfluss auf die Wirklichkeit nehmen oder zentrale Probleme der Menschheit lösen zu können, bildet die Grundlage für die Entwicklung derselben.

In der Laboratoriumsszene, in der der Homunculus „geschaffen" wird, sollen Wissenschaft und Technik die Grundlagen für die Selbstersetzung des Menschen liefern: „So muß der Mensch mit seinen großen Gaben/ doch künftig höhern, höhern Ursprung haben."[222] In dieser Szene ist nicht die Menschenschöpfung per se das Interessante (die ohnehin nur mit mephistophelischer Hilfe zustande kommt), sondern der Versuch, die Bedingungen der eigenen Existenz selbst technisch zu fabrizieren: „Und so ein Hirn, das trefflich denken soll/ Wird künftig auch ein Denker machen."[223] Damit wird zum einen das Prekäre der Vicoschen Denkfigur des verum et factum convertuntur vorgeführt. Denn wenn *nur* das Hergestellte das Wahre ist, dann scheint die Selbstersetzung des Menschen aus den Prämissen der Wissenschaft geradezu logisch zu folgen. Und zum anderen impliziert die Orientierung am neuzeitlichen Ideal der Selbstdurchsichtigkeit des Denkens – und die Interpretation von Gehirnleistungen im Horizont von Rechenmaschinenoperationen ist ein Extrem dieses Ideals – die Überwindung der leiblich-organischen Bedingungen unserer Existenz.

Goethe führt in dieser Szene aber nicht nur vor, wie sich die Prämissen der Wissenschaft geändert haben und welche Implikationen mit dieser Änderung verbunden sind, sondern gleichzeitig hat er auch erkannt, dass sich die Abhängigkeit von den technischen Produkten radikalisiert: „Am Ende hängen wir doch

220 G. Anders: Die Antiquiertheit des Menschen I, S. 325.
221 J. W. von Goethe: Faust II, V. 6794.
222 Ebd., V. 6846f.
223 Ebd., V. 6869f.

ab/ von Kreaturen, die wir machten."[224] Damit formuliert Goethe gewissermaßen die Rudimente einer Anthropologie des modernen Wissens. Denn in diesem Zusammenhang geht es keinesfalls um irgendwelche Monster, die wie dasjenige von Frankenstein ihre Schöpfer verfolgen, sondern um die Einrichtung der technischen Welt, die immer mehr den Rahmen bestimmt, innerhalb dessen wir denken und uns bewegen. Alles, was wir herstellen – das hatte Hannah Arendt ja herausgearbeitet –, machen wir zu Bedingungen unserer Existenz.[225] Wir sind, was unsere Technik aus uns macht. Wir verstehen uns selbst im Horizont des technisch Machbaren.

Ein dritter Aspekt, den Goethe im *Faust II* durchspielt, ist der Zusammenhang von Technisierung und Beschleunigung. Faust kann durch die Technik in seiner Lebenszeit immer mehr seiner Projekte und Vorhaben realisieren. Im *Faust II* thematisiert Goethe das Iterative dieser Prozesse und damit einhergehend die Tragik, sich in diesen Prozessen zu verlieren. Goethe geht mit seiner Analyse der technischen Welt weit über Kant, Hegel und Marx hinaus: Er ist einer der ersten, der zeigt, dass die Technisierung Akzlerationsphänomene nach sich zieht und dadurch von der Erfahrung der Demütigung, sich in der durch Technisierung beschleunigten Welt als a-synchron zu erfahren, bis hin zur tragischen Selbstüberschätzung führen kann.

In der Betrachtung von Kant, Hegel, Marx und Goethe hat sich gezeigt, dass sich erstens die Zweck-Mittel-Funktionalität als Grundform technischen Denkens etabliert und dass der technische Mittelbegriff aus dem Werkzeugcharakter des logischen Denkens heraus in das Zentrum philosophischer Aufmerksamkeit gerät. Zweitens kann man erste begriffliche Anstrengungen beobachten, die Technik mit dem Begriff des „Selbst" systematisch zu verknüpfen und drittens wurde deutlich, dass die Technik als Weise der „Überformung" individuellen Handelns – sei es durch den „Tanz mit der Maschine" oder durch Beschleunigungserfahrungen – in den Blickpunkt der philosophischen Reflexion gerät: Um das Phänomen der Technik und der Technisierung angemessen zu beschreiben und seine Bedeutung für Handlungsstrukturen zu ermitteln bedarf es offenbar einer doppelten Perspektive, die das „Paradox" der Technik ausmacht: Einerseits scheinen wir unter der Technik eine intentionale Tätigkeit zu verstehen, die auf einer individuellen Kompetenz beruht, und andererseits scheint „die Technik" ein System zu sein, in dessen Rahmen das individuelle Handeln derart bestimmt wird, dass es „kanalisiert" scheint, womit sich der Handelnde von sich selbst entfremdet.

224 Ebd., V. 7003f.
225 H. Arendt: Vita activa, S. 19.

3.4 Die Selbstbefragung als Homo faber: Von Bergson und Scheler zu Arendt und Anders

Es ist nun nicht so, dass die Technik unmittelbar nach Marx und Goethe zu einem herausragenden Thema für die philosophische Selbstverständigung wurde. Ernst Kapp hatte zwar 1877 seine *Grundlinien einer Philosophie der Technik* geschrieben und darin eine „Erklärung der Cultur aus neuen Gesichtspunkten" versprochen, doch bildete sich die Reflexion über die Änderung des menschlichen Selbstverständnisses erst peu à peu heraus, wie die verschiedenen Konturierungsversuche des Homo faber ab dem Beginn des 20. Jahrhunderts zeigen. Der Homo faber ist zunächst eine Figuration, mit der Technik und Herstellenkönnen als elementare Aspekte des Menschseins formuliert werden. Doch dient der Ausdruck „Homo faber" zunehmend auch der Selbstverständigung des Menschen in der modernen Zivilisation, wenn auch vor dem Hintergrund des Rückgriffs auf die anthropologischen Wurzeln. In der Reflexion über den Homo faber will man sich darüber verständigen, wie der Mensch, der doch „von Natur aus" Techniker ist, sich derart in Technisierungsprozesse verstricken kann, dass er elementare Aspekte seines humanen Selbstseins zu verlieren scheint. Daher ist den Homo-faber-Analysen eine gewisse Doppelgesichtigkeit eigen. Sie dient zwar der Formulierung anthropologischer Sachverhalte, hat gleichzeitig auch eine diagnostische Funktion und soll etwa die Internalisierung von Technisierungsvorgängen in das eigene Selbstverständnis als problematisch ausweisen. Seit der ersten ausdrücklich philosophischen Verwendung des „Homo faber" bei Henri Bergson rückt dieser Begriff immer wieder ins Zentrum von Klärungsversuchen hinsichtlich des technischen Selbst- und Weltverständnisses und der Strukturmerkmale technischer Rationalität. Von Bergson und Cassirer abgesehen – die den Homo faber als eine Selbstentfaltungsfigur beschreiben –, wird der Homo faber beim Gros der Autoren zu einer Chiffre für die kritische Selbstbefragung.

Entgegen der Auffassung, der Begriff stehe lediglich für einen simplizistischen Erklärungsansatz,[226] soll der „Homo faber" hier als anthropologische Reflexionsfigur verstanden werden, mit der Strukturmerkmale von Technisierungsprozessen ebenso identifiziert werden können wie deren Genese und Internalisierung. Der Homo faber ist keine feste Größe oder so etwas wie die reale Verfasstheit des (heutigen) Menschen, sondern er hat eine anthropologische Indikationsfunktion; in der Analyse der typischen Merkmale des Homo faber können Änderungen des menschlichen Selbstverständnisses registriert und thematisiert werden. Das Eigentümliche am Homo faber ist, dass er für ein elementares Cha-

226 Siehe exemplarisch A. Luckner: Heidegger und das Denken der Technik.

rakteristikum des Menschen steht und gleichzeitig als Problemindikator für die Pervertierung gerade dieses Charakteristikums fungiert.

Im Folgenden soll der Begriff „Homo faber" aus verschiedenen Texten und Kontexten extrahiert werden, um die Merkmale, die ihm zugeschrieben werden, zu bündeln. Damit kann nebenbei auch zu der bislang nicht geschriebenen Begriffsgeschichte des Homo faber beigetragen werden.[227] Schon Hannah Arendt gibt in einer Fußnote von *Vita activa* einen Hinweis auf eine fehlende begriffsgeschichtliche Untersuchung.[228] Eine derartige Untersuchung zum „Homo faber" scheint philosophisch vielversprechend zu sein, da auf diese Weise die Implikationstiefe des Begriffes erst angemessen erfasst werden kann. Zudem können damit die teilweise heterogenen Positionen miteinander in ein produktives Verhältnis gesetzt werden, um den Homo faber als Konvergenzfigur einer Selbstverständigung über Technisierungsvorgänge und deren Internalisierung auszuweisen und zu erfassen.

3.4.1 Homo faber als anthropologische Grundfigur

Der Ausdruck „Homo faber" wurde zwar bereits in der Antike verwendet, etwa in dem römischen Sprichwort „Homo faber suae quisquae fortunae" („Jeder ist seines Glückes Schmied"), und auch Karl Marx hatte ihn im Rückgriff auf Benjamin Franklins Definition des Menschen als „tool-making animal" vorgeprägt und, wie gesehen, der Sache nach vom Homo faber gehandelt.[229] Als anthropologischer Fachbegriff wurde er jedoch erst 1907 von Henri Bergson in *L'evolution créatrice* (*Die schöpferische Entwicklung*) verwendet.[230] Besonders prägnant definiert er ihn 1934 in *La pensée et le mouvant* (*Denken und schöpferisches Werden*):

> Wir schätzen unsererseits die wissenschaftliche Erkenntnis und die technische Kompetenz ebenso hoch wie die intuitive Schau. Wir glauben, daß es zum Wesen des Menschen gehört, auf materiellem und moralischem Gebiet schöpferisch zu sein, Dinge zu fabrizieren und sich selbst fortzubilden. *Homo faber*, das ist die Definition, die wir vorschlagen.[231]

Bergson stellt den Homo faber gleichberechtigt neben den Homo sapiens und betont damit übrigens den (selbst)schöpferischen Aspekt seiner anthropologi-

---

227 Siehe den (knappen) Eintrag im Historischen Wörterbuch der Philosophie.
228 H. Arendt: Vita activa, S. 451, Endnote 1.
229 Siehe K. Marx: Das Kapital I, S. 194.
230 Siehe H. Bergson: Schöpferische Entwicklung, S. 144.
231 H. Bergson: Denken und schöpferisches Werden, S. 102.

schen Konzeption. In *Die schöpferische Entwicklung* führt Bergson den Homo faber sogar mit der Intention ein, den Homo sapiens durch diesen zu ersetzen, denn die menschlichen Intelligenz ist letztlich „das Vermögen, künstliche Gegenstände, insbesondere Werkzeug herstellende Werkzeuge zu verfertigen, und diese Anfertigung ins Unendliche zu vermannigfaltigen."[232]

In diesem Sinne hatte auch Cassirer den Begriff des „Homo faber" verwendet und auf die entsprechenden Passagen der *Schöpferischen Entwicklung* verwiesen.[233] In seinen kulturanthropologischen Analysen in *Form und Technik* hat er die Unterscheidung von Homo faber und Homo magus bzw. Homo divinans herausgearbeitet; er fasst den Homo faber dabei im Sinne des „tool-making animal" und nicht als kulturkritische Chiffre für die technische Zivilisation:

> Der Mensch der Frühzeit und der der späteren Stufe scheiden sich, wie sich die Magie von der Technik unterscheidet: Jener läßt sich als Homo divinans, dieser als Homo faber bezeichnen. Der gesamte Entwicklungsgang der Menschheit stellt sich alsdann als ein in zahllosen Zwischenformen sich vollziehender Verlauf dar, kraft dessen der Mensch von der Anfangsstufe des Homo divinans in die des Homo faber übergeht.[234]

Für Cassirer ist der „Homo faber" ein Begriff, mit dem er, gemäß seines Ansatzes, die „Bedingungen der Möglichkeit" von Technik beschreiben kann. Daher ist die Rückbindung an die anthropologische Bestimmung keine bloße Illustration oder façon de parler: Die Technik bildet sich vielmehr wegen des neuen Selbst- und Weltverständnisses aus, für das der Homo faber steht – und das wiederum selbst durch die Ausbildung von Technik klarer konturiert wird. Das heißt: Der Homo faber ist nicht nur der Technik verwendende Mensch, sondern einer, der dies gezielt will und daraus ein neues Selbstbewusstsein zieht. Dieses Selbstbewusstsein wiederum kann wiederum als Ausdruck von freier Entfaltung gesehen werden. Christian Bermes hat Cassirers Fassung des Homo faber daher vor dem Hintergrund einer „Anthropologie der Freiheit" verstanden.[235]

Eine ungewöhnliche Ausformulierung des Homo faber, die aber in gewisser Hinsicht mit dem Ansatz von Cassirer verwandt ist, findet sich in den *Betrachtungen über die Technik* von Ortega y Gasset – auch wenn er dort den Homo faber nicht beim Namen nennt. Der Sache nach aber liefert er einen Beitrag zur Konturierung dieser Figur: „Ein Mensch ohne Technik, das heißt, ohne die Fähigkeit, auf seine Umwelt zu antworten, ist kein Mensch."[236] Dies scheint die These einer

---

232 H. Bergson: Schöpferische Entwicklung, S. 144.
233 E. Cassirer: Zur Metaphysik der symbolischen Formen, S. 57.
234 E. Cassirer: Form und Technik, S. 152.
235 C. Bermes: Cassirers Konzeption einer Anthropologie der Technik, S. 593.
236 J. Ortega y Gasset: Betrachtungen über die Technik, S. 41.

klassischen Homo-faber-Theorie zu sein, doch ist dies bei Ortega weniger kompensationsanthropologisch gemeint, bei ihm geht es vielmehr um das Wohllebenwollen. Daher hat er auf die „Existenzform" des Gentleman zurückgegriffen, weil auch er den Grund für die Ausbildung der Technik in der Etablierung eines bestimmten Menschenbildes sieht.[237] Hinter der Konturierung des Gentleman als Schrittmacher von Technisierungsprozessen steht die Idee, die avancierte Technik habe nur im Zusammenhang mit bestimmten Normen, die die Lebensform des Gentleman mit sich bringe, entstehen können. Der Gentleman – Ortega unterscheidet ihn von anderen Existenzformen, etwa derjenigen des Buddhisten – ist dadurch charakterisiert, dass er durch eigene Leistung eine Sphäre des Wohlstands und Wohlfühlens, des Freiseins von den Unbilden des Lebens schafft; er strebt danach, „in der rauhesten Wirklichkeit ein guter Spieler zu sein".[238] Die These, das Selbstverständnis des Gentleman sei eine Voraussetzung für die Entwicklung der modernen Technik gewesen, bedeutet, dass sich der Mensch als jemand versteht, der, um einen anspruchsvollen Lebensstil führen zu können, sich die entsprechenden Ressourcen selbst verfügbar macht, um sich durch die Technik individuelle Frei(heits)räume zu schaffen. Das mag kontraintuitiv wirken, denn ein Gentleman scheint ja gerade nicht arbeiten und Technik entwickeln zu müssen. Doch Ortegas Idee ist es, die Technik nicht allein aus der handwerklichen Tradition heraus zu erklären, sondern ihre Dynamik an eine weltkontrollierende, aber Involvierung vermeidende Grundhaltung zu knüpfen. Die Techniker mögen in der Kulturgeschichte oftmals düstere Gestalten gewesen sein – wie der hinkende Hephaistos oder die Arbeiter im venezianischen Arsenale, der Pate stand für Dantes Darstellung der Hölle in der *Divina Commedia*, doch die Initiatoren und Profiteure der Technik sind diejenigen, die die Technik nutzen können für die Herstellung der Rahmenbedingungen eines guten Lebens. Der Gentleman bei Ortega soll zum Ausdruck bringen, dass die moderne Technik weniger aus Notwendigkeit entsteht, sondern eher auf Notwendigkeiten reagiert. Dies jedoch aus der überlegenen Haltung, die Welt nach eigenem Geschmack einrichten zu können. Die Interpretation des Homo faber als Gentleman bleibt sicher eigenwillig, doch gelingt es Ortega, Aspekte der Freiheit und des Spielerischen zu erfassen, die üblicherweise bei der Konturierung des Homo faber vernachlässigt werden.

Wenn mit Bergson, Cassirer und Ortega am Homo faber elementare anthropologische Aspekte aufgewiesen wurden, dann nicht im Sinne einer ethnologischen Untersuchung, sondern als Erklärungsmodell im Rahmen von Selbstdeutung und Selbstverortung in der technischen Zivilisation. Die moderne Technik

237 Ebd., S. 42ff.
238 Ebd., S. 44.

mag uns beunruhigen, doch ist sie uns nicht fremd. Im Gegenteil: Sie geht auf Selbst- und Weltgestaltungsformen zurück, die rational erklärt werden können. Mit dem Aufweisen anthropologischer Wurzeln soll eine spezifische Weise, die Welt durch Technik zu gestalten und die entsprechende Rationalitätsform erklärt werden. Man könnte sagen: Frühestens mit Marx und spätestens mit Cassirer gibt es Versuche, die durch Technik veränderte Lebenswelt und die damit verbundene Artikulation des Unbehagens durch die Rückführung auf charakteristische Merkmale des Menschen zu erklären, und zwar mit Merkmalen – das ist hier das Entscheidende –, die bislang nur selten zum Standardrepertoire anthropologischer Selbstbeschreibungen des Menschen gehörten: Neben den traditionellen Charakterisierungen der menschlichen Existenz über die Sprache („zóon lógon échon") oder die politische Teilhabe oder seine Sozialität („zóon politikón"), wird in diesen Ansätzen die Technik als eine ebenso elementare Weise des menschlichen Seins verstanden – und dies mag aktuelle Beunruhigungen über die Technik veranlassen. Doch geht es sowohl Cassirer als auch Bergson darum, das Nachdenken über den Menschen auf einer grundsätzlichen Ebene um den Aspekt der Technizität zu erweitern.

3.4.2 Homo faber als kritisches Deutungsmuster

Bei seinem ersten großen Auftritt auf der Bühne der philosophischen Reflexion bei Bergson hatte der Homo faber also durchaus sympathische Züge. Erst Max Scheler, der das Konzept von Bergson übernahm (auch er zitiert aus *L'evolution créatrice*),[239] verlieh ihm eine negative Konnotation. Dabei bezeichnet er mit dem Ausdruck „Homo faber" nicht nur den Menschen hinsichtlich seiner technischen Intelligenz, sondern das Menschenbild naturwissenschaftlich-reduktionistischer (insbesondere darwinistischer) Theorien insgesamt. In diesen würde behauptet, es gebe keinen prinzipiellen Unterschied zwischen Mensch und Tier, da auch das Tier in gewisser Weise mit Intelligenz begabt sei. Diese Theorien, so Scheler,

> hängen damit in irgendeiner Form der großen Einheitslehre vom Menschen an, die ich als Theorie des ‚homo faber' bezeichne, und kennen selbstverständlich dann auch keinerlei metaphysisches Sein, keine Metaphysik des Menschen, d. h. kein ausgezeichnetes Verhältnis, das der Mensch als solcher zum Weltgrunde besäße.[240]

239 M. Scheler: Zur Idee des Menschen, S. 190.
240 M. Scheler: Die Stellung des Menschen im Kosmos, S. 31.

Für Scheler ist der „Homo faber" ein Begriff, der verschiedene reduktionistische Ansätze bündelt und der das Verständnis vom Menschen vereinseitigt und insbesondere keine Metaphysik mehr für die Erfassung des Humanen zulassen will. Scheler formuliert in *Zur Idee des Menschen* sogar folgende starke These: „[Z]wischen dem ‚Kind Gottes' und dem Verfertiger von Werkzeugen und Maschinen (‚homo faber') besteht ein unüberbrückbarer *Wesens*unterschied; zwischen Tier und homo faber hingegen besteht ein *Grad*unterschied."[241]

Vor diesem Hintergrund unterscheidet Scheler Personsein und Selbstverständnis des Menschen strikt von der Intelligenz des Homo faber. Auch Tiere verfügten über intelligenzähnliche Fähigkeiten, der Homo faber stelle lediglich eine Art weiterentwickelte tierische „Cleverness" dar, die man von der Personalität des Menschen strikt unterscheiden müsse. In einer Fußnote in *Die Stellung des Menschen im Kosmos* heißt es: „Zwischen einem klugen Schimpansen und Edison, dieser nur als Techniker genommen, besteht nur ein – allerdings sehr großer – *gradueller* Unterschied."[242] Wenn Scheler den Menschen also als Homo faber bezeichnet, so geht es ihm darum, vor einem impliziten Reduktionismus und der damit verbundenen Ignorierung anderer Bereiche des Humanen zu warnen, vor einem anthropologischen Reduktionismus, in dessen Rahmen eine bestimmte Form der Intelligenz von der personalen Sphäre des Menschen geschieden wird. Der Homo faber markiert also eine Grenzlinie innerhalb des menschlichen Seins selbst, die man durchaus als schizoid bezeichnen kann, denn Scheler trennt hier offenbar die instrumentelle Vernunft von anderen Vernunftformen des Menschen ab. Es ist ein sehr bemerkenswerter Befund, dass der Homo faber sich in Schelers Deutung vom personalen Sein des Menschen abzuspalten scheint. Denn das heißt, es besteht die Gefahr, dass der Mensch sich „von innen" selbst technisiert.

Mit derartigen Diagnosen verdichten sich im Homo faber die vertrauten Debatten um das Wesen des Menschen, die in Umbruchszeiten immer wieder aufflackern und in denen regelmäßig reduktionistische und holistische, konservative und fortschrittliche, biologistische und personalistische Positionen in verschiedenen Ausprägungen aufeinandertreffen: Im ersten Drittel des 20. Jahrhunderts entsteht das Bedürfnis, diese alten Debatten vor dem Hintergrund der zunehmenden Präsenz der Technik im öffentlichen Bewusstsein – die schlimmen Erfahrungen des ersten Weltkriegs, die Wahrnehmung der großen Städte als „Moloch" – wieder aufzugreifen und in der Figur des Homo faber zu bündeln.

Ab den 1930er Jahren gibt es eine Phase, in der der Homo faber in philosophischen Texten selten explizit auftaucht, doch subkutan präsent ist. So hat

241 M. Scheler: Zur Idee des Menschen, S. 190.
242 M. Scheler: Die Stellung des Menschen im Kosmos, S. 31, Fußnote.

Heidegger, der sich ab den 1930er Jahren intensiv mit dem Thema der Technik beschäftigt, den Begriff des „Homo faber“ selbst zwar nicht verwendet, notiert sich aber in seinem Aufzeichnungen zu Ernst Jünger, dass er dessen „Arbeiter“ als „homo faber militans“ versteht.[243] Friedrich Georg Jünger greift die Homo-faber-Figur Ende der 1930er Jahre ebenfalls auf und verleiht ihm mit Goethe das Epitheton „veloziferisch“, nennt den Homo faber auch „Homo crepitans“ – was man etwa mit der „lärmende Mensch“ übersetzen kann – und charakterisiert ihn, das mag überraschen, mit einer Strophe aus Baudelaires *Fleurs du mal*: „Cette crapule invulnérable / Comme les machines de fer / Jamais, ni l'été ni l'hiver, / N'a connu l'amour véritable.“[244] Diese Strophe ist aus *Vin de l'assassin*, einem delirant-gynophoben Gedicht aus dem Zyklus. Jünger macht aus dieser düsteren Charakterzeichnung das Profil des Homo faber. Dabei ist auch der Kontext bemerkenswert, denn Jünger plädiert an dieser Stelle (aus reichlich patriarchalischen Gründen) dafür, Frauen aus der Maschinenwelt herauszuhalten, um dann viril-todessehnsüchtige Erfahrungsräume zu beschreiben: „Ein Blick auf die Maschine lehrt uns, daß wir hier einer Todesseite des Daseins gegenüberstehen, der sterilen, geschlechtslosen Mechanik, einer Welt lebloser Automaten.“[245] Diese Welt lässt nach Jünger den Menschen zum Homo faber gewissermaßen verkümmern. Diese Charakterisierung des Homo faber trägt zweifelsohne Züge des heroischen Nihilismus, wie wir sie auch von Ernst Jünger kennen. Dieses kulturkritische Vexierbild ist daher bemerkenswert, weil Jünger damit etwas zum Ausdruck bringt, was man nur schwer in ein Argument verwandeln oder in irgendeiner Weise belegen kann, nämlich die innere „Verwahrlosung“ des Homo faber. Jüngers Text ist symptomatisch für das Bedürfnis nach Verarmungs- und Verlust-Diagnosen, nach denen diese Zeit offenbar verlangte.

Max Horkheimer und Theodor W. Adorno hatten zwar in der *Dialektik der Aufklärung* dem Typus des Homo faber keine gesonderte Aufmerksamkeit geschenkt, auch wenn sie in der Herausarbeitung der Struktur der abendländischen Rationalität in Kombination mit ihrer kulturkritischen Zeitdiagnostik immer auch Aspekte der Technisierung mitmeinten. Daher überrascht es nicht, wenn sie in der Einleitung ihres Textes die Genese des neuzeitlichen Wissens mit Blick auf Francis Bacon knapp skizzieren, um dann zu konstatieren, dass die „Technik das Wesen dieses Wissens“ sei.[246] Wie man den Konversationslexika dieser Zeit entnehmen

243 M. Heidegger: Zu Ernst Jünger, S. 43.

244 F. G. Jünger: Die Perfektion der Technik, S. 175. In meiner Übersetzung: „Diese verkommene Frau, unverwundbar/ Wie die Maschinen aus Eisen/ Hat weder im Sommer noch im Winter/ Wahre Liebe gekannt“.

245 F. G. Jünger: Die Perfektion der Technik, S. 175.

246 M. Horkheimer/T. W. Adorno: Dialektik der Aufklärung, S. 10.

kann, ist „Homo faber" auch in der Umgangssprache in den 1920er bis 1940er Jahren offenbar kein weitverbreiteter Begriff – dies markiert eine Diskrepanz zwischen der philosophischen Debatte und der alltäglichen Auseinandersetzung mit den Änderungen der Lebenswelt –, erst in den 1950er und 1960er Jahren dringt er in die Umgangssprache ein, nicht zuletzt unter dem Einfluss von Max Frischs Roman *Homo faber* aus dem Jahr 1957. In dieser Zeit wird der Homo faber immer wieder philosophisch inszeniert, etwa in Günther Anders' 1956 erschienenem ersten Teil der *Antiquiertheit des Menschen.* In Hannah Arendts *Vita activa*, die amerikanische Originalausgabe *The human condition* kam 1958 auf den Markt, spielt er sogar eine Hauptrolle.

Die Konjunktur der Homo-faber-Figuration in der philosophischen Reflexion ist bemerkenswert und fällt in eine Zeit drastischer Erfahrungen mit der Technik, von der Fordisierung der modernen Arbeitswelt bis hin zu den Schockerfahrungen aus den Weltkriegen, insbesondere als 1945 die Zerstörungskraft der Atombombe in Hiroshima manifest wurde. Das Bedürfnis nach Selbstbefragung und Selbstinfragestellung als Homo faber entsteht in einer gesellschaftlichen Umbruchssituation.

Da es wenig wahrscheinlich ist, dass sich die so zeitnah erschienenen Texte von Arendt, Anders und Frisch gegenseitig inspiriert haben können, fragt sich, welche Quelle Max Frisch, dessen Buch den Begriff des „Homo faber" bekannt gemacht hatte, für seinen Charakter hatte. Das begriffsgeschichtliche missing link könnte Simone de Beauvoirs *Le Deuxième Sexe* von 1949 sein, das 1951 unter dem Titel *Das andere Geschlecht* auf Deutsch erschien. „Der *homo faber* [...]", schreibt Simone de Beauvoir dort nämlich,

> begnügt sich nicht damit, aus dem Meer geholte Fische nach Hause zu tragen: zuvor muß er den Bereich der Gewässer erobern, indem er Einbäume aushöhlt. Um sich die Reichtümer der Welt anzueignen, bemächtigt er sich der Welt selbst. In diesem Handeln empfindet er seine Macht [...].[247]

Der Erfolg des Homo faber hängt damit

> nicht von der Gunst der Götter, sondern von ihm selbst ab. Er fordert seine Gefährten heraus, er ist stolz auf seine gelungenen Vorhaben. Auch wenn er den Riten noch etwas Platz einräumt, sind die exakten technischen Verfahren ihm viel wichtiger [...]. Diese Welt von Geräten läßt sich in klare Begriffe fassen: nun können rationales Denken, Logik und Mathematik entstehen.[248]

247 S. de Beauvoir: Das andere Geschlecht, S. 89.
248 Ebd., S. 101ff.

In der Technik erkennt und feiert der Mann sich selbst, wie Simone de Beauvoir schreibt, und er sprengt die Grenzen der gegebenen Welt, um die Grundlagen für eine neue Zukunft zu legen.[249] Trotz der dezidiert feministischen Perspektive zeichnet de Beauvoir ein sehr genaues Bild des Homo faber, in dem es neben der spezifisch mathematischen Rationalität auch das Motiv der technischen Autarkie, also die eigene Existenz und deren Entfaltung nicht in einem transzendenten Horizont zu verstehen, sondern vor dem Hintergrund, sich selbst selbst zu verdanken, ein Motiv, dass wir schon bei Goethe kennengelernt hatten. Mit dieser Deutung des Homo faber bereitet de Beauvoir das spezifische Charakterprofil der Hauptfigur von Max Frischs Roman vor.

Im *Homo faber* porträtiert Frisch den Ingenieur Walter Faber, dessen Selbstverständnis als Techniker auch seine Lebensführung beeinflusst:

> Ich glaube nicht an Fügung und Schicksal, als Techniker bin ich gewohnt mit den Formeln der Wahrscheinlichkeit zu rechnen. [...] Ich bestreite nicht: Es war mehr als ein Zufall, daß alles so gekommen ist, es ist eine ganze Kette von Zufällen. Aber wieso Fügung? Ich brauche, um das Unwahrscheinliche als Erfahrungstatsache gelten zu lassen, keinerlei Mystik; Mathematik genügt mir.[250]

Frisch thematisiert die Internalisierung von Technisierungsprozessen, die an die Analysen von Severino erinnert:

> [D]ie Behauptung ist nicht angebracht, daß die Macht der technischen Instrumente nicht zuletzt von der sittlichen Stärke der Menschen, die sie benutzen, abhänge: weil die Technik schon auf die Rekonstruktion der geistigen Struktur des Individuums zielt, um ihr jene psychologischen Qualitäten [...] zu verleihen, die für das wirksame Funktionieren der Instrumente erforderlich sind.[251]

Bei Frisch ist diese „Rekonstruktion der geistigen Struktur des Individuums" zunächst ein Grund für das Selbstbewusstsein Walter Fabers. Doch nach den Inzesterfahrungen und dem Tod seiner Tochter sieht er sein technizistisch geführtes Leben kritisch gespiegelt. Vor diesem Hintergrund lässt Frisch Faber notieren:

> Diskussion mit Hanna! – über Technik (laut Hanna) als Kniff, die Welt so einzurichten, daß wir sie nicht erleben müssen, Manie des Technikers, die Schöpfung nutzbar zu machen, weil er sie als Partner nicht aushält, nichts mit ihr anfangen kann [...].[252]

249 Ebd., S. 89.
250 M. Frisch: Homo faber, S. 22.
251 E. Severino: Vom Wesen des Nihilismus, S. 18.
252 M. Frisch: Homo faber, S. 169.

Frisch legt der Romanfigur Hanna die immer wieder formulierte Befürchtung des Erfahrungsschwundes durch Technik in den Mund. So sieht sich Faber etwa dem Vorwurf ausgesetzt, er würde die Technik bewusst einsetzen, um sich vor den unkontrollierbaren Erfahrungen, die das Leben in seiner Unwägbarkeit bereithält, zu schützen. Gleichzeitig inszeniert Frisch hier die Identitätskrise als Vertrauenskrise in die Singularität und Eindeutigkeit von Identität überhaupt. Während Frisch in *Stiller* und *Mein Name sei Gantenbein* die Dissoziierung der Identität durch Rollenpluralität durchspielt, zeigt er in *Homo faber*, dass die Festlegung auf eine einzige Identität (die des Technikers) eine Art Korsettierung darstellt, die ebenfalls zu krisenhaften Erfahrungen führen kann.

Dient die Figur des Homo faber bei Frisch dazu, einen literarischen Charakter zu profilieren, so inszeniert ihn Hannah Arendt in dieser Zeit als philosophischen Typus: Der Homo faber ist bei ihr ein zweckrationaler Utilitarist, der Werkzeuge und Geräte erfunden habe, „um mit ihnen eine Welt zu errichten, aber nicht, oder doch nicht primär, um dem menschlichen Lebensprozeß zu Hilfe zu kommen."[253] Der Homo faber repräsentiert die Tätigkeitsform des „Herstellens", also diejenige Tätigkeit, die neben dem „Handeln" und der „Arbeit" das „tätige Leben" des Menschen umfasst. Der Homo faber fungiert als anthropologischer und soziologischer (Ideal-)Typus im Weberschen Sinne hinter der Grundtätigkeit des Herstellens.

In *Vita activa* taucht der Homo faber immer wieder als Chiffre auf – Arendt nennt ihn übrigens immer ohne Artikel, wie einen Eigennamen –, wenn es darum geht die Grenzen der technischen Weltkonstitution und Weltkonstruktion zu verdeutlichen. Arendt sieht den Homo faber in der Tradition des sophistischen Satzes, nach dem der Mensch das Maß der Dinge sei – wobei sie an diesem Theorem nur der Moment der selbstüberschätzenden Anmaßung interessiert, nicht die humanistischen Aspekte, die mit dem Homo-mensura-Satz durchaus auch verbunden werden können. Die „typischen Verhaltensweisen" des Homo faber seien unter anderem „die Tendenz, alles Vorfindliche und Gegebene als Mittel zu behandeln", „die Verabsolutierung der Zweck-Mittel-Kategorie und die Überzeugung, daß das Prinzip des Nutzens alle Probleme lösen und alle menschlichen Motive erklären kann" und schließlich die Haltung, alles Gegebene als „Material" zu interpretieren und insbesondere die Natur als ein großes Stück Stoff zu betrachten, dass man nach Belieben zusammenschneidern kann (diese Metaphorik entnimmt Hannah Arendt übrigens der *Evolution créatrice* von Bergson).[254]

253 H. Arendt: Vita activa, S. 179.
254 Ebd., S. 389.

Mehrfach – das ist eine der leitenden Thesen des Buches – unterstreicht sie in *Vita activa*, dass Marx nicht sauber zwischen Arbeit und Herstellen unterschieden hat.[255] Während sie mit der Rückbindung der Grundtätigkeit Arbeit an die „Fruchtbarkeit", an den „Stoffwechsel" und an das „Gebären" ihre These illustriert, die Produktivität der Arbeit verbinde sich mit dem Ablauf von Lebensvollzügen selbst,[256] fasst sie die Produktivität des Herstellens als eine Tätigkeit, die die Welt verdinglicht, indem sie sich gerade von den fundamentalen Lebensprozessen distanziert. Damit wird der Mensch in ein entfremdetes Verhältnis zur Natur und sich selbst gerückt, weil ihm ein elementares Wissen von sich selbst verloren geht. Vor dem Hintergrund dieser Unterscheidung stellt sie dem Typus des Homo faber das Animal laborans gegenüber. Beides sind für Hannah Arendt keine anthropologischen Figuren im engeren Sinne wie bei Bergson oder Cassirer, sondern sie umreißt mit diesen Typisierungen die Haltung und Rationalitätsformen, die hinter den Grundtätigkeiten stehen; dabei ist bemerkenswert, dass Hannah Arendt keinen derartigen Typus für das Handeln präsentiert. Im letzten Kapitel von *Vita activa* entwickelt Hannah Arendt mihilfe dieser Figuren eine Art dialektischer Geschichtsphilosophie – in der der Homo faber eine geradezu tragische Rolle zugeteilt bekommt: Während der Homo faber mit Beginn der Neuzeit zunächst reüssiert und sich die mit ihm verbundene technische Rationalität durchzusetzen scheint, beschreibt Hannah Arendt, wie der Homo faber letztlich an seinen eigenen Voraussetzungen scheitert, eine „Niederlage" erleidet, wie sie es nennt.[257] Er scheitert an seinem utilitaristischen „Glückskalkül". Bei der Frage nach dem gelungenen und guten Leben stößt der Homo faber an seine Grenzen: Glück kann man nicht herstellen. Doch der „Sieg des Animal laborans", der sich dann anschließt, ist endgültig Ausdruck eines immensen Verlustes an humaner Erfahrung: „In ihrem letzten Stadium verwandelt sich die Arbeitsgesellschaft in eine Gesellschaft von Jobholders, und diese verlangt von denen, die ihr zugehören, kaum mehr als ein automatisches Funktionieren"; es scheine als müsste der Mensch nur noch aktiv werden, um „die Empfindungen zu betäuben", „um dann völlig ‚beruhigt' desto besser und reibungsloser ‚funktionieren' zu können.[258] Damit erahnt sie eine Epoche sterilster Passivität.

In dieser merkwürdigen Schlussvision von *Vita activa* erscheint der Homo faber schon als Typus einer vergangenen Zeit. Diese Perspektive hat auch Günther Anders, der den Homo faber gleichsam auf der Höhe der philosophischen Dis-

255 Siehe etwa ebd., S. 104f.
256 Ebd., S. 119ff.
257 Ebd., S. 389ff.
258 Ebd., S. 411.

kussion ebenfalls verabschiedet. So schreibt er in der *Antiquiertheit des Menschen* von 1956:

> Der klassische homo-faber hatte sich ja damit beschieden, Weltstücke zu verwenden, um seine eigene, von der Welt selbst nicht vorgesehene, Welt herzustellen, und darin seine Bestimmung und seine Freiheit gesehen. Was er dafür nicht benötigte, das ließ er intakt. Während der heutige Mensch in der Welt als ganzer eo ipso nur Material sieht; sich selbst lieber neue Bedürfnisse aufzwingt, als Seiendes intakt und unverwendet zu lassen; und die Welt als Ganze verarbeiten, verwandeln, ‚fertig machen' will.[259]

Der neue Homo faber ist durch eine Selbstdeformation gekennzeichnet, die ihn sich selbst und seine Bedürfnisse an die Technik anpassen lässt. Für Anders ist der Homo faber ein „Selfmademan", der sich selbst seine Welt erschafft und die Technik zum Maß aller Dinge erhebt. Im zweiten Band der *Antiquiertheit des Menschen* sagt Anders, der Mensch habe den Status des Homo faber hinter sich gelassen und sei in die Position des Homo creator aufgerückt, der zwar weiterhin die ganze Welt unter dem Generalnenner des zu gestaltenden Materials betrachte, dabei allerdings insbesondere Natürliches herstelle und sich damit selbst in einen „Rohstoff" verwandele.[260] Auch bei Jürgen Habermas taucht das Motiv des sich selbst herstellenden Homo faber auf, allerdings in einer anderen Wendung:

> Der Mensch kann nicht nur, soweit er *homo faber* ist, zum erstenmal vollständig sich selbst objektivieren und den in seinen Produkten verselbständigten Leistungen gegenübertreten, er kann, als *homo faber fabricatus*, seinen technischen Anlagen auch selber integriert werden, wenn es gelingt, die Struktur zweckrationalen Handelns auf die Ebene von Gesellschaftssystemen abzubilden.[261]

Es ist charakteristisch für diese „Spätformen" des Homo faber, dass die Selbstanwendung der Technik bzw. die Selbsteinpassung in die eigene Maschinenwelt in den Blick gerät. Dabei passt sich der Homo faber selbst den Bedürfnissen seiner Technik an und gerät daher in eine Entfremdungsspirale, wie Anders herausgearbeitet hat. In dieser Zeit, Anfang der achtziger Jahre, nimmt übrigens auch Hans Jonas die Figur des Homo faber auf, um die „Schöpferrolle" des Menschen in der Gentechnik zu diskutieren.[262]

Nach diesem Schnelldurchgang durch die loci classici wird deutlich, dass der „Homo faber" seine ursprüngliche Verwendung im anthropologischen Kontext hat – im Vergleich und in Abgrenzung zum homo sapiens oder kulturanthropologi-

259 G. Anders: Die Antiquiertheit des Menschen I, S. 186.
260 G. Anders: Die Antiquiertheit des Menschen II, S. 21f.
261 J. Habermas: Wissenschaft und Technik als ‚Ideologie', S. 82f.
262 H. Jonas: Technik, Medizin und Ethik, S. 204ff.

schen Konzept des homo magus. Mit der Rückbindung der Technik an kulturanthropologische Konstitutionsbedingungen soll die spezifische technische Rationalität erklärt und in das Konzert von Rationalitätstypen überführt werden. Aus der Perspektive der anthropologischen Deutung ist der Mensch seiner Natur nach Techniker und daher ist die technische Selbst- und Weltgestaltung nur folgerichtig. So wie die vernünftige Ordnung des Kosmos immer wieder in ein Verhältnis zur vernünftigen menschlichen Natur gesetzt wurde, wird nun auch die technisierte Welt der Moderne in eine Korrespondenzbeziehung zur menschlichen Natur gebracht. Doch über die anthropologische Perspektive hinaus, kann man mit Blick auf die verschiedenen Homo-faber-Fassungen auch folgendes festhalten: Der Begriff „Homo faber" wird vielfach weniger dazu verwendet, grundlegende Charakteristika einer elementaren humanen Praxis zu klären – die Ausnahmen sind Bergson und Cassirer –, sondern er dient meist der Entfremdungsdiagnose: Der Begriff des „Homo faber" steht für die Totalisierung eines „Weltzugangs" und insofern können die Strukturmomente des Homo faber als ein kritisches Deutungsmuster von Selbst und Welt fungieren. Entsprechend kann die Auseinandersetzung mit diesem Typus dafür sensibilisieren, dass die Moderne einen Rationalitätstyp zum einzigen Maß der Dinge erheben kann und sich damit anderen Wirklichkeitsbereichen verschließt, der Homo faber wird, um eine Diagnose von Norbert Elias aufzugreifen, zum Homo clausus, zum verkapselten, sich äußeren Einflüssen verschließenden Menschen.[263] In dieser Hinsicht steht auch Herbert Marcuses „eindimensionaler Mensch" in der Tradition der kritischen Selbstbefragung.[264] Das Problem des Homo faber scheint nicht zu sein, dass er Technik anwendet und entwickelt, sondern dass er dies in einer Weise tut, in der Alternativen verloren gehen können. Der Homo faber steht dann für die Marginalisierung eines vielfältigen kulturellen Orientierungswissens zugunsten einer technologischen Reduktion der Wirklichkeitserfahrung. Als leitende Vorstellung, wie der Mensch sei oder zu sein habe, wirkt dies auf den individuellen Gestaltungsraum zurück.

Daher wird immer wieder behauptet, dass die Technik entindividualisiere bzw. Individuen gleichsam maßschneidere. So schreibt Emanuele Severino etwa im *Wesen des Nihilismus*: „Die Technik ist heute zur mächtigsten der metaphysischen Kräfte geworden. Der gesunde Menschenverstand wird nicht mehr von der Religion oder der Politik, sondern von der Denk- und Handlungsweise der Technik beherrscht."[265] Die Vorstellung der „Internalisierung" einer „äußeren", dem

263 N. Elias: Über den Prozeß der Zivilisation, S. 52.
264 H. Marcuse: Der eindimensionale Mensch.
265 E. Severino: Vom Wesen des Nihilismus, S. 224.

Menschen entgegenstehenden Technik kann es nur geben, weil sich in der Technik Selbst- und Weltverständnis auf eigentümliche Weise verschränken. Diese Verschränkung von Selbst- und Weltverständnis hat auch Max Horkheimer pathologisiert, wenn er schreibt, dass der Fortschritt der technischen Mittel „von einem Prozeß der Entmenschlichung begleitet" sei.[266] Dies bestätigt, dass die Selbstbefragung als Homo faber durchaus dystopische Züge haben kann.

Die kritische Reflexion über den Homo faber hat ihre eigentliche Pointe in den Auswirkungen auf das handlungsleitende Selbstverständnis des Menschen, die durchaus paradox sind. Denn meist liegt hier die Überzeugung zugrunde, dass Technik und Herstellen prinzipiell zum Menschen gehören und durchaus zu begrüßen sind. Gleichzeitig aber kann der Mensch sich durch die Technik aber so nachhaltig ändern, dass er nicht mehr derselbe ist. Das Nicht-mehr-derselbe-Sein mag Teil eines Bildungsprozesses sein, doch wenn jemand durch die Technik zentrale Momente des Humanums verliert, etwa dass er nicht mehr zu sozialen Bindungen oder der Fürsorge fähig ist, dann unterminiert das technische Handeln seine eigenen Voraussetzungen.

Viele Deutungen des Homo faber sind daher von einer gewissen Aufgeregtheit. Doch lässt sich auf einer strukturellen Ebene ein Grundtenor feststellen: In vielen Fassungen der Homo-faber-Figur scheint es um die Verschränkung von anthropologischen Momenten mit der technischen Verfasstheit der Welt zu gehen, sei es, um die Technisierung der Welt aus der anthropologischen Disposition abzuleiten oder um die Internalisierung von Technisierungsprozessen in das individuelle Selbst zu beschreiben. An einzelnen Stellen ist bereits angeklungen, dass der Homo faber nicht einfach die Welt technisch einrichtet, sondern dass er sich in Technisierungsvorgängen immer auch selbst konstituiert. Diese Analysen verdeutlichen insgesamt, dass wir eines differenzierten Bildes von Technisierungsprozessen bedürfen, um die Implikationen für das menschliche Selbst- und Weltverständnis zu erfassen. Die Begriffsgeschichte hat gezeigt, dass sich in dem Begriff des „Homo faber" viele Theorien brechen können und dass die Heterogenität der Definitionen ein Indiz für eine philosophische Problemlage ist: Die Versuche, sich am Homo faber abzuarbeiten, sind ein Indiz dafür, dass die im Homo faber deutlich werdende Verschränkung von Selbst- und Weltverhältnis explizit und systematisch zu einem philosophischen Gegenstand werden sollte.

---

266 M. Horkheimer: Kritik der instrumentellen Vernunft, S. 14.

3.5 Fazit

Der Gang durch die Kultur- und Philosophiegeschichte hat zum einen verdeutlicht, wie das Thema der Technik schon früh als Faszinosum oder Schrecken zum Orientierungsrepertoire von Menschen gehört. Menschen wollen wissen, was sie können, was sie können könnten und können dürfen. Gleichzeitig begreifen sie schon früh das technische Produkt, den Automaten, die Maschine als eine Art Gegenüber, auf das hin sie sich selbst verstehen und zu entwerfen trachten. „Von den Maschinen fortlaufen und auf den Acker zurückkehren, ist unmöglich", schreibt Helmuth Plessner und pointiert: „Sie geben uns nicht frei und wir geben sie nicht frei. Mit rätselhafter Gewalt sind sie in uns, wir in ihnen."[267]

Diese elementare Verstrickung von Menschsein und Technik war der Ansatzpunkt, drei philosophiehistorische Stationen im Denken über die Technik näher anzusehen; hierbei wurden verschiedene Zugänge gewählt. Im Zusammenhang mit Platon sollte gezeigt werden, wie bereits ein Philosoph der Antike eine Reflexion über die Technik etabliert, die über die phänomenale Beschreibung des Herstellens als eine Tätigkeit weit hinausgeht und das philosophische Fragen in bemerkenswerter Weise auf Formen technischer Rationlität ausrichtet – woran man sehen konnte, dass hier in rudimentärer Form bereits ein technisches Selbst- und Weltverhältnis innerhalb von Platons Theoriebildung vorausgesetzt ist, und dies nicht nur in Bezug auf Fragen der Praxis, sondern auch im Kontext theoretischer Fragestellungen.

Ein anderer Zugang wurde bei der nächsten philosophiehistorischen Station verfolgt. Hier ging es um das Aufweisen einer epochalen Entwicklung, die exemplarisch an Texten von Kant, Hegel, Marx und Goethe durchgeführt wurde. Dabei sollte zunächst gezeigt werden, dass aus der Tradition der Mittel-Zweck-Rationalität heraus, die als ein elementarer humaner Reflexionsraum ausgewiesen wurde, das technische Mittel im engeren, im spezifischeren Sinne als Thema „entdeckt" wurde. Das Werkzeug rückte mit und seit Hegel in den Fokus anthropologischer Überlegungen. Zum anderen wurde gezeigt, dass das Sich-zueigen-Machen des Themas der Technik nicht losgelöst von den Entwicklungen der Industriellen Revolution betrachtet werden kann. In dieser Zeit wurde die Technik das erste Mal als eine „Überformung" individuellen Handelns betrachtet. Dies eröffent die Perspektive, die Technik auch in ontologischer Hinsicht zum Gegenstand des Nachdenkens zu machen. Erstmals wird das technische Selbst- und Weltverhältnis als „Problem" erkannt.

267 H. Plessner: Die Utopie in der Maschine, S. 38.

Für die dritte Station im Denken über die Technik wurde, um den Begriff des „Homo faber“ zu untersuchen, ein begriffsgeschichtlicher Zugang gewählt, da man anhand der Begriffsgeschichte und der Neu-Definitionen und Neu-Codierungen, die wir im Zuge der Begriffsbildungsvorgänge und der Begriffsverwendungen beobachten können, die Selbstverständigungsversuche Anfang und Mitte des 20. Jahrhunderts nachzuzeichnen in der Lage ist. Dabei konnten wir zum einen sehen, dass sich der Begriff des „Homo faber“ als ein anthropologischer terminus technicus etablierte. Dies kann man als ein Zeichen dafür werten, dass die Technik selbstverständliches Thema der Anthropologie geworden ist. Zum anderen konnten wir beobachten, das der Ausdruck Homo faber zu einem kritischen Deutungsmuster wurde, das helfen sollte, Transformationsprozesse und „der Technik“ zugeschriebene Verlustdiagnosen zu bündeln und zu benennen.

Insgesamt ist deutlich geworden, wie die Technik zu einem immer wichtiger werdenden Thema philosophischen Nachdenkens und Nachfragens wird und sich aus anderen philosophischen Fragekontexten – Was charakterisiert menschliches Tun? Wie ist das Verhältnis von Mittel und Zweck zu bestimmen? Wie sind die gesellschaftlichen Transformationen seit der Industriellen Revolution zu beschreiben? – gewissermaßen herausschält. Gleichzeitig zeichnet sich bereits der Befund ab, dass technisches Tun mit dem Selbst- und Weltverständnis fundamental verknüpft ist. Im Folgenden sollen die anthropologischen und ontologischen Grundlagen des technischen Selbst- und Weltverhältnisses nach dieser mehrschichtigen, eher aufweisenden Explikation des Begriffs systematisch untersucht werden.

4 Anthropologische, ontologische und genealogische Grundlagen des technischen Selbst- und Weltverhältnisses

Bis jetzt wurde herausgearbeitet, wie die Technik als eine menschliche Wissens- und Tätigkeitsform früh schon Gegenstand philosophischen Nachdenkens wurde, wie sich dann mit Kant die Technik als Zweck-Mittel-Kompetenz zu konturieren begann und wie sich ab Hegel, Marx und Goethe zunehmend ein „systemischer" Technikbegriff herauskristallisierte, der das individuelle menschliche Handeln gleichermaßen prägt und in Frage stellt. Im Zusammenhang der in mancher Hinsicht schillernden Homo-faber-Figur, in der sich anthropologische, zeitdiagnostische und reduktionismuskritische Perspektiven auf die Technik prismatisch brechen, wurde deutlich, dass die eigentümliche Verschränkung von Selbst- und Weltverständnis für den Technikbegriff charakteristisch zu sein scheint.

Wenn Philosophie nach Volker Gerhardt, „*die systematische Selbsterkenntnis des Menschen*" ist, „*als des Wesens, das sich auch noch über den Charakter und die Funktion seines Selbst- und Weltverhältnisses verständigen möchte*",[268] dann hat eine philosophische Untersuchung diese Verständigung über das Selbst- und Weltverhältnis auch hinsichtlich der Technik zu ihrem Thema zu machen. Für dieses Vorhaben gilt es – wie aus dem Vorigen deutlich geworden sein dürfte –, zwei Perspektiven auf die Technik zu erarbeiten und miteinander in Beziehung zu setzen. Einerseits ist der Mensch qua seiner Natur Techniker: „Obwohl der Mensch nicht darin aufgeht, Technik zu haben", so unterstreicht Peter Fischer, „*ist* der Mensch Mensch in seiner Sonderstellung, *indem* er Technik hat. Die Technik ist somit eine konstitutive, eine Wesens- bzw. Seinsbestimmung des Menschen. Technik ist ein Monopol des Menschen."[269] Andererseits aber scheint die Ausprägung von Technik – und insbesondere die Ausprägung moderner Technik – nur in Abhängigkeit eines ontologischen und epistemologischen Rahmens zu verstehen zu sein, innerhalb dessen die Kriterien für die Entwicklung und Anwendung von Technik festgelegt werden. „Technik" bezeichnet dann den „Weltzustand",[270] in dem sich der Mensch befindet und vor dessen Hintergrund er sein Handeln ausrichtet, und dem er sogar, glaubt man den kulturkritischen Diagnosen, hilflos ausgeliefert zu sein scheint. Auch wenn man dies nicht so pessimistisch sehen muss: die Einschätzung, dass die Technik ein ganzes System nicht nur

---

268 V. Gerhardt: Selbstbestimmung, S. 71.

269 P. Fischer: Technikphilosophie, S. 9.

270 Siehe G. Anders: Antiquiertheit des Menschen II, S. 9; M. Heidegger: Überwindung der Metaphysik, S. 97. Siehe auch H. Hildebrandt: Weltzustand Technik.

von Mitteln, sondern auch von Logiken, Vorannahmen, Paradigmen, Bedürfnisstrukturen etc. impliziert, die den individuellen Handlungsrahmen vorgeben, scheint wenig strittig.

Und in der Tat scheint es merkwürdig kurzsichtig, über Technologien zu reden, ohne auf die technische Zivilisation, ihre Prinzipien und Paradigmen, in der jene produziert und eingesetzt werden, zu verweisen. Schließlich stellt diese den Zusammenhang, das Gesamt der Technologien und der damit verbundenen Denk- und Lebensweisen sowie Handlungsoptionen dar. Ganz zu recht schreibt Günther Anders:

> Das Ganze ist das Wahre. Jedes einzelne Gerät ist seinerseits nur ein Geräte-*Teil*, nur eine Schraube, nur ein Stück im System der Geräte; ein Stück, das teils die Bedürfnisse anderer Geräte befriedigt, teils durch sein eigenes Dasein anderen Geräten wiederum Bedürfnisse nach neuen Geräten aufzwingt. Von diesem System der Geräte, diesem Makrogerät, zu behaupten, es sei ein ‚Mittel', es stehe also für freie Zwecksetzung zur Verfügung, wäre vollends sinnlos. Das Gerätesystem ist unsere ‚Welt'. Und ‚Welt' ist etwas anderes als ‚Mittel'. Etwas kategorial anderes.[271]

Auch Marcuse argumentiert in eine ähnliche Richtung: „Wird die Technik jedoch zur umfassenden Form der materialen Produktion, so umschreibt sie eine ganze Kultur; sie entwirft eine geschichtliche Totalität – eine ‚Welt'."[272]

Diese Thesen von der Mundanisierung der Technik sollen zum Ausdruck bringen, dass die einzelnen Technologien für eine bestimmte Denkweise der „westlichen" Zivilisation stehen, die unser Selbst- und Menschenbild auf eine derart fundamentale Weise bestimmt, dass wir nicht nur über einzelne Technologien, sondern über die „Technostruktur"[273] der Gesellschaft reden müssen oder die „Technosphäre", in der wir uns bewegen.[274] Wollen wir uns philosophisch angemessen der Technik nähern, dann geht es um das Verstehen der Tiefenstrukturen der Technisierungsprozesse und ihrer Genese. Denn es ist, wie Anders betont, in der Tat „schief, zu behaupten, dass es in unserer Epoche auch Technik gebe": In unserer Epoche gibt es nicht auch unter anderem Technik, sondern unsere Welt und unser Selbstsein sind fundamental durch Technik konstituiert.[275] Wir haben es also mit folgender Situation zu tun: Die Technik ist dem Menschen eigen, entsteht erst durch menschliches Wollen und Wirken und gleichzeitig scheint sie dem Menschen gegenüber zu stehen, scheint als „System" den Men-

271 G. Anders: Die Antiquiertheit des Menschen I, S. 2.
272 H. Marcuse: Der eindimensionale Mensch, S. 169.
273 G. Böhme: Technische Zivilisation.
274 F. Rapp: Analytische Technikphilosophie.
275 G. Anders: Die Antiquiertheit des Menschen I, S. 287.

schen zu prägen, zu definieren, sein Sein nachgerade festzulegen. Der Einsatz von Technik führt zur prometheischen Selbsterzeugung des Menschen – und gerade dies legt den Menschen auf den Akt der Selbsterzeugung fest und entzieht ihm andere Ordnungsrahmen.[276]

Darüber hinaus verändert das System technischer Mittel auch die menschlichen Handlungsstrukturen. „Kein Zweifel", schreibt Andrew Feenberg,

> die menschliche Natur bleibt sich immer gleich, aber die Mittel, die uns nun zur Verfügung stehen, sind viel machtvoller als in der Vergangenheit. Quantität ist in Qualität umgeschlagen, wo Erfindungen die grundlegenden Dimensionen menschlichen Handelns verändert haben.[277]

Feenberg hat vor dem Hintergrund des bisher Gesagten mit seiner Einschätzung gleichzeitig recht und unrecht. Auch wenn die Hegelsche Figur des Umschlags von Quantität in Qualität sicher in mancher Hinsicht produktiv gemacht werden kann für die Beschreibung der Genese des technischen Selbst- und Weltverständnisses, so ist doch die These in Zweifel zu ziehen, dass die menschliche „Natur" sich „immer gleich" bleiben soll. Denn das, was man als „menschliche Natur" bezeichnet, ist mit der Technik so eng verknüpft, dass sie nicht losgelöst von der technischen Selbstformung, die mit der Anwendung von Technik einher geht, betrachtet werden kann. Es ist aber wahr, dass bestimmte Handlungsstrukturen von technischen Rahmenbedingungen beeinflusst werden, so dass sich auch hier grundlegende Transformationen registrieren lassen.

Es ist die dringlichste Aufgabe einer Philosophie der Technik, diese beiden Perspektiven miteinander zu verbinden. Der Mensch ist mit Blumenberg das „autotechnische" Wesen,[278] das sich selbst zu dem machen kann, was er als „freihandelndes Wesen" im Sinne Kants sein will[279] und gleichzeitig ist er eingebunden in ein historisch, gesellschaftlich, ontologisch, epistemologisch bestimmtes Ganzes der Technik. Der Mensch verdankt sich selbst *und* verdankt sich gleichzeitig einem „System" von Voraussetzungen seiner Existenz. Dies gilt für die anthropologische Bestimmung der Technik ebenso wie für die individuelle Handlungsperspektive: Wir machen uns technische Rationalität zu eigen und richten entsprechend unsere Handlungen an ihr aus und gleichzeitig generieren wir die Normen dieser Rationalität aus den uns zur Verfügung stehenden Mitteln und Logiken. Diese „systemischen" Voraussetzungen prägen und bedingen unser

---

276 Siehe dazu auch C. Taylor: Hegel, S. 716 ff.
277 A. Feenberg: Heidegger und Marcuse, S. 39.
278 Siehe H. Blumenberg: Technik und Wahrheit, S. 119.
279 I. Kant: Anthropologie in pragmatischer Hinsicht, S. 117.

Handeln, müssen es jedoch nicht determinieren. Selbst- und Weltverhältnis des Menschen ändern sich durch die ontologischen Rahmenbedingungen der Zeit, in der er lebt – und dazu gehört auch „die Technik" –, doch ist der Mensch nicht blinder Spielball eines schicksalhaften Geschehens. Selbst- und Weltbezug befinden sich in einem dialektischen Verhältnis, kein Weltbezug ist ohne Selbstbezug möglich – und umgekehrt.[280] Und damit bietet die Auseinandersetzung mit der Technik einen Zugang zur Beantwortung der alten Frage, was der Mensch sei.

Dieser Zusammenhang soll im Folgenden aufgeklärt werden. Dabei wird zunächst – vor allem in Auseinandersetzung mit Ernst Cassirer, aber auch mit dem Heidegger von *Sein und Zeit* – nachgezeichnet werden, wie die Technik mit der Etablierung des menschlichen Selbst zusammenhängt und wie die Technik Wirklichkeitsbereiche erschließt; Eigenschaften, die sie als ein Humanum kennzeichnen. Dann wird, vor allem in der Lektüre der einschlägigen Texte des „späteren" Heidegger und Severino, dargestellt, wie die spezifische „Auslegung" der Wirklichkeit durch bestimmte „metaphysische" Entwicklungen möglich wurde. Da es ein Problem zu sein scheint, dass genealogisch-metaphysische Deutungen der Technik das entsprechende Deutungsdispositiv verabsolutieren, werden die Probleme der Totalisierung der Technik im Blick auf Heideggers Jünger-Rezeption und der nihilistischen Deutung der Technik untersucht. Dies dient dazu, den Weg frei zu bekommen für eine kritische Hermeneutik der technischen Welt, die zur angemessenen Selbstverortung in derselben beitragen kann.

4.1 Technik als „Methode des Lebens"

4.1.1 Die Technizität des Menschen

Im Kern teilen anthropologische Technikdeutungen Nietzsches Diktum, dass der Mensch das „nicht festgestellte Thier" sei.[281] So machen etwa Umberto Galimberti[282] als auch Arnold Gehlen – um nur zwei Denker zu nennen – diese Einsicht zum Angelpunkt ihrer Überlegungen. So schreibt etwa Gehlen:

> Der Mensch ist das handelnde Wesen. Er ist in einem noch näher zu bestimmenden Sinne nicht ‚festgestellt', d.h. er ist sich selbst noch Aufgabe – er ist, kann man auch sagen: das

280 Vgl. W. Schulz: Grundfragen der Ethik, S. 15.
281 F. Nietzsche: Jenseits von Gut und Böse, S. 81.
282 Siehe U. Galimberti: Psiche e techne, S. 89.

> stellungnehmende Wesen [...] und gerade insofern er sich selbst noch Aufgabe ist, nimmt er auch zu sich selbst Stellung und ‚macht sich zu etwas'.[283]

Dieses Nicht-Festgestelltsein macht den Menschen konstitutiv zu einem offenen Wesen. Diese Zukunftsoffenheit in der Realisierung des eigenen Seins nennt Gehlen ausdrücklich: das Prometheische des Menschen.[284] Damit schließt Gehlen an mythische Selbstverständigungsfiguren über den Menschen an.[285]

Helmuth Plessner hat mit seiner Kategorie der „exzentrischen Positionalität" die Grundlage zu seinem „anthropologischen Grundgesetz" der „natürlichen Künstlichkeit" gelegt, die in nuce eine Technikphilosophie enthält, auch wenn er keine Technikphilosophie sui generis geschrieben hat. Peter Fischer versucht neuerdings diese Lücke zu schließen und unternimmt einen „ersten Versuch", eine „Technikphilosophie auf Plessners Konzept zu gründen, Technik von der exzentrischen Positionalität her zu begreifen."[286] Gehlen pointiert Plessners Formel von der „natürlichen Künstlichkeit" folgendermaßen:

> Der Mensch ist also organisch ‚Mängelwesen' (Herder), er wäre in jeder natürlichen Umwelt lebensunfähig, und so muß er sich eine zweite Natur, eine künstlich bearbeitete und passend gemachte Ersatzwelt, die seiner versagenden organischen Ausstattung entgegenkommt, erst schaffen.[287]

Und noch knapper: „‚Kultur' ist daher ein anthropologischer Begriff, der Mensch ist von Natur ein Kulturwesen."[288] Dabei liegt bei Gehlen insgesamt der Akzent auf der Mängelsituation des Menschen, auch wenn er den Mängelwesenbegriff später nicht mehr als „strenge wissenschaftliche Bezeichnung", sondern lediglich als „Denkhilfe für sehr komplexe Zusammenhänge" verstanden haben will.[289] Entsprechend steht auch im Zentrum seiner Überlegungen zur Technik die „Entlastungstendenz" oder das „Entlastungsprinzip".[290] Auch der frühe Blumenberg unterstreicht, dass der Mensch sich seine Überlebensbedingungen selbst schaffen muss: Der Mensch werde zum Techniker, weil er in den „Daseinsmodus der

---

283 A. Gehlen: Der Mensch, S. 32. Siehe auch U. Galimberti: Psiche e techne, S. 160 ff.
284 A. Gehlen: Der Mensch, S. 32, S. 50.
285 Siehe zur prometheischen Deutung der menschlichen Natur in aktuellen transhumanistischen Debatten M. Hauskeller: Prometheus unbound.
286 P. Fischer: Technikphilosophie, S. 10.
287 A. Gehlen: Ein Bild vom Menschen, S. 48.
288 A. Gehlen: Der Mensch, S. 80.
289 Siehe A. Gehlen: Der Mensch, Arnold-Gehlen-Gesamtausgabe, S. 765.
290 A. Gehlen: Der Mensch und die Technik, S. 18; A. Gehlen: Der Mensch, S. 36.

Selbstbehauptung und Selbstproduktion seiner Lebensbedingungen hineingezwungen" sei.[291]

So überzeugend diese kompensatorischen Theorien prima vista sein mögen, viele anthropologische Aspekte werden in ihnen auch unterschlagen. Hier muss man Ortega y Gassets Ansatz unbedingt mitbedenken. Auch Ortega sieht den Menschen als einen „ontologischen Kentaur", als ein Naturwesen, das von Natur über die Natur hinausragt.[292] Dass der Mensch sich aus seiner Umwelt herauslösen kann, ist der Grund für die Entwicklung von Technik: „Die Technik ist das Gegenteil der Anpassung des Menschen an seinen Wirkungsbereich, weil sie nämlich die Anpassung des Wirkungskreises an den Menschen ist."[293] Mit der Technik „antwortet" dieser den von der Natur auferlegten Bedürfnissen:

> Somit ist die Technik ein tatkräftiges Einwirken auf die Natur oder Umwelt, die den Menschen dazu bringt, zwischen ihr und sich eine neue, ihr übergeordnete Natur, eine Übernatur zu schaffen [...]. Technik ist Reform der Natur, jener Natur, die uns bedürftig und notleidend macht.[294]

In ähnlicher Weise wird später auch Gehlen argumentieren, wie gesehen. Doch Ortega legt den Akzent seiner Überlegungen auf den Wunsch, sich wohl zu befinden: „Der Mensch hat ja gar keine Lust, sich auf der Welt zu befinden. Wozu er Lust hat, ist, sich wohl zu befinden."[295] Entsprechend ist für ihn der Mensch „ein Tier, für das nur das Überflüssige notwendig ist" und daher seien „Mensch, Technik und Wohlbefinden" letztlich „sinnverwandte Worte".[296] Aus diesem Grund ist die Technik die „Anstrengung, Anstrengung zu sparen".[297] Insgesamt sieht Ortega den Menschen als ein Wesen, „dessen Sein nicht in dem besteht, was es schon ist, sondern in dem, was es noch nicht ist, ein Sein, das im Noch-Nicht-Sein besteht."[298] Der Mensch ist also nicht nur als Mängelwesen zu begreifen, sondern als ein Wesen, das sich aus einer gewissen anthropologischen und ontologischen Unentschiedenheit heraus selbst realisiert, nicht indem es nur Bedürfnisse befriedigt, sondern indem es die Welt durch Räume des Wohlbefindens humanisiert. Technik ist nicht nur ein abringendes, nutzendes Tun, sondern auch ein luxurierend-gestaltendes.

---

291 H. Blumenberg: Das Verhältnis von Natur und Technik als philosophisches Problem, S. 462.
292 J. Ortega y Gasset: Betrachtungen über die Technik, S. 54.
293 Ebd., S. 40.
294 Ebd., S. 39.
295 Ebd., S. 43.
296 Ebd., S. 44.
297 Ebd., S. 46 ff.
298 Ebd., S. 55.

Vor dem Hintergrund dieser allgemeinen anthropologischen Rahmung der Technik soll nun im Folgenden das Verhältnis von Technik, Welterschließung und Selbstkonstitution präziser gefasst werden. Dabei ist hier zweifelsohne Ernst Cassirer der beste Gewährsmann für die Behandlung dieser Fragestellung, denn von ihm liegt schon früh eine sehr genaue und in vieler Hinsicht immer noch maßgebliche Analyse der technischen Selbst- und Wirklichkeitskonstitution vor.[299] Daher werden entsprechend in Auseinandersetzung mit Cassirers Texten die zentralen Begriffe und Konzepte systematisch erarbeitet werden – womit auch Lücken in der Cassirer-Forschung geschlossen werden können: Denn die Technik ist noch nicht vor dem Hintergrund der Selbstkonstituierung untersucht worden und umgekehrt, die Selbstkonstituierung nicht in Bezug auf die herausragende Rolle der Technik, die sie bei Cassirer bekommt.[300] – Nebenbei gesagt ist es von einiger symbolischer Bedeutung, dass sich Ernst Cassirer 1930 der Technik systematisch annimmt; er ist einer der ersten – und sicher der erste akademische Philosoph von Rang –, der die Technik in seine Philosophie zu integrieren sucht.

4.1.2 Das Exemplarische der Technik

Auch wenn Cassirer zunehmend erkennt, dass die Technik ein veritables philosophisches Thema ist, ist ihre systematische Rolle in seiner Philosophie nicht immer klar umrissen. Die vielleicht früheste Bemerkung findet sich im Vorwort zum zweiten Band der *Philosophie der symbolischen Formen*, in dem Cassirer die Technik wie selbstverständlich unter die anderen kulturellen Formen subsumiert: „Die Gebilde der Kunst wie der Erkenntnis – die Inhalte der Sitte, des Rechts, der Sprache, der Technik: sie weisen alle auf das gleiche Grundverhältnis hin.“[301] Dieser zweite Band der *Philosophie der symbolischen Formen* hat das „mythische Denken“ zum Thema. In einer kulturanthropologischen Passage findet sich dort der erste systematische Beitrag zu einer Philosophie der Technik; allerdings hat die Technik eine bestimmte Funktion der mythentheoretischen Abhandlung – davon wird noch zu sprechen sein – und wird noch nicht als eigenständige sybolische Form etabliert. Dieser Befund bestätigt sich durch die knappe Behandlung der Technik in dem Aufsatz *Sprache und Mythos* von 1925.[302]

---

299 Siehe zum Folgenden als Vorarbeit O. Müller: Selbstsein durch Technik.

300 Eine Ausnahme bildet V. Gerhardt: Menschwerdung durch Technik. Siehe ansonsten zur Forschung die Verweise an den entsprechenden Stellen.

301 E. Cassirer: Philosophie der symbolischen Formen II, S. XI.

302 E. Cassirer: Sprache und Mythos, S. 278f.

Diese Uneigenständigkeit der Technik im Konzert der symbolischen Formen dürfte einer der Gründe sein, warum Cassirer gleich 1930, also kurz nach Erscheinen des dritten Bandes der *Philosophie der symbolischen Formen*, einen eigenen Aufsatz zum Problem der Technik veröffentlicht, in dem er einzelne Aspekte aus dem Mythos-Band wieder aufgreift, der Technik darüber hinaus aber eine grundsätzlichere Überlegung auf dem Stand der technikphilosophischen Debatte seiner Zeit widmet. Gleichzeitig ist *Form und Technik* eine Durchführung des Programms der *Philosophie der symbolischen Formen* im Kleinen, d. h. die Technik ist nicht nur Gegenstand einer philosophischen Subdisziplin, sondern an der Technik zeigt sich selbst der Kern der Philosophie der symbolischen Formen. Dies unterstreicht auch John Michael Krois, indem er betont, dass Cassirer aus seiner Arbeit an der Philosophie der symbolischen Formen auf das Problem der Technik kam, das er dann schließlich aber so ausformuliert habe, dass man in der Betrachtung der Behandlung der Technik einen Zugang und Überblick zu Cassirers gesamtphilosophischem Anliegen bekommen könne.[303]

Form und Technik bleibt Cassirers kompakteste und umfassendste Abhandlung über das Problem der Technik, die das Thema für ihn abzuschließen scheint. Doch bleibt die Technik seitdem in seinem philosophischen Horizont. Ab den 1930er Jahren befasst sich Cassirer – vielleicht nach seinen Erfahrungen in der Davoser Disputation mit Heidegger – verstärkt mit der Rezeption der philosophischen Anthropologie, insbesondere von Max Scheler, Helmuth Plessner und Jakob von Üexküll, interessiert sich aber auch für Fragen der biologischen Anthropologie etwa im Kontext von Wolfgang Köhlers Primatenexperimenten, auf die er immer wieder zu sprechen kommt. Auch wenn Scheler, mit dem sich Cassirer in „prinzipieller Übereinstimmung" sieht, wie er in einer Fußnote bekennt,[304] die Technik und den Homo faber zu depravieren sucht, ist für Cassirer aber die philosophische Anthropologie diejenige Disziplin, die die Technik für die philosophische Reflexion salonfähig machen kann. In der Göteborger Vorlesung über die „Geschichte der philosophischen Anthropologie" wird die Technik, wie oben zitiert, neben der Sprache eines der „neuen Momente" des Menschseins, die die Philosophie verstärkt systematisch zu ihrem Gegenstand machen sollte.[305] Dies ist bis heute nicht selbstverständlich. Inzwischen hat sich zwar die Technikphilosophie als eigene Disziplin etabliert, doch führt sie im Konzert der philosophischen Disziplinen mutatis mutandis ein autarkes Dasein. Und in den klassischen philosophischen Disziplinen wird die Technik – im großen Gegensatz zur großen

---

303 Vgl. J. M. Krois: Ernst Cassirers Theorie der Technik und ihre Bedeutung für die Sozialphilosophie, S. 68.

304 Ebd., S. 60, Fußnote.

305 E. Cassirer: Geschichte der Philosophischen Anthropologie, S. 6.

philosophischen Karriere der Sprache – größtenteils stiefmütterlich behandelt. Ein prominentes Beispiel dafür ist Ernst Tugendhat, der in seinen jüngeren Überlegungen, die er ausdrücklich anthropologische nennt, die Technik mit keinem Wort erwähnt.[306]

Cassirer war da weiter. Für Cassirer erhält die philosophische Anthropologie ihre Legitimität regelrecht dadurch, dass sie entgegen der klassisch-philosophischen Trias Physik, Logik und Ethik weitere zentrale Sphären des Humanen zu integrieren weiß, die insbesondere den modernen Menschen charakterisieren. Dies sind, wie der Schluss des Entwurfs zum vierten Band der *Philosophie der symbolischen Formen* verdeutlicht, nicht nur Sprache und Kunst – sondern auch die Technik.[307]

Nicht nur in *Form und Technik*, sondern auch in den Nachlassschriften zur Konzeption des nicht geschriebenen vierten Bandes der *Philosophie der symbolischen Formen* weist Cassirer zwar nur in knappen Formulierungen, aber doch unmissverständlich auf die systematische Bedeutung der Technik hin und positioniert die Technik entsprechend in systematischer Nähe zu Sprache und Kunst.[308] Dies dient auch dazu, der Anthropologie philosophische Grundlegungs-Legitimität zu verleihen, denn sie gilt ihm als diejenige Disziplin, die in der Lage ist, die Technik als wichtigen Bereich des Humanen in die Philosophie zu integrieren. Dies belegen die Textpassagen zum „Problem der philosophischen Anthropologie" aus dem nachgelassenen Konvolut *Zur Metaphysik der symbolischen Formen:* Hier skizziert Cassirer bündig und konzis die Funktion der Technik als symbolische Form – um dann hinzuzufügen: „Es ergiebt sich schon aus diesem einen Beispiel, was die Analyse der einzelnen symbolischen Formen für die Aufgabe einer ‚philosophischen Anthropologie' zu leisten vermag."[309] An dem Beispiel der Technik verdeutlicht Cassirer aber nicht nur Begriff und Funktion der symbolischen Formen überhaupt, sondern sucht damit Anschluss an die philosophische Anthropologie als Disziplin, die zu seiner Zeit Grundlegungscharakter oder zumindest einen Grundlegungsanspruch behauptete. Die Technik bekommt in Cassirers Konzeption also einen exemplarischen Charakter, sie wird zur Grundtätigkeit der menschlichen Lebensform.

Liest man vor diesem Hintergrund die späteren Schriften, insbesondere den *Essay on Man*, dann ist man überrascht, dass die Technik hier keine zentrale Rolle mehr zu spielen scheint, explizit ist der *Essay on Man* den kulturellen Formen der Sprache, des Mythos, der Wissenschaft und der Kunst gewidmet, die Technik

---

306 E. Tugendhat: Egozentrizität und Mystik; E. Tugendhat: Anthropologie statt Metaphysik.
307 E. Cassirer: Zur Metaphysik der symbolischen Formen, S. 256 ff.
308 Ebd., S. 256 ff.
309 Ebd., S. 40.

bekommt kein eigenes Kapitel, wird nicht einmal erwähnt oder in einem anderen Kontext abgehandelt wie im zweiten Band der *Philosophie der symbolischen Formen*. Eine Erklärung dieses Sachverhaltes könnte sein, dass die Technik etwas derart Exemplarisches bekommt, dass sie nicht marginalisiert wird, wie es scheint, sondern vielmehr die anderen kulturellen Formen fundiert, indem die Funktion des Technisch-Instrumentellen in die Anlage und Konzeption dieser späten Darstellung seiner Kulturphilosophie eingeflossen, in ihr aufgegangen ist. So könnte man folgende These vertreten: Nachdem Cassirer sein anthropologisch-kulturphilosophisches Programm am Beispiel der Technik durchgespielt hatte, interessierte ihn die Technik als eigene symbolische Form nicht mehr, gerade weil sein gesamtes Anliegen „technischer" geworden ist.

4.1.3 Die Bedeutung des Instrumentalen

Für die Stimmigkeit der genannten These lassen sich einige Indizien anführen: In *Zur Logik der Kulturwissenschaften* – 1942 publiziert, gehört diese Untersuchung zu den späten Texten – kann man zum einen eine gewisse begriffliche Engführung von Handeln und technischem Herstellen beobachten, zum anderen betont Cassirer dort sogar: „alle unsere theoretischen Begriffe" tragen den „Charakter des ‚Instrumentalen' an sich", die Begriffe seien „zuletzt nichts anderes als Werkzeuge, die wir uns für die Lösung bestimmter Aufgaben geschaffen haben und immer aufs neue schaffen müssen."[310] Und in seinen Überlegungen zum „Grundproblem der philosophischen Anthropologie" schreibt Cassirer:

> Das theoretische Moment des ‚Schauens' wurde nicht aus dem des Tuns abgeleitet, – sondern umgekehrt war es das Tun, das sich mehr und mehr von seinem anfänglichen Lebensgrunde, von seiner bloss ‚vitalen' Richtung loslöste, je mehr es sich mit den reinen geistigen Formen durchdrang. Nirgends stellt sich dies vielleicht so deutlich dar, als im Rahmen des ‚technischen' Wirkens selber. Dieses scheint der blossen Nutzbarkeit überall aufs stärkste verhaftet, ja es scheint ihr ein für alle Mal verfallen zu sein. Und doch ist das Grundmittel, kraft dessen sich der Mensch in der Technik mit dem Sein der Natur verbindet und kraft dessen er sich an dasselbe zu binden scheint, der eigentliche Anfang zur Selbstbefreiung des Geistes. Denn im Werkzeug ist an die Stelle des unmittelbaren Ergreifens der Objekte ein mittelbarer Bezug auf sie getreten.[311]

Damit umreißt er, wenn man es mit der berühmten, an Nietzsche angelehnten Formel ausdrücken will, die Geburt der theoría aus dem Geist der Technik. Oder

---

310 E. Cassirer: Zur Logik der Kulturwissenschaften, S. 382.
311 E. Cassirer: Zur Metaphysik der symbolischen Formen, S. 40.

anders gesagt: Cassirer geht es um die Aufhebung der strikten Unterscheidung der praktischen und theoretischen Sphäre, formuliert hier Rudimente eines Plädoyers für die instrumentelle Vernunft. Birgit Recki hat an Blumenberg und Cassirer gezeigt, dass das Werkzeug in der menschlichen Selbstauslegung als eine „absolute Metapher" fungiert und dass insofern das Instrumentale die menschliche Selbsterkenntnis und Weltorientierung von Grund auf prägt.[312] Daher identifiziert sie im Denken von Cassirer einen „Primat des Pragmatischen".

Weiterhin fällt auf, dass Cassirer die Nähe der Technik zu allen anderen symbolischen Formen deutlich unterstreicht, insbesondere zur Sprache,[313] zur Kunst[314] und zur Erkenntnis,[315] auch die Magie bezeichnet er als eine Art „primitiver ‚Technik'"[316] – so dass es scheint, als fungiere die Technik als eine Art Meta-Form. Das mag übertrieben erscheinen, denn wenn überhaupt, könnte man die „Fähigkeit zur Form" überhaupt als eine Art Meta-Form bezeichnen: „Die einfachste und praegnanteste Definition, die eine philosophisch-gerichtete ‚Anthropologie' für den Menschen zu geben vermöchte, wäre daher vielleicht die Bestimmung, daß er ‚der Form fähig' ist."[317] Aber es ist eben kein Zufall, dass Cassirer genau diese Definition einführt, nachdem er an der Technik, wie oben zitiert, als „dem einen Beispiel" die Funktion der symbolischen Formen überhaupt veranschaulicht hat.

Die Technik ist eine „symbolische Form", also eine der kulturellen Grundfunktionen der Prägung, Gestaltung und des Verstehens der Wirklichkeit; die Wirklichkeit ist in Cassirers Theorie nur durch das Medium der symbolischen Formen erfassbar. In der Einleitung zum dritten Band der *Philosophie der symbolischen Formen* schreibt Cassirer von den verschiedenen „Brechungen", in denen die symbolischen Formen erscheinen, um dann fortzufahren:

> Die Philosophie der symbolischen Formen ist, unter diesem Gesichtspunkt gesehen, nichts anderes als der Versuch, für jede von ihnen gewissermaßen den bestimmten Brechungsindex anzugeben, der ihr spezifisch und eigentümlich zukommt; sie will jedes von ihnen nach seiner Beschaffenheit und nach den Gesetzen seiner Struktur durchschauen.[318]

Dies gilt auch für die Technik: Es muss darum gehen, den „Brechungsindex" für die Technik als symbolische Form zu bestimmen, mithin das Spezifische des

---

312 B. Recki: Auch eine Rehabilitierung der instrumentellen Vernunft.
313 Etwa E. Cassirer: Form und Technik, S. 148 ff.
314 Ebd., S. 174 ff. Siehe auch E. Cassirer: Zur Logik der Kulturwissenschaften, S. 475.
315 Etwa E. Cassirer: Zur Metaphysik der symbolischen Formen, S. 256.
316 E. Cassirer: Philosophie der symbolischen Formen II, S. 261.
317 E. Cassirer: Zur Metaphysik der symbolischen Formen, S. 44.
318 E. Cassirer: Philosophie der symbolischen Formen III, S. 1.

„technischen Wirkens“ zu erkennen, um auf diesem Wege zur Entschleierung des Bildes von Saïs – wie es Cassirer in Anspielung auf Schiller und Novalis nennt – beizutragen.

An dieser Stelle soll ausdrücklich nicht die gesamte Technikphilosophie von Cassirer dargestellt und auch keine Analyse der Technik als symbolische Form vor dem Hintergrund der anderen symbolischen Formen oder in Bezug auf die interne Stufung des Mimetischen, Analogischen und Symbolischen geleistet werden, es sollen vielmehr nur ein paar Charakteristika des Cassirerschen Technikbegriffs skizziert werden, um dann im nächsten Unterkapitel auf die Momente des Selbstseins ausführlicher zu sprechen zu kommen, um auf der bislang erarbeiteten Grundlage das Verhältnis von Selbstsein und Technik zu konturieren.

Cassirer entwickelt seine Philosophie der Technik in der Analyse der Funktion des Werkzeugs für die Wirklichkeitserschließung; dabei betont er immer wieder die Nähe von Technik und Sprache, von „Greifen“ und „Begreifen“. Systematisch schließt Cassirer dabei an eine diese Nähe thematisierende Arbeit von Ludwig Noiré an,[319] aber bereits in seinen philosophiehistorischen Studien zum „Renaissance-Menschen“ hatte Cassirer die Nähe von Technik und Sprache als (neue) Ausdrucksmöglichkeiten des Menschen untersucht.[320] Welche grundsätzliche anthropologische Bedeutung der Zusammenhang von Sprache und Werkzeuggebrauch für Cassirer hat, zeigen die Passagen in dem Kapitel „Zur Pathologie des Symbolbewußtseins“ im dritten Band der *Philosophie der symbolischen Formen*, in dem er von der „Asymbolie“ in der Form der „Aphasie“ und „Apraxie“ handelt.[321] In der Rezeption der neurologischen Studien und der anthropologischen Systematisierung dieser Studien von Kurt Goldstein[322] versucht Cassirer dem „Symbolvermögen“ eine neurowissenschaftliche Grundlage zu geben. In der Auseinandersetzung mit der Sprachpathologie und der Pathologie des Handelns kann er den Prozess der Symbolisierung quasi ex negativo nachvollziehbar machen: Wert und Bedeutung der Symbolisierung werde „gerade dort für uns faßbar, wo er nicht mehr frei und ungehindert sich vollzieht, sondern wo er gegen Hemmungen anzukämpfen und gegen diese sich durchzusetzen hat.“[323] Resümierend schreibt er in diesem Zusammenhang hinsichtlich der Nähe von Sprache und Technik:

---

319 E. Cassirer: Form und Technik, S. 161; E. Cassirer: Zur Metaphysik der symbolischen Formen, S. 137.

320 E. Cassirer: Individuum und Kosmos in der Philosophie der Renaissance, S. 65.

321 E. Cassirer: Philosophie der symbolischen Formen II, S. 320. Siehe dazu auch A. Graeser: Ernst Cassirer, S. 99.

322 Siehe dazu O. Müller: Wie die Gefangenen in Platons Höhle.

323 E. Cassirer: Philosophie der symbolischen Formen III, S. 322.

> Die Form des sprachlichen Denkens und die Form des Werkzeug-Denkens scheinen hier nahe miteinander verknüpft und aufeinander angewiesen zu sein. In der Sprache wie im Werkzeug erobert sich der Mensch die neue Grundrichtung des ‚mittelbaren' Verhaltens, die ihm spezifisch-eigentümlich ist.[324]

Bemerkenswert ist hier die Begriffsbildung „Werkzeug-Denken": Damit bringt Cassirer zum Ausdruck, dass er die Technik für eine geistige Grundfunktion hält, die Gegenstand der philosophischen Analyse sein kann – bzw. sein muss. Dass Cassirer die Funktion des Werkzeuges hinsichtlich der Erschließung der Objektivität dann in der *Philosophie der symbolischen Formen* und in *Form und Technik* so detailliert untersucht, kann auch damit zu tun haben, dass das Werkzeug in anderen Schriften schon als eine Metapher für das Erkennen fungiert. So schreibt Cassirer von der Vernunft als „gefügiges Werkzeug" und als „Werkzeug zum Begreifen der Phänomene" oder als „ideelles Werkzeug" und „geistiges Werkzeug".[325] Er spricht auch vom Auge als „edelstes Werkzeug"[326] und auch, Aristoteles paraphrasierend, von der Hand als edelstes Werkzeug aller Werkzeuge. Daher ist es kein Wunder, dass Cassirer auch das griechische Wort für Werkzeug, „Organon", immer wieder aufgreift; so bezeichnet er die Sprache als „Organon", als ein „lebendiges Werkzeug der Vernunft wie der Vernunftkritik"[327]. Gleichzeitig tauchen bei Cassirer allerdings auch immer wieder Wendungen auf, mit denen pejorative Bedeutungsinhalte transportiert werden, wie etwa „bloßes Werkzeug", „totes Werkzeug" oder „willenloses Werkzeug".[328] Mit diesem Metaphernfeld ergänzt sich Cassirers Technikphilosophie in nuce: die Verknüpfung des Werkzeugs mit dem Erkennen und das Ernstnehmen kulturkritischer Entfremdung im „bloßen" Werkzeug.

Die Verbindung von Logik und Werkzeuggebrauch im Begriff des „Mittels" hatten wir schon bei Hegel gefunden, doch bei Cassirer wird die instrumentelle Struktur des Denkens anthropologisch nobilitiert. In diesem Zusammenhang hat Cassirer auch immer die Strukturverwandtschaft, die Analogie von Sprache und Technik betont.[329] Der Logos „als Ausdruck der eigentümlichen Geistigkeit des Menschen" erscheint schon in der Sprache selbst nicht nur in einer „theoretischen", sondern auch in seiner „instrumentalen" Bedeutung.[330] Und daher sagt

---

324 Ebd., S. 321.
325 Etwa E. Cassirer: Das Erkenntnisproblem II, S. 434; E. Cassirer: Vorrede und Einleitung zu: Gottfried Wilhelm Leibniz, S. 523; E. Cassirer: Zur „Philosophie der Mythologie", S. 190.
326 E. Cassirer: Goethe und die geschichtliche Welt, S. 427.
327 E. Cassirer: Die Kantischen Elemente in Humboldts Sprachphilosophie, S. 109.
328 Etwa E. Cassirer: Vorrede und Einleitung zu: Gottfried Wilhelm Leibniz, S. 594.
329 E. Cassirer: Form und Technik, S. 149.
330 Ebd., S. 150.

Cassirer in bildhafter Weise, dass auch in der Anwendung der Technik „die Kraft des Logos schlummert“.[331]

4.2 Selbstsein und Technik

Vor dem Hintergrund des bislang Dargestellten ist es nicht überraschend, dass Cassirer die Technik in einer Vorlesung, die er 1941/42 in Yale hielt, „new method of life“ nennt.[332] Die Technik als Methode des Lebens ist, das mag vielleicht auf den ersten Blick ungewöhnlich sein, eng an die Herausbildung des Selbstbegriffs, an die Selbstkonstitution geknüpft. Auch dies soll an Cassirers Arbeiten verdeutlicht werden, weil er zwar nicht als erster – Vorläufer hatte er, wie noch zu sehen sein wird, bei Hegel und Kapp –, aber doch am umfänglichsten und präzisesten den Zusammenhang von Selbstsein und Technik beschrieben hat.

4.2.1 Die Konturierung von Ich und Außenwelt

Nicht zu überschätzen für das Verständnis von Cassirers Technikbegriff ist der systematische Ort, an dem er erstmals auf das Problem der Technik stößt: Im dritten Abschnitt des zweiten Bandes der *Philosophie der symbolischen Formen* („Der Mythos als Lebensform“) untersucht Cassirer ganz grundsätzlich die Individualisierungsprozesse, die zur Herausbildung eines konturierten „Selbst“ geführt haben. Die Technik führt er im zweiten Kapitel dieses Abschnitts ein, das mit „Die Herausbildung des Selbstgefühls aus dem mythischen Einheits- und Lebensgefühl“ überschrieben ist.[333] Jene Ausbildung des Selbst-Gefühls und des Selbst-Bewusstseins wird übrigens in einem der Texte in *Zur Metaphysik der symbolischen Formen* explizit unter dem Titel der Individualität diskutiert.[334] In dem genannten Kapitel des Mythos-Bandes geht es Cassirer darum, zu verstehen,

> daß das individuelle Selbstgefühl und das individuelle Selbstbewußtsein nicht am Anfang, sondern am Ende der Entwicklung steht. In den ersten Stadien, bis zu denen wir die Entwicklung zurückverfolgen können, finden wir das Selbstgefühl überall noch unmittelbar verschmolzen mit einem bestimmten mythisch-religiösen Gemeinschaftsgefühl.[335]

---

331 Ebd.

332 E. Cassirer: Seminar on Symbolism and Philosophy of Language, S. 251.

333 E. Cassirer: Philosophie der symbolischen Formen II, S. 205 ff.

334 E. Cassirer: Zur Metaphysik der symbolischen Formen, S. 98.

335 E. Cassirer: Philosophie der symbolischen Formen II, S. 205.

Diese Bindung lockert sich nur allmählich und der Mythos begleitet diesen Prozess des Selbständigwerdens des Ichs gegenüber den es umfassenden Lebenskreisen, die allmähliche Ausbildung eines Seelenbegriffs wird zu „einem geistigen Werkzeug für den Akt der ‚Subjektivierung', für die Gewinnung und Erfassung des individuellen Selbst."[336] Ausgehend von dieser These – die Cassirer bezeichnenderweise mit Verweis auf das „geistige Werkzeug" formuliert –, geht Cassirer der Ausbildung von Ichbegriff und Individualität in Auseinandersetzung mit der kulturanthropologischen Literatur nach, die er in der Kulturwissenschaftlichen Bibliothek von Aby Warburg zur Verfügung hatte.

Die einzelnen Schritte brauchen an dieser Stelle nicht en détail nachvollzogen werden. Worauf es hier ankommt, ist die Tatsache, dass Cassirer die Technik aufgrund einer spezifischen Fragestellung – Wie kann sich der Begriff des „individuellen Selbst" innerhalb der kulturanthropologischen und kulturgenetischen Konzeption konturieren? – in seiner Argumentation einführt. Die Technik dient ihm als entscheidende Stufe im „Aufbau des geistigen Selbstbewußtseins".[337] Cassirer betont, dass sich Magie und Technik „rein genetisch" nicht voneinander trennen lassen und dass zwischen dem Homo magus und dem Homo faber zunächst eine enge Verwandtschaft besteht – doch führt das Selbstverständnis des Menschen als Techniker schließlich zu einer „Weltwende der Erkenntnis" und zu einer anthropologisch bedeutsamen „inneren Krise" des Menschen.[338]

Diese „innere Krise" wird dadurch ausgelöst, dass Wunsch und Wirklichkeit in eine Spannung geraten: „Die Allmacht des bloßen Wunsches ist jetzt gebrochen: Das Tun steht unter bestimmten objektiven Bedingungen, von denen es nicht abweichen kann."[339] Damit wird nicht nur die Distanz zwischen Subjekt und Objekt möglich, sondern das Bewusstsein der Mittel ist die Grundlage des „kausalen Gefüges" der Welt. Die Formel der „Allmacht des bloßen Wunsches" ist eine Abwandlung der „Allmacht des Gedankens" aus Sigmund Freuds *Totem und Tabu*,[340] die Cassirer wie die „Allmacht des Wunsches"[341] verwendet. Die „Allmacht des Gedankens" steht für eine magische Weltsicht und Praktik, von der sich der Mensch mithilfe der Technik emanzipiert. Dies ist wiederum nur möglich, weil die Magie schon eine „primitive ‚Technik' der Wunscherfüllung"[342] ist, also bereits

---

336 Ebd., S. 206.
337 Ebd., S. 251.
338 Ebd., S. 252.
339 Ebd., S. 152
340 Ebd., S. 184, inklusive Fußnote.
341 Ebd., S. 184.
342 Ebd., S. 261.

instrumentellen Charakter hat. Aber trotz dieser Verwandtschaft führt die Technik zu der besagten inneren Krise und zu einer qualitativ neuen Stufe der Selbsterkenntnis, denn „[d]er Gegensatz zwischen der ‚inneren' und der ‚äußeren' Welt beginnt jetzt, sich schärfer zu akzentuieren: Die Grenzen zwischen der Welt des Wunsches und der Welt der ‚Wirklichkeit' fangen an, klarer herauszutreten."[343] Cassirer spricht in diesem Zusammenhang auch von „technischem Wollen"[344] und unterstreicht die zunehmende Konturierung des Verhältnisses von „Ich" und „Wirklichkeit" durch die Technik.

Damit wird der „Doppelprozess" des technischen Wirkens möglich, den Cassirer in *Form und Technik* folgendermaßen beschreibt: „[J]ede solche Auseinandersetzung fordert nicht nur Nähe, sondern Entfernung; nicht nur Bemächtigung, sondern auch Verzicht, nicht nur die Kraft des Erfassens, sondern auch die Kraft der Distanzierung."[345] Dieser Doppelprozess erlaubt nicht nur eine Kultivierungsleistung, die sich von der Welt der Magie unterscheidet, er führt auch zu einer Änderung des Selbstverhältnisses: Die Technik ist vor diesem Hintergrund nicht nur als ein „nach außen gerichtetes Bestreben"[346] zu verstehen, sondern, im Gegenteil, da es eine absolute Schranke von „Innen" und „Außen" nicht geben könne, sei das Erschließen der Welt „zugleich immer ein neuer Aufschluß über das innere Sein".[347] So gilt insbesondere von der Technik, dass sie dieses innere Sein nicht „verdunkelt", sondern von einer neuen Seite her sichtbar mache:

> Es ist stets eine vom Inneren an das Äußere, vom Äußeren an das Innere ergehende Offenbarung, die wir hier vor uns haben – und in dieser Doppelbewegung, in dieser eigentümlichen Oszillation wird erst der Umriß der Innen- wie der Außenwelt und ihre beiderseitige Grenze festgestellt. In diesem Sinne gilt es auch vom technischen Wirken, daß es keineswegs auf die Gewinnung des bloßen ‚Draußen' gerichtet ist, sondern daß es eine eigentümliche Innenwendung und Rückwendung in sich schließt.[348]

Daher sei das „Wissen vom Ich" an das „technische Tun" geknüpft. Ich-Bewusstsein und Selbsterkenntnis sind, so können wir an dieser Stelle schon sagen, erst durch das technische Wirken konturierbar.

343 Ebd., S. 251.
344 E. Cassirer: Form und Technik, S. 152.
345 Ebd., S. 156.
346 Ebd., S. 166.
347 Ebd., S. 167.
348 Ebd.

4.2.2 Selbstbewusstsein und Selbsterkenntnis durch Technik

Um den Zusammenhang von Technik und der Herausbildung des Selbst zu beschreiben, knüpft Cassirer an Ernst Kapps *Grundlinien einer Philosophie der Technik* an. Kapp hatte als einer der ersten versucht, eine Theorie und Anthropologie der Technik zu formulieren und hatte dabei die These von der Technik als „Organ-Projektion" entwickelt, also die These, dass alle Werkzeuge und Techniken als Erweiterung der Wirksamkeit der menschlichen Organe, insbesondere der Hand, zu verstehen sind.[349] Kapps Theorie der Technik gründet auf einer Philosophie der leiblichen Existenz:

> Erst mit der Gewissheit der leiblichen Existenz tritt das Selbst wahrhaft ins Bewusstsein. Es ist, weil es denkt, und denkt, weil es ist. ‚Selbst', nach der Ableitung des Wortes von si liba, heisst ‚Leib und Leben'. Mit dieser seiner Grundbedeutung ist nunmehr vollständig Ernst zu machen. Nicht nur hier ein halbes und dort ein halbes, sondern das ganze und einige Selbst ist in concreter Selbsterkenntnis vorhanden.[350]

Diese Leibphilosophie hat, obwohl Kapp als Hegelianer gilt, durchaus auch an Schelling erinnernde, teilweise allerdings hemdsärmelig formulierte postidealistische Prämissen: „Der Mensch holt aus der ganzen Natur sich selbst zusammen, an ihr philosophirt er sich zum Selbstbewusstsein hinauf und die Welt ausser ihm ist die Handhabe zur Erschliessung der Welt in ihm. Der Inhalt der einen ist die Probe auf den Inhalt der anderen."[351] Dies gilt auch für die Technik, denn von den rohen Werkzeugen

> bis zu dem mannigfaltigst ausgebildeten ‚System der Bedürfnisse', wie es eine Weltausstellung vorführt, erkennt der Mensch in all diesen Außendingen, im Unterschiede von den unveränderten Naturobjecten, Gebilde von Menschenhand, Thaten des Menschengeistes, den sowohl unbewusst findenden, wie bewusst erfindenden Menschen – Sich selbst.[352]

Dieses Moment der Verschränkung des „Äußeren" und des „Inneren", der technischen Gestaltung der Welt und der Ausbildung von Individualität, muss Cassirer, neben der Organprojektionsthese selbst, an Kapps Ansatz fasziniert haben; so zitiert er indirekt folgende Passage:

> Eine derartige Aufnahme dieses die Gesammtheit der Culturmittel umfassendes Gebiet der Außenwelt ist ein thatsächliches Selbstbekenntnis der Menschennatur und wird durch den

349 E. Kapp: Grundlinien einer Philosophie der Technik.
350 Ebd., S. 2
351 Ebd., S. 12.
352 Ebd., S. 25.

> Act der Zurücknahme des Abbildes aus dem Aeusseren in das Innere – zur Selbsterkenntnis.[353]

Wenn Cassirer unterstreicht, dass die Technik als „Selbstbekenntnis des Menschen" und als „Medium seiner Selbsterkenntnis" zu verstehen sei, überführt er Kapps teilweise sehr euphorisierten Stil („Hervor aus Werkzeugen und Maschinen, die er geschaffen, aus den Lettern, die er erdacht, tritt der Mensch, der *Deus ex Machina*, Sich Selbst gegenüber!")[354] in seine Begrifflichkeit. Cassirer erkennt aber als das Bemerkenswerte dieses ersten explizit technikphilosophischen Werkes, dass hier der Aspekt der Selbsterkenntnis so deutlich unterstrichen wird. Daher greift er zwar die Organprojektionsthese auf,[355] betont aber:

> [D]amit ist die eigentliche und tiefste Bedeutung der ‚Organprojektion' noch nicht erschöpft. Sie tritt vielmehr erst hervor, wenn man erwägt, daß auch hier dem fortschreitenden Wissen um die eigene leibliche Organisation ein geistiger Vorgang parallel geht; daß der Mensch vermittels diesen Wissens erst zu sich selbst, zu einem Selbstbewußtsein gelangt. Jedes neues Werkzeug, das der Mensch findet, bedeutet demgemäß einen neuen Schritt nicht nur zur Formung der Außenwelt, sondern zur Formierung seines Selbstbewußtseins.[356]

Schließlich fasst Cassirer die anthropologische Bedeutung der Technik folgendermaßen zusammen: „Wie er [der Mensch, O.M.] nur dadurch, daß er werkzeugbildend und werkbildend wird, das Gefüge seines Leibes und seiner Gliedmaßen verstehen lernt", so entnimmt er aus den kulturellen Formen – und eben auch aus der Technik – die „objektiven Maße, an denen er sich mißt und durch die er sich als einen selbständigen Kosmos mit eigentümlichen Strukturgesetzen begreift."[357] Die Technik wird also in der *Philosophie der symbolischen Formen* nicht als Instrument der Naturbeherrschung beschrieben, sondern als Moment der Sinngebung, der erkenntnisbringenden Gestaltung der Wirklichkeit bei gleichzeitiger Konstitution des individuellen Selbstseins. Gerhardt hat daher Cassirers Philosophie der Technik als dessen „Theorie des Geistes" bezeichnet.[358]

Die Thematisierung der Technik als eigenständige symbolische Form in *Form und Technik* und die Überlegungen zu Aphasie und Apraxie, aber auch zu Heideggers Begriff des „Zuhandenen" im dritten Band der *Philosophie der symboli-*

---

353 Ebd., S. 26. Siehe E. Cassirer: Form und Technik, S. 168.
354 E. Kapp: Grundlinien einer Philosophie der Technik, S. 351.
355 E. Cassirer: Philosophie der symbolischen Formen II, S. 255.
356 Ebd., S. 254.
357 Ebd., S. 257.
358 V. Gerhardt: Menschwerdung durch Technik.

schen Formen[359] sprechen für die systematische Bedeutung der Technik in Cassirers Philosophie. So wie Freuds *Totem und Tabu* nicht nur eine ethnologische, sondern gleichzeitig eine psychologische Studie ist, bleibt Cassirers Abhandlung keine mythentheoretisch-kulturanthropologische Untersuchung über die Vorgeschichte des modernen Menschen. Sein Anliegen ist es – die Formulierungen lassen darüber keinen Zweifel –, die Technik als konstitutives Moment des menschlichen Selbstseins zu etablieren. In den Nachlasstexten über die Basisphänomene wird der Zusammenhang von Selbstsein und Technik folgendermaßen verdichtet: Dort interpretiert Cassirer das „gnóthi seautón" des Delphischen Orakels mit Goethe neu: Selbsterkenntnis sei nicht etwa als eine „monadische Innenschau zu verstehen, sondern die Forderung heiße vielmehr: „Gestalte Dein Tun", „erkenne Dein Werk und erkenne ‚dich selbst[‘] in Deinem Werk", bilde Dein Tun „aus dem blossen Instinkt, der Tradition, Konvention, der Routine [...] zum ‚selbstbewussten‘ Tun".[360] Auch wenn in diesem Zitat generell vom „Tun" die Rede ist, kann man sicher behaupten, dass Cassirer diesen Begriff des „Tuns" auch und vielleicht in besonderer Weise im Blick auf die genannten Analysen des technischen Tuns dieser Form als Moment der Selbsterkenntnis kondensieren konnte.

Vor dem Hintergrund dieser Überlegungen zur Selbstkonstituierung durch Technik, erstaunt es nicht, dass Cassirer die Technik systematisch mit dem Begriff der „Freiheit" verknüpft. Cassirer greift hierbei auf Hegel zurück, der in seinen *Vorlesungen über die Philosophie der Religion* von der Herausbildung des Selbstbewusstseins handelt und der der Technik ebenfalls eine entscheidende Rolle im Selbstkonstituierungsprozess zuspricht; Hegel unterscheidet hier Technik und Zauberei wie folgt: Während Zauberei die „direkte Macht" über die Natur sei, ist der Werkzeuggebrauch als „indirekte Macht" über die Natur zu verstehen, die der „gebildete Mensch" auszuüben lernt.[361] Die indirekte, also technische Macht mache nicht nur den Menschen frei, sondern gehe davon aus, dass auch die anderen frei sind. Die direkte Macht der Magie basiere dagegen auf einer gegenseitigen Unfreiheit. Cassirer betont in direktem Rückgriff auf Hegel, dass dieses „vermittelnde Tun" zur „Selbständigkeit" des Menschen führe, zu der gehört, dass der Mensch, so zitiert er Hegel weiter „*in sich frei sey*, denn erst wenn er selbst frei ist, läßt er die Außenwelt sich frei gegenübertreten, andere Menschen und die natürlichen Dinge."[362] Dem kann man die bemerkenswerte These entnehmen, dass der Mensch als Homo faber erst mit und durch die Technik frei wird – oder durch sie zumindest Freiheitsgrade gewinnt, die er als Homo magus noch nicht

359 E. Cassirer: Philosophie der symbolischen Formen III, S. 167, Fußnote 64.
360 E. Cassirer: Zur Metaphysik der symbolischen Formen, S. 190.
361 G. W. F. Hegel: Vorlesungen über die Philosophie der Religion, S. 279.
362 E. Cassirer: Philosophie der symbolischen Formen II, S. 252.

haben konnte. Diesen Gedanken wird Hans Blumenberg radikalisieren: In einer frühen Schrift zur Technik schreibt er, dass der Mensch nicht nur ein Wesen sei, „das technische *Gebilde* hervorbringt“, sondern eines, „das *sich selbst* technisch verwirklicht, dessen ‚Wahrheit‘ im Grunde technisch ist.“[363] Dabei unterstreicht Blumenberg explizit das Moment der Freiheit,[364] ebenso übrigens wie Eugen Fink, der die technische Verformung der Natur durchaus als „freiheitlichen Vollzug“ versteht.[365] Wenn Blumenberg den Begriff der „Technik“ mit dem der Freiheit verknüpft, dann vor allem im Blick auf die Renaissance, in der über den Menschen und seine Fähigkeiten neu reflektiert wird; aus der Einsicht in die schöpferische Potenz des Menschen entsteht ein Selbstverständnis, das zwar nicht neu ist, das aber programmatisch wird.

Cassirer und Hegel würden Blumenbergs geistesgeschichtlicher Diagnose sicher unter der Prämisse zustimmen, dass das Verhältnis von Technik und Freiheit in der Neuzeit vielleicht in neuer Form zum Ausdruck kommt, was aber schon anthropologisch als Moment der Selbstbefreiung durch Technik in der menschlichen Existenz angelegt ist. Und es ist nicht auszuschließen, dass Cassirer diesen Zusammenhang von Technik und Freiheit auch daher betont – in *Form und Technik* wird er Friedrich Dessauers These von „Freiheit durch Dienstbarkeit“ aufgreifen[366] –, um dem kulturkritischen Topos der Selbstversklavung des Menschen durch die Maschinen zu begegnen.

Was bis hierhin schon deutlich geworden sein dürfte: Mit Cassirer lässt sich ein Modell der Korrespondenz von technischem Selbst- und Weltverständnis entwerfen. Die technische Gestaltung und Einrichtung der Welt ist ohne die Ausbildung eines Selbstbegriffs durch die Technik nicht zu denken – und umgekehrt. Oder mit Karl Jaspers ausgedrückt: „Verändern der Welt ist nicht nur technisches Hervorbringen, sondern die sich verwandelnde Selbsterzeugung des Menschen.“[367]

Die Technik spielt, das kann man nun behaupten, eine herausragende Rolle für die Identitätsbildung von Menschen. Wie wichtig dieser Aspekt der Selbsttechnisierung ist, hat auch Hannah Arendt unterstrichen,[368] die die identitätsbildende Bedeutung der Technik aber vor allem in der durch Technik möglichen Stabilität der Welt sieht und in der mit der Stabilität verbundenen „Verlässlichkeit“ der Dingwelt, die Menschen umgibt und die auch den Rahmen für narrative

---

363 H. Blumenberg: Technik und Wahrheit, S. 119.
364 Ebd., S. 118.
365 E. Fink: Grundphänomene des menschlichen Daseins, S. 238.
366 E. Cassirer: Form und Technik, S. 183.
367 K. Jaspers: Philosophische Weltorientierung, S. 116.
368 H. Arendt: Vita activa, S. 162.

Selbstverständigungen konstituiert. Auch wenn sich Arendt damit vor einem anderen Theoriehorizont bewegt, auf den später noch eingegangen werden wird, kann man auch bei ihr diese doppelte Form der Identitätsbildung und die Scharnierfunktion der Technik im Selbst- und Weltverständnis ablesen.

Bevor das technische Weltverständnis in Korrespondenz zum Selbstverständnis untersucht wird, soll zunächst die schon mehrmals erwähnten leibphilosophischen Aspekte, die wir im Verständnis der Technik zu beachten haben, näher erläutert werden, denn die leibliche Konstitution des Menschen ist für die Herausbildung der Technik eine conditio sine qua non.

4.3 Der Leib als Scharnier von Selbst und Welt: Technik als „Exkorporation“

Vielleicht auch in diesem Punkt durch Kapp inspiriert, finden sich bei Cassirer immer wieder bemerkenswerte leibphilosophische Rückbindungen seiner Technikphilosophie: So kann die Technik zum Verständnis der „Beschaffenheit und de[s] Aufbau[s] des eigenen Leibes“ beitragen.[369] Cassirer folgt hierbei, wie oben schon erwähnt, dem griechischen Begriff des „organon“ als „Werkzeug“ und unterstreicht damit die „organologische“ Dimension der Technik. Insofern ist der menschliche Körper nicht maschinell oder mechanistisch zu verstehen – doch aber technisch in jenem organologischen Sinne. Vor diesem Hintergrund ist es nicht verwunderlich, dass Cassirer immer wieder auf Kants transzendental-naturphilosophische Erklärungsfigur der „Technik der Natur“ zu sprechen kommt.[370] Und in einer Nachlassnotiz hält er fest: „[W]ir erkennen den eigenen Körper erst, indem wir ihn technisch aufbauen – Auch alle Physio-Logie ist an das Bilden, an das technische Erkennen gebunden –“.[371] Neben der technischen Erkenntnis der Funktionsweise des eigenen Körpers, fungieren die Techniken in Cassirers Theorie selbst als „sinnlich-leibliche Organe“ der Gestaltung der Außenwelt, sogar als Organe der Sinngebung.[372] In diesem Kontext hat Cassirer die Technik insbesondere mit der Hand als Organ des Menschen verbunden, die durch das „Begreifen“ elementare Formen der Welterzeugung ausbilden kann. Im Folgenden soll skizziert werden, wie die Technik aus dieser Form „Exkorporation“ ensteht, wie technisches Denken aus unserer Körperlichkeit heraus entsteht, insbesondere durch den „Gebrauch“ der Hand – in konkreter wie „übertragener“ Hinsicht. Dabei

369 E. Cassirer: Philosophie der symbolischen Formen II, S. 254.
370 Siehe dazu etwa die Passagen in E. Cassirer: Kant's Leben und Lehre, S. 285ff.
371 E. Cassirer: Zur Metaphysik der symbolischen Formen, S. 256.
372 E. Cassirer: Philosophie der symbolischen Formen, S. 255.

kann im Folgenden keine Leibphilosophie der Technik entwickelt werden. Vor dem Hintergrund der Annahme, dass wir Technik aus unserem Körper- und Leibverständnis heraus entwickeln, soll es puntkuell um die Rolle der Hand gehen, um die Exkorporation zu beschreiben.

4.3.1 Greifen und Begreifen: welterzeugende Gewissheit

Das bloße Ergreifen der Dinge mit der Hand bleibt aber auf einer rudimentären Stufe des Erkennens, erst die Distanzierungsleistung durch das Werkzeug ist für Cassirer der entscheidende Schritt in Hominisation und Kulturentwicklung. Gleichzeitig sind es aber die Hände, mit denen einerseits die technischen Verrichtungen vorgenommen werden und die in vieler Hinsicht das erste Modell für die Entwicklung von Techniken darstellen. Aus der „Händigkeit" des Menschen entstehen die ersten Techniken. Auch daher ist die Technik an die leibliche Konstitution des Menschen zurückgebunden.

Die Bedeutung der Hände für die Entwicklung des Menschen zu unterstreichen, hat eine lange philosophische Tradition. Die vielleicht erste Bemerkung zur Bedeutung der Hände ist die von Aristoteles überlieferte Definition von Anaxagoras: der Mensch sei das vernünftigste Wesen, weil er Hände habe.[373] Allerdings formuliert Aristoteles diese Aussage um: weil der Mensch das verständigste Wesen ist, hat er Hände, also deshalb, weil er sie angemessen gebrauchen kann.[374] Jürgen Mittelstraß sucht einen Kompromiss zwischen den Definitionen von Anaxagoras und Aristoteles: in dieser grundsätzlichen Meinungsverschiedenheit finde sich das doppelte Wesen des Menschen, er ist sowohl Homo faber als auch homo sapiens.[375] Die „Händigkeit" des Menschen ist nicht nur Basis für die Organprojektionsthese, sondern geht ihr zugleich voraus: nicht erst die Hand als Abbild für technische Werkzeuge und Gerätschaften, sondern schon die grundsätzliche Funktion der Hand und deren Möglichkeiten prägt die technisch-praktischen Fähigkeiten des Menschen. Paul Alsberg wird dann sogar die These vertreten, dass die technische Kompetenz des Menschen dazu führt, dass die leiblichen Fähigkeiten weniger spezifisch ausgebildet werden als bei den Tieren, denn der körperliche Rückgang und das „technisch-geistige Wachstum" korrespondieren in seiner Theorie.[376] Das heißt: Den Leib des Menschen kann man nur im Spiegel der

---

373 Aristoteles: De partibus animalium, 687a7 f.

374 Ebd., 687a9 f.

375 J. Mittelstraß: Leonardo-Welt, S. 12 ff.

376 P. Alsberg: Das Menschheitsrätsel.

Technik verstehen, die seine Merkmale und Fähigkeiten „reduziert“. Der Leib als unser „Natursein“ bekommt seine spezifischen Konturen durch die Technik.

Die Bedeutung der Hände ist zwar in der Philosophiegeschichte nach Aristoteles nicht allzu oft beachtet worden, aber es gibt doch bemerkenswerte Äußerungen, wie etwa diese von Hegel:

> Daß aber die Hand das Ansich der Individualität in Ansehung ihres Schicksals darstellen muß, ist leicht daraus zu sehen, daß sie nächst dem Organ der Sprache am meisten es ist, wodurch der Mensch sich zur Erscheinung und Verwirklichung bringt. Sie ist der beseelte Werkmeister seines Glücks; man kann von ihr sagen, sie ist das, was der Mensch tut.[377]

Ebenso entschieden wie Hegel spricht Heidegger von „der Hand“ im Singular, wenn er die Bedeutung der „Händigkeit“ unterstreichen will. In *Was heißt Denken?* schreibt er beispielsweise:

> Die Hand gehört nach der gewöhnlichen Vorstellung zum Organismus unseres Leibes. Allein das Wesen der Hand lässt sich nie als ein leibliches Greiforgan bestimmen oder von diesem erklären. Greiforgane besitzt z. B. der Affe, aber er hat keine Hand. Die Hand ist von allen Greiforganen: Tatzen, Krallen, Fängen, unendlich, d. h. durch einen Abgrund des Wesens verschieden. Nur ein Wesen, das spricht, d. h. denkt kann die Hand haben und in der Handhabung Werke der Hand vollbringen. [378]

Und wenn Heidegger das Denken als ein „Handwerk“ versteht,[379] dann sieht er auch die Technik, zumindest die Werkzeug-Technik, aus der leiblich-organischen Verfasstheit des Menschen entstehen. Der Mensch ist nicht nur durch die Sprache oder Vernunft, sondern auch durch die Hand und das Hand-Werk vom Tier verschieden. Wenn der Mensch nach Heidegger das Wesen ist, das Hände hat, dann müsste man an dieser Stelle fragen, ob Heidegger durch eine solche Bestimmung des Menschen nicht gerade das macht, was er in dem *Brief über den ‚Humanismus‘* vermeiden will, nämlich sich anthropologischer Erklärungen zu bedienen, die er als Rückfall in den von ihm abgelehnten Typ von „Metaphysik“ kritisiert. Er hat dort in der Auseinandersetzung mit der anthropologischen Bestimmung animal rationale geschrieben, dass der Fehler dieser Bestimmung sei, dass die Metaphysik den Menschen von der animalitas her und nicht zur humanitas hin denke. Genau das scheint aber Heidegger zu tun, wenn er den Menschen durch die Hand vom Tier unterscheidet.[380]

---

377 G. W. F. Hegel: Phänomenologie des Geistes, S. 236 f.
378 M. Heidegger: Was heißt Denken?, S. 18.
379 Ebd., S. 25 ff.
380 Vgl. auch J. Derrida: Heideggers Hand, etwa S. 185 f.

Als das Technik-Thema ab den 1920er Jahren verstärkt in den philosophischen Blick rückt, wird die Hand immer wieder als zentrales Organ genannt.[381] So unterstreicht Spengler in seinem Text *Der Mensch und die Technik* die Bedeutung der Hand für die Entwicklung der Technik,[382] ebenso Gehlen in *Der Mensch.*[383] Siegfried Giedion beschreibt 1948 die systematische Ersetzung der Hand-Funktionen in Mechanisierungsprozessen.[384] Hannah Arendt wiederum hebt mit Rückgriff auf eine Wendung von John Locke in *Vita activa* immer wieder die Bedeutung des „Werks unserer Hände" hervor, so schreibt sie etwa: „Und die Sprache [...] deutet immerhin an, daß wir ohne das ‚Werk unserer Hände' vermutlich nicht wissen würden, was ein ‚Ding' überhaupt ist."[385] Ihr Schüler Richard Sennett hat in seinem Buch *The Craftsman*, das auf Deutsch *Das Handwerk* heißt, bemerkenswerte Passagen über die „intelligente Hand" und die „Tugenden der Hand" geschrieben, in denen er insbesondere aus seiner Erfahrung als Cellist die Rolle der Hände bei verschiedenen Formen der Einübungen von Techniken und Fertigkeiten beschreibt.[386] Auch für Sennett ist das „Erfassen" von etwas nicht bloß eine façon de parler, sondern Ausdruck für eine elementare Form des Verstehens, in denen die Hände und die anderen Sinne des Körpers zusammenspielen.

Umberto Galimberti hat die die Technik konstruierende und benutzende Hand in ihrer Funktion als Vermittlerin zwischen Leib und Welt beschrieben:

> Costruendo strumenti, che poi sono le copie ingrandite delle sue funzioni, la mano instaura tra il corpo umano e il mondo un ordine di rapporti del tutto sconosciuti agli animali [...]. Nell'uomo, invece, la mano e gli organi esterni del corpo affrancati progressivamente dalle coercizione funzionale ed, emancipandosi, sono divenuti, da strumenti utili, gesti espressivi.[387]

---

381 Wenn im Folgenden fast ausschließlich von der Hand die Rede ist, dann scheint man sich nur im Bereich der handwerklichen Techniken zu bewegen. Doch hat die Hand hier exemplarischen Charakter; gezeigt werden soll einerseits, dass Technik „leibfähig" sein muss, und andererseits, dass sich der Leib an die Technik adaptiert. Technikentwicklung ist nur in dieser Wechselseitigkeit möglich.

382 Siehe O. Spengler: Der Mensch und die Technik, S. 26 ff.

383 Siehe A. Gehlen: Der Mensch, S. 34.

384 Siehe S. Giedion: Die Herrschaft der Mechanisierung, S. 69 ff.

385 H. Arendt: Vita activa, S. 112.

386 R. Sennett: Das Handwerk, S. 202 ff.

387 U. Galimberti: Psiche e techne, S. 97. Meine Übersetzung: „Indem die Hand Werkzeuge konstruiert, die dann die vergrößerten Kopien ihrer Funktionen sind, errichtet sie zwischen menschlichem Leib und Welt eine Beziehungsordnung, die Tieren völlig unbekannt ist. Beim Menschen dagegen werden Hand und extrakorporale Organe sukzessive befreit vom funktionalen Zwang, indem sie sich von nützlichen Instrumenten zu Ausdrucksformen emanzipieren."

Galimberti skizziert in der Analyse der Funktion der Hand in der menschlichen Einpassung in die Welt eine leibphilosophische Grundlegung der Kulturphilosophie.

Technik kann es nur geben, weil das menschliche Selbst verleiblicht ist. Denn der Leib erlaubt die „Einverleibung" der Techniken, was den selbstverständlichen Umgang mit der Technik erst möglich macht. Jede Technikentwicklung setzt die Fähigkeit, Technik einzuverleiben, also als Teil des individuellen leib-seelischen Zusammenhanges verwenden zu können, voraus. Maurice Merleau-Pontys berühmtes Beispiel vom Stock des Blinden als ein „Organ" des Körpers verdeutlicht, wie die Technik Teil unseres Leibes und damit selbstverständlicher Teil unseres Selbstseins werden kann: Der Stock ist kein bloßer Gegenstand mehr, man nimmt ihn als solchen sogar gar nicht mehr wahr, er ist vielmehr zu einer „Sinneszone" geworden, denn „er vergrößert die Umfänglichkeit und Reichweite des Berührens" und ist „zu einem Analogon des Blicks geworden".[388] Der Stock wird geradezu inkorporiert, seine Funktion scheint auch bei einem Gesunden mit denen der Hände und Augen zu verschmelzen:

> Will ich mich an einen Spazierstock gewöhnen, so versuche ich ihn [bessere Übersetzung: so probiere ich ihn aus, O.M.], berühre Gegenstände mit ihm, und nach einiger Zeit habe ich ihn dann ‚in der Hand', sehe ich, welche Gegenstände ‚in Reichweite' meines Stockes sind und welche nicht.[389]

Mit diesem In-der-Hand-Haben hat Merleau-Ponty die „Verschmelzung" zwischen Hand und Spazierstock beschrieben, die für die „Verschmelzung" von Leib und Technik überhaupt stehen kann. Merleau-Ponty schreibt dann weiter:

> Sich an einen Hut, an ein Automobil oder an einen Stock gewöhnen, heißt, sich in ihnen einrichten, oder umgekehrt, sie an der Voluminosität des eigenen Leibes teilhaben zu lassen. Die Gewohnheit ist der Ausdruck unseres Vermögens, unser Sein zur Welt zu erweitern oder unsere Existenz durch Einbeziehung neuer Werkzeuge in sie zu verwandeln. Man kann Schreibmaschine schreiben können, ohne anzugeben zu wissen, wo sich auf der Klaviatur die Buchstaben befinden, aus denen man die Worte zusammensetzt.[390]

Merleau-Ponty unterstreicht bekanntlich, dass der Leib „unsere Verankerung in der Welt" sei und dass sich dadurch gewisse Vertrautheitsstrukturen ergeben.[391] Die Händigkeit (und der mit dieser verknüpfte Werkzeuggebrauch) garantiert eine

---

388 M. Merleau-Ponty: Phänomenologie der Wahrnehmung, S. 173.
389 Ebd.
390 Ebd.
391 Ebd., S. 174.

„welterzeugende Gewißheit“,[392] die als grundsätzliche Kategorie des Menschseins fungieren kann (das gilt auch für diejenigen Menschen, die die Hände verloren haben, denn häufig wird die Funktion der Hand in irgendeiner Form ersetzt, beeindruckend virtuos oft mit den Füßen).

4.3.2 „Pragmatismus“ der Technik: Weltkonstitution

Diese Merkmale der Leiblichkeit sind Voraussetzung für die Technik. Die Konsequenz dieser leibphänomenologisch fundierten Vertrautheit und Gewissheit ist die Tatsache, dass Menschen Dinge „zuhanden“ sein können. Im Tätigsein mit den Händen und im Gebrauch von Instrumenten haben wir einen Zugang zu den Dingen und zur Welt; wir „erfassen“ die Dinge, indem wir sie als „zuhanden“ betrachten und mit ihnen umgehen. Heidegger hat die „Zuhandenheit“ bekanntermaßen in *Sein und Zeit* ausführlich analysiert. Die damit verbundene Wirklichkeitskonstitution hielt auch Cassirer für überzeugend, der im dritten Band der *Philosophie der symbolischen Formen* wohlwollend auf die Analysen des Zuhandenen verweist.[393] Der unmittelbare Umgang mit der Welt erfolgt bei Heidegger mit und durch die Hand; „to prágma“ bedeutet im Griechischen einerseits die Handlung (práxis) bzw. konkreter die Unternehmung, das Geschäft etc. Andererseits bedeutet prágma aber auch Sache, Tatsache, Ding. Darauf spielt Heidegger an: die Dinge sind eben diejenigen, mit denen der Mensch „handelnd“ umgeht. In diesem Sinne unterstreicht er noch im *Parmenides:*

> Auch die Dinge ‚handeln‘, insofern sie als die Vorhandenen und Zuhandenen im Bereich der ‚Hand‘ anwesen [...]. [D]as das erlangende Anlangen bei etwas, prágma – bleibt wesentlich auf die Hand bezogen. Der Mensch selbst ‚handelt‘ durch die Hand.[394]

Der Begriff des „Dinges“ oder Gegenstandes wird erst durch den Gebrauch und Umgang konstituiert. Die Konzeption des „Zuhandenen“ (und dann auch des „Vorhandenen“) geht von diesem Begriff der „Gegenstände“ oder „Dinge“ bzw. des „Zeugs“, wie er schreibt, aus.[395] Heidegger führt dort diese Begriffe ein, um die „Umweltlichkeit“ des Menschen deutlich zu machen und um mit der Definition der „prágmata“ als das Zeug, mit denen der Mensch (das „Dasein“) „besorgenden Umgang“ hat, einen neuen Ding- und Gegenstandsbegriff zu entwerfen. Das In-

---

392 G. Gebauer: Hand und Gewißheit, S. 256.
393 E. Cassirer: Philosophie der symbolischen Formen III, S. 164.
394 M. Heidegger: Parmenides, S. 118.
395 M. Heidegger: Sein und Zeit, S. 68.

der-Welt-Sein ist zunächst vom pragmatischen Umgang mit den Dingen bestimmt. Die Dinge begegnen dem „Dasein" in erster Linie als unmittelbar Zuhandene. Durch das spezifisch „pragmatische" In-der-Welt-Sein des menschlichen Daseins bekommt die Technik eine zentrale Funktion, denn der Ausgangspunkt der Weltorientierung sind die technischen Tätigkeitsformen: Am Beispiel des Hammers erläutert Heidegger:

> [J]e weniger das Hammerding nur begafft wird, je zugreifender es gebraucht wird, um so ursprünglicher wird das Verhältnis zu ihm, um so unverhüllter begegnet es als das, was es ist, als Zeug. Das Hämmern selbst entdeckt die spezifische ‚Handlichkeit' des Hammers.[396]

Mittels Technik und im „hantierenden, gebrauchenden Besorgen"[397] konstituieren sich die Dinge für den Menschen, sind sie für ihn in einer elementaren Weise „erfahrbar" und dadurch auch erst „wirklich", Teil seiner „Objektivität". Es wurde darauf hingewiesen, dass Heidegger die aristotelische „práxis" radikalisiert und im Gegensatz zur „theoría" den „besorgenden Umgang" als primäre Welterfahrung ausweist.[398] Doch das ist nicht die einzige Reformulierung antiker Begriffe, die Heidegger vornimmt. Wenn er in seiner Analyse des „Zeugs" und der „Zeughaftigkeit" die „prágmata" etymologisch mit der „práxis" engführt,[399] dann verwischt er damit auch die Unterscheidung zwischen „práxis" und „poíesis" bzw. „téchne". Denn der besorgende Umgang mit „Nähzeug, Werk- Fahr- und Meßzeug" und sein Beispiel des Hämmerns verweisen auf technische Tätigkeiten.[400] Dies sind aber Tätigkeitsareale und Gegenstandsbereiche, die traditionell eher der „poíesis" zugeordnet sind.

In Heideggers Ontologie werden Dinge erst „vorhanden", wenn eine gewisse Störung einsetzt, also wenn sie kaputt gehen oder sich nicht auffinden lassen.[401] Dann erst werden aus einem pragmatischen Umgang mit der Wirklichkeit und der damit verbundenen Gegenstands- und Selbstkonstitution die Dinge „als solche" bemerkbar. In einem gewissen Sinne lässt Heidegger das Menschsein mit der Hand und ihrem Werkzeuggebrauch beginnen. Heidegger hat im Grunde also mit *Sein und Zeit* nicht nur, aber auch – eine Theorie des Homo faber vorgelegt.

Kann man Heidegger überhaupt so unverfroren anthropologisch lesen – wo Heideggers Fundamentalontologie doch dezidiert anti-anthropologisch angelegt

---

396 Ebd., S. 69.
397 Ebd., S. 67.
398 F. Volpi: Der Status der existenzialen Analytik.
399 M. Heidegger: Sein und Zeit, S. 68.
400 Ebd., S. 68 f.
401 Ebd., S. 66 ff.

ist? Blumenberg hat in *Zu den Sachen und zurück* und in der *Beschreibung des Menschen* die These aufgestellt, dass man *Sein und Zeit* wider Heideggers eigene Intention des Buches auch als eine originelle „Anthropologie des alltäglichen Daseins" lesen könne.[402] Wenn er die „Analytik des Daseins" immer wieder als „entfaltete Anthropologie" bezeichnet, dann eignet sich Blumenberg Heideggers Anliegen durchaus provokativ an, denn auch Heidegger wollte – in diesem Abgrenzungsbedürfnis folgt er seinem Lehrer Husserl – bekanntlich keinesfalls, dass man *Sein und Zeit* anthropologisch versteht, der fundamentalontologische Ansatz ist dezidiert anti-anthropologisch. Blumenbergs Bilanzierung der anthropologischen Teile von *Sein und Zeit* zeigt sein spezifisches Interesse an diesem Werk besonders deutlich: „Quantitativ beherrschen anthropologisch anmutende Beschreibungen das, was von ‚Sein und Zeit' vorliegt; funktional dienen sie ausschließlich der kommen sollenden Fundamentalontologie."[403] Dies formuliert Blumenberg teilweise auch in einer polemischen Schärfe, die er – auch die *Verführbarkeit des Philosophen* ist dafür ein Beispiel – nur Heidegger entgegenbringt: Obwohl dieser „wahrhaftig kein Weltmann" gewesen sei, hätte er aber eine „weltkonstruktive Imagination" besessen: „Das ermöglichte ihm, vor der Gedankenblässe des gesuchten Sinns von Sein einen reichbesetzten anthropologischen Vordergrund aufzustellen, obwohl er die Freude daran durch die Verbotstafel verdarb, dies sei nicht als das anzusehen, worauf es ankäme."[404] Blumenberg macht damit deutlich, dass er die „anthropologischen" Einsichten schätzt, dem fundamentalontologischen Programm aber distanziert gegenüber steht. Er schreibt sogar:

> Abrupt und unverhüllt gefragt: Hat die Frage nach dem ‚Sinn von Sein' überhaupt einen Sinn? Und wenn sie es hätte: Muß man sich auf Heideggers Vorzug des Interesses an der Seinsfrage derart einlassen, daß man die anthropologischen Errungenschaften der Daseinsanalytik nur in ihrer fundamentalontologischen Funktionalisierung gelten läßt und aneignet?[405]

Wenn man vor dem Hintergrund dieser ontologischen Skepsis eine Art von Ockhams Rasiermesser ansetzt und die Frage nach dem Seinsverständnis gewissermaßen „abschneidet", dann kann man die phänomenologischen Analysen Heideggers auch für anthropologische Fragen fruchtbar machen. Auf diese Weise wird das „Dasein" als „Menschsein" verstanden und interpretiert. Damit können die Analysen von *Sein und Zeit* auch in eine produktive Verbindung zur Leib-

---

402 H. Blumenberg: Zu den Sachen und zurück, S. 257.
403 H. Blumenberg: Beschreibung des Menschen, S. 199.
404 Ebd., S. 818.
405 Ebd., S. 208.

lichkeit des Menschen gebracht werden, um das elementare Wechselverhältnis von leiblicher Konstitution und technischem Weltverhalten zu beschreiben. Die Leiblichkeit kommt in *Sein und Zeit* nur am Rande vor.[406] Aber die Analyse des werkzeuggebrauchenden, hantierenden Umgangs mit den Dingen lassen sich mit leibphilosophischen Ansätzen durchaus verbinden, wie wir an den Beispielen Merleau-Pontys gesehen haben. Damit kann man die Daseinsanalytik der Technik auf einen breiteren Grund stellen, denn nicht nur das aktive Hantieren ist für das Verständnis der Technik wichtig, sondern auch die „passive" Seite, die Eigenschaft des Leibes von der Technik geformt zu werden, Technik zu „inkorporieren". Wir können uns nur in der technischen Welt bewegen, weil der Leib sich technische Abläufe zu eigen machen kann, etwa indem das leibliche Gedächtnis komplizierte Verrichtungen „speichert". Die leibliche Adaptivität ist Bedingung der Möglichkeit für unsere Orientierung in der technischen Welt.

Diese leibphilosophische Analyse der Technik musste skizzenhaft bleiben. Cassirer, Heidegger und Merleau-Ponty sollen hier im Sinne einer Initialzündung der Reflexion über das Verhältnis von Leib und Technik begriffen werden. Selbstverständlich müsste man hier in vielen Punkten in die Tiefe gehen. Insbesondere die leibphilosophischen Fragen, die sich aus der technischen Verfügung über den Körper und Leib ergeben, insbesondere auch vor dem Hintergrund des Foucaultschen „Dispositivs", müssen an dieser Stelle leider vernachlässigt werden.[407]

An der Phänomenologie des Daseins konnte man ablesen, dass es Heidegger, wie Cassirer, darum ging, im technischen Tun einen privilegierten Zugang zur Erschließung von „Objektivität" zu entdecken. Analog zur Sprache bildet die Technik Rationalitätsformen aus, die unsere Welt konstituieren. Wollen wir „die Welt" verstehen, müssen wir das „innere Gesetz" der Technik verstehen.

4.4 Technisches Weltverhältnis

4.4.1 Technik und Wahrheit

Wie an der Herausbildung des Selbstverständnisses durch technisches Wirken gesehen wurde, formiert sich in Korrespondenz zur Selbstkonstituierung auch ein spezifisches, durch Technik vermitteltes Welt- und Wirklichkeitsverständnis. In

406 Siehe M. Heidegger: Sein und Zeit, S. 70f.
407 Siehe exemplarisch A. Manzei: Körper – Technik – Grenzen. G. Böhme/A. Manzei: Kritische Theorie der Technik und der Natur.

Cassirers spätem *Essay on Man* ist „work" einer der zentralen Begriffe,[408] woran man nicht nur die enge Verwandtschaft zum Begriff des (technischen) „Wirkens" in *Form und Technik* ablesen kann. Auch in den Fragmenten zu den sog. „Basisphänomenen", einer Suche nach einer breiteren Fundierung seiner Philosophie,[409] wird deutlich, dass der Werkbegriff einen fundamentalen welterschließenden Rang bekommt. Die Basisphänomene unterscheidet er in Ich-Phänomen, Wirkens-Phänomen und Werk-Phänomen; wobei das Werk-Phänomen auch die Technik umfasst. Ebenso versteht er unter „Werk-Bewusstsein" die Funktion der Erschließung der objektiven Sphäre durch das Werkzeug.[410] Aus dem „Werk-Bewusstsein" erwächst das „Sach-Bewusstsein".[411] Diese fundamentale Fähigkeit der Technik nennt Cassirer an anderer Stelle „Durchgangspunkt des Verstehens".[412] Die spezifische „Wirksamkeit" der Technik erlaubt es nicht nur Wirklichkeiten zu konstruieren, sondern auch, Wirklichkeit zu erfassen, zu verstehen.

Diese Weise des Verstehens mittels Technik wird von Cassirer immer wieder mit einer bestimmten Form des Sehens, einer durch Technik möglichen Voraus-Sicht zusammengeführt. Dieses prospektive Moment unterstreicht er mehrfach in *Form und Technik*,[413] aber auch in seiner Auseinandersetzung mit Bergson,[414] der, wie oben erwähnt, den Begriff des „Homo faber" als (Selbst-)Schöpfer in die anthropologische Reflexion einführte. Zudem hatte Cassirer, wie gesehen, auch die theoría vor dem Hintergrund des Instrumentalen interpretiert. Das Moment des „neuen" Sehenlernens durch die Technik ist eine Kernüberlegung zur Technik als Erkenntnisinstrument, aus der Cassirer auch die Überlegungen zur Erschließung des „Objektiv-Möglichen" durch die Technik entwickelt. Die Technik ist durch eine „eigentümliche *Blick*richtung"[415] auf die Welt gekennzeichnet: Der Mensch erlernt eine bestimmte Form des Sehens, die ihm neue Möglichkeiten, die Dinge zu begreifen und zu gestalten, in die Hand gibt. („Die Technik fragt nicht in erster Linie nach dem, was ist, sondern nach dem, was sein kann."[416]) Das technische Denken lässt die mythisch-magische Ursache-Wirkungs-Konnexion hinter sich und macht den Weg frei für das Verständnis einer „objektiven Kausalität".[417]

408 Siehe etwa E. Cassirer: An Essay on Man, S. 76 f.
409 Siehe E. Cassirer: Zur Metaphysik der symbolischen Formen, S. 111 ff.
410 Ebd., S. 136 f.
411 Ebd., S. 136.
412 Ebd., S. 256.
413 Siehe exemplarisch E. Cassirer: Form und Technik, S. 159.
414 E. Cassirer: Zur Metaphysik der symbolischen Formen, S. 57.
415 E. Cassirer: Form und Technik, S. 159.
416 Ebd., S. 176.
417 Ebd., S. 161.

Da die Technik Objektivität sowohl konstituiert als auch erschließt, spricht Cassirer von einer „neuen Weltstellung" des Menschen und von einer „neuen Weltstimmung".[418] Die Technik konstituiert also auch das Weltverhältnis des Menschen, scheint in der Erschließung von Objektivität auch zum „Verstehen" der Welt beizutragen. Um dieses eigentümliche Weltverhältnis in den Blick zu bekommen, kann auf Heideggers Überlegungen zur Technik zurückgegriffen werden, da er die Technik konzis und systematisch mit den Begriffen der „Auslegung" und der „Wahrheit" verbindet.

Schon in seinen Marburger Vorlesungen hatte Heidegger in der Analyse der aristotelischen Wissensformen die Bedeutung des „aletheúein", also des „Wahrmachens" oder des „Auf-Wahrheit-bezogen-Seins" (um diese eigentümliche griechische Verbform zu übersetzen), für den téchne-Begriff herausgearbeitet.[419] Die Technik ist Sich-Auskennen in einem bestimmten handwerklichen oder künstlerischen Bereich, das die „poíesis", das konkrete Herstellen einer Sache ermöglicht. Damit hat die Technik auch eine Bedeutung in der Erschließung des Seins. In der frühen Programmschrift, dem sog. Natorp-Report mit dem Titel *Phänomenologische Interpretationen zu Aristoteles*, hat Heidegger den ontologischen Zusammenhang zwischen Sein und Hergestelltsein unterstrichen[420] und daher die téchne als einer „Weise der Seinswahrung" bezeichnet.[421] Diesen nahe an der antiken Begrifflichkeit entwickelten Wahrheitsbegriff weitet Heidegger in seinen späteren Texten aus und konturiert die Technik als eine bestimmte Auslegung der Wirklichkeit, wobei der Auslegungsbegriff naturgemäß eng mit dem der Wahrheit verknüpft bleibt. Die Thematisierung der Wahrheit im Kontext der technischen Weltauslegung ist dann auch Heideggers Schlüssel zum „Wesen" der Technik.

Das „Wesen der Technik", so unterstreicht Heidegger gleich zu Beginn seines Aufsatzes die *Frage nach der Technik*, ist „ganz und gar nichts Technisches."[422] Das heißt nicht nur, dass ein emotionales Verhältnis zur Technik im Sinne einer vehementen Ablehnung, einer nachhaltigen Befürwortung oder auch einer Betonung der Neutralität der Technik den Blick für die zentralen philosophischen Probleme verstellt, sondern auch, dass die philosophische Rede über die Technik bestimmten Anforderungen genügen muss; insbesondere die Auseinandersetzung mit einzelnen Techniken gilt ihm als wenig aussichtsreich, etwas über das „Wesen" der Technik zu erfahren. Wenn Heidegger zwischen technischen Produkten

418 Ebd., S. 163.
419 M. Heidegger: Platon: Sophistes, S. 21 ff.
420 M. Heidegger: Phänomenologische Interpretationen zu Aristoteles, S. 41.
421 Ebd., S. 43.
422 M. Heidegger: Die Frage nach der Technik, S. 7.

und dem Wesen der Technik unterscheidet und betont, die Technik selbst sei nichts Technisches, so bedeutet das: Technisch über die Technik zu reden hieße, verschiedene Techniken zu systematisieren oder die Technik unter dem Gesichtspunkt konkreter Folgen zu untersuchen. Damit formuliert Heidegger eine methodische Prämisse, die, wie gesehen, auch schon Cassirer seinen Überlegungen vorangestellt hatte.[423]

Heidegger nimmt nicht auf Cassirers Text Bezug. Das dürfte zum einen den Grund in der Art und Weise haben, in der er typischerweise seine Theorien präsentiert: Heidegger legt Wert auf das Originelle seines Ansatzes und auf den damit verbundenen „Traditionsbruch", der sich spätestens seit *Sein und Zeit* in der Methodik der „Destruktion" findet, die sich als Komplement zu seiner phänomenologischen Rekonstruktion des Seinsverstehens etabliert.[424] Vor dem Hintergrund dieses „destruktiven" methodischen Ansatzes kritisiert Heidegger die „anthropologische" und „instrumentale" Bestimmung der Technik.[425] Auch wenn er keine Namen nennt, mag er hier, neben Karl Jaspers, wie Günter Seubold vermutet,[426] auch an Cassirer gedacht haben. Heidegger disqualifiziert die anthropologisch-instrumental ausgerichtete Theorie der Technik als „richtig", aber nicht als „wahr" in einem gehaltvollen Sinne. Doch kann man, auf Cassirer rückblickend, sagen, dass man das instrumental-anthropologische und hermeneutische Technikverständnis nicht gegeneinander ausspielen muss, sondern dass sich anthropologische und hermeneutische Aspekte der Technik sehr wohl verbinden lassen. Als ein Gewährsmann, der seine Phänomenologie der Technik im Ausgang von Heideggers Philosophie der Technik entwickelt und zeigt, dass der instrumentale Weltbezug durchaus relevant für das Technikverständnis sein kann („a phenomenology of instrumentation"), kann Don Ihde gelten.[427]

Heidegger dient die Abgrenzung von einem instrumentalen Technikbegriff am Anfang von *Die Frage nach der Technik* der Motivierung einer seiner Hauptthesen, nämlich dass der Begriff der „Technik" eng mit dem der Wahrheit – dem „Entbergen" oder der „Unverborgenheit", wie Heidegger das griechische „alétheia" üblicherweise übersetzt – zusammenhängt: „Die Technik ist also nicht bloß ein Mittel. Die Technik ist eine Weise des Entbergens. Achten wir darauf, dann öffnet sich uns ein ganz anderer Bereich für das Wesen der Technik. Es ist der Bereich der Entbergung, d. h. der Wahr-heit."[428] Auch damit schließt Heidegger an den antiken

423 E. Cassirer: Form und Technik, S. 142.
424 Siehe M. Heidegger: Sein und Zeit, S. 19 ff.
425 M. Heidegger: Die Frage nach der Technik, S. 7 f.
426 Siehe G. Seubold: Heideggers Analyse der neuzeitlichen Technik, S. 22 ff.
427 Siehe D. Ihde: Technics and Praxis, S. 16 ff.
428 M. Heidegger: Die Frage nach der Technik, S. 13.

téchne-Begriff an, der immer auch als eine bestimmte Wissensform aufgefasst wurde, wie Heidegger übrigens in seiner berüchtigten Rektoratsrede beweist, in der er das Wort „téchne" in einer Aischylos-Stelle schlicht mit „Wissen" übersetzt.[429]

Aus der These, dass die Technik als eine Wissensform aufzufassen ist, die entsprechenden Kriterien für ihre Wahrheit und Richtigkeit folgt, kann Heidegger schließen, dass die Wahrheit, nach der sich die moderne Technik ausrichtet, eine ganz spezifische ist: Sie orientiert sich daran, die Wirklichkeit in einer bestimmten Weise zu interpretieren. Die charakteristische „Wahrheit" der modernen Technik ist nach Heidegger, dass die Technik darauf ausgerichtet ist, die Natur in einer ganz bestimmten Weise zum Gegenstand des gestaltenden menschlichen Zugriffs zu machen. Die Natur wird vor dem Hintergrund konkreter Interessen zum Objekt der Technik – in Heideggers Beispielen soll sie meist Energie liefern –, sie wird „herausgefordert", „gestellt", wie Heidegger schreibt.[430] Und sie wird aus einer bestimmten Perspektive – nämlich aus der der möglichen Nutzung – heraus interpretiert. Das, was Natur ist, zeigt sich erst durch die Technik. Der technische Zugriff ist das Medium, durch das die Natur vergegenständlicht wird. An der Natur interessiert das, was technisch nutz- und gestaltbar ist, und das ist nur vor dem Hintergrund eines Naturbegriffs möglich, der die Kompatibilität natürlicher und technischer Prozesse erfasst. Natur wird nur noch in ihrer möglichen technologischen Transformierbarkeit sichtbar. Als das organisch Wachsende, als das Aus-sich-selbst-Entstehende oder als Gegenstand der Erbauung und der ästhetischen Reflexion ist die Natur aus technischer Perspektive nicht von Bedeutung. Dieses Charakteristikum technischer Wahrheit gilt nicht nur für die Natur, sondern für die Wirklichkeit überhaupt.

Heidegger umreißt diese Perspektive auf die Wirklichkeit mit der Formel „das Wirkliche als Bestand zu bestellen"[431] und nennt daher die Technik mit einem seiner Neologismen das „Ge-stell", das Heidegger wie folgt definiert:

> Ge-stell heißt das Versammelnde jenes Stellens, das den Menschen stellt, d. h. herausfordert, das Wirkliche in der Weise des Bestellens als Bestand zu entbergen. Ge-stell heißt die Weise des Entbergens, die im Wesen der modernen Technik waltet und selbst nichts Technisches ist.[432]

429 M. Heidegger: Die Selbstbehauptung der deutschen Universität, S. 109.
430 M. Heidegger: Die Frage nach der Technik, S. 18 ff.
431 Ebd., S. 24.
432 Ebd., S. 21.

Durch die Technik wird die Wirklichkeit auf eine bestimmte Weise hin interpretiert: Sie wird in einem defizienten Sinne als technomorph verstanden, also aus dem Blick der möglichen technischen Nutzung und Zurichtung.

Heidegger versteht die Technik also als eine bestimmte Weise der Auslegung der Wirklichkeit. Wie an dem Begriff des „Ge-stells" deutlich geworden ist, geht Heidegger aber über den Begriff der antiken „téchne" weit hinaus. Auch wenn man hinsichtlich der „téchne" sagen könnte, dass diese Wissensform auch eine bestimmte Interpretation der Wirklichkeit impliziert, nämlich das Verständnis der Wirklichkeit auf bestimmte Materialien, Zurichtungsarten und Zielvorgaben etc., so ist Heideggers Begriff der „Auslegung" hier deutlich weiter zu verstehen: Die technische Auslegung dehnt sich auf die gesamte Wirklichkeit aus, alles, auch die gesamte Natur und soziale Beziehungen werden in technischer Perspektive gedeutet. Das heißt: „die Technik" wird (in der Moderne) zur vorherrschenden Form des Wirklichkeitsverständnisses. Diesem Wirklichkeitsverständnis kann man sich nicht entziehen, es imprägniert gewissermaßen jeden Weltbezug. Die Technik gibt den epistemologischen und ontologischen Rahmen vor, innerhalb dessen die Wirklichkeit überhaupt ausgelegt wird.

Don Ihde versteht diesen Rahmen („framework") folgendermaßen:

> Beings or entities thus appear only against, from and within a background or opening, a framework. But the opening or clearing within which they take the shapes they assume, is itself stuctured [...]. Understood in this way, it becomes clear that beings as such are never simply *given:* they appear or come to presence in some definite way which is dependent upon the total field of revealing in which they are situated. Preliminarily it is important to note that the field or opening in which things are ‚gathered' is, in a sense, given [...]. This is to say that the Heideggerian notion of truth has something like a ‚civilizational given' as *variable.* It is what is taken for granted by the humans who inhabit such a ‚world'.[433]

Der Rahmen, den „die Technik" dann durch ihre spezifischen „Logiken" und Perspektivierungen vorgibt, macht die „Welt" aus, in der sich Menschen bewegen. Und diese Welt wiederum ist grundiert durch einen spezifischen Begriff von „Wahrheit", an der sich Menschen in ihrem Tun orientieren. Wahrheit hat nicht in erster Linie mit dem Wahr- oder Falschsein einer bestimmten Aussage zu tun, sondern die Wahrheit, wie sie im Kontext der hier entwickelten Hermeneutik der technischen Welt verstanden wird, ist der kulturell variable Rahmen, in dem die Auslegung der Wirklichkeit überhaupt stattfinden kann, und der die Kriterien für „wahr" und „falsch" einer Aussage mitumfasst. Anders gesagt: Die Anwendung von Technik ist nur möglich, weil die Wirklichkeit in einer bestimmten Weise verstanden werden kann.

---

433 D. Ihde: Technics and Praxis, S. 105.

Auch wenn der Mensch mit der Technik einer spezifischen Wahrheit folgt, fällt die Wahrheit aber nach Heidegger nicht in den Verfügbarkeitsbereich des Menschen: „Allein über die Unverborgenheit, worin sich jeweils das Wirkliche zeigt und entzieht, verfügt der Mensch nicht."[434] Insofern die Technik eine „Weise des Entbergens" ist, nimmt der Mensch daran Teil, d. h. aber: „So ist denn die moderne Technik als das bestellende Entbergen kein bloß menschliches Tun."[435] Der Mensch ist im Rahmen einer bestimmten ontologischen Situation eingepasst, befindet sich also im Kontext einer bestimmten Verfasstheit der Welt, nach deren Maßgabe und Regeln der Mensch handelt und nach Heidegger geradezu gezwungen ist, zu handeln: „In Wahrheit ist das Wesen des Menschen dahin bestellt, dem Wesen der Technik an die Hand zu gehen."[436] Heidegger sieht also nicht nur das individuelle Handeln nicht losgelöst von den ontologischen Rahmenbedingungen, sondern sieht diese Rahmenbedingungen als fundierend für das menschliche Selbst- und Weltverständnis an.

Dies ist der Grund, warum Heidegger ab den 1930er Jahren, etwa im Aufsatz *Die Zeit des Weltbildes*, die technische Auslegung des Seienden eng mit der abendländischen Metaphysik verknüpft, eben als eine „bestimmte Auslegung des Seienden" und als „eine bestimmte Auffassung der Wahrheit".[437] In dieser Zeit hat Heidegger umfängliche Studien zur technischen Auslegung der Welt vorgelegt und die entsprechenden Voraussetzungen dafür hinsichtlich eines bestimmten „Seinsverständnisses" untersucht. Unter „Seinsverständnis" kann man ganz grob das generelle Verständnis der Dinge und Lebewesen verstehen, das sich in verschiedenen Epochen und Kulturen unterscheidet und dem bestimmte allgemeine Prinzipien zugrunde liegen. „Metaphysik" ist für Heidegger mutatis mutandis das leitende Seinsverständnis eines Kulturkreises. Und da im abendländischen Denken das technische Herstellen für die Wahrheitsauffassung das leitende Paradigma ist, sieht Heidegger die Metaphysik selbst schon technifiziert bzw. betrachtet ab einem bestimmten Zeitpunkt seines Schaffens Metaphysik und Technik als *ein* Thema.

4.4.2 Metaphysik der Technik

Die These, dass Technik nur vor dem Hintergrund von bestimmten ontologischen Vorverständnissen und einer entsprechenden Interpretation von Selbst und

---

434 M. Heidegger: Die Frage nach der Technik, S. 18.

435 Ebd., S. 20.

436 M. Heidegger: Die Kehre, S. 115.

437 M. Heidegger: Die Zeit des Weltbildes, S. 75.

Wirklichkeit entwickelt und eingesetzt werden kann, leuchtet unmittelbar ein. Denn nur mit einer bestimmten Einstellung und einem als „wahr", „richtig", „stimmig" etc. verstandenen Rahmen kann überhaupt die entsprechende „Weltstimmung" entstehen, um Cassirers Begriff aufzugreifen, innerhalb derer Technik entstehen kann. Diese „Weltstimmung" ist Nährboden und Anspruch in einem – und kann dadurch technische Potentiale freisetzen.

Heidegger geht aber über die Technik als herausragende Weise der Weltkonstitution hinaus und entwickelt um seinen Begriff des „Ge-stells" die These, dass die technische Weltauslegung andere „Weisen des Entbergens", also andere Weisen des Auslegens, andere Formen des Wissens unterbinde. Da die technische Weltauslegung andere Formen der Auslegung dominiert, verbindet sich mit dem Ge-stell das in der Moderne, vielleicht auch schon das in der Neuzeit – die geschichtsphilosophischen Probleme dieser Theorie mögen erst einmal beiseite gelassen werden – privilegierte „Seinsverständnis".

Daher wird die Technik zu einer „Gefahr".[438] Sie ist eine Gefahr, weil ihre Wahrheit so dominierend ist, dass Heidegger Verluste im Seinsverständnis protokolliert; er redet dann gern von „Seinsvergessenheit" und „Seinsverlassenheit".[439] Insofern ist das Ge-stell von ambivalenter Struktur: Einerseits erfasst es die ontologischen Rahmenbedingungen, in denen sich handelnde Individuen bewegen, es fungiert als ein „civilizational given", wie es Don Ihde beschreibt.[440] Und andererseits scheint das Ge-stell auch eine Verfasstheit der Welt zu beschreiben, die Heinz Dieter Kittsteiner als „gnostisch" bezeichnet hat,[441] also als schlimme Situation einer Welt, die durch einen bösen Demiurgen oder Schöpfergott hergestellt wurde – und aus der wir nur von einem „guten Gott" gerettet werden können. Insbesondere das bekannte Spiegel-Interview,[442] auf das noch eingegangen werden wird, ist ein Beispiel für diesen soteriologischen Zug der Heideggerschen Philosophie.

Heideggers Technik-Philosophie als gnostisches Erbe zu interpretieren, ist eine Überzeichnung – und doch kann damit ein Problem von Heideggers Theorie bezeichnet werden, die von der stimmigen Ausarbeitung der technischen Auslegung der Wirklichkeit häufig in eine suggestiv formulierte Theorie der Technik als eine Art endzeitlicher Verfasstheit der gesamten Welt kippt. In solchen Fällen scheint die Technik tatsächlich den „bösen" Zustand der durch Technik veränderten Welt zu bezeichnen. Insofern changiert Heideggers Theorie zwischen einer

438 M. Heidegger: Die Frage nach der Technik, S. 27 ff.
439 Etwa M. Heidegger: Beiträge zur Philosophie, S. 107.
440 D. Ihde: Technics and Praxis, S. 105.
441 H. D. Kittsteiner: Mit Marx für Heidegger – mit Heidegger für Marx, S. 14.
442 M. Heidegger: „Nur ein Gott kann uns retten".

Skizzierung der Hermeneutik der technischen Welt und einer eher kryptotheologischen Erfassung des Technik-Themas. Damit verlässt Heidegger häufig den Rahmen der methodisch seriösen Analyse.

Allerdings soll hier unterstrichen werden, dass Heidegger im Anschluss an die Antike und konsequenter als Cassirer die Technik mit dem Wahrheitsbegriff verknüpft hat und vor diesem Hintergrund die technische Auslegung der Wirklichkeit und die Herausarbeitung von Auslegungsweisen und ihre Kritik zum zentralen Thema der Technik-Philosophie gemacht hat. Nichtsdestotrotz verlässt Heidegger immer wieder den Rahmen der Hermeneutik und führt das Problem der Technik in metaphysische Gefilde, also zu Fragen nach übergeordneten Zusammenhängen, derer der Mensch qua seiner Natur bedarf, die aber spezifische Erklärungs- und Begründungsformen nach sich ziehen, die nicht ohne weiteres begrifflich einholbar sind.

Heideggers Identifizierung von Technik und Metaphysik kommt in einer Zeit auf, in der „die Technik" für ein Weltverhältnis steht, das unsere Kultur vorrangig zu prägen scheint und damit als einschränkende Größe für das individuelle Selbst betrachtet wird. Die neue „Weltstimmung", von der Cassirer redete, wurde oft genug nicht als befreiend, sondern als entfremdend empfunden, weil mit ihr eine so grundlegende Änderung der Verfasstheit unserer Wirklichkeit verbunden wurde, dass die „Objektivität" der Technik den Menschen, seine Lebenswelt und sein Handelnkönnen zuungunsten anderer Erfahrungs- und Rationalitätsformen zu dominieren scheint. In diesem Sinne schreibt etwa auch Karl Jaspers: „Was unser Dasein hervorbrachte und darum uns unentbehrlich wurde, gefährdet den Menschen in seinem Selbstsein. *Das Bewußtsein im Zeitalter der Technik* und die *Herrschaft des Apparats* scheinen ihn zu verengen".[443] Diese realitätsbestimmende Dimension „der Technik" wurde vor Heidegger immer wieder benannt, Max Weber hat bekanntlich von der modernen technologischen Zivilisation als ein „stahlhartes Gehäuse" bzw. als ein „stahlhartes Gehäuse der Hörigkeit" gesprochen und Jaspers hat, nachdem er „Technik und Apparat" als Bedingungen des Massendaseins ausgewiesen hatte, das „Planetarische" der Technik hervorgehoben.[444] Das Planetarische der Technik ist ein Ausdruck der Zeit, den Heidegger gern verwenden wird.

Der These, dass „die Technik" unsere Welt bestimmt (und verarmt oder verengt), liegen zwei miteinander zusammenhängende Teil-Thesen zugrunde. Zum einen wird behauptet, dass die Wirklichkeitserfahrung durch die Technik totalisiert wird, dass die Technik also zum vorherrschenden oder sogar ausschließli-

---

443 K. Jaspers: Zur geistigen Situation der Zeit, S. 41.
444 Ebd., S. 74.

chen Weltverhältnis wird, und zum anderen werden genetisch-genealogische Erklärungsmodelle entwickelt, die belegen sollen, dass die moderne Technik aus der Verfasstheit der abendländischen Rationalität entstanden ist. Neben Heideggers Philosophie der Technik wäre Horkheimers und Adornos *Dialektik der Aufklärung* ein Beispiel für einen solchen genetisch-genealogischen Erklärungsansatz, denn auch in diesem Buch ist die Rückführung totalitärer Strukturen auf die Grundformen abendländischer (instrumenteller) Rationalität die leitende Idee.

Wenn Heidegger behauptet, dass die moderne Technik nichts anderes als „vollendete Metaphysik" sei,[445] fließen hermeneutische, genealogische, zeitdiagnostische und „seinsgeschichtliche" Aspekte zusammen. Auch wenn Heidegger zurecht unterstreicht, dass „die Technik" nicht isoliert von der abendländischen Rationalität betrachtet werden kann und wenn er daher zum Teil mit gutem Recht Technik-Kritik und Metaphysik-Kritik verschränkt, kann man an Heideggers Denken auch beobachten, dass die Rede über das technische Weltverhältnis zu Totalisierungen führen kann, die den Rahmen einer philosophischen Reflexion sprengen. Von einer im weiten Sinne transzendentalphilosophisch gedachten Durchdringung des Auslegungs- und Verstehenshorizonts als eine Bedingung der Möglichkeit von Technik, trifft Heidegger aber auch immer wieder totalisierende Aussagen über die technische Welt, die Vernunft und Urteilskraft deutlich überschreiten. Im Folgenden sollen die Aporien derartiger Totalisierungen nachgezeichnet werden. Dabei gilt es auch nachzuvollziehen, wie sich die Totalisierungstendenz und damit die „seinsgeschichtliche" Dramatisierung des Technik-Themas in Heideggers Philosophie der Technik überhaupt ausbilden konnte. Im Kontext des Nihilismus von Metaphysik und Technik wird auch auf Emanuele Severino und Franco Volpi zu sprechen kommen sein.

4.5 Die Totalisierung der Technik und ihre Aporien

Die spezifische epistemologische und ontologische Anlage der Metaphysik führt, so kann man Heideggers These knapp zusammenfassen, zur Ausprägung der modernen Technik (über bestimmte philosophiegeschichtliche Zuspitzungen und Verschärfungen, die hier nicht betrachtet werden müssen). In den Texten zur *Überwindung der Metaphysik* betont er, dass „die Technik" identisch sei mit dem Titel „vollendete Metaphysik"[446] bzw. er konstatiert: „Die Maschinentechnik bleibt

445 M. Heidegger: Überwindung der Metaphysik, S. 79.
446 Ebd., S. 79.

der bis jetzt sichtbarste Ausläufer des Wesens der neuzeitlichen Technik, das mit dem Wesen der neuzeitlichen Metaphysik identisch ist."[447]

Diese These hat Heidegger in mehreren Schriften und mehreren Anläufen untersucht und zu belegen versucht. In seinen Texten finden sich wichtige (wenn auch nicht immer originelle) Einsichten und kluge Wortschöpfungen, aber auch obskurantistische Wendungen, eine „scheele"[448] Ausdrucksweise und methodisch fragwürdige, auf etymologischen Assoziationen beruhende Argumente. Über große Strecken idyllisieren seine Texte – insbesondere die *Frage nach der Technik* – die handwerkliche Technik und pflegen eine gewisse ontologische Nostalgie. Andrew Feenberg nennt Heideggers Philosophie der Technik „eine verwirrende Verbindung von romantischer Sehnsucht nach vormoderner Vergangenheit und einer tiefen Einsicht in die Moderne."[449] Auch Thomas Rentsch spricht bezüglich der Heideggerschen Haltung gegenüber der Technik von einem Zusammenspiel eines kritischen und eine neoromantisch-regressiven Moments.[450] Blumenberg wiederum wunderte sich über den „damals schwerbegreiflicherweise berühmten Vortrag ‚Die Frage nach der Technik'" und verspottete Heideggers „hinterwäldlerische Animosität gegen Technik und ‚positive Wissenschaft'".[451] Wenn man sich mit Heideggers Philosophie der Technik befasst, steht man vor der Herausforderung, seine Texte auf das analytische Potential hin zu lesen, ohne sich von den provinzialisierenden Formulierungen abschrecken zu lassen. Man kann Heideggers Begriffsbildung ernst nehmen, ohne ihr zu verfallen.

Von den genannten antimodernen Fluchtreflexen, die sich in seinen späteren Arbeiten durchaus häufen, also einmal abgesehen: Es ist eine Leistung Heideggers, das Problem der Technik in einen umfassenden epistemologischen und ontologischen Horizont gerückt zu haben; damit ist die Technik zurecht nicht nur herausragendes Thema der humanen Selbstverortung in der modernen Welt geworden, sondern es zeigt sich auch, dass die Technik nur verstanden werden kann, wenn man ihre Rationalität nicht vom Wahrheitsbegriff und damit von grundlegenden Verständigungsformen über die Wirklichkeit isoliert. Doch wie formuliert Heidegger seine These aus? Wie kann man Heideggers „Wende" von dem pragmatischen, geradezu technikfreundlichen „Dasein" zu seinem späteren Technik-Begriff erklären?

Diese Wende hat verschiedene Wurzeln, die sich aus Heideggers Neuorientierung ab den 1930er Jahren speisen. In den Schriften, die in den 1930er bis 1950er

447 M. Heidegger: Die Zeit des Weltbildes, S. 73.
448 Siehe dazu P. Bourdieu: Die politische Ontologie Martin Heideggers, S. 9.
449 A. Feenberg: Heidegger und Marcuse, S. 40.
450 T. Rentsch: Martin Heidegger – Das Sein und der Tod, S. 160.
451 H. Blumenberg: Die Verführbarkeit des Philosophen, S. 101, S. 104.

Jahren entstanden sind, wie *Die Zeit des Weltbildes*, die *Überwindung der Metaphysik*, aber auch die *Beiträge zur Philosophie (Vom Ereignis)*, bis hin zum Humanismus-Brief und *Die Frage nach der Technik* und in *Die Kehre* hat Heidegger seinen Begriff der „Technik", ausgehend von seiner Adaption von Ernst Jünger und Nietzsche, neu formuliert – und dabei in verschiedener Hinsicht totalisiert. „Totalisierung" heißt hier: Es werden Aussagen über die morderne Technik und das entsprechende Weltverhältnis getroffen, die mit dem Begriff des „Ganzen" operieren. So ist es nicht unüblich, von „der" Technik als „dem" Weltzustand zu reden.[452] Damit ist gemeint, dass die Technik im Sinne des „Ge-stells" oder eine Rationalitätsform die gesamte Welt und alle entsprechenden humanen Bezüge umfasst und durchgehend prägt.

Diesen Totalisierungen soll im Folgenden nachgegangen werden. Dabei soll in der Auseinandersetzung mit den genannten Schriften gezeigt werden, welchen Fragehorizont die Technik aufwirft. Dass Heidegger aber in seiner Beschäftigung mit der Technik in Aporien gerät, soll deutlich machen, dass der Fragehorizont in einem anderen als in dem von Heidegger propagierten seinsgeschichtlichen Zugang erschlossen werden muss.

In der Kritik dreier Totalisierungsvorgänge in Bezug auf die Verwendung des Technikbegriffs, die man an den Texten von Heidegger beobachten kann, soll deutlich gemacht werden, dass wir einer Alternative zu diesen Totalisierungen – die jeweils aus einem nachvollziehbaren Orientierungsbedürfnis heraus entstehen – bedürfen, nämlich einer philosophisch fundierten Auslegung der technischen Verfasstheit der Welt. Im Folgenden wird die totalisierende Verwendung des Technikbegriffs in dreierlei Hinsicht untersucht: Im Blick auf die Technik als eine die ganze Welt dominierende Verfügungsform über die Wirklichkeit, im Blick auf die Genese der technischen Welt als eine Verfallsgeschichte und im Blick auf die Beschreibung der technischen Welt, die an das gnostische Modell einer durch einen bösen Schöpfergott schlimm geschaffenen Welt erinnert, der ein Erlösungsmodell entgegengesetzt werden muss. Schließlich wird ausgehend von der Kantischen Gedankenfigur einer „Metaphysik der Metaphysik" skizziert, wie wir von der Totalisierungskritik zu einer kritischen Hermeneutik der technischen Welt gelangen können.

452 Siehe H. Hildebrandt: Weltzustand Technik.

4.5.1 Die Rede vom „Totalen"

Neben der intensivierten Nietzsche-Lektüre gehört die Entdeckung der in diesen Jahren erscheinenden Schriften von Ernst Jünger zu den Erfahrungen, die Heidegger veranlassten, seinen Begriff der „Technik" neu zu konturieren. Jüngers Einfluss auf eine ganze Generation von Philosophen darf ohnehin nicht unterschätzt werden, so hat auch Eugen Fink Jüngers „Gestalt" des „Arbeiters" als prägend für das Menschenbild der technischen Moderne gesehen.[453] In Bezug auf Heidegger behauptet Günter Figal zurecht, dass dieser erst durch Jünger zum Diagnostiker der Moderne wurde und dass insbesondere *Der Arbeiter* den Anstoß gab, dass sich Heidegger auf das Technik-Thema einlässt.[454] Die „Gestalt" des Arbeiters als „neues Menschentum" soll in Jüngers Theorie das „Prinzip" verdeutlichen, das hinter den Technisierungsprozessen steht und für die Jünger bekanntlich die Formel der „totalen Mobilmachung" bekannt gemacht hat (und die ursprünglich vermutlich von Lenin geprägt wurde).[455] Damit verbindet sich die These, dass im Ersten Weltkrieg erstmals derart viele Kräfte gebündelt wurden, dass ein einziger Wille hinter dem technischen Komplex zu stehen schien; die Technik umfasst alle Lebensbereiche, die bis zur „Heimarbeiterin an ihrer Nähmaschine", bis „zum Kind in der Wiege" reicht.[456] Diese Mobilisierung diente der „absolute[n] Erfassung der potentiellen Energie, die die kriegführenden Industriestaaten in vulkanische Schmiedewerkstätten verwandelt", wie Jünger in Anspielung auf Hephaistos schreibt.[457] Die totale Mobilmachung ist „in Krieg und Frieden der Ausdruck des geheimnisvollen und zwingenden Anspruchs, der dieses Leben im Zeitalter der Massen und Maschinen unterwirft", und daher komme es, „daß jedes Leben immer eindeutiger zum Leben eines Arbeiters wird".[458] Inwiefern der Arbeiter ein Ausdruck sein kann, der erklären soll, wie die technischen Mittel derart gebündelt werden, dass wir es mit einer neuen Qualität zu tun haben, verdeutlicht Jünger in *Der Arbeiter* folgendermaßen:

> Daß gerade diese unsere Technik die entscheidenden Mittel liefert, ist unbestreitbar, aber nicht sie verändern das Gesicht der Welt, sondern der eigenartige Wille, der hinter ihnen steht und ohne den sie nichts als Spielzeuge sind. Durch die Technik wird nichts erspart, nichts vereinfacht und nichts gelöst – sie ist das Instrumentarium, die Projektion einer besonderen

---

453 E. Fink: Grundphänomene des menschlichen Daseins, S. 251.

454 G. Figal: Erörterung des Nihilismus, S. 718.

455 E. Jünger: Der Arbeiter, S. 155 ff. Siehe dazu F. Strack (Hg.): Titan Technik; H. Kiesel: Ernst Jünger.

456 E. Jünger: Die totale Mobilmachung, S. 126, S. 128.

457 Ebd.

458 Ebd., S. 128.

> Lebensart, für die *Arbeit* der einfachste Ausdruck ist [...]. Arbeit ist also nicht Tätigkeit schlechthin, sondern der Ausdruck eines besonderen Seins, das seinen Raum, seine Zeit, seine Gesetzmäßigkeit zu erfüllen sucht.[459]

Wenn Jünger hier von der Gesetzmäßigkeit spricht, die diese Seinsordnung bestimmt, dann hat das seinen Reflex in einer Reihe von determinierend-fatalistischen Ausdrücken, die Jünger gern für die Charakterisierung dieses Epochenbruchs verwendet. So spricht er etwa von der „Unbarmherzigkeit" der Vorgänge. Außerdem wohne der totalen Mobilmachung „eine eigene Gesetzmäßigkeit inne, mit der das menschliche Gesetz, wenn es wirksam sein soll, parallel laufen muß."[460]

Insgesamt schließt Jünger aus seinen Überlegungen: „Die Technik ist die Art und Weise, in der die Gestalt des Arbeiters die Welt mobilisiert."[461] Jünger will mit diesem wirklichkeitsbestimmenden Prinzip auch das bürgerliche Individuum verabschiedet wissen; der Wegfall der bürgerlichen Kultur ist bei ihm – in seiner kommisshaften Ausdrucksweise – eine willkommene „Gepäckerleichterung". Die technische Neugestaltung der Welt hat bei ihm heeres- und ordensähnliche Züge, der Typus des Arbeiters – der bei Jünger keinesfalls der marxistische „Proletarier" ist, sondern eine Art Wirkprinzip – macht sich die Welt zu einem technisch kontrollierten Raum, zu einer globalen „Werkstättenlandschaft", in der alles Menschliche zu einer Art Ressource wird. Jünger meint damit weniger eine Art Biopolitik, er betont vielmehr:

> Es gibt keine Maschinenmenschen; es gibt Maschinen und Menschen – wohl aber besteht ein tiefer Zusammenhang zwischen der Gleichzeitigkeit neuer Mittel und eines neuen Menschentums. Um diesen Zusammenhang zu erfassen, muß man sich allerdings bemühen, durch die stählernen und menschlichen Masken hindurchzusehen, um die Gestalt, die Metaphysik, zu erraten, die sie bewegt.[462]

Damit hat Jünger das entscheidende Stichwort in die Debatte gebracht: Metaphysik. Nur wenn man die „Metaphysik" des Arbeiters versteht, versteht man nach Jünger Grund und Dynamik der Technisierungsprozesse.

Diesen Ansatzpunkt greift nun Heidegger auf.[463] Er versteht die „Gestalt" des Arbeiters als „Auslegung des Seienden im Ganzen", als die „letzte Wahrheit über

---

459 E. Jünger: Der Arbeiter, S. 90 f.

460 E. Jünger: Die totale Mobilmachung, S. 135.

461 E. Jünger: Der Arbeiter, S. 156.

462 Ebd., S. 130.

463 In diesem Kontext interessiert nur die Jünger-Rezeption, die zur Ausbildung der Heideggerschen Technik-Philosophie geführt hat. Den Austausch, den Heidegger und Jünger über den Text „Über die Linie" hatten, soll hier unberücksichtigt bleiben.

das Seiende im Ganzen"[464] und betont dessen „planetarische Gültigkeit".[465] Aus seiner Jünger-Lektüre entwickelt Heidegger seinen Begriff der „Machenschaft", den Vorgängerbegriff zum „Ge-stell": Jüngers Arbeiter gilt ihm als „der *neuzeitlich* ‚freie' Vollstrecker der Technik im Sinne der planend-züchtend-berechnenden Sicherstellung des Seiendem im Ganzen (auch des Menschen) in seiner Machbarkeit". Daher müsse man hier von der „Wesung des Seins als Machenschaft" sprechen.[466] Auch dass die Technik mit dem Begriff der „Wahrheit" zusammenhängt, formuliert Heidegger in seiner Auseinandersetzung mit Jünger: „Technik nicht Weise der Mobilmachung, sondern Grund der Wahrheit [...]. Dieses aber deshalb, weil Technik auf ‚Gewißheit' der vorstellenden Herstellung des machbaren Seienden (Machenschaft) gründet."[467] Insgesamt transformiert Heidegger Jüngers Gestaltbegriff, das eigentümliche Wirkprinzip des Arbeiters und die Diagnose, dass die Moderne ein Schauplatz einer totalen Mobilisierung sei, peu à peu in seine ontologische Terminologie. Dabei geht Heideggers Nähe zu Jünger zeitweilig so weit, dass er das Theorem der totalen Mobilmachung mit den Anfängen der Philosophie und der mit ihr verbundenen ontologisch-metaphysischen Wurzeln verknüpft.[468] Dies ist ein deutliches Indiz dafür, dass ab den 1930er Jahren das ebenfalls an der Antike orientierte Technikverständnis von *Sein und Zeit* zunehmend von der seinsgeschichtlichen Konzeption, die Heidegger in und nach seiner Auseinandersetzung mit Jünger ausformuliert, überlagert wird.

Den Begriff der „Machenschaft" hat Heidegger in den *Beiträgen zur Philosophie* wieder aufgegriffen: Machenschaft ist „selbst nur möglich auf Grund einer Auslegung des Seienden, in der die Machbarkeit des Seienden zum Vorschein kommt, so zwar, daß die Seiendheit gerade sich bestimmt in der Beständigkeit und Anwesenheit."[469] Heidegger charakterisiert ihr Wesen als unter dem Primat der Machbarkeit stehend:

> Alles ‚wird gemacht' und ‚läßt sich machen', wenn man nur den ‚Willen dazu aufbringt' und [...] dieser Wille, der alles macht, hat sich im voraus der Machenschaft verschrieben, jener Auslegung des Seienden als des Vor-stellbaren und Vor-gestellten – Vor-stellbar heißt einmal: zugänglich im Meinen und Rechnen; und heißt dann: vollbringbar in der Her-stellung und Durchführung.[470]

464 M. Heidegger: Zu Ernst Jünger, S. 5.
465 Ebd., S. 131.
466 Ebd., S. 6.
467 Ebd., S. 80.
468 Siehe dazu auch F. Volpi: Heideggers Fundamentalverständnis der Technik, S. 77.
469 M. Heidegger: Beiträge zur Philosophie, S. 126.
470 Ebd., S. 108 f.

Sein Beispiel für die „machenschaftliche" Auslegung der Wirklichkeit ist in der *Frage nach der Technik* das Wasserkraftwerk im Rhein: Der Fluss wird nunmehr nur noch als Stromlieferant interpretiert und genutzt, ein poetisches oder schicksalhaftes[471] Verständnis des Rheins ist im Horizont der technischen Wahrheit nicht vorgesehen.

Heidegger rückt Jünger in seinen Notaten immer wieder eng an Nietzsche, an dem er sich in dieser Zeit ebenfalls abarbeitet, um seine Philosophie neu zu konturieren. So sieht er Jüngers Arbeiter als eine Neuformulierung des Willen-zur-Macht-Theorems. Wie er an Nietzsche das Technik-Thema konturiert und umgekehrt, wie das Technik-Thema seine Nietzsche-Interpretation beeinflusst und wie Jünger und Nietzsche geradezu zu verschmelzen scheinen, verdeutlicht folgende längere Passage:

> Jetzt zeigt sich, was Nietzsche bereits metaphysisch erkannte, daß die neuzeitliche ‚machinale Ökonomie', die maschinenmäßige Durchrechnung alles Handelns und Planens in ihrer unbedingten Gestalt ein neues Menschentum fordert, das über den bisherigen Menschen hinausgeht. Mit anderen Worten: Es genügt nicht, daß man Panzerwagen, Flugzeuge und Nachrichtengeräte besitzt; es genügt auch nicht, daß man über Menschen verfügt, die dergleichen bedienen können; es genügt nicht einmal, daß der Mensch die Technik nur beherrscht, als sei diese etwas an sich Gleichgültiges jenseits von Nutzen und Schaden, Aufbau und Zerstörung, beliebig von irgendwem und zu beliebigen Zwecken brauchbar. Es bedarf eines neues Menschentums, das von Grund aus dem einzigartigen Grundwesen der neuzeitlichen Technik und ihrer metaphysischen Wahrheit gemäß ist, d. h. vom Wesen der Technik sich ganz beherrschen läßt, um so gerade selbst die einzelnen technischen Vorgänge und Möglichkeiten zu lenken und zu nützen. Der unbedingten ‚machinalen Ökonomie' ist nur der Übermensch gemäß, und umgekehrt: Dieser bedarf jener zur Errichtung der unbedingten Herrschaft über die Erde.[472]

Ohne diesen Begriff explizit zu nennen, lässt Heidegger den Arbeiter hier unübersehbar im „Übermenschen" aufgehen. Die Technik ist, so sagt es Heidegger ausdrücklich mit Bezug auf *Der Arbeiter*, der bloße „Wille zum Willen",[473] eine Wendung, mit der er üblicherweise die angeblich von Nietzsche vertretene letzte Stufe der Metaphysik bezeichnet.[474]

An dieser Passage lässt sich gut ablesen, wie Heidegger die Technik immer mehr also „totales" Phänomen begreift, offenbar fast immer orientiert an dem

---

471 M. Heidegger: Hölderlins Hymnen „Germanien" und „Der Rhein", S. 155 ff.

472 M. Heidegger: Nietzsche, S. 205. Siehe dazu auch D. Morat: Von der Tat zur Gelassenheit, S. 154 ff.

473 M. Heidegger: Überwindung der Metaphysik, S. 70, siehe auch S. 80.

474 Ebd., S. 78 ff. Siehe zum Verhältnis von Heidegger und Jünger in diesem Kontext G. Figal: Erörterung des Nihilismus.

Schlagwort der „totalen Mobilmachung". Jedenfalls ergibt sich der Befund, dass es Heidegger seit der Beschäftigung mit Jünger immer weniger um eine Hermeneutik der technischen Welt geht, sondern um die Beschreibung der Totalisierung der Welterfahrung. Für die Texte dieser Zeit ist es typisch, dass immer wieder Worte wie „alle", „alles", „unbedingt" und „total" fallen, eine Inflation, die sich vielleicht zum Teil auch durch den kulturpessimistischen Überbietungsgestus kulturkonservativer Autoren erklären lässt. Doch kann man darin auch eine Verschärfung des Auslegungs-Paradigmas sehen. Um nur ein Beispiel für diese Totalisierung der Technisierung zu nennen: „Die Vernutzung aller Stoffe, eingerechnet den Rohstoff ‚Mensch', zur technischen Herstellung der unbedingten Möglichkeit eines Herstellens von allem, wird im Verborgenen bestimmt durch die völlige Leere, in der das Seiende, die Stoffe des Wirklichen, hängt."[475]

In Heideggers technikkritischer Zeitdiagnostik finden sich immer auch Analysen der nationalsozialistischen Gesellschaftsordnung und Organisation.[476] Vermutlich hat Heideggers Totalisierungsverdacht auch hier Nahrung bekommen. Allerdings ist die Gleichsetzung der nationalsozialistischen Gleichschaltungspolitik mit dem Phänomen Technik insofern problematisch, weil dadurch der Nationalsozialismus als eine Folge oder Ausdrucksform der Technik erklärt und damit verharmlost wird – auch wenn man eine Art „Kritik" am Nationalsozialismus aus Heideggers Texten destillieren kann.[477] Wie wichtig für die historische Forschung die Verschränkung von der Entwicklung bestimmter Technologien mit der NS-Weltanschauung zum Verständnis der Katastrophe auch sein mag, so muss man hier sorgfältig trennen. Sonst bleibt nur ein Grau in Grau übrig.

Die erste Aporie, die wir in Heideggers Deutung der Technik feststellen können, ist folgende: Der durchaus berechtigte Versuch, die Technik als eine weitreichende Auslegung der Wirklichkeit zu verstehen, in der Erfahrungsdimensionen und alternative Wahrheitsformen möglicherweise verloren gehen, führt Heidegger zu einer Fassung der Technik, die die Wirklichkeit als Ganze vollkommen beherrscht. So treffend manche Zeitdiagnose sein mag, mit der totalisierenden Terminologie verschärft er seinen ursprünglich transzendental geprägten hermeneutischen Ansatz und überführt ihn in die seinsgeschichtliche Konzeption. In der totalisierenden Terminologie seiner Ontologie ist kein Verstehen mehr möglich. Die Auslegung der Technik ist durch „die Technik" schon vorgegeben. Dies ist eine problematische Position. So sehr individuelle „Selbste" von technischen Denkformen beeinflusst sein mögen, muss in der Verständigung

475 M. Heidegger: Überwindung der Metaphysik, S. 94.
476 Siehe etwa ebd., S. 95ff.
477 S. Vietta: Heideggers Kritik am Nationalsozialismus und an der Technik.

über die Technik ein Minimum an Distanznahme zu noch so entfesselten Formen technischer Logik möglich sein, sonst bleibt alle Technikkritik ein performativer Widerspruch oder auf der Ebene eines priesterlichen Geheimwissens. Das heißt also: Die Rede, dass „alles" und „alle" durchgehend von „der" Technik dominiert seien, widerspricht der Überzeugung, dass wir von einem Begriff des „Selbst" auszugehen haben, das zu vielfältigen Orientierungsleistungen fähig ist.[478]

4.5.2 Der Primat der Deszendenz: Technik und Nihilismus

In den *Beiträgen zur Philosophie* formuliert Heidegger die These von der Identität von Metaphysik und Technik zunächst vorsichtiger: „Das Heraufkommen des machenschaftlichen Wesens des Seienden ist geschichtlich sehr schwer zu fassen, weil es im Grunde seit dem ersten Anfang des abendländischen Denkens [...] sich in die Auswirkung setzt."[479] Und vor diesem Hintergrund entwickelt er seine seinsgeschichtliche Deutung der Technik, die in Zusammenhang mit seiner vieldiskutierten „Kehre" steht, die seine Philosophie in den 30er Jahren vollzogen hat und die der Öffentlichkeit erst mit Schriften wie dem *Brief über den ‚Humanismus'* bekannt wurde, die aber in den (1936–1938 entstanden) *Beiträgen zur Philosophie* oder in seinen Nietzsche-Vorlesungen aus den 1940er Jahren schon eine frühe Ausformulierung gefunden haben. „Seinsgeschichte" wird Heideggers Begriff für seine ontologisch-genetische Meta-Theorie. So skizziert er in den Nietzsche-Vorlesungen „Die seinsgeschichtliche Bestimmung des Nihilismus" vor dem (an die theologische Figur des „sich entziehenden Gottes" erinnernden) Hintergrund des Sich-Entziehens des Seins in der technischen Moderne.[480] Dass als schärfste Ausprägung dieses Nihilismus die moderne Technik zu gelten habe, hatte schon Ernst Jünger behauptet, doch dass dieser Nihilismus in der Struktur der abendländischen Metaphysik selbst liege, wird eine der leitenden Thesen von Heideggers Technik-Philosophie; seine seinsgeschichtlichen Ausdrücke für den Nihilismus sind die bereits erwähnte Seinsvergessenheit und Seinsverlassenheit.

In den *Beiträgen zur Philosophie* wird die Technik entsprechend als Symptom für die Seinsverlassenheit verstanden, wobei Heidegger auch in diesem Text die moderne Technik und den Nihilismus synonymisiert. In den *Beiträgen zur Philosophie* interpretiert er die „totale Mobilmachung" als eine bzw. die entscheidende Folge der „ursprünglichen Seinsverlassenheit" und entwickelt, indem er

478 Siehe exemplarisch C. Taylor: Quellen des Selbst.
479 M. Heidegger: Beiträge zur Philosophie, S. 132.
480 M. Heidegger: Nietzsche II, S. 301–361.

über Jünger hinaus geht, immer deutlicher seine eigene Begrifflichkeit.[481] Die Seinsverlassenheit hat wiederum ihren Grund in der Seinsvergessenheit.[482] Und Seinsverlassenheit ist der „seinsgeschichtliche" Ausdruck für den Nihilismus, der sich folgendermaßen ausprägt: „Die Behexung durch die Technik und ihre sich ständig überholenden Fortschritte ist nur *ein* Zeichen dieser Verzauberung, der zufolge alles auf Berechnung, Nutzung, Züchtung, Handlichkeit und Regelung drängt."[483] Heideggers Nihilismus, den er in verschiedenen Texten vor dem Hintergrund seiner Seinsgeschichte nachzeichnet und mit dem er zum Ausdruck bringen will, dass die gesamte bisherige Weltorientierung verfehlt war,[484] hat aber immer auch eine zeitdiagnostische Funktion. So sagt Heidegger etwa, dass die „lärmende ‚Erlebnis'-Trunkenboldigkeit" seiner Zeit der „größte Nihilismus" sei.[485]

Wenn Nihilismus mit Lore Hühn die Erfahrung „einer sich selbst entfremdeten Welt, die uns Menschen so feindlich wie nur vorstellbar begegnet",[486] ist, und wenn, so bringt es Günter Figal auf den Punkt, „der mit der Modernisierung wesentlich verbundene Orientierungsverlust", der zur Folge hat, dass religiös verankerte „[t]raditionelle Formen der Sittlichkeit zerfallen", dass sich die Lebensverhältnisse beschleunigen, dass eine Entpersonalisierung stattfindet, deren Symptom standardisierte Handlungsmöglichkeiten und die Ersetzung von praktischer Klugheit durch technische Denkformen ist,[487] dann scheint es naheliegend, dass viele Philosophen „die Technik" als Grund und Ursache für diese Veränderung sehen. So sagt etwa auch Hannah Arendt, dass die Technisierung nicht zu unrecht für „das nachweisliche Anwachsen der Verzweiflung, für die Entzauberung der Welt, für die Entstehung des Nihilismus" verantwortlich gemacht werden könnte.[488]

Arendt arbeitet den Nihilismus der Technik nicht weiter aus. Allerdings benennt sie in *Vita activa* mit dem „Recht" des Technikers, dasjenige zerstören zu dürfen, was er selbst hergestellt hat,[489] ein nihilistisches Moment ihrer Technik-Theorie. Diesem Aspekt der Technik hat Emanuele Severino zu gleicher Zeit seine

---

481 M. Heidegger: Beiträge zur Philosophie, S. 141; siehe auch G. Figal: Erörterung des Nihilismus.

482 M. Heidegger: Beiträge zur Philosophie, S. 114.

483 Ebd., S. 124.

484 In Bezug auf die Technik siehe insbesondere M. Heidegger: Überwindung der Metaphysik. Siehe dazu T. Rentsch: Martin Heidegger – Das Sein und der Tod, S. 185 ff.

485 M. Heidegger: Beiträge zur Philosophie, S. 139.

486 L. Hühn: Die Wahrheit des Nihilismus, S. 145.

487 Siehe G. Figal: Erörterung des Nihilismus, S. 717.

488 H. Arendt: Vita activa, S. 333.

489 Siehe ebd., S. 170, S. 304.

Aufmerksamkeit geschenkt. Severino ist ein Exponent der italienischen Technikphilosophie, die sich ab Ende der 1950er Jahre insbesondere der Verbindung von Nihilismus und Technik widmet.

Severino hat in seinem Buch *La struttura originaria* von 1958 und besonders prägnant in seinem Aufsatz *Ritornare a Parmenide* von 1964 versucht, die Grundstruktur des abendländischen Denkens in einer metaphysischen Entscheidung zu sehen, die Platon und Aristoteles in ihrer „Interpretation" des parmenideischen Satzes „das Sein ist, während das Nichts nicht ist" treffen, indem sie ihn konditional fassen:

> Daß nun das Seiende ist, wann es ist, und das Nichtseiende, nicht ist, wann es nicht ist, ist notwendig. Gleichwohl ist nicht notwendig, weder daß alles Seiende ist, noch daß alles Nichtseiende nicht ist. Denn es ist nicht dasselbe, daß alles Seiende notwendig ist, wann es ist, und daß es schlechthin notwendig ist, und gleiches gilt von dem Nichtseienden.[490]

Und diese Deutung des Seienden führt nach Severino zu folgender Situation:

> Für die Metaphysik ‚sind' die Dinge. Ihr ‚Sein' ist ihr Kein-Nichts-Sein. Insofern sie sind, heißen sie ‚Seiende' oder ‚Wesen'. Aber das Seiende *als solches* ist das, was auch nicht sein kann: sowohl in dem Sinne, daß es auch nicht hätte sein können oder nicht sein könnte, als auch in dem Sinne, daß es beginnt und endet (es war nicht, und es ist nicht mehr). Die Metaphysik ist die Zustimmung zum Nichtsein des Seienden. Behauptet man, daß das Seiende nicht sei – stimmt man der Nichtexistenz des Seienden zu –, so behauptet man, daß das Nicht-Nichts nichts sei. Der Grundgedanke der Metaphysik ist, daß das Seiende *als solches* nicht ist.[491]

Und diese Identifikation des Seins mit dem Nichts bedeutet, so Severinos Kernthese, dass die abendländische Metaphysik im Grunde Nihilismus ist.

Und die „radikalste und strengste Verwirklichung" dieses Nihilismus ist auch in Severinos Theorie die Technik,[492] denn ihr Horizont ist auch der Gedanke, „daß das Sein ein Nichts sein kann".[493] Severino formuliert diese These allerdings explizit gegen Heidegger aus, dessen Interpretation des Sinnes von Sein er für willkürlich und dogmatisch hält.[494] Allein bei Parmenides vermag Severino eine metaphysische Konzeption zu erkennen, in der es nur das Sein, aber kein Nichts

---

490 E. Severino: Vom Wesen des Nihilismus, S. 53. Das Zitat ist aus *De Interpretatione* von Aristoteles, Übersetzung von Magda Oschwald-Di Felice nach der Übertragung von Emanuele Severino.

491 E. Severino: Vom Wesen des Nihilismus, S. 230.

492 Ebd., S. 231.

493 Ebd., S. 235.

494 Ebd., S. 51f.

gab. Daher betitelte er seinen Aufsatz *Ritornare a Parmenide*, „Zurück zu Parmenides“. Dieser Appell musste seine katholischen Kollegen an der Universität brüskieren, denn er impliziert, dass auch das Christentum dem Nihilismus nichts entgegenzusetzen hat. Und nach Severino hat das Christentum dem Nihilismus nicht nur nichts entgegenzusetzen, es ist vielmehr im Kern selbst nihilistisch. Und da die christliche Metaphysik die Schöpfung aus dem Nichts behauptet und daher auch in diesem kulturellen Verständnis Sein nichts gewesen sein konnte, sagt Severino sogar: „Gott und die moderne Technik sind die beiden Grundausdrucksweisen des metaphysischen Nihilismus.“[495] Dabei identifiziert er Theologie und Technik entsprechend: „Ma la teologia è la prima forma di tecnica e la tecnica è l'ultima forma di teologia.“[496]

Nach der Ausformulierung seiner metaphysisch-nihilistischen Grundfigur in den frühen Werken hat Severino vor diesem Hintergrund die „wesentliche Entfremdung“ des Abendlandes immer wieder ausformuliert:

> L'alienazione essenziale della civiltà europea può dunque essere indicata da poche parole: ma della comprensione di esse dipende il destino dell'Europa e oramai di tutta la terra. Eccole: pensare che le cose non siano (quando non sono ancora nate o non sono ancora prodotte, o quando persicono o vengono distrutte) significa pensare che le cose – ossia ciò che non è un niente – sono un niente. Questo, il pensiero che nasce con la metafisica greca e che guida es unifica l'intera storia dell'Occidente.[497]

Und vor diesem Hintergrund betont er, dass die Technik wegen ihrer nihilistischen Grundstruktur nicht etwa einfach nur gut oder schlecht verwendet werden könnte, also im Prinzip „neutral“ sei, sondern, dass die Wirklichkeit durch die Technik unter einer spezifischen Präsupposition verstanden wird:

---

495 Ebd., S. 232.

496 E. Severino: Gli abitatori del tempo, S. 20. Meine Übersetzung: „Aber die Theologie ist die erste Form von Technik, und die Technik die letzte Form von Theologie.“

497 Ebd., S. 26. Das erste Kapitel dieses Buches haben Franco Volpi und Wolfgang Welsch als Einleitung der deutschen Übersetzung des *Wesens des Nihilismus* vorangestellt, in dieser Übersetzung lautet die zitierte Passage: „Die wesentliche Entfremdung der europäischen Kultur kann also mit wenigen Worten angegeben werden: aber von deren Verstehen hängt das Schicksal Europas und nunmehr das der ganzen Erde ab. Nämlich: zu denken, die Dinge seien nicht (wenn sie noch nicht entstanden oder noch nicht geschaffen sind, oder, wenn sie vergehen oder zerstört werden) bedeutet zu denken, daß die Dinge – nämlich dasjenige, was kein Nichts ist – ein Nichts sind. Das ist das Denken, das mit der griechischen Metaphysik entsteht und die gesamte Geschichte des Abendlandes leitet und unifiziert.“ (E. Severino: Vom Wesen des Nihilismus, S. 30).

> Giacché la tecnica europea è nichilismo non in quanto sia usata ‚male', ma in quanto è tecnica; e le ideologie che portano a usarla ‚bene' o ‚male' hanno in commune con la cosidetta natura neutrale della tecnica il tratto decisivo del nichilismo: la persuasione che le cose (gli uomini, il cielo, gli astri, le piante, la storia) sono un niente.[498]

Severino formuliert eine radikale Position, die den Kern des abendländischen Denkens als nihilistisch und die Technik als konsequenteste Verwirklichung der genannten ontologischen Vorentscheidungen ausweist. Das bestätigt zwar einerseits die These, dass Technik nur vor dem Hintergrund einer ontologischen und kulturellen Rahmung zu denken ist. Doch andererseits verengt die nihilistische Deutung – auf die weiterreichenden metaphysischen Probleme von Severinos Theorie braucht hier nicht eingegangen werden – den Blick auf das Phänomen der Technik. Wie hier vorgeschlagen, wird man dem Phänomen der Technik nur gerecht, wenn man die (kultur)anthropologischen, leibphilosophisch selbstkonstitutiven und hermeneutischen Aspekte miteinander verbindet. Auch wenn es in der Tat so sein mag, dass bestimmte Technologien schon in ihrer Entwicklung – als eine Präsumtion – die Vernichtung und Zerstörung „des" Seienden bedingen und dazu beitragen, bestimmte ontologische Kategorien zu transformieren – an dieser Stelle sei etwa an die Debatte um den Status des Embryos erinnert – und insofern nihilistische Aspekte aufweisen, wäre es falsch, den Nihilismus als das zentrale Merkmal oder sogar als „Wesen" von Technisierung auszuweisen.

In der italienischen Debatte hat sich die Verbindung von Nihilismus und Technik als Thema etabliert, noch in den 1990ern hat Franco Volpi in seinem Nihilismus-Buch ein Kapitel zu „Tecnica e nichilismo" eingefügt.[499] Dort schreibt er, die Verlusterfahrung durch Technisierung unterstreichend:

> Il processo planetario della razionalizzazione scientifico-tecnico ha portato alla soluzione di intere serie di problemi. Eppure, a fronte dei loro successi, la scienza e la tecnica sono incapaci di produrre esperienze simboliche di senso in cui inscrivere il nostro essere nel mondo e nella storia. Anzi, le trasformazioni che esse hanno prodotto accelerano il discanto e la crisi dei fondamenti, cioè l'erosione e la dissoluzione dei quadri di riferimento tradizionali.[500]

---

498 Ebd., S. 27. In der Übersetzung: „Denn die europäische Technik ist Nihilismus, nicht insofern sie ‚schlecht' gebraucht wird, sondern insofern sie Technik ist; und die Ideologien, die dazu führen, sie ‚gut' oder ‚schlecht' zu gebrauchen, haben mit der sogenannten neutralen Natur der Technik den entscheidenden Zug des Nihilismus gemeinsam: die Überzeugung, daß die Dinge (die Menschen, der Himmel, die Sterne, die Pflanzen, die Geschichte) ein Nichts sind." (E. Severino: Vom Wesen des Nihilismus, S. 30 f.).

499 F. Volpi: Il nichilismo, S. 146–156.

500 Ebd., S. 152. Meine Übersetzung: „Der planetarische Prozess der wissenschaftlich-technischen Rationalisierung hat zu einer Lösung einer ganzen Serie von Problemen geführt. Aber

Damit hat Volpi der Nihilismus-These andere Konturen gegeben. Bei ihm wird der radikal konsequente und dadurch unversöhnliche Ansatz Severinos in einen eher diagnostischen Rahmen überführt, in dem mit Hilfe des nihilistischen Deutungshorizonts Sinnverlusterfahrungen, Entzauberungsphänomene und die Erosion von Bezugsräumen erschlossen und thematisiert werden können. Auch wenn es dann immer noch auszuweisen gilt, welchen spezifischen Anteil Technisierungsvorgänge daran haben, ist dieser eher diagnostische Ansatz offen für therapeutische Aspekte. Vor diesem Hintergrund votiert Volpi „per un'antropologia a misura della tecnica", für eine Anthropologie als Maß der Technik.[501]

Während Severino versucht, die nihilistische Grundstruktur der abendländischen Metaphysik herauszuarbeiten und die Technik als offensichtlichsten Ausdruck derselben zu beschreiben sucht, fasst Heidegger das Problem der Technik in Erzählungen von meta-ontologischen Verfallsgeschichten; über verschiedene Stationen philosophischen Denkens beschreibt er eine zunehmende Seinsverlassenheit, die in der modernen technischen Welt am größten sei.[502] Auch wenn Severino im Unterschied zu Heidegger keine Verfallsgeschichte erzählt, begreift er die Technik ebenfalls als die deutlichste Ausprägung des abendländischen Nihilismus. Bei Heidegger finden sich eine Reihe von Wendungen, die seine Gegenwart in nihilistischen Überbietungsformeln zu beschreiben suchen, so spricht er von der „endgültigen Verfestigung der Seinsverlassenheit in der Seinsvergessenheit",[503] vom „Zeitalter der völligen Fraglosigkeit"[504] oder von der Technik als „Höchstgestalt des Nihilismus",[505] um nur wenige Beispiele zu nennen. Und dies erhärtet den Verdacht, dass Heidegger im Rahmen seiner Nihilismus-These seine eigene Gegenwart als in einer besonders schlimmen Verfasstheit seiend interpretiert, also als eine Endstufe einer insgesamt verfehlten Entwicklung.

Wenn Heidegger seiner Seinsgeschichte ein deszendenztheoretisches Paradigma zugrunde legt, dann mündet seine Theorie der Technik als eine bestimmte Art der Auslegung der Wirklichkeit abermals in einer Aporie. Denn auch wenn man den Nihilismus als Deutungsmuster fruchtbar machen kann, um bestimmte

---

trotz ihrer Erfolge sind Wissenschaft und Technik nicht in der Lage, symbolische Erfahrungen von Sinn zu produzieren, aufgrund derer wir unser Sein in die Welt und in die Geschichte einschreiben. Im Gegenteil: die Transformationen, die sie hervorgerufen haben, beschleunigen die Entzauberung und die Krise der Fundamente, d. h. die Erosion und die Auflösung der Raster traditioneller Bezugsräume."

501 F. Volpi: Il nichilismo, S. 154.

502 Siehe M. Heidegger: Überwindung der Metaphysik.

503 M. Heidegger: Beiträge zur Philosophie, S. 107.

504 Ebd., S. 108.

505 Ebd., S. 140.

Phänomene zu erschließen und vielleicht auch um genealogische Rückschlüsse auf abendlandtypische Rationalitätsformen zu ermöglichen, so wirkt doch die These, dass gerade die eigene Zeit in ihrer Technisierung die „äußerste" Form des Nihilismus sei, wenig überzeugend. Denn zum einen handelt man sich ein methodisches Problem ein: So schlimm die Entfremdungserfahrungen der eigenen Zeit auch scheinen mögen und so wichtig die Formulierung derselben ist, so mangelt der These, dass wir es mit der extremsten Form der Seinsverlassenheit zu tun haben an Überzeugung deshalb, weil sich in der Genese von Selbst- und Weltverständnissen auch die Deutungsmuster und Maßstäbe für Entfremdung ändern. Daher ist der Standpunkt, der die eigene Zeit als die schlimmste ausweist, gar nicht einzunehmen. Und zum anderen ist die nihilistisch-deszendenztheoretische Theorie der Technik deshalb problematisch, weil die Art und Weise, wie diese These vorgetragen wird, geradezu apokalyptische Ausdrucksweisen verwendet, die den philosophischen Diskurs übersteigen. Dass die gesamte Metaphysik auf den ontologischen Weltuntergang zuläuft, ist eine „Großbehauptung", wie Thomas Rentsch sagt, die keine Infragestellung erlaube und die sich allen Kriterien der Beurteilung entziehe. Daher hat Rentsch in diesem Zusammenhang von einem „ontologischen Untergangsszenario" gesprochen, von einer „philosophischen Endzeitvorstellung, deren versteckt theologische Denkweise gleichwohl auf der Hand liegt".[506]

4.5.3 Gnostifizierung der technischen Zivilisation

Durch „Berechnung", „Schnelligkeit" und „Anspruch des Massenhaften"[507] – wie Heidegger in seiner für ihn typischen Mischung zwischen kulturkritischer Zeitdiagnose und ontologischer Analyse pointiert – werde der Blick auf das Sein verstellt. Das Sein ist aber in dem defizienten Modus der „Vergessenheit" gleichwohl „da". Und dies ist eine der Pointen von Heideggers Technikkritik: Durch die moderne Technik wird – gerade dadurch, dass es vergessen scheint – vehement an das Sein erinnert. In den *Beiträgen zur Philosophie* hat Heidegger dafür den seinsgeschichtlichen Begriff des „Anklangs" eingeführt; dort geht es ihm programmatisch um den „*Anklang* der Wahrheit des Seyns und seiner Wesung selbst aus der Not der Seinsvergessenheit."[508] Selbst in der Situation der Seinsvergessenheit, die Heidegger zur Seinsverlassenheit steigert, gibt es den „Anklang

506 T. Rentsch: Martin Heidegger – Das Sein und der Tod, S. 186.
507 M. Heidegger: Beiträge zur Philosophie, S. 120 ff.
508 Ebd., S. 114.

des Seins“, der „Rettung“ in der „Gefahr“ ermöglicht. Die „Gefahr“ ist ein weiterer Grundbegriff in Heideggers Philosophie der Technik: „Die Herrschaft des Ge-stells droht mit der Möglichkeit, daß dem Menschen versagt sein könnte, in ein ursprünglicheres Entbergen einzukehren und so den Zuspruch einer anfänglichen Wahrheit zu erfahren.“[509] Die Gefahr ist also, den „Kontakt“ zum Sein endgültig zu verlieren. Doch ist mit dem „Zuspruch“, der „anfänglichen Wahrheit“ und dem „anderen Anfang“ schon eine Erlösungsperspektive formuliert.[510] Der Text *Die Frage nach der Technik* schließt bekanntlich mit der Interpretation der Gedichtzeilen von Hölderlin: „Wo Gefahr ist/ wächst das Rettende auch“.[511] Die Gefahr des Ge-stells kann als „Epoche“ des Seins immerhin den Horizont des Rettenden, nämlich eines ganz anders verstandenen Seins eröffnen: „Im Wesen der Gefahr west und wohnt eine Gunst, nämlich die Gunst der Kehre der Vergessenheit des Seins in die Wahrheit des Seins.“[512] In einer dann auch für den Schicksalsbegriff verwendeten Lichtmetaphorik betont Heidegger, dass die Wahrheit des Seins in der Gefahr des Ge-stells aufleuchtet bzw. aufblitzt.

Das Wesen der Technik ist somit zweideutig: es ist das Ge-stell *und* die schon erahnte Überwindung desselben. Dadurch werden Heideggers Figuren der „Besinnung“, des „anderen Anfangs“ und der „Kunst“ möglich, in denen sich der Mensch nicht mehr als der „Herr des Seienden“ versteht, sondern als „Hirt des Seins“.[513] Die Welt der leeren Erlebnisse ist ein Beispiel für den „Anklang“, die Situation, gerade durch das Fehlen des angemessenen Seinsverständnisses („Zeitalter der völligen Fraglosigkeit“)[514] an die Bedeutung der Seinsfrage erinnert zu werden und einen „anderen Anfang“ zu wagen. Damit geht Heidegger über Jünger hinaus, denn Jünger plädiert aus einem vulgärnietzeanischen Affekt heraus für ein heroisches Aushalten, weil er mit der apokalyptischen Dimension der Technik eben auch die „Enthüllung“ einer besseren Welt erwartete.[515] Heidegger wirbt dagegen für ein neues Denken, das sich nicht mehr in die Fehler der Metaphysik verstrickt.

Eine zentrale Rolle spielt hier in Heideggers Denken über die Technik der Begriff des „Ereignisses“. Das Ereignis ist für Heidegger ein „Leitwort im Dienst des Denkens“ und verwandt mit (und seiner Meinung nach ebenso unübersetzbar wie) „lógos“ oder „Tao“, denn das „Wort Ereignis meint hier nicht mehr das, was

---

509 M. Heidegger: Die Frage nach der Technik, S. 29.
510 Siehe dazu die Anlage von M. Heidegger: Beiträge zur Philosophie, S. 4–9.
511 M. Heidegger: Die Frage nach der Technik, S. 29.
512 M. Heidegger: Die Kehre, S. 120.
513 M. Heidegger: Brief über den ‚Humanismus‘, S. 342.
514 M. Heidegger: Beiträge zur Philosophie, S. 124 f.
515 H. Kiesel: Ernst Jünger, S. 393.

wir sonst irgendein Geschehnis, ein Vorkommnis nennen."[516] Im Ereignis blitzt das Geschick des Seins auf,[517] und das heißt: „Erst wenn Einblick sich ereignet, lichtet sich das Wesen der Technik als das Gestell, erkennen wir, wie im Bestellen des Bestandes die Wahrheit des Seins als Welt verweigert bleibt [...]".[518] Da die Technik, wie Heidegger in seinem *Brief über den ‚Humanismus‘* schreibt, ihrem Wesen nach „ein seinsgeschichtliches Geschick der in der Vergessenheit ruhenden Wahrheit des Seins"[519] ist, wird durch das Ereignis eine neue ontologische Perspektive möglich:

> Das Ereignis vereignet Mensch und Sein in ihr wesenhaftes Zusammen. Ein erstes, bedrängendes Aufblitzen des Ereignisses erblicken wir im Ge-stell. Dieses macht das Wesen der modernen technischen Welt aus. Im Ge-stell erblicken wir ein Zusammen*gehören* von Mensch und Sein.[520]

Der Begriff des „Ereignisses" muss an dieser Stelle nicht weiter vertieft werden. Es dürfte deutlich geworden sein, dass der Begriff für die gänzlich neue Art zu denken steht, die Heidegger vorschwebt und die durch die Technik unterbunden wird. Offen bleibt an dieser Stelle, wie es denn zur Rettung in das neue Denken kommen kann. Ist dies durch menschliche Anstrengung zu erreichen – oder bedarf es einer transzendenten Instanz?

Dass „nur ein Gott uns retten" kann, ist bekanntlich das Fazit des Spiegel-Interviews, das einige Jahre vor Heideggers Tod geführt wurde (und erst nach dem Tod des Freiburger Philosophen erscheinen durfte):

> Die Philosophie wird keine unmittelbare Veränderung des jetzigen Weltzustandes bewirken können. Dies gilt nicht nur von der Philosophie, sondern von allem bloß menschlichen Sinnen und Trachten. Nur ein Gott kann uns retten. Uns bleibt die einzige Möglichkeit, im Denken und im Dichten eine Bereitschaft vorzubereiten für die Erscheinung des Gottes oder für die Abwesenheit des Gottes im Untergang; daß wir im Angesicht des abwesenden Gottes untergehen.[521]

Nicht nur dieses Interview, sondern auch die Anlage der *Beiträge zur Philosophie* bestätigen die gnostischen Züge von Heideggers Theorie. Das Kapitel, in dem Heidegger seine Thesen zur Machenschaft und Seinsverlassenheit entwickelt, ist

---

516 M. Heidegger: Der Satz der Identität, S. 45.
517 Siehe zu dem Zusammenhang von Ereignis und Technik: W. Schirmacher: Technik und Gelassenheit.
518 M. Heidegger: Die Kehre, S. 122.
519 M. Heidegger: Brief über den ‚Humanismus‘, S. 340.
520 M. Heidegger: Der Satz der Identität, S. 47.
521 M. Heidegger: „Nur ein Gott kann uns retten", S. 209.

mit „Der Anklang" überschrieben. Anklang heißt, dass die „Wesung des Seins in der Seinsverlassenheit" in irgendeiner Form erfahren werden kann,[522] das heißt, dass gerade im Modus der Seinsverlassenheit „Sein" aufscheint. Vor diesem Hintergrund fragt er rhetorisch: „Ob wir Künftigen das Ohr haben für den Klang des *Anklangs*, der in der Vorbereitung des anderen Anfangs zum Klingen gebracht werden muß?"[523] Und mit Blick auf den „anderen Gott" schreibt er: „In der Grunderfahrung, daß der Mensch als Gründer des Da-seins *gebraucht* wird von der Gottheit des anderen Gottes, bahnt sich die Vorbereitung der Überwindung des Nihilismus an."[524] Und so ist es nicht erstaunlich, dass sich am Ende der Beiträge zur Philosophie (allerdings noch vor dem Kapitel über das „Seyn") ein Kapitel findet, das mit „Der letzte Gott" überschrieben ist[525] und in dem es um Motive wie die „Stille des Vorbeigangs" jenes letzten Gottes geht.[526]

Auch in den *Beiträgen zur Philosophie*, aber ansatzweise auch in *Die Frage nach der Technik* verfolgt Heidegger seine Vorgehensweise, die wir bereits aus *Sein und Zeit* kennen, in der er christliche und kulturkritische Begriffe („Gewissen", „Geworfenheit", „Verfallen", „Gerede") terminologisiert und fundamentalontologisch umdeutet. Hier arbeitet er mit Anspielungen an christliche Erlösungsfiguren, die er gleichzeitig strikt ablehnt, um einen gänzlich anderen Denk- und Erfahrungsraum zu etablieren, den das mit y geschriebene Seyn repräsentiert. Auch wenn Heidegger kein dezidiert gnostischer Denker ist – um das noch einmal zu betonen –, legt er sein philosophisches Vorgehen im Fall der Technik, so die Vermutung, bewusst gnostisch an. Die Technik wird als Ursache einer gänzlich ausweglosen Situation beschrieben – um dann das „Ereignis" und die „Rettung" als das ganz Andere, das Erlösende, Befreiende zu inszenieren.

Resümierend kann man sagen: Die Technik-als-Metaphysik-These ist sicherlich in der Hinsicht plausibel, dass Formen technischer Rationalität in vielerlei Hinsicht zum Paradigma unseres Handelns geworden sind und dass sie andere humane – etwa religiöse oder ethische – Selbstverständnis-Paradigmen möglicherweise ersetzt haben. Über die Technik nicht nur im Hinblick auf spezielle Technologien, sondern in Bezug auf die technische Weltkonstitution insgesamt nachzudenken, ist daher völlig zurecht die Herausforderung der Philosophie. Zu einem metaphysikkritischen Theorem wird diese Analyse durch den genetisch-genealogischen Rückschluss, die technische Rationalität ergebe sich zwangsläufig aus der Verfasstheit der Metaphysik: Technik, schreibt Heidegger, sei „vollendete

522 M. Heidegger: Beiträge zur Philosophie, S. 107.
523 Ebd., S. 112.
524 Ebd., S. 140 f.
525 Ebd., S. 411 ff.
526 Ebd., S. 412.

Metaphysik".[527] Die Metaphysik-These speist sich auch aus der Einsicht, dass bereits in der Antike das Seiende unter dem Paradigma des Herstellens gesehen wurde.[528] Auch in dieser Beobachtung steckt sicherlich etwas Wahres. Doch selbst wenn derartige Entwicklungslinien wichtig für das Verständnis von Technisierungsprozessen sein mögen, die in der Tat nicht losgelöst vom menschlichen Selbst- und Weltverständnis sowie insbesondere epistemologischen Konzepten verstanden werden können, so kann man doch berechtigte Zweifel am Fatalismus dieser Konstruktion haben. Die Stärke von Heideggers Ansatz liegt in der hermeneutischen Dimension. Die Beschreibung der technischen Auslegung der Wirklichkeit kann und muss in der Tat in ein kritisches Modell überführt werden – die Totalisierung der Technik und der seinsgeschichtliche Chiliasmus bleiben allerdings denkerische Sackgassen im Verständnis von Technisierungsprozessen, denn hier verlieren Heideggers Texte oft ihre analytische Schärfe und bleiben im Andeutungshaften, verharren im Spiel der Erinnerung an klassische Erlösungsfiguren bei gleichzeitiger Weigerung, echte Anschlusspunkte an die philosophische und christliche Tradition zu markieren.

Was aber an den Aporien der Totalisierung auch deutlich geworden ist: Offenbar gibt es ein Bedürfnis, sich die Technik in einem umfassenden Horizont zu erklären und Aussagen des Typs „Die Technik bestimmt unsere Wirklichkeit in toto" zu treffen. Dies bestätigt die eingangs geäußerte Vermutung, dass wir uns mit der Frage nach der Technik auch auf dem unsicheren Terrain spekulativen Denkens bewegen; damit soll spekulatives Denken keinesfalls desavouiert werden, im Gegenteil: es soll sogar behauptet werden, dass wir diese Perspektive auf die Technik nicht vermeiden können. Allerdings müssen wir dann methodisch besonders vorsichtig sein. Um es in Anlehnung an Kant zu sagen: Um hier Klarheit zu gewinnen, bedürfen wir einer Metaphysik der Metaphysik der Technik. Eine solche Perspektive wird es uns erlauben eine Hermeneutik der technischen Welt zu entwickeln, die die Fragen, die sich mit den Totalisierungsbedürfnis verbinden, ernst nehmen kann, ohne sich aber einer totalisierenden Ausdrucksweise in der Beschreibung der technischen Welt zu bedienen.

4.5.4 Von der Totalisierungskritik zur Hermeneutik der technischen Welt

Der Blick auf die Schwierigkeiten einer Technik-Theorie, wie sie von Heidegger durch seine Identifizierung von Metaphysik und Technik entwickelt und insbe-

527 M. Heidegger: Überwindung der Metaphysik, S. 80.
528 Siehe dazu H. Hildebrandt: Weltzustand Technik, S. 113–136.

sondere durch den Anschluss an die totalisierende Theorie von Jünger ausgebaut wurde, hat gezeigt, dass wir es offenbar mit metaphysischen Problemen zu tun haben: Denn Aussagen über das „Ganze" gehen, Kantisch gesprochen, über das menschliche Erkenntnisvermögen hinaus. Hinter die Grundeinsicht der *Kritik der reinen Vernunft*, dass die menschliche Vernunft als eine radikal endliche zu verstehen ist – daher kann man die erste Kritik auch als anthropologischen Grundtext lesen –, kann man nicht mehr zurück.

Gleichzeitig aber ist die Metaphysik eine „Naturanlage" des Menschen, eine „metaphysica naturalis", denn, wie Kant schreibt,

> die menschliche Vernunft geht unaufhaltsam, ohne daß bloße Eitelkeit des Vielwissens sie dazu bewegt, durch eigenes Bedürfnis getrieben bis zu solchen Fragen fort, die durch keinen Erfahrungsgebrauch der Vernunft und daher entlehnte Prinzipien beantwortet werden können, und so ist wirklich in allen Menschen, sobald Vernunft sich ihnen bis zur Spekulation erweitert, irgendeine Metaphysik zu aller Zeit gewesen, und wird auch immer darin bleiben.[529]

Das heißt: ihrer „Natur" nach „fragt" die menschliche Vernunft über sich „hinaus"; in diesem Sinne hat Cassirer betont: „diese Funktion des ‚Hinausfragens'" ist die „eigentliche und wesentliche Grundfunktion" der Vernunft.[530]

Damit soll Heideggers Spätphilosophie nicht einfach als „vorkritisch" disqualifiziert werden. Doch soll ausdrücklich gesagt werden, dass Heidegger in den Passagen, in denen er sich einer totalisierenden Sprache bedient, um die technische Moderne zu beschreiben, in dem genannten Kantischen Sinn in metaphysische Sphären kommt. Und dies bedarf eben einer genaueren Methodenreflexion. Wichtig ist zunächst, dass die Formulierung des Orientierungshorizonts in metaphysischer Terminologie, entsprechend des Kantischen Ansatzes, nur „natürlich" ist. In Heideggers Philosophie der Technik kann man das Bedürfnis nach einer „absoluten" Erklärung ablesen. Insofern geht Heidegger über den „Erfahrungsgebrauch" hinaus – so sehr er sich auch um eine Phänomenologie der technischen Welt bemüht. Auch wenn Heidegger hinsichtlich einzelner Strukturphänomene treffende Beobachtungen macht, wenn einzelne philosophiehistorische Linien aufschlussreich sind und wenn es sogar für die Totalisierung der Technik viele Indizien geben mag – die Totalisierungstendenz kann ebenso wenig „bewiesen" werden, wie die These von der zunehmenden Seinsverlassenheit, für die die Technik der deutlichste Ausdruck sein soll. Hier sind wir nun an einem zentralen Punkt. Offenbar gibt es das Bedürfnis nach einer umfassenden Erklä-

---

529 I. Kant: Kritik der reinen Vernunft, B 21.

530 E. Cassirer: Kant und das Problem der Metaphysik. Bemerkungen zu Martin Heideggers Kant-Interpretation, S. 233

rung der technischen Zivilisation, ihrer Genese und ihrer ontologischen Voraussetzungen. Und diese Fragen zu stellen, um das „Wesen“ und den „Ursprung“ der Technik mit ihnen erhellen zu wollen, ist ein durchaus berechtigtes Anliegen der theoretischen Vergewisserung über unsere Welt. Gleichzeitig besteht aber die Gefahr, über den „rechtmäßigen“ Vernunftgebrauch hinauszugehen. Daher bedarf es einer Dialektik der Technik, um die Grenzen totalisierender Aussagen aufzuzeigen. Denn die Metaphysik hat eine „Wissenschaft von den Grenzen der Vernunft“ zu sein.[531] Vernunftkritik ist daher, wie Kant bekanntlich an Marcus Herz schreibt, „Metaphysik der Metaphysik“.[532]

Kant selbst unterstreicht in der *Vorrede* zur zweiten Auflage der *Kritik der reinen Vernunft*, dass sein Ansatz negativ zu sein scheint, dass er aber einen durchaus „positiven Nutzen“ darin habe, dass durch die Begrenzung der theoretischen Vernunft erst der praktische Vernunftgebrauch möglich ist, da die Vernunft auch hier über das „Sinnliche“ hinauszugehen hat (etwa mit dem Begriff der „Freiheit“), daher müsse sie „wider ihre Gegenwirkung gesichert sein“, um „nicht in Widerspruch mit sich selbst zu geraten.“[533] Dies gilt nun auch für die Techniktheorie: Auch hier macht die kritische Begrenzung der theoretischen Aussagen über die technische Welt eine vernünftige Praxis und damit eine Ethik erst möglich. Man kann sogar sagen, dass über die Auseinandersetzung mit den Grenzen der Metaphysik der Technik die humane Selbstverortung erst möglich wird.

Mit der Metaphysik der Metaphysik der Technik wird die Selbstbegrenzung in der Orientierung über die Technik möglich. In dem Kapitel zur Dialektik der Technik wird deutlich werden, wie die notwendigerweise antinomische Struktur der Vernunft hinsichtlich totalisierender Aussagen – wie: die Technik determiniert den Menschen vs. die Technik befreit den Menschen oder: die Technik erschließt Objektivität und bietet Orientierung vs. die Technik steht für das „Vergessen“ eines ontologischen Verstehenshorizonts – in eine ambivalente Struktur überführt werden kann. Über die Darstellung der Formen von Selbstbehauptung und der Formen von Selbstverlust kann ein differenziertes Deutungsraster entwickelt werden, um Technisierungsphänomene zu erschließen und der Kritik zugänglich zu machen. Dabei ist die These leitend, dass erst mit den entsprechenden Deutungskategorien bestimmte Phänomene von Technisierung überhaupt erst erfasst werden können.

---

531 I. Kant: Träume eines Geistersehers, S. 368.
532 I. Kant: Brief an Marcus Herz („nach dem 11. Mai 1781“), S. 269.
533 I. Kant: Kritik der reinen Vernunft, B XXV.

Wie die Entwicklung solcher Deutungskategorien mit den metaphysischen Aspekten der Technik zusammenhängt, soll nun kurz am Status totalisierender Aussagen über die Technik verdeutlicht werden. Die Aussage, dass die Technik die Welt im Ganzen bestimmt, bleibt, so formuliert, leer und hohl. Doch kann man aus der hinter dieser Aussage stehenden Intuitionen und Extrapolationen ein kritisches Deutungsmuster entwickeln, wenn man statt der genannten Aussage im Blick auf die Technik die Totalisierung ihrer partiellen Rationalität in einem bestimmten Bereich beschreibt und kritisiert,[534] die Kritik der Totalisierungstendenz also operationalisiert. Ein Beispiel für eine derartige Totalisierung gibt Hannah Arendt, die das „social engineering" ihrer Zeit vor dem Hintergrund der Ausweitung naturwissenschaftlicher Logiken und Methodiken in der Psychologie und den Sozialwissenschaften kritisiert.[535] Mit Blick auf die Technik kann man dann etwa sagen, dass es unangemessen ist, die Logik technischen Funktionierens in totalisierender Absicht auf den Bereich von Beziehung, Liebe und Lebensgestaltung zu übertragen. Totalisierung würde dann bedeuten, dass technische Logiken alleiniger Maßstab in einem Bereich sind, der durch eine Pluralität von Rationalitätsformen und Sprachen charakterisiert ist. Auch wenn in der Alltagssprache Beziehungen „kaputt" gehen können, dürfte in der Redewendung, dass man ein Herz nicht reparieren kann, etwas Wahrheit stecken. Später werden wir am Beispiel der pharmakologischen Selbstoptimierung sehen, dass es problematische Orientierungen am technischen Funktionieren gibt, die andere Kulturtechniken der Selbstgestaltung überlagern und marginalisieren können. Auch in diesem Fall bietet es sich an, nicht von einer alles bestimmenden Technik zu reden, sondern von der problematischen Exklusivität technischer Rationalität in einem Bereich, in dem sich technische, soziale und lebenspraktische Aspekte mischen. Überführt man also die sich mit dem Totalisierungsverdacht verbindenden Gefühle des Unbehagens, ist man in der Lage mit einem derartigen Deutungsmuster bestimmte Aspekte von Technik als problematisch zu identifizieren und zu kritisieren – ohne die Totalisierung der Technik als *die* fundierende Struktur unserer Zivilisation zu verstehen. Heidegger ist allerdings nicht der einzige, der den „Fehler" der Totalisierung von Handlungs- und Rationalitätsformen macht. So kritisiert Jürgen Habermas zurecht – gleichwohl in diesen Fällen selbstverständlich gänzlich andere Theoriebildungen Pate für die Totalisierungsdiagnose stehen – auch an Horkheimer, Adorno und Weber die Tendenz, die „Zweckrationalität" zu totalisieren.[536]

---

534 Siehe dazu auch B. Waldenfels: Der Stachel des Fremden, S. 149.

535 H. Arendt: Vita activa, S. 62.

536 Siehe J. Habermas: Theorie des kommunikativen Handelns II, S. 490.

Die Selbstauslegung hinsichtlich der vernünftigen Orientierung in der technischen Welt bedeutet also in erster Linie, bestimmte, sich gleichsam aufdrängende Beschreibungen und Einschätzungen der technischen Zivilisation in Deutungsmuster zu überführen, die philosophischen Beschreibungskriterien zugänglich sind. Auch wenn dies eine Absage an den seinsgeschichtlichen Zugang zur Technik ist, kann diese Perspektive auf die metaphysischen Probleme aber für den Gegenstand dieser Untersuchung zielführend sein: Denn es geht um die Selbstdeutung des handelnden Individuums in der technischen Welt, das auch Orientierung hinsichtlich der durch die Technik aufgeworfenen metaphysischen Fragen sucht. Schließlich muss sich der Mensch, wie Ortega schreibt, „nicht nur ökonomisch, sondern auch metaphysisch sein Leben verdienen."[537]

Vor diesem Hintergrund kann sogar die Seinsvergessenheit in ein Deutungsmuster verwandelt werden, wenn man in bestimmten Kontexten den Verlust der kulturellen Memoria oder sozialer Praktiken in der Selbstdeutung von Menschen diagnostizieren kann. Das mag dann für andere Bereiche nicht gelten, doch ist es denkbar, dass Technisierung bestimmte Selbstverständigungsformen marginalisiert. Das kann etwa sein, um zwei Beispiele zu nennen, wenn etwa erstens in Folge der Informationstechnologie das Briefe- und Tagebuchschreiben nicht mehr üblich ist oder ein gänzlich anderes Gepräge bekommt. Auch wenn man angesichts derartiger kultureller Transformationen nicht nostalgisch werden muss, lässt sich doch behaupten, dass es einen lange üblichen Kommunikations- und Selbstverständigungsstil nicht mehr lange geben wird. Zweitens kann man beobachten, dass sich durch den Horizont der zur Verfügung stehenden Medizintechniken das Selbstverständnis von Ärzten insofern ändern kann, als dass Aspekte der Fürsorge und persönlicher Anteilnahme marginalisiert werden. Dies muss nicht immer sein oder für alle Ärzte gelten, doch finden sich im Medizinbetrieb immer wieder Belege für derartige Phänomene. Auch in diesem Fall könnte man mit dem Deutungsmuster des Vergessens Situationen oder Zustände entsprechend interpretieren.

Wir haben es also letzlich mit Fragen einer Hermeneutik der Technik zu tun. Wenn Günter Figal die Hermeneutik als „Philosophie der begrenzten Vernunft" bezeichnet,[538] dann kann man dies als einen Anschluss an die fundamentale Einsicht Kants verstehen, der ja die Endlichkeit des menschlichen Erkenntnisvermögens zum Ausgangspunkt seiner Philosophie gemacht hat. Blumenberg hatte daher Kant als anthropologischen Denker begriffen.[539] Eine Hermeneutik als

537 J. Ortega y Gasset: Betrachtungen über die Technik, S. 53.
538 G. Figal: Die Komplexität philosophischer Hermeneutik, S. 11 f.
539 H. Blumenberg: Beschreibung des Menschen, S. 494 ff.

Philosophie der begrenzten Vernunft ist die adäquate Weise, die technische Welt erklären und verstehen zu lernen. Die hermeneutischen Momente der Perspektivität, des Standpunkts, des geschichtlich Vermittelten, der sprachlichen Kontingenz sind Weisen, der Komplexität der technischen Welt gerecht zu werden. Den genannten Totalisierungen sind also Deutungsmuster entgegenzusetzen, die helfen, die Phänomene der Technik zu erschließen, zu verstehen und schließlich ihre evaluative Dimension zu erfassen.

Bevor die Deutungsmuster anhand der ambivalenten Grundstruktur der Technik vertieft und weiter ausdifferenziert werden, muss zunächst die Genese der Technik untersucht werden, da bereits immer wieder geschichtliche und geschichtsphilosophische Erklärungsmuster herangezogen wurden. Im Folgenden soll ein Modell vorgestellt werden, mit dem die ideengeschichtlichen Aspekte der Technik, die wir hier zu berücksichtigen haben, in eine Theorie der Technik mitaufgenommen werden können.

4.6 Zur Genese des technischen Selbst- und Weltverhältnisses

Sowohl die Analyse des technischen Selbstverständnisses als auch die des technischen Weltverständnisses hat genetische und genealogische Aspekte hervorgebracht. Die aktuelle technische Verfasstheit der Welt provoziert sowohl die Frage nach den Innovationsschüben in der Technikentwicklung und die entsprechenden gesellschaftlichen und wissenschaftsgeschichtlichen Rahmenbedingungen, als auch die Frage nach den Gründen für die Entwicklung technischer Rationalität überhaupt.

Techniken und Technologien gibt es in vielfältigen Formen, sie umgeben uns und bestimmen unseren Alltag. Um zu erklären, wie Technisierungsprozesse in Gang kommen und von welchen Ursachen und Rahmenbedingungen, aus denen Techniken und damit Technisierungsprozesse überhaupt entstehen, wir auszugehen haben, muss man zwei zusammenhängende Perspektiven unterscheiden: Zum einen hat die Technik ihren Ursprung in anthropologischen Grundsituationen. Wenn es darum geht, eine erste Bestimmung der Technik zu finden, dann scheint zunächst festzustehen, dass Technik in gewisser Weise etwas spezifisch Menschliches ist. Tiere mögen instinktiv oder zielgerichtet Instrumente einsetzen, doch ab einem bestimmten Niveau ist die Technik Monopol des Menschen. Zum anderen benötigen wir über die Explizierung der anthropologischen Grundsituation hinaus weitere Erklärungsmuster. Denn Technisierungsprozesse transformieren sich und erhalten ihre spezifische Dynamik aus kulturell-geschichtlichen Konstellationen, die mit fundamentalen Änderungen und Neujustierungen von Welt- und Selbstbildern zu tun haben.

Sowohl bei Cassirer als auch bei Heidegger finden wir Anhaltspunkte, wie man die Entwicklung der Technik in Korrespondenz zu bestimmten Epochenumbrüchen nachzeichnen kann, wobei Cassirer seine Geschichte der Technik im Fluchtpunkt der zunehmenden kulturellen Selbstbefreiung des Menschen einordnet[540] und Heidegger, wie gesehen, sein seinsgeschichtliches Modell unterlegt. Dabei entgeht beiden mitunter das Spezifische der Ausbildung neuer technischer Selbst- und Weltverständnisse im Zuge konkreter Technikentwicklungen und Erfindungen. Im Ausgang von Cassirer – und in seinen frühen Texten auch durch Heidegger inspiriert – hat Hans Blumenberg in diesem Zusammenhang einen vielversprechenden Ansatz einer Geistesgeschichte der Technik vorgelegt, der im Folgenden zum Verständnis der genetischen und genealogischen Aspekte herangezogen werden soll. Das, was Blumenberg in den 1960er Jahren „Geistesgeschichte" nennt, fällt heute in das Gebiet der Ideengeschichte („history of ideas"), wie sie sich seit einigen Jahren institutionalisiert.[541] Im Folgenden wird im Kontext von Blumenberg der Begriff „Geistesgeschichte" verwendet, auch wenn unterstrichen werden soll, dass wir es mit hochkarätigen Beiträgen zu einer Ideengeschichte der Technik zu tun haben. Für unseren Kontext besonders interessant an Blumenbergs Überlegungen ist, dass er auch versucht, anthropologische und geschichtliche Aspekte miteinander zu verbinden. Da es auch Blumenberg um die Kritik des vorherrschenden Technikbegriffs durch die Freilegung der geistesgeschichtlichen Dynamiken geht, kann man dieses Vorgehen mit gutem Recht in Anlehung an Nietzsche als eine „Genealogie" bezeichnen.

Über das genealogische Moment, mit dem Tiefenstrukturen von Technisierungsprozessen erfasst werden können, hinaus, dient die Reflexion auf die Genese der Technik der aktuellen Orientierung. Denn dass Selbstverständnisfragen sich im Horizont von Geschichtlichkeit konturieren, dürfte unstrittig sein. Hans-Helmuth Gander hat das menschliche Selbstverständnis ausdrücklich auf die Geschichtlichkeit und Faktizität hin verstanden und untersucht, wie der Mensch sich in seinen Sinnentwürfen und Deutungsbezügen auf die geschichtliche Welt hin zu enträtseln sucht.[542] Dieser Enträtselung von Sinnentwürfen bedarf es auch hinsichtlich der Selbstsituierung in der technischen Welt als einer gewordenen. Daher soll im Folgenden die Genese der Technik mit Welt- und Selbstverständnisfragen systematisch verbunden werden, um den Gegenwartsraum der Selbstdeutung zu erschließen.

---

540 E. Cassirer: An Essay on Man, S. 244.

541 Siehe die seit 2007 erscheinende *Zeitschrift für Ideengeschichte*.

542 Siehe H.-H. Gander: Selbstverständnis und Lebenswelt, S. 6, S. 42.

4.6.1 Änderungen im Weltverhältnis

Dass das wissenschaftliche Bedürfnis nach einer Geistesgeschichte der Technik schon älter ist und nicht von ungefähr in einer Zeit aufkommt, in der die Technik immer mehr in die philosophische Aufmerksamkeit rückt, beweist Karl Marx, der in seinem *Kapital* Anforderungen an eine „kritische Geschichte der Technologie" und mögliche Ansatzpunkte derselben umrissen hatte.[543] In einer Fußnote im Kapitel zu „Maschinerie und große Industrie" schreibt er:

> Eine kritische Geschichte der Technologie würde überhaupt nachweisen, wie wenig irgendeine Erfindung des 18. Jahrhunderts einem einzelnen Individuum gehört. Bisher existiert kein solches Werk. Darwin hat das Interesse auf die Geschichte der natürlichen Technologie gelenkt, d.h. auf die Bildung der Pflanzen- und Tierorgane als Produktionsinstrumente für das Leben der Pflanzen und Tiere. Verdient die Bildungsgeschichte der produktiven Organe des Gesellschaftsmenschen, der materiellen Basis jeder besondren Gesellschaftsorganisation, nicht gleiche Aufmerksamkeit? Und wäre sie nicht leichter zu liefern, da, wie Vico sagt, die Menschengeschichte sich dadurch von der Naturgeschichte unterscheidet, daß wir die eine gemacht und die andere nicht gemacht haben? Die Technologie enthüllt das aktive Verhalten des Menschen zur Natur, den unmittelbaren Produktionsprozeß seines Lebens, damit auch seiner gesellschaftlichen Lebensverhältnisse und der ihnen entquellenden geistigen Vorstellungen.[544]

Dass in Fußnoten ein Forschungsprogramm angemahnt, angeregt oder versprochen wird, ohne dass es der Autor selbst umsetzen würde, ist sicher keine Seltenheit. Auch Marx hat keine „kritische Geschichte der Technologie" verfasst; so genau er die Änderung der Lebens- und Arbeitsverhältnisse in der Industriellen Revolution beschreibt – seine philosophische Auseinandersetzung mit der Technik verharrt letztlich bei der These, dass es die „manufakturmäßige Teilung der Arbeit" sei, also die spezielle arbeitsteilige Organisation der Güter-Produktion, aus denen Maschinen und Technik entstünden.[545] Und dass sich seine Metaphern – der Tanz der Maschinen – eher im Vorfeld der strengen technikphilosophischen Begriffsbildung bewegen, wurde schon erwähnt.

Es ist nun aber Blumenberg, der die geistesgeschichtliche Bedeutung dieser Fußnote erkennt. Blumenberg rückt diese Fußnote in das Zentrum seiner frühen Geistesgeschichte der Technik, in der er den Zusammenhang von der Ausbildung moderner Technik mit dem veränderten Selbst- und Weltverständnis in der Neuzeit analysiert. Dabei lässt er keinen Zweifel, worum es gehen muss: „Geschichte der

---

543 Die folgenden Passagen sind in ähnlicher Form auch ausgearbeitet in O. Müller: Blumenberg liest eine Fußnote von Marx.

544 K. Marx: Das Kapital, S. 392, Fußnote 89.

545 Ebd., S. 390.

Technik muß doch verständlich machen, aus welchen Antrieben die Organisation einer neuen Realität hervorgegangen ist, bevor ihre Elemente selbst die Forderungen ihrer Weiterbildung und Integration präsentieren konnten."[546] Eine Geistesgeschichte der Technik hat die „Organisation einer neuen Realität" zu beschreiben, weil dies zu einer Änderung der Rahmenbedingungen des Handelns und damit des technischen Tuns führen kann. Die Antriebe, von denen Blumenberg hier redet, sind nicht psychologisch gemeint, sondern im Sinne von Dynamiken, die entstehen, wenn sich der Blick auf die Wirklichkeit ändert und sich damit neue Handlungsoptionen und kreative Potentiale ergeben. Gegenstand einer Geistesgeschichte der Technik ist damit insgesamt die Registrierung eines „neuen Verständnisses der Wirklichkeit", um die Entwicklungsschübe der Technik zu verstehen.[547] Auch für Blumenberg gibt es eine Korrelation zwischen Wirklichkeitsverständnis und Technisierung.

> Ob und wie aus einem neuen Verständnis der Wirklichkeit und der Stellung des Menschen innerhalb dieser Wirklichkeit technischer Wille entsteht, wird Thema einer Geistesgeschichte der Technik sein müssen, die nicht nur Selbstdeutungen der technischen Tätigkeit und Urheberschaft sammelt und registriert, sondern die Motivationen eines auf Technik zielenden und von Technik getragenen Lebensstils faßbar werden läßt.[548]

Bei der Formulierung mit dem „von Technik getragenen Lebensstil" mag er an die *Betrachtungen über die Technik* von Ortega y Gasset gedacht haben, die er in ihren Detailbetrachtungen schätzte und in denen Ortega, wie gesehen, den „Gentleman" als die Existenzform auswies, deren Selbstverständnis die Entwicklung der modernen Technik begünstigte.[549]

Die in diesem Vortrag mit dem Titel *Einige Schwierigkeiten, eine Geistesgeschichte der Technik zu schreiben* formulierte Methode der Geistesgeschichte, neue Verständnisse der Wirklichkeit und sich geänderte Selbstdeutungen zu beschreiben, hat Blumenberg in vorigen Aufsätzen bereits expliziert. Um die „Metakinetik geschichtlicher Sinnhorizonte und Sichtweisen" und die „Substrukturen des Denkens" herauszupräparieren, entwickelt er parallel zu den geistesgeschichtlichen Versuchen seine Metaphorologie.[550] In *Licht als Metapher der Wahrheit* betont er, dass es in der metaphorologischen Analyse darum gehe, die „Wandlungen des Welt- und Selbstverständnisses" und den „Wandel der Wirk-

---

546 H. Blumenberg: Einige Schwierigkeiten, eine Geistesgeschichte der Technik zu schreiben, S. 13.
547 Ebd.
548 Ebd.
549 J. Ortega y Gasset: Betrachtungen über die Technik.
550 H. Blumenberg: Paradigmen zu einer Metaphorologie, S. 13.

lichkeitsauffassungen" frei zu legen.[551] Ein methodischer Ansatz, den Blumenberg in seinem Grundzug beibehalten wird, und der auch der *Legitimität der Neuzeit* zugrunde liegt, auch wenn er dort mit dem ungenannten Paten Ernst Cassirer den Begriff der „Funktion" in das Zentrum seiner Methodenreflexion rückt und damit entsprechend seinen eigentümlichen Begriff der „Umbesetzung".[552] In *Legitimität der Neuzeit* betont er auch, dass sich die quantitative Vermehrung technischer Leistungen und Hilfsmittel „nur aus einer neuen Qualität des Bewußtseins herleiten" lasse.[553] Dass er die Identifizierung dieser neuen Qualität des Bewusstseins als die Aufgabe seiner Geistesgeschichte überhaupt umreißt, mag unmittelbar einleuchten. Das Originelle seiner Aufsätze zur Geistesgeschichte der Technik ist aber, dass Blumenberg die geistesgeschichtliche Methodik auf den Phänomenbereich der Technik anwendet; er macht keinen Hehl daraus, dass er seine Überlegungen zu einer „Geistesgeschichte der Technik" auch auf das Befremden, das es bei seinen Hörern und Lesern auslösen musste, hin verfasst hatte, dass ihn das Störgeräusch reizt, das entsteht, wenn der „Geist" auf so etwas Profanes wie Technik und Maschinen trifft. Und in der Tat ist dieser Ansatz, blickt man auf die Technikphilosophie seiner Zeit, recht ungewöhnlich. Heidegger arbeitet an einer seinsgeschichtlichen Erklärung des „Wesens" der Technik, dem Blumenbergs Detailanalysen völlig fremd sind. Hannah Arendt, Günther Anders, Karl Jaspers, Ernst Cassirer wiederum unternehmen anthropologische, phänomenologische oder kulturphilosophische Deutungen der Technik, von denen sich Blumenbergs Fragerichtung trotz mancher Gemeinsamkeiten deutlich unterscheidet; so nah er insbesondere Cassirer in vieler Hinsicht steht,[554] seine Herangehensweise an das Phänomen der Technik ist doch eine andere.

So ist es vielleicht nicht erstaunlich, dass Blumenberg bei Marx fündig werden muss, um eine seinem Anliegen nahestehende Vorläufer-Position zu finden. Möglicherweise hätte er auch von den frühen Vertretern einer historischen Epistemologie angeregt werden können, wenn historische Epistemologie im Kern „die Reflexion auf die historischen Bedingungen" ist, wie Hans-Jörg Rheinberger definiert, „unter denen, und die Mittel mit denen Dinge zu Objekten des Wissens gemacht werden, an denen der Prozess der wissenschaftlichen Erkenntnisgewinnung in Gang gesetzt sowie in Gang gehalten wird."[555] Und wenn es etwa Otto Neurath darum geht, das chronologische Paradigma der Wissenschaftsgeschichte zu verabschieden und eine explizit so genannte „Geistesgeschichte" zu entwi-

551 H. Blumenberg: Licht als Metapher der Wahrheit, S. 140.
552 H. Blumenberg: Die Legitimität der Neuzeit, S. 74f.
553 Ebd., S. 152.
554 Siehe O. Müller: Sorge um die Vernunft, S. 213ff.
555 Hans-Jörg Rheinberger: Historische Epistemologie zur Einführung, S. 11.

ckeln, in der der Zusammenhang von bestimmten Hypothesensystemen zum „Denken über die gesamte Welt“ der methodische Ansatzpunkt ist,[556] dann scheint das Blumenbergs Anliegen im Prinzip sehr nah. Zu einer Geistesgeschichte der Technik wäre es dann nur ein kleiner Schritt.

Doch einer der sachlichen Gründe – neben den theorie- oder methodengeschichtlichen Kontingenzen –, warum Blumenberg andere Wege einschlägt, ist, dass er die Engführung von Wissenschafts- und Technikgeschichte für problematisch hält. Die Idee, das Thema der Technik vor dem Hintergrund des Fortschrittsbegriffs und insbesondere vor dem Hintergrund eines Begriffs des „wissenschaftlichen Fortschritts“, der den technischen Fortschritt gleichsam mitbedingt, in den Griff bekommen zu wollen, scheint ihm der falsche Ansatzpunkt. Hier liege keine konstante Fundierungsstruktur vor, ja er betont sogar, dass die Emanzipation von der Wissenschaftsgeschichte die Voraussetzung für eine Geistesgeschichte der Technik sei.[557] Um eine Geistesgeschichte der Technik zu schreiben und um sich von dem Paradigma der Wissenschaftsgeschichte zu lösen, müssten zunächst die Fragen spezifischer und „kleiner“ gestellt werden.

Man geht wohl richtig in der Annahme, dass dieses Diktum, die Fragen kleiner zu stellen, auch eine Antwort auf Heidegger ist, der in seinen Texten zu Technik und Neuzeit, wie sie etwa seit 1953 in den *Vorträgen und Aufsätzen* vorliegen, das Fundierungsverhältnis zwischen Technik und Wissenschaft zwar umdreht, sich dabei aber nur um die großen seinsgeschichtlichen Linien kümmert, und überhaupt eher die Methode entwickelt, philosophische Fragen in der größtmöglichen Form stellen zu können; sei es in Form der „Seinsfrage“ oder des „Geschicks des Seins“.

Welche Fragen und Themen in einer Geistesgeschichte der Technik nun konkret behandelt werden sollten, entwickelt Blumenberg in Auseinandersetzung mit der genannten Fußnote im *Kapital*. Marx hatte dort geschrieben: „Eine kritische Geschichte der Technologie würde überhaupt nachweisen, wie wenig irgendeine Erfindung des 18. Jahrhunderts einem einzelnen Individuum gehört.“ Blumenberg greift diese These auf und untersucht die veränderte Bedeutung des Begriffs der „Erfindung“. Ihn interessiert dabei aber nicht ein kollektivistischer Ansatz, sondern vielmehr der Zusammenhang zwischen einem neuen Bewusstsein von Urheberschaft, das sich im Laufe des 18. Jahrhunderts herausbildete und das das „geistige Eigentum“ auch als ein Rechtsinstitut im allgemeinen Bewusstsein verankerte. Das ist für Blumenberg ein Indiz für ein Technisierung begünstigendes neues Verständnis der Wirklichkeit:

556 Siehe O. Neurath: Prinzipielles zur Geschichte der Optik.
557 H. Blumenberg: Methodologische Probleme einer Geistesgeschichte der Technik, S. 57.

> Die Auffassung von der Erfindung als einem schutzwürdigen, nicht auf die Sache, sondern auf die Idee von einer Sache bezogenen Eigentum hat geistesgeschichtliche Voraussetzungen, in denen die traditionellen Auffassungen von der Wirklichkeit und vom Menschen fraglich werden. Dabei rückt zuerst in den Horizont der Möglichkeit, daß es überhaupt Gegenstände geben kann, die vorher in der Natur noch nicht da waren und für die die aristotelische Bestimmung aller menschlichen Fertigkeiten als Nachahmung der Natur nicht mehr zutraf.[558]

Dass das Bewusstsein einer neuen Werkwelt entsteht, die sich von physischen und metaphysischen Vorgaben frei machte, wird in dem gewandelten und ontologisch aufgewerteten Erfindungsbegriff deutlich; daher liegt in der Untersuchung der Neucodierung des Erfindungsbegriffes eine Quelle, um jenes „bestimmte neue Verständnis der Wirklichkeit" erfassen zu können. Blumenberg gibt in diesem Kontext auch den Hinweis auf die begriffsgeschichtliche Änderung des Begriffs der „Idee": eine Idee bezeichnet nicht mehr in erster Linie eine platonische Ur-Form für das Seiende, sondern einen geistigen Einfall, der sich durch Originalität gegenüber dem Gegebenen auszeichnet. Dass ein solches neues Verständnis der Wirklichkeit nicht plötzlich eintritt, sondern Ergebnis eines langen Prozesses ist, zeigt Blumenberg in *„Nachahmung der Natur"* am Beispiel des „idiota", des Laien, den Nikolaus von Cues in seinen Dialogen auftreten lässt. Der idiota unterstreicht den erfinderischen Stolz, den man sich schon angesichts einfacher Haushaltswaren gerechtfertigterweise erlauben darf: Löffel, Töpfe und Teller seien schließlich „solo human arte" entstanden.[559] In den Texten zur Geistesgeschichte zitiert er das Pendant dieses erwachenden Selbstbewusstseins angesichts der zwar simplen, aber doch ontologisch eigenständigen Produkte im Umfeld der französischen Aufklärer und ihrer *Encyclopédie*, die er mit Goethe als ein Dokument der „Weckung des Bewußtseins von der elementaren Technisierung der Welt" liest: hier spielt der Abbé Galiani dies am Beispiel von Schuhen durch.

Der zentrale Aspekt, den Blumenberg am Beispiel der Änderung des Erfindungsbegriffs vorführt, ist die Einsicht, dass die „Naturwelt Gottes" und die „Werkwelt des Menschen" als „in sich geschlossene Funktionskreise" auseinander treten.[560] Dass ein verändertes Naturverständnis Motor von Technisierungsprozessen ist, hatte ja auch Marx gesehen, indem er unterstrichen hat, dass Darwin das Forschungsinteresse seiner Zunft „auf die Geschichte der natürlichen Technologie gelenkt" habe, nämlich „auf die Bildung der Pflanzen- und Tierorgane als

558 H. Blumenberg: Einige Schwierigkeiten, eine Geistesgeschichte der Technik zu schreiben, S. 15. Siehe auch H. Blumenberg: Methodologische Probleme einer Geistesgeschichte der Technik, S. 65.

559 H. Blumenberg: „Nachahmung der Natur", S. 58 f.

560 H. Blumenberg: Ordnungsschwund und Selbstbehauptung, S. 126.

Produktionsinstrumente für das Leben der Pflanzen und Tiere." Dies ist auch ein bemerkenswerter Reflex auf Kants „Technik der Natur", um das Kreative von Naturprozessen zu erfassen. Vermutlich gehört Marx zur letzten Generation, die von einer „natürlichen Technologie" reden kann, ohne das dies seltsam erscheint. Der Darwin-Bezug dient Marx der Legitimation einer kritischen Geschichte der Technologie: Wenn Darwin auf diese Weise die Natur untersucht, dann ist das ein Grund, mit dieser Methode auch die Gesellschaft zu untersuchen. Wenn Marx an dieser Stelle auch noch Giambattista Vico heranzieht, um dem Desiderat einer kritischen Geschichte der Technologie weitere Plausibilität zu verleihen, dann ist das eine Vorlage für Blumenberg und seine eben zitierte Formel des Auseinandertretens von Natur und Werkwelt des Menschen. Auf ein durch Darwins Theorie inspiriertes methodisches Programm für eine Geistesgeschichte der Technik würde sich Blumenberg allerdings nicht einlassen.

Gleichwohl bleibt trotz dieses Perspektivwechsels das intrikate Verhältnis der Technik zur Natur immer wieder leitend für die Erklärung von Technisierungsprozessen. Im Kapitel „Maschinerie und große Industrie" findet sich auch der zur Formel gewordene Satz über die Technik als „Emanzipation von der organischen Schranke",[561] den auch Cassirer produktiv aufgreift.[562] Dies interessiert Blumenberg aber nicht in dem wörtlichen Sinne, dass die Maschinenkraft die handwerklichen Möglichkeiten übersteigt, sondern in fundamentalerer Hinsicht: Ihm geht es um die Einsicht, dass die Technik einen eigenständigen Funktionskreis mit ihm eigenen Dynamiken bildet und nicht mehr im Horizont einer natürlichen Ordnung verstanden wird. Es scheint, als sind Blumenbergs Überlegungen zum veränderten Naturverständnis Variationen über das Thema des Auseinandertretens von Natur und Werkwelt. Die wiederholte Fokussierung dieser Thematik lässt sich als Versuch beschreiben, die Eigenständigkeit technischer Rationalität zu erklären, um gewissermaßen nicht-aristotelische Erklärungsfiguren für das technische Weltverhältnis zu finden.

Nach Maßgabe seiner Methode, die Fragen kleiner zu stellen, untersucht Blumenberg vor diesem Hintergrund zunächst die Änderung des Naturgesetzbegriffs. Dabei zeigt er, dass der Erfolg der Technik gerade mit einem Verständnis und der Akzeptanz strenger Naturgesetzlichkeiten zusammenhängt:

> Die Vorstellung des Naturgesetzes war von ihrem Ursprung her als eine Schranke des menschlichen demiurgischen Handelns gedacht; sie wurde nun [bei Galilei, O.M.] zu seiner Ermächtigung, denn das Naturgesetz erwies sich als der Inbegriff derjenigen Erkenntnisse,

---

561 K. Marx: Das Kapital, S. 394.
562 E. Cassirer: Form und Technik, S. 169.

> die es dem Menschen gestatteten, auch das und gerade das zu bewirken, was die Natur in ihrem vorgefundenen Bestand selbst nicht leistete und bereitstellte.[563]

Dies unterstreicht Blumenbergs These, dass die Natur-Technik-Antithetisierung bei dem Verständnis der Technik in die Irre führt. Am Ende des Mittelalters kommt es zu einer „Autonomisierung der menschlichen Leistungssphäre, als Ablösung der rezeptiven Bindungen an eine vorgegebene und den Bereich der Möglichkeiten ausschöpfenden Welt."[564] In seinem Aufsatz über die *„Nachahmung der Natur"* unterstreicht er, dass der Mensch sich zunehmend aus der Bindung an die Natur gelöst hat und damit die „theologisch entdeckte Inkongruenz von Sein und Natur für sich als Möglichkeit schöpferischer Originalität erkennen und ergreifen konnte."[565] Die Loslösung aus der Einbindung in die Natur verändert nun auch die Normen, an denen die Technik und ihre Entwicklung ausgerichtet werden. Es konnte nicht mehr darum gehen, die Natur nachzuahmen oder mit der Technik die Naturaktivität gleichsam zu verlängern. Das neue Verständnis der Natur und der von ihr unabhängigen Werkwelt hatte die Konsequenz, dass neue Normen, an denen die Entwicklung und „Güte" der Technik gemessen werden konnte, entstanden sind. Denn

> [d]em Willen zur Konstruktion ist es irrelevant, ob zufällig die Natur nachgeahmt wird oder ob eine dort nicht realisierte Lösung Platz greift; das normative Prinzip der Ökonomie ist eine Idee des menschlichen Geistes für seine Leistungen, nicht für die Produktionen der Natur.[566]

Suchte man wieder einen Bezugspunkt zur historischen Epistemologie, dann könnte man Blumenbergs „normatives Prinzip der Ökonomie" in einer Verwandtschaft zu Ernst Machs „Ökonomie des Denkens" bzw. seiner „Denkökonomie" sehen.[567] Auch Mach geht es darum, die Momente der „Ersparnis" im wissenschaftlichen Prozess als entscheidende Fortschritts-Faktoren herauszuarbeiten und die „ökonomische Funktion der Wissenschaft" als von der Naturbindung losgelöste Kategorie zu etablieren.

Mit dem „normativen Prinzip der Ökonomie" verfolgt Blumenberg eine ganz andere Spur als Marx. Da Marx bei der Analogie von Natur und Technik ansetzt und nicht nur eine in der Biologie seiner Zeit etablierte Methode historisch an-

---

563 H. Blumenberg: Einige Schwierigkeiten, eine Geistesgeschichte der Technik zu schreiben, S. 25.
564 H. Blumenberg: Ordnungsschwund und Selbstbehauptung, S. 126.
565 H. Blumenberg: „Nachahmung der Natur", S. 83.
566 Ebd., S. 88.
567 Siehe E. Mach: Die Mechanik in ihrer Entwicklung, S. 494 ff.

wenden will, sondern im Grunde die kritische Geschichte der Technologie einer kritischen Geschichte der Gesellschaft unterordnet, musste ihm das Spezifische einer Geistesgeschichte der Technik entgehen. In *Lebenswelt und Technisierung unter Aspekten der Phänomenologie* entwickelt Blumenberg die technische Rationalität dann aus dem Kontingenzbegriff; darauf wird noch einzugehen sein. Auch dieser Begriff dient Blumenberg jedenfalls letztlich dazu, eine Beschreibung der technischen Sphäre ohne Rückbezug auf die Gegensatzbeziehung zur Natur zu ermöglichen. Das Bewusstsein der Kontingenz, die Betrachtung der Wirklichkeit vor dem Hintergrund des Nicht-Notwendigen versteht er dann ebenfalls als einen Motor von Technisierungsprozessen – ohne für diese Erklärung die „Natur" als Gegenbegriff zu bedürfen. Auch wenn es scheint, dass ein derart beschriebenes technisches Weltverhältnis als eine anthropologische Strukturgesetzlichkeit verstanden werden könnte, bleibt es bei Blumenberg aber rückgebunden an eine historische Verortung. Es bedarf der Änderung des menschlichen Selbstverständnisses in der Neuzeit, um die demiurgische Potenz des Menschen freizusetzen.

4.6.2 Änderungen im menschlichen Selbstverständnis

Das menschliche Selbstverständnis in den Mittelpunkt einer kritischen Geschichte der Technologie zu rücken, hatte ja auch Marx angeregt: „Die Technologie enthüllt das aktive Verhalten des Menschen zur Natur, den unmittelbaren Produktionsprozeß seines Lebens, damit auch seiner gesellschaftlichen Lebensverhältnisse und der ihnen entquellenden geistigen Vorstellungen." Damit umreißt Marx einen bemerkenswerten, geradezu hermeneutischen Ansatz, denn er begreift die Technik offenbar als eine Möglichkeit der humanen Selbstdeutung. Die Analyse der Technik scheint ihm eine privilegierte Quelle für die Ausdeutung des menschlichen Selbstverständnisses zu sein.

An diesem Punkt schließt Blumenberg an, wenn er immer wieder den prometheischen und demiurgischen Zügen des sich in der Neuzeit herausbildenden Selbstverständnisses des Menschen nachgeht.[568] Darüber hinaus versucht er aber auch den seit Cassirer und Gehlen etablierten anthropologischen Ansätzen einer Technikphilosophie Rechnung zu tragen und handelt sich damit ein systematisches Problem ein, das auch für unsere Überlegungen von großer Relevanz ist. Denn wie können anthropologische Theoriebildungen, die auf ahistorische Konstanten zurückgreifen, mit genetischen Theorien verbunden werden, die die

568 Siehe etwa H. Blumenberg: Die Genesis der kopernikanischen Welt, S. 80 ff.

Änderungen von Selbstverständnisfragen ebenso zu thematisieren haben wie die Änderungen des kulturellen Deutungshorizonts, vor dem Antworten auf die Frage, was der Mensch sei, gesucht werden?

Blumenberg konzipiert vor dem Hintergrund dieser Problemstellung seine Philosophie der Technik ausdrücklich in der Spannung zwischen dem anthropologischen und geschichtlichen Ansatz. Die Ausarbeitung seiner Technikphilosophie in den 1950er Jahren ist, wie schon gesehen, in vieler Hinsicht exemplarisch für sein Philosophieren und die Entwicklung seiner Methode.[569] Neben der Emanzipationsbewegung weg von Heidegger, die schließlich dazu führt, Heideggers Diskreditierung von Neuzeit und Technik abzulehnen, und neben der Formulierung erster Grundzüge seiner geistesgeschichtlichen Methode, die er später „historische Phänomenologie" oder „Phänomenologie der Geschichte" nennen wird,[570] kann man in diesen Texten auch schon eine Wandlung im Verhältnis zur philosophischen Anthropologie ablesen, die er erst später in das Zentrum seiner Schriften wie die *Beschreibung des Menschen* rückt und die auch *Arbeit am Mythos* merklich grundiert, wo er mit seiner philosophischen Ausleuchtung der Prometheus-Figur dem Menschen als Homo faber einen gewissermaßen narrativ-anthropologischen Rahmen gibt.

Auch wenn er in *Natur und Technik als philosophisches Problem* unterstreicht, dass der Mensch das Wesen ist, dessen Existenz „nicht durch organische Anpassung an die natürliche Umwelt gewährleistet ist, das daher in den Daseinsmodus der Selbstbehauptung und Selbstproduktion seiner Lebensbedingungen hineingezwungen ist" und daher ein technisches Wesen sei, hält er dort den anthropologischen Ansatz für „unzureichend".[571] Noch in *Einige Schwierigkeiten, eine Geistesgeschichte der Technik zu schreiben* betont Blumenberg die Konkurrenz der beiden Ansätze, während er in *Ordnungsschwund und Selbstbehauptung* zwar noch zwischen dem anthropologischen und geschichtlichen Ansatz unterscheidet, diese Ansätze aber ausdrücklich nicht mehr hinsichtlich ihrer Konkurrenz versteht, sondern in ein Korrespondenzverhältnis rückt. Der historische Ansatz transformiert und radikalisiert nun den anthropologischen Ansatz. Die Technik als ein „Instrumentarium der Daseinssicherung und elementaren Bedürfnisbefriedigung" zu erklären, sei zwar richtig, reiche aber für das Verständnis der Technik nicht aus, denn: „Es ist etwas anderes, ob der Mensch unter dem Druck der Notwendigkeiten seiner Existenz technisches Verhalten entwickelt oder ob er die Technizität wahrnimmt und ergreift als Thema und Signatur seiner Selbst-

569 Siehe dazu O. Müller: Sorge um die Vernunft, S. 63 ff.
570 Siehe H. Blumenberg: Wirklichkeiten, in denen wir leben, S. 6.
571 Siehe H. Blumenberg: Natur und Technik als philosophisches Problem, S. 462.

deutung und Selbstverwirklichung."[572] Diese Fragestellung verfolgt Blumenberg in einer Reihe von Analysen, die sich um das Theorem gruppieren, dass die „Preisgabe des Vertrauens in die dem Menschen freundliche Ordnungsstruktur der Welt durch die Idee einer nur ihren immanenten Gesetzen folgenden Natur" mit der Neuzeit zu einem „eminent pragmatischen Wandel im Weltverständnis und Weltverhältnis des Menschen" hatte führen müssen.[573]

Die Selbstbehauptungsleistung des Menschen in der Neuzeit ist aber nicht nur als Reaktion auf eine unbefriedigende und verstörende metaphysische Situation zu verstehen, sondern sie entwickelt eine eigene Dynamik, denn die

> Selbstbehauptung ist [...] nicht nur Erwiderung auf den Ordnungsschwund; von einem bestimmten Punkt an treibt sie die Nivellierung der vorgegebenen Weltstruktur voran, um gleichsam das ‚Ausgangsniveau' für eine konstruktive Neukonzeption zu gewinnen.[574]

Schon in den *Paradigmen zu einer Metaphorologie* liest Blumenberg in diesem Sinne ein Fragment Friedrich Schlegels als ein Dokument für das technische Selbstverständnis des Menschen. Bei Schlegel heißt es:

> Dieser Satz, daß die Welt noch unvollendet ist, ist außerordentlich wichtig für alles. Denken wir uns die Welt als vollendet, so ist alles unser Thun nichts. Wissen wir aber, daß die Welt unvollendet ist, so ist unsere Bestimmung wohl, an der Vollendung derselben mitzuarbeiten [...]. Wäre die Welt vollendet, so gäbe es dann nur ein Wissen derselben, aber kein Handeln."[575]

Von dieser Diagnose ist es nur ein kleiner Schritt zum technischen Selbstverständnis: „Die ‚unvollendete Welt'", schreibt Blumenberg, „legitimiert den demiurgischen Willen des Menschen und gehört in die Geschichte der Bewußtseinselemente, die das technische Zeitalter fundieren."[576]

Das oben genannte Widerspiel von Ordnungsschwund und Selbstbehauptung ist die Grundlage für die Entwicklung der neuzeitlichen Technik. In *Legitimität der Neuzeit* erläutert Blumenberg den Dynamisierungsschub in der technischen Entwicklung folgendermaßen:

> Wenn der Ordnungsschwund durch den Zerfall des mittelalterlichen Systems die Selbsterhaltung aus ihrer biologisch bedingten Normalität und Unvermerktheit herausriß und zum

---

572 H. Blumenberg: Ordnungsschwund und Selbstbehauptung, S. 101f.

573 H. Blumenberg: Einige Schwierigkeiten, eine Geistesgeschichte der Technik zu schreiben, S. 33.

574 H. Blumenberg: Ordnungsschwund und Selbstbehauptung, S. 133.

575 Zitiert nach H. Blumenberg: Paradigmen zu einer Metaphorologie, S. 84.

576 Ebd., S. 85.

> ‚Thema' der menschlichen Selbstauffassung machte, läßt sich auch die neuzeitliche Stufe der Technizität nicht mehr aus dem Syndrom der anthropologischen Mangelstruktur allein begreifen. [...] Vielmehr läßt sich die quantitative Vermehrung technischer Leistungen und Hilfsmittel nur aus einer neuen Qualität des Bewußtseins herleiten.[577]

Diese schon zitierte „neue Qualität des Bewusstseins" und die damit mögliche Autonomisierung der menschlichen Leistungssphäre werden hier als historische Signatur verstanden – auch wenn diese als Verschärfung des anthropologischen Ansatzes formuliert wird.

4.7 Fazit

In diesem Kapitel wurden in einer systematischen Analyse die zentralen Begriffe und disziplinären Zugänge zum technischen Selbst- und Weltverhältnis erschlossen. Dabei wurde vor allem auf Texte von Cassirer, Heidegger und Blumenberg zurückgegriffen, da diese Autoren als die jeweils ersten zu verstehen sind, die im Rahmen ihrer Methode wesentliche Aspekte des technischen Selbst- und Weltverhältnisses besonders prägnant erarbeitet haben. Aus diesem Grund war die systematische Entfaltung der Begriffe und Beschreibungsformen eng an den jeweiligen Texten geführt worden.

Zunächst war es wichtig festzustellen, dass wir die Technik nur angemessen beschreiben können, wenn wir den Begriff des „Selbst" heranziehen. Einerseits führt die Anwendung und Ausbildung von Techniken ähnlich wie die Ausbildung von sprachlichen Ausdrucksweisen, zum „Aufbau" und zu Differenzierungsformen des Selbstverhältnisses. Wir lernen uns selbst besser verstehen, wenn wir Technik anwenden oder Rationalitätsformen in Bezug auf die Entwicklung von technischen Anwendungen entwickeln. Andererseits trägt die Art und Weise wie wir uns selbst verstehen zur Anwendung und Entwicklung von Technik bei. Wenn wir „technische" Rationalitätsformen internalisiert haben, sind wir sensibler und kreativer für technische Lösungsansätze. Die Technik trägt in doppelter Weise zur Selbsterkenntnis des Menschen bei. Damit ist die Technik als Moment der Selbstkonstitution – sowohl „des Menschen" im Sinne einer anthropologischen Theorie als auch der individuellen Person – zu verstehen.

Der nächste Punkt, auf den es ankam, ist, dass nur verkörperte Wesen Technik erfinden und verwenden können. Dies erstens, weil der Körper als „natürliches" Modell für technische Anwendungen fungiert, dass Technik also durch „Exkorporierung" entsteht, und zweitens, weil Menschen der Inkorporierung von Technik

577 H. Blumenberg: Legitimität der Neuzeit, S. 152.

fähig sind, das eigene Körperbewusstsein durch Technik also erweitern können, und drittens, weil wir qua unserer Verkörperung einen im elementaren Sinne „technisch-pragmatischen“ Zugang zur Wirklichkeit haben.

Sowohl der Aspekt des Selbst als auch derjenige der Verkörperung verweisen auf die „Welt“ und „Wirklichkeit“, die wir durch Technik konstituieren, indem wir sie in der Anwendung und Entwicklung von Technik erschließen. Wir verstehen die Welt und die Wirklichkeit auch durch das, was technisch möglich ist. Insofern ist die Technik für unseren Begriff von „Objektivität“ von grundlegender Bedeutung. Es mag verschiedene Objektivitäten geben – wie sozial-konsensuelle, rechtlich kodifizierte etc. –; unser Objektivitätsraum ist aber doppelt durch die Technik bestimmt: Zum einen steckt die Technik, die wir nutzen, einen Teil unserer Wirklichkeit ab, zum anderen ist es der Reflexionsraum zwischen dem technisch Realisierten, dem technisch Möglichen (wenn auch noch nicht Realisierten) und dem vielleicht technisch Möglichen (dem Extrapolierten, das vielleicht einmal realisiert werden kann) und dem technisch Unmöglichen, der unsere Welt-Orientierung konturiert.

In diesem Zusammenhang war es nun von Bedeutung, dass der „technische Blick“ auf die Welt zur dominierenden Perspektive werden kann, dass uns das technisch Realisierbare oder zu Realisierende als die vorherrschende „Wahrheit“ gilt, wenn wir „Wahrheit“ als das verstehen, was den Rahmen und die „Güte“ unseres Wirklichkeitsverständnisses vorgibt. In diesem Kontext wurde auf Heidegger zurückgegriffen, der diesen Zusammenhang ausgearbeitet hat. Dabei schien es uns – aus dem oben Genannten – zunächst überzeugend, Technik und Wahrheit systematisch miteinander zu verbinden, da die Technik als eine spezifische „Auslegung“ der Wirklichkeit verstanden werden kann. Die Kriterien für das Wahre sind dann auf der einen Seite das „es funktioniert – oder es funktioniert nicht“ und auf der anderen Seite die Effizienz und die Nutzbarkeit: den Rhein (bloß) als Energielieferanten zu betrachten, war Heideggers Beispiel.

An diesem Punkt war nun die Frage zu diskutieren, ob die Technik das Wirklichkeitsverständnis der Moderne so dominiert, dass wir sie als „Metaphysik“ betrachten können, also als umfassende Erklärung der Welt, oder sogar als konsequente Fortsetzung der abendländischen Metaphysik seit der Antike, vor dem Hintergrund der These, dass das Wirklichkeitsverständnis der Antike und die sich seinerzeit etablierenden Rationalitätsformen in rudimentärer Weise schon „technisch“ waren. Es ist Heidegger, der diese These vertritt, samt den mit dem „seinsgeschichtlichen“ Begriff der „Seinsvergessenheit“ einhergehenden Verfalls- und Verlustdiagnosen. Anhand der aus der Engführung oder sogar Identifizierung von Metaphysik und Technik folgenden Totalisierungen von Technisierungsprozessen wurde herausgearbeitet, dass es der Verständigung über diese Totalisierungen offenbar zu bedürfen scheint, da die Technik als wirklichkeitsbestimmend und das individuelle Handeln überfordernd wahrgenommen wird. Gleichzeitig wurde jedoch deutlich, dass wir aber in Anlehnung an Kants kritizistisches Programm zu totalisierenden Aussagen über die Welt prinzipiell nicht in der Lage sind und daher der Deutungsmuster bedürfen, die das mit den Totalisierungen ausgedrückte Unbehagen über die Technik zwar erfassen, aber nicht mehr den Anspruch auf eine totale Erklärung haben. Diese Deutungsmuster werden im nächsten Kapitel ausdifferenziert.

In der Rede über die Technik spielen immer auch genealogische Momente eine Rolle, weil die moderne technische Welt als eine gewordene angesehen wird und wir Erklärungen für dieses Gewordensein als zentral für das Verständnis der Technik einstufen. Und da insbesondere Heidegger eine „seinsgeschichtliche" Deutung der modernen Technik vorgeschlagen hat, musste gezeigt werden, wie wir die Genese von technischen Transformationsprozessen in methodisch schlüssiger Weise beschreiben können. In diesem Zusammenhang wurden die Grundzüge von Blumenbergs „Geistesgeschichte der Technik" dargestellt, mit der wir einerseits die technische Innovationen ermöglichenden Änderungen im Wirklichkeitsverständnis einer bestimmten Zeit beschreiben und andererseits das veränderte menschliche Selbstverständnis herausarbeiten können. Damit wurde ein methodischer Rahmen formuliert, der es erlaubt, „geistige" Dimensionen wie anthropologische oder ontologische Aspekte, die den menschlichen Handlungshorizont charakterisieren, mit den „realen" Entwicklungen in der Technikgeschichte zu verbinden. Diese genealogische Perspektive auf die Technik ist ein zentrales Moment in der Selbstaufklärung der anthropologich so bedeutsamen reflexiven Figur des Sich-selbst-als-Techniker-Verstehen.

5 Zur Dialektik der Technik: Deutungsmuster technischer Strukturmomente

Wie wir an der Auseinandersetzung mit Cassirer und Heidegger gesehen haben, ist die Technik einerseits eine „neue Methode des Lebens“, gehört fundamental zur Konstituierung des Selbst und erschließt Räume von Objektivität und Verlässlichkeit. Gleichzeitig scheint die technische Auslegung der Wirklichkeit Erfahrungs- und Denkräume zu verschließen, den Menschen von sich und der Welt zu entfremden. Mit der Technik verbindet sich offenbar eine fundamentale Ambivalenz. Im Folgenden soll diesem Befund nachgegangen werden. Leitend ist dabei die schon entwickelte These, das Verstehenwollen der conditio humana in der technischen Zivilisation zu metaphysischen Grundfragen führt, die ihrer Struktur nach nur in Antinomien zu formulieren sind; ein Beispiel für eine solche Antinomie war: „Die Technik determiniert unsere Lebenswelt völlig“ vs. „Mit der Technik verfolgt der Mensch sein Projekt der Selbstbefreiung“.

Diese Antinomisierung erinnert nicht von ungefähr an Kant. Der Königsberger Philosoph konzipiert nach den analytischen Teilen seiner Kritiken immer auch einen dialektischen Teil, in dem er die Antinomien thematisiert, zu denen die Vernunft aufgrund ihrer Verfasstheit kommen muss. Derartige Antinomien sind etwa, dass einerseits viel dafür spreche, dass die Natur durchgehend materialistisch verfasst ist und dass es andererseits auch Gründe gebe, dass der Materialismus nicht als das durchgängige Erklärungsmodell für Naturphänomene angenommen werden dürfe, wie Kant in der *Kritik der Urtheilskraft* herausarbeitet.[578] Und als „dritte Antinomie“ der Vernunft stellt Kant in der *Kritik der reinen Vernunft* die These, dass die naturwissenschaftliche Kauslität nicht ausreiche, um die Erscheinungen in der Welt insgesamt zu erklären und wir daher eine „Causalität durch Freiheit“ annehmen müssten der Antithese gegenüber, dass es keine Freiheit gebe, sondern alles in der Welt nach Gesetzen der Natur geschehe.[579] Die Vernunftkritik gewinnt „im ausdrücklich gemachten Selbstbezug nicht nur die Prägnanz eines für jeden Menschen unmittelbar gegebenen Ausgangspunkts bei sich selbst“, sondern sie setzt auch eine „existenzielle Dramatik“ frei, wie Gerhardt pointiert:

> Unter ihrem Eindruck kann man nicht umhin, sich einzugestehen, dass die großen Themen der Transzendentalphilosophie: *Allgemeinheit* und *Notwendigkeit*, *Objektivität* und *Gesetzlichkeit*, *Überzeugung* und *Wahrheit*, *Moralität* und *Legalität*, *Natur* und *Freiheit*, *Welt* und

578 Siehe etwa I. Kant: Kritik der Urtheilskraft, S. 387.
579 I. Kant: Kritik der reinen Vernunft, B. 472ff.

> *Gott* ihren Sinn allein daraus beziehen, dass in ihnen der Mensch eine Antwort darauf sucht, *was und wer er selber ist.*[580]

Mit gutem Recht können auch die mit der Technik verbundenen Antinomien diesen großen Themen der Philosophie hinzugefügt werden – als eine Variante der Selbstverständigung über Freiheit und Determinierung.

Und der Mensch kann sich qua seiner Konstitution einer derartigen Verortung nicht entziehen; Bedeutung und Funktion der fragenden Selbstverortung kann man mit der berühmten Charakterisierung der Vernunft in der *Vorrede* zur ersten Auflage der *Kritik der reinen Vernunft* vergleichen: „Die menschliche Vernunft“, schreibt Kant dort bekanntlich,

> hat das besondere Schicksal in einer Gattung ihrer Erkenntnisse: daß sie durch Fragen belästigt wird, die sie nicht abweisen kann; denn sie sind ihr durch die Natur der Vernunft selbst aufgegeben, die sie aber auch nicht beantworten kann; denn sie übersteigen alles Vermögen der menschlichen Vernunft.[581]

Nun können wir sagen: Nicht nur in der Metaphysik, sondern auch hinsichtlich der Selbstverortung in der technischen Zivilisation befindet sich die menschliche Vernunft auf einem „Kampfplatz“,[582] um hier Kants martialische Metaphorik aufzugreifen – die Technik scheint dem Menschen auf der einen Seite zu entsprechen, eine elementare menschliche Praxis zu sein und die Welt zu humanisieren und gleichzeitig kann diese Praxis auf der anderen Seite offenbar jedoch auch „überformt“ werden, die Technik scheint dann den Erfahrungshaushalt zu „verkrusten“ und zu homogenisieren, so dass sie als entfremdend oder verdinglichend wahrgenommen wird. So schwierig die Begriffe der „Entfremdung“ und der „Verdinglichung“ auch sein mögen – es wird auf sie zurückzukommen sein –, scheinen sie doch eine menschliche Erfahrungsdimension zu erfassen, die man nicht ignorieren kann. Der Vergleich mit der *Kritik der reinen Vernunft* scheint auf den ersten Blick zu hinken, denn die dialektisch verfasste Vernunft, die sich hinsichtlich ihrer Urteile über metaphysische Grundfragen selbst begrenzt, scheint mit Entfremdungserfahrungen in der technischen Welt wenig zu tun zu haben. Doch ist es so, dass diese Entfremdungserfahrungen nur vor dem Hintergrund von Fragen entstehen, die metaphysische Implikationen haben, also über das begrifflich Fassbare hinausweisen. Und so wie sich die Vernunft hinsichtlich bestimmter Fragen in Antinomien verfangen muss, so tut sie das auch

580 V. Gerhardt: Immanuel Kant, S. 295.
581 I. Kant: Kritik der reinen Vernunft, A VII.
582 Ebd.

hinsichtlich der Technik, wenn sie die Frage in metaphysischer Dimension stellt – was sie nicht vermeiden kann, wenn sie sich über „die" Technik als „Weltzustand", über determinierende Strukturen von Technisierungsprozessen und Aspekte der Selbstbefreiung durch die Technik verständigen will. Daher soll die These aufgestellt werden, dass wir es im Fall der Technik notwendigerweise auch mit metaphysischen Grundfragen zu tun haben, wenn wir die Fragen in der Form stellen, zu der wir in unserer Selbstvergewisserung über die Technik unweigerlich kommen, etwa wenn wir wissen wollen: Dient die Technik nun der Selbstbefreiung oder determiniert sie alle Lebensbereiche? Diese metaphysische Dimension der Technik haben wir zu thematisieren, was gleichzeitig aber auch eine kritische Selbstbegrenzung unserer Selbst- und Weltauslegung verlangt, da es hinsichtlich dieser Fragen keine absolute Gewissheit geben kann.

Die „natürliche" Antithetik, die in der Rationalitätsstruktur der menschlichen Vernunft liegt, hat Kant in der *Kritik der reinen Vernunft* folgendermaßen beschrieben: Einerseits kann die Vernunft die Gültigkeit und Notwendigkeit einer These über die Welt im Ganzen eindeutig ableiten, „nur daß unglücklicherweise der Gegensatz ebenso gültige und notwendige Gründe der Behauptung auf seiner Seite hat."[583] Dies kommt daher, weil die menschliche Vernunft „natürlich" und „unhintertreiblich" dialektisch verfasst ist.[584]

Und diese Verfasstheit der menschlichen Vernunft führt dazu, dass auch die Technisierung in diesem Sinne als dialektisch verstanden werden muss, nämlich wenn man sie in den Horizont von Fragen rückt, die Charakter und Verfasstheit der technischen Welt als Ganze zu erfassen suchen oder wenn die Frage gestellt wird, ob die Technik den Menschen grundsätzlich befreie oder determiniere. Denn unter dem einen Blickwinkel scheinen bestimmte Strukturmomente der Technisierung den Menschen zu befreien und zu sich selbst zu bringen, unter einer anderen Perspektive aber zu verdinglichen und zu entfremden. Oder wie Eugen Fink schreibt: Die technische Welt, in die der Mensch sich einrichtet, ist von der Dialektik von „Selbstbehauptung" und „Selbstverlust" geprägt.[585]

Die Technik scheint einerseits eine menschliche Grundtätigkeit zu sein, ein elementares Tun, das Objektivität erschließt, und andererseits scheint die Wirklichkeitserschließung mit Gewalt verbunden und verdinglichend zu sein. Einerseits scheint die Technik Prozesse und Vorgänge zu optimieren, andererseits scheint die Beschleunigungstendenz von Technisierungen Menschen auch zu überfordern. Schließlich scheint die Technik eine Erweiterung der Verfügbar-

583 I. Kant: Kritik der reinen Vernunft, A 421, B 449.
584 Ebd., A 298, B 354.
585 E. Fink: Grundphänomene des menschlichen Daseins, S. 259.

keitssphäre zu sein, durch die neue Handlungsmöglichkeiten erschlossen werden, andererseits scheinen dadurch andere humane Erfahrungen verloren gehen zu können. Denn gerade weil der Maßstab für den Sinn oder die Grenzen der Technisierung nicht in ihr selbst liegt, kann sie sich „verselbständigen" und eigene Normen des Welt- und Selbstumganges generieren, die Unbehagen auslösen.

Wenn sich Technisierungsprozesse also in der Dialektik von Selbstbefreiung und Selbstentfremdung manifestieren, dann muss die ethische Reflexion über die Technik bei der Beschreibung der Umschlagpunkte und der genauen Erfassung möglicher Verkehrungsstrukturen ansetzen, um damit mögliche Formen der „Selbstverfehlung" zu identifizieren, wie sie etwa Lore Hühn mit Blick auf die postidealistische Diskussion zur Neupositionierung des Menschen herausgearbeitet hat,[586] wobei an dieser Stelle nur darauf hingewiesen werden kann, dass die moderne Verständigung über die technische Welt Tiefenstrukturen in den Theorien Schellings, Fichtes und Kierkegaards haben; diese Arbeit ist nicht der Ort, diese Zusammenhänge auszubuchstabieren. Doch bleibt es ein Desiderat, die „klassische" Technikphilosophie mit den Theorien des Idealismus in eine Beziehung zu bringen.

Da die Technik, anders als die metaphysischen Grundfragen, mit denen sich Kant beschäftigte, die Besonderheit hat, dass sie vom Menschen gemacht ist und gleichzeitig als anonyme, den Menschen bestimmende Macht erscheint, soll die antinomische Struktur in eine die Ambivalenz der Technik erfassende Bewertungsmatrix überführt werden, denn offenbar bedürfen wir der theoretischen Einschätzung, was die Technik ist, um uns in der technischen Welt orientieren zu können. Da die technische Rationalität gewissermaßen ins Praktische hineinragt, können wir in unserer Handlungsorientierung nicht einfach auf einen anderen Rationalitätstyp rekurrieren oder auf den Vorbeigang des „letzten Gottes" warten. Wir müssen die Ambivalenz der Technik in den Rahmen unserer Handlungsorientierung mitaufnehmen.

Da sowohl für die Selbstbehauptung als auch für den Selbstverlust gute Gründe sprechen, bleibt die Wahrheit über die technische Welt ambivalent. Und genau diese Ambivalenz muss sich in der Bewertungsmatrix abbilden, um Orientierung hinsichtlich praktischer Fragen zu bekommen. In diesem Punkt kann man hier auch eine gewisse Nähe zur Dialektik Hegelschen Typs erkennen, denn die Momente der Selbstbehauptung können in die des Selbstverlusts umschlagen, und umgekehrt. Auch wenn man diese Grundfigur nicht in ein geschichtsphilosophisches Modell überführen will, weil wir, wie dargestellt, für die Beschreibung der Genese des technischen Selbst- und Weltverständnisses einer anderen Me-

586 L. Hühn: Kierkegaard und der Deutsche Idealismus.

thodik bedürfen, so bleibt doch die Dialektik der Technik für die Selbstdeutung hinsichtlich der Konturierung des individuellen Handlungs- und Entscheidungsraums ein zentrales reflexives Residuum.[587]

Ausgehend von der Einsicht, dass es die „natürliche Dialektik" der Vernunft daher schwierig macht, weil ein abschließendes Urteil über zentrale, die humane Selbstvergewisserung herausfordernde Fragen nicht gefällt werden kann, da die Antinomien, die in der Theorie der Technik entstehen, um das „Wesen" der Technik und die grundsätzliche Verfasstheit der technischen Welt zu erfassen, nicht aufzulösen sind, liegt auch in diesem Feld ein Primat des Praktischen nahe. Primat des Praktischen heißt hier, dass aus der Beschreibung und Erschließung der Ambivalenzen eine Bewertungsmatrix generiert werden kann, die für die ethische Orientierung des handelnden Individuums von Relevanz ist. Insofern spiegelt sich die antinomische Struktur in den folgenden Ambivalenzen zwar wider, doch geht es um die phänomenale Erschließung der Ambivalenzen im Horizont von möglichen Erfahrungsräumen selbst. Daher sollen im Folgenden in einem ersten Schritt drei zentrale Momente technischer Rationalität herausgearbeitet werden, um dann in einem zweiten Schritt die inhärenten Depravationsstrukturen dieser Rationalitätsformen aufzuzeigen. Dabei wird die ambivalente Grundstruktur der Technisierung zu beschreiben versucht, was keinesfalls als Stoff für eine Verfallsgeschichte verstanden werden soll. Im Gegenteil: Das „Positive" der Technisierungsprozesse ist nur über die Erfahrung und Einsicht in das „Negative" zu verstehen. Erst durch die differenzierte Beschreibung der Entfremdungsphänomene innerhalb ihrer ambivalenten Grundstruktur wird das Wertvolle der Technisierungsprozesse sichtbar. Nur auf diese Weise lässt sich der Selbst- und Weltbezug differenziert erfassen und für die Ethik fruchtbar machen.

Vor diesem Hintergrund wird mit Blick auf die technikphilosophischen Positionen von Cassirer, Husserl, Heidegger, Arendt, Anders, Blumenberg und Horkheimer eine Systematisierung versucht, die einzelne Strukturmomente im Rahmen des genannten dialektischen Modells anordnet. Damit werden die zum Teil heterogenen oder in gegenseitiger Unkenntnis nebeneinander stehenden Positionen in eine systematische Beziehung zueinander gebracht. Damit soll ein Raster von Deutungsfiguren und Begriffen erarbeitet werden, mit dem Technisierungsphänomene und ihre Implikationen identifiziert und differenziert werden können. Dies ermöglicht eine Hermeneutik der technischen Welt, die die Strukturmomente der Technisierung und die Implikationen für die humane Welt- und Selbstdeutung möglichst vorurteilsfrei und präzise zu erfassen in der Lage ist.

---

587 Siehe zur dialektischen Struktur von „Technikromanzen" und „Techniktragödien" M. Hard/A. Jamison: Hubris and hybrids.

5.1 Formen der Selbstbehauptung

Technisierungsprozesse generieren und etablieren Rationalität. Die Technik erschließt Funktionszusammenhänge, die zu unserer Welt gehören, sie garantiert den gleichförmigen Ablauf der industriellen Fertigung. Technik schließt auch die Kompetenz ein, Dinge sachgerecht herzustellen und anzuwenden. Damit dient sie der Gestaltung des Raumes als Lebensraum.[588] Die Technik hat ihre Wurzeln also im Bereich des sich Einrichtens in der Lebenswelt, im Lebensdienlichen, sie ist eben eine „Methode des Lebens". Die Technik trägt nicht nur zur Befriedigung von Grundbedürfnissen bei, sondern dient ganz wesentlich dazu, unser Leben komfortabler zu gestalten. Es ist mehr als eine süffisante Pointe, wenn Richard Sennett darauf hinweist, dass selbst der technikfeindliche Heidegger in seine Hütte auf dem Todtnauberg Strom und Wasser legen ließ.[589] Man kann die technischen Standards der Gesellschaft nicht längere Zeit absichtlich unterbieten.

Im Blick auf die humane Selbstbehauptung ist die Technik durch drei Momente charakterisiert: *Erstens* konstituiert sie einen wesentlichen Teil der Objektwelt und verweist in der Produktion und im Umgang mit Artefakten auf das produzierende und Techniken verwendende Selbst zurück, steht damit auch in einer Korrespondenz zur Leiblichkeit des Menschen. Als Medium der Selbsterfahrung ist sie mit der Sprache vergleichbar. *Zweitens* ist die Technik durch die Verbesserung und Steigerung von Verfahren gekennzeichnet. Technisierung bedeutet auch, das Funktionieren bestimmter Vorgänge zu verbessern, um damit ihre Leistungsfähigkeit zu steigern und Wiederholungsformen zu ermöglichen. Und *drittens* sind solche Prozesse als eine Ausweitung des Kontingenzbereichs beschreibbar.

5.1.1 Objektivität und Verlässlichkeit

Es ist, wie schon gesehen, Cassirer, der die Bedeutung der Technik für die Entdeckung der „Objektivität" unseres Weltbezuges herausarbeitet. Die technische Welterschließung ist nicht nur durch eine Distanz zwischen Subjekt und Objekt möglich, sondern das Bewusstsein der Mittel ist die Grundlage des Einblicks in das „kausale Gefüge" der Welt. Die Wirklichkeit wird durch sachgerechten und funktionalen Gebrauch der Werkzeuge konstituiert, und seien sie noch so primitiv: „Diese Entdeckung ist Aufdeckung: ist das Erfassen und Sichzueigenmachen ei-

588 Siehe dazu auch P. Fischer: Philosophie der Technik.
589 Siehe R. Sennett: Handwerk, S. 116.

nes wesenhaften und notwendigen Zusammenhangs, der zuvor verborgen lag."[590] Die Welt des Menschen erhält durch den Raum des „Objektiv-Möglichen" neue Konturen; die Möglichkeiten und Grenzen des technischen Wirkens lassen sich ausgehend von den objektiven Gegebenheiten immer genauer bestimmen. Damit entsteht unter anderem auch, jenseits mythisch-magischer Ursache-Wirkungs-Zusammenhänge, das Verständnis einer „objektiven Kausalität". Die Technik, so Cassirer in seinen Entwürfen zum vierten Band der *Philosophie der symbolischen Formen*, ist ein „Durchgangspunkt des Verstehens".[591] Die Technik „vergewaltigt" die Dinge nicht, sondern trägt zur Kenntnis ihres inneren Aufbaus bei.[592]

Auch Heidegger hat diese Funktion der Technik immer wieder zu seinem Thema gemacht und in großen historischen Linien die Technik mit dem Begriff des „Erkennens" verknüpft. Er räumt dem Herstellen in den historisch-„destruktiven" Teilen der *Grundprobleme der Phänomenologie* weiterhin eine welt-, ja sogar seinserschließende Funktion ein. So unterstreicht er die „Funktion des Herstellens für die Interpretation der Möglichkeit des Erkennens des Seins eines Seienden"[593] und hebt hervor, dass nicht nur die antike Philosophie, sondern auch die Philosophie Kants unter dem Primat des Herstellens stünde: „Das Sein der endlichen Dinge, seien es Sachen oder Personen, ist im vorhinein als Hergestelltheit im Horizont des Herstellens begriffen".[594] Welche problematischen Implikationen diese These letztlich auch haben mag, in diesem Kontext ist entscheidend, dass und wie Heidegger mit dem Begriff des „Herstellens" Formen von Theoriebildungen und Theoriestrukturen plausibel machen will, wie die Technik also Erkenntnisformen generiert bzw. wie sich Erkenntnisformen nach dem Paradigma des Technischen entwickeln.

Und in diesem Sinne kann man auch *Sein und Zeit* so lesen, dass Heidegger einen Weg vom Herstellen zum Verstehen beschreitet, da er auch dort bestimmte Formen der Erkenntnis und der Weltauslegung aus der Technik entwickelt. Carl Friedrich Gethmann hat die These aufgestellt, dass Heidegger in *Sein und Zeit* nicht nur das bewusstseinstheoretische Paradigma Husserls hinter sich gelassen habe, sondern auch „die im deutschsprachigen Bereich früheste Konzeption eines konsequenten Pragmatismus" darstelle.[595] Gethmann zeigt unter anderem, wie Heidegger in seinen Begriffen des „Umgangs" und der „Umsicht" die klassische Unterscheidung zwischen Praxis und Theorie hinter sich lässt:

---

590 E. Cassirer: Form und Technik, S. 157.
591 E. Cassirer: Zur Metaphysik der symbolischen Formen, S. 256.
592 Ebd.
593 M. Heidegger: Grundprobleme der Phänomenologie, S. 214.
594 Ebd., S. 213.
595 C. F. Gethmann: Heidggers Konzeption des Handelns in *Sein und Zeit*, S. 285.

> ‚Umgang' und ‚Umsicht' sind jedoch nicht bloß neue Wörter für ‚Erkennen' im Sinne von Theorie und ‚Handeln' im Sinne von Praxis. Die Umsicht ist im Unterschied zum Erkennen nicht an die Wahrheit, sondern an der Zweckhaftigkeit, also Kategorien des Erfolgs orientiert.[596]

Gethmann sieht in Heideggers Konzeption auch eine bestimmte Form der „Mittel-Zweck-Organisation". Heidegger selbst schreibt:

> Der gebrauchend-hantierende Umgang ist aber nicht blind, er hat seine eigene Sichtart, die das Hantieren führt und ihm seine spezifische Sicherheit verleiht. Der Umgang mit Zeug unterstellt sich der Verweisungsmannigfaltigkeit des ‚Um-zu'. Die Sicht eines solchen Sichfügens ist die *Umsicht.*[597]

Zuvor sagte er schon: „Dieses Seiende ist dabei nicht Gegenstand eines theoretischen ‚Welt'-Erkennens, es ist das Gebrauchte, Hergestellte und dgl."[598] In Heideggers „Pragmatismus" lassen sich damit explizit auch Momente des Technischen im engeren Sinne finden.

Um die Bedeutung der Technik für die Welt- und Selbstkonstitution zu analysieren, hat Heidegger dem Begriff des „Zuhandenen", wie schon im Kontext der Leiblichkeit gesehen, innerhalb der phänomenologischen Untersuchungen in *Sein und Zeit* eine zentrale Stellung eingeräumt.[599] Unter dem Zuhandenen versteht Heidegger die Dinge, mit denen der Mensch im Alltag umgeht. Sein Beispiel ist der Hammer. Wir verstehen die Funktion des Hammers, indem wir ihn gebrauchen. Haben wir einmal einen Nagel damit eingeschlagen, wissen wir, wozu er gut ist. Verwenden wir den Hammer, um etwas herzustellen, dann verweist das herzustellende Werk auf andere Werkzeuge und Materialien; wir erkennen einen gewissen Zusammenhang. In dieser pragmatistischen Perspektive erscheinen die Dinge – so Heideggers Pointe gegen die klassische Metaphysik – nicht einfach nur als „vorhandene" Objekte, als die Gegenstände unserer theoretischen Erkenntnis. Wir verstehen die Dinge erst, wenn wir mit ihnen umgehen, wenn wir ihre „Bewandtnis" kennen. Heideggers „Dasein" präsentiert sich als Techniker[600] – eben weil die Technik elementare Strukturen und Formen des menschlichen In-der-Welt-Seins ermöglicht.

---

596 Ebd., S. 289.

597 M. Heidegger: Sein und Zeit, S. 69.

598 Ebd., S. 67.

599 Ebd., S. 66 ff.

600 *Sein und Zeit* technikphilosophisch zu lesen, ist keine Selbstverständlichkeit. Siehe dazu A. Luckner: Heidegger und das Denken der Technik, S. 46.

Infolgedessen haben das Herstellen und der Umgang mit technischen Dingen auch Auswirkungen auf den Menschen:

> Das Werk wird ihm auf den Leib geschnitten, er ‚ist' im Entstehen des Werkes mit dabei. In der Herstellung von Dutzendware fehlt diese konstitutive Verweisung keineswegs; sie ist nur unbestimmt, zeigt auf Beliebiges, den Durchschnitt. Mit dem Werk begegnet demnach nicht allein Seiendes, das zuhanden ist, sondern auch Seiendes von der Seinsart des Menschen, dem das Hergestellte in seinem Besorgen zuhanden ist; in eins damit begegnet die Welt, in der die Träger und Verbraucher leben, die zugleich die unsere ist.[601]

Auf der Basis dieses technisch-pragmatischen Wissensbegriffs, erschließt und garantiert die Technik den Lebensraum der Menschen. Der technisch-pragmatische Wissensbegriff, der sich mit dem technischen Tun manifestiert, ist die Grundlage für die Welt, in der sich Menschen bewegen.

Hannah Arendt hat diesen Punkt Heideggers anthropologisch radikalisiert, wenn sie sagt, dass das Herstellen unter der Grundbedingung der Weltlichkeit steht – so buchstabiert sie diesen Aspekt der conditio humana aus –, und dass daher die menschliche Existenz auf Gegenständlichkeit und Objektivität angewiesen ist.[602] Die menschliche Bedingtheit und der Objekt- und Ding-Charakter stehen nach Arendt in einem Wechselverhältnis; daher kann sie pointieren: „weil menschliche Existenz bedingt ist, bedarf sie der Dinge".[603] Dass die uns umgebenden Dinge eine größere Dauerhaftigkeit haben als die Technik, die sie produzierte, ist für Arendt der Grund für die „Wirklichkeit und Verläßlichkeit der Welt", derer wir zu unserer Existenz und zu unserer fundamentalen Orientierung bedürfen.[604] Durch Technik kann dem Nicht-Greifbaren und Flüchtigen Bestand gegeben werden, damit kann der menschliche Erfahrungsraum gleichsam technisch „präpariert" werden.[605] Durch die Vertrautheit der hergestellten Dinge wird die Erfahrung von Beständigkeit möglich. Der Mensch als das weltbedürftige Wesen findet durch die Technik Momente der „Verläßlichkeit der Welt",[606] erbaut und erschließt eine „eigentlich menschliche Heimat".[607]

Damit hat die Technik eine elementare Bedeutung für die Ausbildung von Identitäten. Dies auch, weil durch die Beständigkeit der Ding-Welt Erinnerung

601 M. Heidegger: Sein und Zeit, S. 70 f.
602 H. Arendt: Vita activa, S. 16.
603 Ebd., S. 19.
604 Ebd., S. 114.
605 Ebd., S. 108.
606 Ebd., S. 114.
607 Ebd., S. 161.

möglich wird.[608] Die Hannah-Arendt-Forscherin Seyla Benhabib legt einen Akzent ihrer Interpretation von *Vita activa* auf den Aspekt der Erinnerung und schreibt:

> Durch das Herstellen entsteht eine Welt mehr oder weniger dauerhafter Objekte, in der sich das menschliche Leben entfaltet. An dieser Welt der Objekte orientieren sich die Menschen bei ihren täglichen Verrichtungen; desgleichen sorgen die Objekte für eine gewisse Beständigkeit und Dauerhaftigkeit, die sich über Generationen hinweg durchhält. Wir können sagen, sie sind ein materieller Speicher für das Gedächtnis.[609]

Dass und wie die Welt der Dinge geradezu zur „Würde" des Menschen gehört, kann man in dem Buch *Elemente und Ursprünge totaler Herrschaft* lesen, in dem Arendt vor dem Hintergrund derjenigen, die der Produktion und der Teilhabe an der Ding-Welt beraubt sind, zeigt, welche existentielle Bedeutung die „von Menschen errichtete[n] und von ihren Künsten ersonnene Welt" hat.[610] Denn

> [j]e höher entwickelt eine Zivilisation ist, je vollständiger die von ihr geschaffene Welt zur menschlichen Heimat geworden ist, je mehr die Menschen sich in diesem ‚künstlichen', von menschlichen Künsten entworfenen Gebilde zu Hause fühlen, desto empfindlicher werden sie gegenüber allem, was sie nicht produziert oder nicht verändert haben, desto geneigter alles als barbarisch zu betrachten, was, wie die Erde und das Leben selbst, auf geheimnisvolle, nie zu enträtselnde Art einfach gegeben ist.[611]

Für Arendt führt der Ausschluss von Menschen aus der Ding-Gemeinschaft zum Verlust elementarer Existenzbedingungen, den sie, vielleicht nicht ganz glücklich, „Barbarisierung" nennt. Die Technik konstituiert jedenfalls auch die Welt, in der wir zusammenleben.

Die Technik ist eine elementare Form humaner Rationalität und besitzt damit eine anthropologische Legitimität. Daher ist jeder Versuch, zu einer vortechnischen Natur des Menschen zurückzukehren, eine vergebliche Sisyphosarbeit. Der uomo pre-tecnologico[612] kann nur noch eine Fiktion sein. Die Rationalität der Technik ist Teil unseres epistemischen Selbstverhältnisses, d. h. wir entwickeln unseren Begriff von uns selbst zwar nicht nur, aber auch in der Benutzung von Technik. Dahinter steht die von Giambattista Vico geprägte Formel des verum et factum convertuntur, die Einsicht, dass wir nur das verstehen können, was wir selbst herzustellen in der Lage sind.[613]

---

608 Ebd., S. 113.
609 S. Benhabib: Hannah Arendt, S. 177.
610 H. Arendt: Elemente und Ursprünge totaler Herrschaft, S. 623.
611 Ebd., S. 622.
612 U. Galimberti: Psiche e techne, S. 42.
613 Siehe zu dieser Grundfigur K. Löwith: Vicos Grundsatz: verum et factum convertuntur.

Auch wenn die Technik sowohl bei Heidegger als auch bei Arendt viel von diesem anthropologischen und ontologischen Kredit wieder verlieren wird, kann man an dieser Stelle festhalten, dass im produktiven Prozess der Technik eine fundamentale Weise des Sich-Selbst-Verstehens liegt, weil die humane Existenz durch Technik gewissermaßen erst realisiert wird. Gleichzeitig ist das Verstehen der Welt an bestimmte Verrichtungen, an einen bestimmten Umgang mit den Dingen und sich selbst geknüpft. Die Analysen aus *Sein und Zeit* verdeutlichen, dass der Mensch sich nicht nur durch die Sprache zu sich selbst verhält und die Welt erschließt, sondern auch durch Technik.

Man könnte hier an vielen Stellen in die Tiefe gehen, insbesondere hinsichtlich der in diesen Ansätzen expliziten und impliziten Reformierung des klassischen Subjektbegriffs und des mit diesem verbundenen Weltbezugs. Der Zweck der Überlegungen war, die mit der Technik mögliche Welterschließung in Grundzügen herauszuarbeiten und zu zeigen, dass mit der mit Technik verbundenen Struktur der Verlässlichkeit elementare Orientierungsformen möglich sind.

5.1.2 Zum normativen Prinzip der Ökonomie in der Technisierung

Wenn Ortega y Gasset die Leistung der Technik in die Formel „Anstrengung, Anstrengung zu ersparen“[614] fasst, dann beschreibt er die Tatsache, dass sich in der Technik eine bestimmte Form der Rationalität ausdrückt, die nicht nur an den Herstellungsprozess geknüpft ist, sondern sich in Formalisierungen und Funktionalisierungen zeigt. Technisierung bedeutet oft Vereinfachung von Verfahren und Abläufen mit dem Ziel, ihre Effektivität zu steigern oder Prozesse zu beschleunigen. Die Frage, wie etwas besser funktionieren könnte, gehört zu den leitenden Fragen der Technikentwicklung. Die Technisierung beruht auf einer Ökonomie des Denkens, sie ist, mit Robert Musil gesprochen, eine „Leidenschaft des Sparens“ – und als erkenntnistheoretische Ökonomie ist sie letztlich der „Triumph der geistigen Organisation“, deren Folge nach Musil etwa die Ersetzung der „Landstraße mit Wettergefahr und Räuberunsicherheit“ durch Schlafwagenlinien ist.[615] Dieser Triumph der geistigen Organisation ist auch der Grund der Automatisierung: Man stellt Bedingungen für Abläufe her, die ohne individuelles Zutun vonstatten gehen.[616] Solche Automatisierungen machen nicht nur Hoch-

614 J. Ortega y Gasset: Betrachtungen über die Technik, S. 24.
615 R. Musil: Tagebücher, S. 593.
616 Siehe H. Arendt: Vita activa, 135 ff.; A. Gehlen: Der Mensch und die Technik, S. 20 ff.

technologien überhaupt erst möglich, sondern sind das Prinzip von Technisierung überhaupt: „Die Maschine übernimmt", schreibt Blumenberg,

> dann diejenigen Verrichtungen, die nicht der höchsten Qualität des originären Denkens bedürfen, wie sie die Erfindung selbst repräsentiert. Technisierung erweist sich daran paradigmatisch als der Prozeß, in dem sich der Mensch von den Leistungen *entlastet*, die seine Anstrengung nur ein einziges Mal erfordern, oder in denen er sich überbieten zu lassen ein einsichtiges Interesse hat.[617]

Historisch gesehen ist diese Form der Technisierung von der Ausprägung eines bestimmten Wissenschaftsideals in der Neuzeit nicht zu trennen. Blumenberg hat diesen Zusammenhang folgendermaßen beschrieben: Das wissenschaftliche Paradigma der Neuzeit verlangt,

> daß das geschichtlich je schon Geleistete zur Voraussetzung des noch zu Leistenden gemacht werden kann, also seine Funktionalisierung als nur noch erlernbarer Erkenntnisbesitz und als übernehmbare Methodik. Nur so kann der Ausgangspunkt des Fortschreitens immer weiter ins Unbegangene vorgeschoben werden. Und Formalisierung ist nichts anderes als die handlichste, dienstbarste Art solcher Funktionalisierung des einmal Geleisteten; aber sie ist eben auch schon potentiell Technisierung, denn was formalisiert werden kann – das heißt: was seine Anwendbarkeit unabhängig von der Einsichtigkeit des Vollzuges gewinnt –, das ist auch im Grunde schon mechanisiert, auch wenn die realen Mechanismen zu seiner Speicherung und geregelten Assoziation nicht bereitgestanden haben.[618]

Das menschliche Denken hat also selbst schon eine „intrinsische Tendenz zur Technisierung", wie Birgit Recki pointiert.[619]

Dass die „selbständige, sich gleichförmig wiederholende Funktion" das „Hauptkennzeichen unserer Technik" sei, hatte schon Friedrich Georg Jünger hervorgehoben.[620] Doch verstehen wir unter Technisierung mehr, nämlich effizienzorientierte Logiken und Beschleunigung von Abläufen. Um diesen Aspekt technischer Rationalität zu erfassen, hat Blumenberg, wie schon gezeigt, das „normative Prinzip der Ökonomie" expliziert. In der Entwicklung der Technik orientiert sich der Mensch nicht mehr an der Natur, das normative Prinzip der Ökonomie ist aus der Leistung und Verfasstheit des menschlichen Geistes selbst gewonnen.[621] Und vor diesem Hintergrund ist es eben nur konsequent, wenn die Prinzipien des „mechanisierten" Geistes sich in den Maschinen und der Technik

---

617 H. Blumenberg: Geistesgeschichte der Technik, S. 78.
618 H. Blumenberg: Lebenswelt und Technisierung unter Aspekten der Phänomenologie, S. 41 f.
619 B. Recki: Auch eine Rehabilitierung der instrumentellen Vernunft, S. 58.
620 F. G. Jünger: Die Perfektion der Technik, S. 39.
621 H. Blumenberg: „Nachahmung der Natur", S. 88.

dann materialisieren. Der entscheidende Punkt ist hier, dass die menschliche Vernunft die Norm der Ökonomisierung und Mechanisierung aus ihrer eigenen Verfasstheit generiert und auf die eigenen Operationen anzuwenden in der Lage ist. Das heißt, dass die in der inhärenten Struktur der Vernunft liegende Technisierung gewissermaßen nur der Anwendung und Umsetzung in den Maschinen und Apparaten bedarf. Ganz konsequent kann Blumenberg also sagen: „Die Technik ist phänomenal ein Reich von Mechanismen."[622]

Das „normative Prinzip der Ökonomie" treibt die Technisierung voran, denn nur so lässt sich jener gezielte Sinnverzicht erreichen, den das neuzeitliche Wissenschaftsideal verlangen muss. Blumenberg spricht daher ausdrücklich von *Sinnverzicht:* Im Gegensatz zu Husserls kulturkritischer Diagnose des *Sinnverlusts* beschreibt er den methodischen Sinnverzicht als notwendige Formalisierungsmaßnahme, um nicht immer wieder von vorne anfangen und nicht noch einmal den Sinn der Forschung oder einer Technik begründen zu müssen. Und weil diese Funktionalisierungstendenz der wissenschaftlichen und technischen Rationalität nun einmal inhärent ist, kann Blumenberg betonen, dass Technisierung nicht nur, oder nicht in erster Linie mit Geräten und Maschinen zu tun habe, sondern in erster Linie ein Vorgang sei, „der sich am theoretischen Substrat selbst" abspielt.[623] In diesem Punkt trifft er sich allerdings wieder mit Husserl, denn dieser hatte in diesem Zusammenhang betont, dass die „Realisierung" der Technisierungsprozesse in den Maschinen eine sekundäre Erscheinung darstelle, da die Wissenschaft und ihre Methoden zu „einer offenbar sehr Nützliches leistenden und ihre Methode darin verläßlichen Maschine" geworden seien.[624] Und diese Methode wird nun entsprechend die Technik selbst charakterisieren.

Weil solche Prozesse nicht nur durch eine inhärente Verfahrensoptimierung charakterisiert sind, sondern weil diese Optimierung im Prinzip niemals abgeschlossen werden kann, weil sie, wie die natürliche Evolution, kein Ziel kennt, entsteht eine gewisse Spannung zwischen der sich als unendlich enthüllenden Aufgabe und „der als konstant gegeben vorgefundenen Daseinskapazität des Menschen".[625] Auch dies ist ein Beispiel dafür, dass die Technik nicht einfach aus dem vermeintlichen Gegensatz zur Natur beschrieben und verstanden werden kann.[626] Es ist das der Struktur der menschlichen Vernunft eingeschriebene

---

622 H. Blumenberg: Lebenswelt und Technisierung unter Aspekten der Phänomenologie, S. 50.
623 Ebd., S. 31.
624 E. Husserl: Die Krisis der europäischen Wissenschaft und die transzendentale Phänomenologie, S. 52.
625 H. Blumenberg: Lebenswelt und Technisierung unter Aspekten der Phänomenologie, S. 51.
626 Siehe dazu mit Blick auf Blumenberg O. Müller: Natur und Technik als falsche Antithese.

Prinzip der Ökonomie und die in der Verfasstheit des Menschen liegende intrinsische Tendenz der Technisierung, die Motor in der Entwicklung der Technik sind.

5.1.3 Kontingenzbewusstsein und Erweiterung des Verfügbarkeitsrahmens

Technik ist ganz wesentlich dadurch charakterisiert, dass sie neue Möglichkeiten, auch neue Denk-Möglichkeiten erschließt. Ausschlaggebend für die Entwicklung von Technologien mögen handfeste ökonomische Interessen sein – aber auch die Neugierde spielt hier eine große Rolle. So wie es eine „theoretische Neugierde" gibt,[627] gibt es auch eine technische Neugierde, die über die Grenzen des Gegebenen hinaus will, um mit dem Blick auf das Mögliche das Wirkliche als das Verfügbare neu zu definieren. Neue Verfügungsräume erschließen wiederum neue Einflusssphären. Und damit können die Handlungsoptionen erweitert werden.

Schon das elementare technische Wirken selbst ist nur unter der Maßgabe des Möglichen zu verstehen. Das Werkzeug, so Cassirer, „kann erst dort entstehen, wo der Geist fähig geworden ist, ein ‚mögliches' Objekt zu ergreifen und zu konzipieren, statt sich direkt an ein wirkliches herzugeben und an dasselbe zu verlieren".[628] Die Leistung der Technik besteht darin, das Wirkliche aus dem „Reich des ‚Möglichen'"[629] zu betrachten; es ist diese Blickrichtung, die nach Cassirer „die vielleicht größte und denkwürdigste Leistung der Technik" darstellt, denn vom Reich des Möglichen inspiriert, fragt die Technik „nicht in erster Linie nach dem was *ist*, sondern was sein *kann*".[630] Der Techniker braucht also neben dem Wirklichkeitssinn einen „Möglichkeitssinn", den Robert Musil im *Mann ohne Eigenschaften* als Fähigkeit beschreibt, „alles, was ebensogut sein könnte, zu denken und das, was ist, nicht wichtiger zu nehmen, als das, was nicht ist".[631]

Der Begriff der „Technik" ist damit eng an den Begriff der „Kontingenz" geknüpft, an das zufällig, nicht notwendig Daseiende. Denn vor dem Hintergrund des Kontingenzbegriffs wird die Wirklichkeit aus der Perspektive des Notwendigen und des Möglichen beurteilt. Und das Bewusstsein dieser Perspektive stellt technische Handlungsoptionen bereit. Die „Kontingenz" hat in der Antike ein Äquivalent (im Aristotelischen „endechómenon"), ist aber eigentlich ein originär christlich-theologischer Begriff: „Kontingenz", definiert Blumenberg in seinem Artikel für das Lexikon *Religion in Geschichte und Gegenwart*,

627 Siehe dazu H. Blumenberg: Die Legitimität der Neuzeit, S. 263 ff.
628 E. Cassirer: Zur Metaphysik der symbolischen Formen, S. 40.
629 E. Cassirer: Form und Technik, S. 176.
630 Ebd.
631 R. Musil: Der Mann ohne Eigenschaften, S. 16.

> bringt eine ontische Verfassung einer aus dem Nichts geschaffenen und zum Vergehen bestimmten, nur durch den göttlichen Willen im Sein gehaltenen Welt zum Ausdruck, die an der Idee des unbedingten und notwendigen Seienden gemessen wird [...]. Die Welt ist kontingent als eine Wirklichkeit, die, weil sie indifferent zu ihrem Dasein ist, Grund und Recht zu ihrem Sein nicht in sich selbst trägt. Das Sein der Welt nimmt Gnadencharakter an.[632]

Von dieser Konstruktion aus – nicht notwendig und doch gleichzeitig nicht vollständig nicht-notwendig zu sein – ist die Kontingenz bisweilen auf- und bisweilen abgewertet worden. Sie konnte als das bloß Nebensächliche, ja Eitel-Überflüssige verstanden werden – und sie konnte als die Sphäre des Besonderen und Schützenswerten, weil Menschlichen gelten. Damit bezeichnet die Kontingenz einen Aspekt menschlichen Daseins, mit dem wir uns irgendwie arrangieren müssen; die Kontingenz wird bei Heidegger zur „Geworfenheit“, ein Begriff, der die strukturelle Nicht-Notwendigkeit der menschlichen Existenz zum Ausgangspunkt eines anthropologischen Selbstlegitimierungsgrundes macht.

Die Betrachtung der Wirklichkeit vor dem Hintergrund des Nicht-Notwendigen ist somit ein Motor von Technisierungsprozessen, denn das „Bewußtsein von der Kontingenz der Wirklichkeit ist“, so Blumenberg,

> die Fundierung einer technischen Einstellung gegenüber dem Vorgegebenen: Wenn die gegebene Welt nur ein zufälliger Ausschnitt aus dem unendlichen Spielraum des Möglichen ist, wenn die Sphäre der natürlichen Fakten keine höhere Rechtfertigung und Sanktion mehr ausstrahlt, dann wird die Faktizität der Welt zum bohrenden Antrieb, nicht nur das Wirkliche vom Möglichen her zu beurteilen und zu kritisieren, sondern auch durch Realisierung des Möglichen, durch Ausschöpfung des Spielraums der Erfindung und Konstruktion das nur Faktische aufzufüllen zu einer in sich konsistenten, aus Notwendigkeit zu rechtfertigenden Kulturwelt.[633]

Die Ausweitung des Einflussbereichs des Menschen, die Realisierung des zunächst bloß Möglichen hat den Effekt, dass das vormals Notwendige, Nicht-Hintergehbare in das Kontingente aufgelöst wird. Und dies – das ist das Paradoxe – aus dem Bedürfnis heraus, die Erfahrung der Kontingenz zu kompensieren, zu bewältigen. Die von Hermann Lübbe ins Feld geführte religiöse und philosophische Aufgabe der „Kontingenzbewältigung“ ist aus einer transzendenten Verlusterfahrung entstanden, die mit Blumenbergs oben genanntem Theorem des „Ordnungsschwundes“ verwandt ist, und bezeichnet die Notwendigkeit des Umgangs mit der Zufälligkeit und Fragilität unserer Existenz.[634]

---

632 Siehe H. Blumenberg: Art. Kontingenz.
633 H. Blumenberg: Lebenswelt und Technisierung, S. 47.
634 Siehe etwa H. Lübbe: Religion nach der Aufklärung, S. 160 ff.

Diese Aufgabe scheint in der Moderne immer mehr der Technik zuzufallen. Mit den Möglichkeiten insbesondere der Medizintechnik versucht der Mensch, auf die Zumutungen der conditio humana zu reagieren, indem er seine Kontrolle über „natürliche" Prozesse optimiert. Dies gilt z. B. auch für optimierende Medizintechniken: Wenn die Zufälligkeit unserer Existenz hinsichtlich Aussehen, Intelligenz, Talenten oder der Gebrechlichkeit unseres Körpers traditionell Anlass zu Sorge oder zu einem Hadern mit dem Schicksal ist, dann bietet die Technik immer wieder Möglichkeiten, Verfügbarkeitsbereiche zu schaffen, die uns suggerieren, einen Ausweg aus unserer kontingenten Verfassung zu bieten. Doch ist das Programm der „Kontingenzbeseitigung", wie es Gethmann nennt, und das sich seiner Meinung nach in manchen Sparten der modernen Medizin findet, ein hoffnungsloses Unterfangen; das der conditio humana gemäße Projekt bleibe die Kontingenzbewältigung.[635] Krankheit und Tod werden trotz des medizinischen Fortschritts weiterhin die zentralen Kontingenzerfahrungen des Menschen bleiben.

Doch trotz derartiger Überlegungen wird mit jeder Erweiterung des Verfügbarkeitsbereichs, also der Bewältigung des Kontingenten, auch der Bereich des Kontingenten selbst erweitert. Die Technisierung der Fortpflanzung kann hier als ein besonders signifikantes Beispiel gelten. Weil offenbar die genetische Zufälligkeit schwer zu ertragen ist, versuchen manche Menschen, Wissen über die genetischen Aussichten des Nachwuchses zu erlangen, um dessen Leben „sicherer" machen zu können. Auch beim Einfrieren von Eizellen, die im höheren Alter noch Schwangerschaften ermöglichen sollen, geht es darum, das bislang Notwendige, die Rückbindung des Kinderkriegens an bestimmte Lebenszyklen, in die Perspektive der Kontingenz zu bringen, also als irgendwie geworden, aber nicht als notwendig so seiend zu verstehen, und damit in einen zu verfügenden Bereich zu überführen.[636]

Das Kontingente umreißt das Gewordene der menschlichen Existenz – seine Begrenztheit und Zufälligkeit –, und gerade diese anthropologische Einsicht ist, so kann man nun behaupten, der Motor für technologische Entwicklungen. Diese Erweiterung des Verfügbarkeitsrahmens – insofern sie im Zeichen der Kontingenzbewältigung steht und nicht in demjenigen der Kontingenzbeseitigung und wofür die Medizintechnologien ein Beispiel sind – führt nun auch zu einer Erweiterung des Handlungsspektrums. Mit Hilfe dieser Technologien können Menschen ihr Leben durchaus auf eine andere, bessere Weise führen.

635 C. F. Gethmann: Wunscherfüllende Medizin, S. 338.
636 U. Bittner/O. Müller: Technisierung der Lebensführung.

Insgesamt kann man mit Blick auf die drei Formen der Selbstbehauptung durch Technik und die mit ihr verbundenen Rationalitätsformen sagen, dass die Technik zu einer Humanisierung der Welt führt bzw. führen kann, da sich die Handlungsmöglichkeiten und damit die Einrichtung der Welt zu humanen Zwecken, wofür eben die moderne Medizin als ein Beispiel dienen kann, erhöht.

5.2 Formen des Selbstverlusts

Den drei Formen humaner Selbstbehauptung stehen drei Formen des Selbstverlusts gegenüber. Denn diese Bemühungen zur Gestaltung des Lebensraums können auch dazu führen, dass die Technik Räume homogenisiert. Sie führt zu einer Vereinheitlichung der Lebensführung, die zwar Handlungsspielräume erweitert – dies jedoch vor dem Hintergrund eines bestimmten Repertoires von Optionen, das für Alternativen desensibilisieren kann. Die Erweiterung des Verfügbarkeitsrahmens kann zu Beschleunigungserfahrungen und zur Unterminierung traditioneller Orientierungen und Selbstbilder führen. Daher können Technisierungsprozesse nicht nur als stabilisierend, sondern auch als destabilisierend wahrgenommen werden. Denn die durch Technik generierte Objektivität kann zu einem Erfahrungsschwund führen; die prozessuale Effizienzsteigerung kann zu problematischen Beschleunigungserfahrungen führen; und die Erweiterung der Verfügbarkeitssphäre zur gewalttätigen Aneignung der Wirklichkeit. Die Möglichkeit der Kontrolle zuvor unkontrollierbarer Bereiche – die reproduktionsmedizinische Technisierung der Fortpflanzung und die medizinische Begleitung von Sterbeprozessen sind in diesem Zusammenhang sicher gute Beispiele – ist ein Charakteristikum solcher Prozesse, die bislang gültige und im Selbstbild des Menschen verankerte Grenzen überschreiten können.

5.2.1 Erfahrungsschwund: Homogenisierung von Erfahrungsräumen

Hannah Arendt hat ganz unmissverständlich die Bedeutung der Technik für die Konstitution der Objektivität betont:

> Nur weil wir aus dem, was die Natur uns gibt, die objektive Gegenständlichkeit einer eigenen Welt errichten, weil wir in den Umkreis der Natur eine nur uns eigene Umgebung gebaut haben, die uns vor der Natur schützt, sind wir imstande, nun auch die Natur als einen ‚Gegenstand' objektiv zu betrachten und zu handhaben. Ohne eine solche Welt zwischen

> Mensch und Natur gäbe es ewige Bewegtheit, aber weder Gegenständlichkeit noch Objektivität.[637]

Gleichzeitig wird diese Objektivität aber mit einer Verdinglichung erkauft, in der die Welt-Herstellung – so ihre schon eingangs erwähnte These – zu einer fundamentalen „Weltentfremdung" führt.[638]

Arendts Diagnose der Weltentfremdung ist an die Dominanz des technischen Herstellens geknüpft:

> Was die Denkungsart der Neuzeit so unerbittlich und unwiderruflich von aller Überlieferung scheidet, ist die Radikalität einer Weltentfremdung, die selbst auf die weltlichsten aller menschlichen Tätigkeiten, das Herstellen, Verdinglichen, Vergegenständlichen, durch die eine Welt erstellt wird, übergreifen konnte.[639]

Dabei scheint ihr die „Umkehr des Verhältnisses von Anschauen und Handeln oder auch von Denken und Tun" und die Ersetzung der Kontemplation durch den Homo faber nicht das zentrale Problem zu sein, sondern „die Verabsolutierung des Prozeßbegriffs in der Deutung des Herstellens." Damit verglichen sei sogar „die Umordnung der Hierarchie innerhalb der Vita activa, in der das Herstellen nun den Rang erreichte, den das politische Handeln ursprünglich eingenommen hatte", ein eher sekundäres Problem (eine der zentralen Thesen von Arendt ist, dass es eine lange Tradition gebe, Handeln durch Herstellen zu ersetzen, eine Tradition, die ihre Wurzeln bereits bei Platon hat).[640] Das Dramatische an dieser Entwicklung ist offenbar, dass die Funktion der Technik, dem Menschen eine Welt zu erstellen und einen humanen Lebensraum zu kreieren, sich in ihr Gegenteil verkehren kann. Die Technik wird nun als eine die menschliche Erfahrungssphäre und den Bereich des Politischen überformende und dominierende Dimension wahrgenommen und beschrieben. Unter „Verabsolutierung" des Prozessbegriffs versteht Arendt hier den Topos der Verselbständigung und Entfesselung der Technisierungsvorgänge im Sinne des Zauberlehrling-Motivs: *Die Geister, die ich rief, werd ich nun nicht los...*

Mit dem Begriff der „Verabsolutierung" und der Zuschreibung einer Dominanzstruktur wird der Technik eine realitätsbestimmende Macht beigemessen, die das individuelle Handelnkönnen obsolet erscheinen lässt. Wie man exemplarisch

---

637 H. Arendt: Vita activa, S. 162f.
638 Siehe dazu auch K. Sakkas: Was heißt Weltlosigkeit?
639 Ebd., S. 293.
640 Ebd., S. 214ff.

an der Technokratie-Debatte zwischen Helmut Schelsky und Jürgen Habermas[641] oder an Umberto Galimbertis Thesen zur Dominierung des Handelns durch das Herstellen sehen kann,[642] formuliert Hannah Arendt einen Eindruck, den eine Reihe von Denkern verschiedener Couleur mit ihr teilen: „Die Technik" scheint den Menschen von sich selbst und seinem reichen Weltbezug zu entfremden.

Diesen „enormen Erfahrungsschwund" hat Hannah Arendt in *Vita activa* bemerkenswerterweise immer wieder an dem reduktionistischen Blick auf das Gehirn veranschaulicht:

> Nicht nur, daß die anschauende Kontemplation keine Stelle mehr hat in der Welt spezifisch menschlicher und sinnvoller Erfahrungen, auch das Denken, sofern es im Schlußfolgern besteht, ist zu einer Gehirnfunktion degradiert, welche die elektronischen Rechenmaschinen erheblich besser, schneller und reibungsloser vollziehen als das menschliche Gehirn.[643]

Gerade anhand der von ihr immer wieder verwendeten Computermetapher für das Denken kann man aus Arendts Verdinglichungsdiagnose zwei Stoßrichtungen herauslesen. Kritisiert wird einerseits der menschliche Bemächtigungswille, ein Vorwurf, der sich nicht selten auch an die Wissenschaft richtet: „Der gesamte Erkenntniß-Apparat", so notiert etwa Nietzsche, „ist ein Abstraktions- und Simplifikations-Apparat – nicht auf Erkenntniß gerichtet, sondern auf *Bemächtigung* der Dinge".[644] Andererseits wenden sich technikskeptische Denker aber auch immer wieder gegen eine Verarmung der Wirklichkeitserfahrung und eröffnen damit einen nostalgischen Diagnoseraum, den Robert Musil mit sanfter Ironie folgendermaßen beschrieben hat:

> Münchhausens Posthorn war schöner als die fabriksmäßige Stimmkonserve, der Siebenmeilenstiefel schöner als ein Kraftwagen, Laurins Reich schöner als ein Eisenbahntunnel, die Zauberwurzel schöner als ein Bildtelegramm, vom Herz seiner Mutter zu essen und die Vögel zu verstehen schöner als eine tierpsychologische Studie über die Ausdrucksbewegungen der Vogelstimme. Man hat Wirklichkeit gewonnen und Traum verloren.[645]

Eine ähnliche Klage findet sich bei Adorno:

> Der Schnellzug, der in drei Nächten und zwei Tagen den Kontinent durchrast, ist ein Mirakel, aber die Fahrt in ihm hat nichts vom verblichenen Glanz des train bleu. Was die Wollust des Reisens ausmachte, vom Abschiedwinken durchs offene Fenster angefangen, die Sorge

641 Siehe überblickshalber P. Fischer: Philosophie der Technik, S. 161 ff.
642 U. Galimberti: Psiche e techne, S. 457.
643 H. Arendt: Vita activa, S. 410.
644 F. Nietzsche: Nachgelassene Fragmente aus dem Jahr 1884–85, S. 164.
645 R. Musil: Der Mann ohne Eigenschaften, S. 39.

> freundlicher Trinkgeldempfänger, das Zeremonial des Essens, das unablässige Gefühl der Vergünstigung, die keinem etwas entzieht, ist verschwunden [...].[646]

In den neuen Zügen, so spitzt Adorno seine laudatio temporis acti zu, müsse man nachgerade wie ein Gefangener gehorchen.

Ebenso scharf und unversöhnlich findet sich das Verarmungsmotiv in Erhart Kästners *Aufstand der Dinge*, einem Buch, in dem er den Verlust des Eigenrechts der Dinge beklagt und auf ihr „Natur-Recht" pocht, das durch den neuzeitlichen, Ungeheuer gebärenden „Traum von der Welt-Ausrechnung" gefährdet sei.[647] Kästner sieht in der Beherrschung der Dingwelt den „Herren-Wahn" der Neuzeit am Werke und hält das quasiinquisitorische „Ausspähen" der Dinge für einen fatalen „mittelalterlichen Irrtum".[648] Folge dieser ontologischen Haltung sei der bloße Welt-Verbrauch ohne jeglichen Respekt für den geschichtlichen oder spirituellen Gehalt der „Dinge". In diesem Sinne beobachtet auch Eugen Fink: „[S]o bringt die Geschichte der fortschreitenden Arbeitskultur eine ständig wachsende Vermenschlichung der Dinge – aber zugleich untergründig eine Verdinglichung des Menschen."[649] Mit der Formulierung der Befürchtung der Verdinglichung greift Fink einen Topos der Technik-Kritik auf, der dann insbesondere von Günther Anders in verschiedenen Varianten durchgespielt wurde.[650]

Bei Heidegger führt die Technik zu einem „Verlust der Bodenständigkeit".[651] Damit verleiht er der Diagnose des Erfahrungsschwundes eine existentialdramatische Patina. Gleichzeitig wird an Heidegger deutlich, wie der Versuch, im Horizont des ruralen Lebens „wesentliche" Erfahrungsdimensionen zu erschließen, die in der technischen Moderne verloren gegangen sein sollen, durchaus in beklemmenden Heimat-Kitsch abgleiten kann.[652] Die Sehnsucht nach der Schwarzwald-Welt kann schwerlich als universalisierbar betrachtet werden.

Um mit der Phänomenologie des Verlusts und des Erfahrungsschwunds nicht nur nostalgische Reminiszenzen einer guten, alten Zeit zu bedienen, bietet sich der Begriff der „Homogenisierung von Erfahrungsräumen" als kritische Deutungskategorie an. Wenn infolge von Technisierung Diversität verloren geht, weil sich nicht nur die Produkte, sondern auch Denkweisen standardisieren – hier sind die

---

646 T. W. Adorno: Minima Moralia, S. 154.
647 E. Kästner: Aufstand der Dinge, S. 83.
648 Ebd., S. 161.
649 E. Fink: Grundphänomene des menschlichen Daseins, S. 245.
650 Siehe G. Anders: Die Antiquiertheit des Menschen I, insbesondere den ersten Teil über die „prometheische Scham", S. 21–95.
651 M. Heidegger: Gelassenheit, S. 16 ff.
652 Siehe T. Rentsch: Martin Heidegger – Das Sein und der Tod, S. 181 ff.

Grenzen zur Ökonomie sicher schwer zu ziehen –, dann kann man derartige Homogenisierungen durchaus mit der Verlust-Diagnose in Verbindung bringen. Dies kann aber nur im Sinne einer Indikator-Funktion gedacht sein, da wir in der individuellen Einschätzung sicher große Schwankungen zu verzeichnen haben.

In diesem Punkt kann man an Max Horkheimer anschließen, der den Erfahrungsschwund greifbar machen will, indem er die Internalisierung von Technisierungsvorgängen zu beschreiben sucht:

> Deutlich scheint, selbst mit der Erweiterung des Denk- und Handlungshorizonts durch das technische Wissen, die Autonomie des Einzelsubjektes, sein Vermögen, dem anwachsenden Apparat der Massenemanzipation zu widerstehen, die Kraft seiner Phantasie, sein unabhängiges Urteil zurückzugehen.[653]

Horkheimer behauptet also, dass durch Technik und die Anpassung an ihre Rationalität sowohl Kreativität als auch Urteilsfähigkeit Schaden nehmen können. Da diese Einschätzung gefährlich nah an einem performativen Widerspruch ist, müssen wir Horkheimers Analyse folgendermaßen reformulieren: In der Orientierung an technischen Funktionsweisen kann es unter Umständen dazu kommen, dass sich Selbstdeutungsmuster etablieren, die andere Aspekte der humanen Lebensform marginalisieren. – Im Zusammenhang mit der medizintechnischen Selbstoptimierung wird dieser Zusammenhang ausführlich diskutiert werden.

Für Hannah Arendt verbindet sich mit dem technisch induzierten Erfahrungsschwund der Verlust an sprachlichen Ausdrucksmöglichkeiten.[654] In ihrem Aufsatz *Was ist Existenz-Philosophie?* hat Hannah Arendt Heideggers Philosophie bekanntlich kritisch dargestellt und betont, dass das Dasein seine Freiheit verliere und auf das bloße Funktionieren reduziert werde, denn, wenn es nicht zum Begriff des „Menschen“ gehören soll, dass er „mit anderen, die seinesgleichen sind, die Erde zusammen bewohnt“, bleibe nur die „mechanistische Versöhnung“ unter „atomisierten Selbsten“.[655] Und dies dient dazu, die „nur sich selbst wollenden Selbste“ – das Sich-selbst-verdanken-Wollen hatten wir schon bei Goethe und Anders als Charakteristikum technischen Denkens kennengelernt – in einer Art „Überselbst“ zu organisieren.[656] Dieses strenge Urteil ist sicher überzogen, doch formuliert Arendt hier einen ernstzunehmenden Einwand gegen eine philosophische Konzeption, die für das Handeln im fragilen „Gewebe menschlicher Angelegenheiten“ keinen Begriff hat. Ihre Formulierung deutet darauf hin, dass

---

653 M. Horkheimer: Zur Kritik der instrumentellen Vernunft, S. 14.
654 H. Arendt: Vita activa, S. 12.
655 H. Arendt: Was ist Existenz-Philosophie, S. 38.
656 Ebd.

sie Heideggers Konzeption der Entschlossenheit nicht traut, wenn er „die Welt" vor allem in technischen Bezügen konstituiert. Der Erfahrungsschwund und die Degradierung des Sinns, können sogar zur Abwertung von Natur und Dingwelt und damit zur Abwertung des menschlichen Lebensraums führen.[657] Das Entfremdungsmoment scheint auch hier letztlich die Homogenisierung von Erfahrungswelten zu sein.

Die dialektische Figur, die man hinter dieser ersten Ambivalenz beobachten kann, ist offenbar, dass die Technik zwar den Weltzugang objektiviert und Strukturen der Verlässlichkeit schafft, dass diese technische Objektivierungsbewegung aber umschlagen kann in einen zwar gemeinsam erfahrbaren und garantierten Raum, der aber wesentliche Erfahrungen nicht mehr ermöglicht oder nicht mehr zulässt. Dieser mögliche Umschlagpunkt von Welt-Gewinn in Welt-Verlust ist ein erstes Charakteristikum von Technisierungsprozessen.

5.2.2 „Sinnüberdeckung" und Akzeleration

5.2.2.1 Mechanisierung des Denkens

Der Technisierungsprozesse charakterisierende Aspekt der Funktionalisierung und Ökonomisierung garantiert nicht nur eine gesteigerte Wissens- und Güterproduktion, er kann Wissensformen auch unterminieren und einen entfremdenden Effekt haben. Insbesondere Husserl hatte in *Die Krisis der europäischen Wissenschaft und die transzendentale Phänomenologie* die Sinnentleerung der Naturwissenschaft durch ihre Technisierung diagnostiziert und vor diesem Hintergrund die „Lebenswelt" als das vergessene Sinnfundament in die philosophische Reflexion eingeführt.[658] Die Mathematisierung der Wissenschaft, insbesondere durch Galilei, bildet den Ausgangspunkt von Husserls Kritik: Die Methodik wird zu einer bloßen Kunst,

> durch eine rechnerische Technik nach technischen Regeln Ergebnisse zu gewinnen, deren wirklicher Wahrheitssinn nur in einem an den Themen selbst und wirklich geübten sachlich-einsichtigen Denken zu gewinnen ist [...]. Das ursprüngliche Denken, das diesem technischen Verfahren eigentlich Sinn und den regelrechten Ergebnissen Wahrheit gibt [...], ist hier ausgeschaltet.[659]

657 H. Arendt: Vita activa, S. 185.
658 E. Husserl: Die Krisis der europäischen Wissenschaft und die transzendentale Phänomenologie, S. 18 ff., S. 45 ff.
659 Ebd., S. 46.

Die Technisierung des Denkens und das vorübergehende sich „ganz Verlieren in ein bloß technisches Denken" habe durchaus seine Berechtigung, Husserl befürchtet allerdings eine „gefährliche Sinnverschiebung" und will die „ursprüngliche Sinngebung der Methode", also die Einsicht in das, was die Methode leisten soll, garantiert wissen.[660] Anders als Blumenberg sieht Husserl in den Technisierungsprozessen, die auch für ihn ihren Ursprung in der neuzeitlichen Wissenschaft haben, eine Gefahr des Sinnverlustes – nicht bloß des methodisch berechtigten Sinnverzichts:

> Eine Technisierung ergreift zudem alle der Naturwissenschaft sonst eigenen Methoden. Nicht nur, daß diese hinterher sich ‚mechanisieren'. Zum Wesen aller Methode gehört die Tendenz, sich in eins mit der Technisierung zu veräußerlichen. So unterliegt also die Naturwissenschaft einer mehrfältigen Sinnverwandlung und Sinnüberdeckung.[661]

Daher hatte Husserl Galilei einen entdeckenden *und* verdeckenden „Genius" genannt;[662] das von Galilei entworfene „Ideenkleid" sei der Grund, weshalb „wir für wahres Sein nehmen, was eine Methode ist".[663] Klaus Held beschreibt die Konsequenzen dieser Verwechslung folgendermaßen:

> Mit der radikalen Aufhebung der Horizontgebundenheit muß sich die Verfahrensweise des wissenschaftlichen Erkennens *als* Verfahren verselbständigen: Weil es gleichgültig gegen die vorgegebenen Horizonte wird, kann es seine Regelung nur noch aus sich selbst finden.[664]

In Husserls Einschätzung wird das wissenschaftliche Erkennen zu einer „bloßen" Technik:

> Das ‚bloß' besagt, daß es sich nicht mehr um das horizontgebundene Sich-Auskennen im Sinne des griechischen *téchne*-Begriffs handelt, sondern um ein immanent an seiner eigenen Effektivität ausgerichtetes, im modernen Sinne ‚technisches' Operieren.[665]

Das mit Technisierungsprozessen einhergehende Problem ist offenbar die Verwechslung der mechanistischen Methodik mit dem „wahren Sein". Husserl schätzt zwar die Brillanz dieser Methodik, betont aber, es müsse hinter der Methode einen „ursprungs-echten Sinn" der Wissenschaft geben. Dabei handelt es

660 Ebd., S. 46 f.
661 Ebd., S. 48.
662 Ebd., S. 53.
663 Ebd., S. 52.
664 K. Held: „Einführung" zu Edmund Husserl: Phänomenologie der Lebenswelt, S. 43.
665 Ebd., S. 43.

> sich nicht um einen Sinn, der metaphysisch hineingeheimnißt, hineinspekuliert wird, sondern der in zwingendster Evidenz ihr eigentlicher, ihr allein wirklicher ist, gegenüber dem Methoden-Sinn, der seine eigene Verständlichkeit hat im Operieren mit den Formeln und deren praktischer Anwendung, der Technik.[666]

Die Schwierigkeiten des Evidenzbegriffs in Husserls Konzeption brauchen hier nicht weiter vertieft zu werden. Entscheidend ist, dass Husserl in diesem Text einen „Methoden-Sinn" identifizieren will, der das lebensweltliche Interesse an der Wissenschaft überlagern kann. Der Verlust des Horizontes, der den Rahmen der Technikentwicklung vorgibt, kann durch die immanente Effektivität des technischen Operierens zu einer Verselbständigung der Verfahrenslogik führen. Und dann ist man, wie Hannah Arendt beschreibt, „gefangen in dem reibungslosen Funktionieren eines endlosen Prozesses."[667]

Bernhard Waldenfels hat den Methodensinn als „Techno-Logos" beschrieben und die Sinnüberdeckung folgendermaßen auf den Punkt gebracht: „Als Techno-Logos reduziert sich dieser auf einen funktionalen Logos, einen Logos, der Elemente miteinander verknüpft, ohne daß diese Verknüpfungssysteme oder Verknüpfungsnetze an ersten Einsichten oder letzten Zielen festgemacht sind."[668] Es gibt nur noch die „unbedingte Bewußtheit der rechnenden Selbstsicherung des Rechnens" selbst.[669] Wegen dieser strukturellen Bedingungen können Technisierungsprozesse zur Verdeckung von Sinnerfahrungen führen, zu einer „Versiegelung" der Lebenswelt.[670]

5.2.2.2 Beschleunigung: Desynchronisation durch Veränderung von Zeiterfahrungen

Die auf Steigerung und Funktionalisierung angelegten Prozesse ermöglichen uns, Sprünge zu machen, statt Schritte zu tun. Daraus entsteht die bereits angesprochene Spannung zwischen dem unendlich erscheinenden Aufgaben- und Möglichkeitsspektrum, das der technische Fortschritt bereitstellt, und der begrenzten „Daseinskapazität" des Menschen.[671] Diese Spannung realisiert sich wesentlich als Zeitproblem. Denn der Versuch, die als unendlich empfundenen Aufgaben zu bewältigen, führt naheliegender Weise dazu, mehr innerhalb einer bestimmten

666 E. Husserl: Die Krisis der europäischen Wissenschaft und die transzendentale Phänomenologie, S. 53f.
667 H. Arendt: Vita activa, S. 160.
668 B. Waldenfels: Bruchlinien der Erfahrung, S. 376.
669 M. Heidegger: Überwindung der Metaphysik, S. 88.
670 A. Luckner: Heidegger und das Denken der Technik.
671 H. Blumenberg: Lebenswelt und Technisierung unter Aspekten der Phänomenologie, S. 51.

Zeitspanne zu erledigen, die Realisierung von Möglichkeiten zu beschleunigen. Daher folgert Blumenberg: „Direkt oder indirekt ist diese *Steigerung von Geschwindigkeiten* die einheitliche Wurzel aller technischen Antriebe des Menschen.“[672] Blumenberg schlägt vor, die Zeitrelation als ein „hermeneutisches Instrument“ einzuführen, wenn man sich der Frage nähern will, was Technik sei.[673]

Mit der Wendung „Öffnung der Zeitschere“ hat Blumenberg die Erfahrung der Inkongruenz von Lebenszeit und Weltzeit als anthropologisches Spannungsfeld bezeichnet.[674] Der Mensch ist ein Wesen mit endlicher Lebenszeit, das jedoch unendliche Wünsche hat, das also die limitierte, ihm zur Verfügung stehende Zeit auf einen unendlichen Möglichkeitshorizont ausrichtet. Die Erfahrung der konstitutiv knappen Zeit setzt die Handlungsdynamik des modernen Menschen in Gang. Eine alltägliche Konsequenz der Endlichkeit ist das Rechnen mit der Zeit, ihre „Buchhalterisierung“, die in der frühen Neuzeit mit dem ökonomischen Gebot „non perdere tempo“ des Humanisten Leon Battista Alberti einsetzt und in Benjamin Franklins „time is money“ ihre unüberbietbare Formulierung findet.[675] Dieses zeitökonomische Denken findet sich in Heideggers *Sein und Zeit* existentialphilosophisch gewendet: „Das Rechnen mit der Zeit ist konstitutiv für das In-der-Welt-Sein.“[676] Das klingt kulturkritischer als es an dieser Stelle offenbar gemeint ist. Denn in den zeitnah entstandenen *Grundproblemen der Phänomenologie* schreibt Heidegger:

> Die Zeitablesung im Uhrgebrauch ist fundiert in einem Sich-Zeit-nehmen, oder wie wir auch sagen, im ‚Rechnen mit der Zeit‘. Wir müssen hier ‚Rechnen‘ nicht im Sinne des Zählens, sondern als ‚mit der Zeit rechnen‘, ‚sich nach ihr richten‘, ‚ihr Rechnung tragen‘ verstehen.[677]

Doch spätestens in den *Beiträgen zur Philosophie* wird das Rechnen oder die „Berechnung“ in diesem Kontext nur in diskreditierender Absicht geredet und die „Schnelligkeit“ als „mechanische Steigerung der ‚technischen Geschwindigkeiten‘“ als „das rasche Vergessen“, das „Sichverlieren im Nächsten“, als „Blindheit“ und „Gejagtwerden“ begriffen.[678]

Die buchhalterische Ökonomisierung und „Verfristung“ der Zeit ist dabei nur ein Aspekt, der die Lebenszeit-Weltzeit-Spannung zeigt. Die prinzipielle Inkongruenz von Lebenszeit und Weltzeit und die daraus resultierenden vergeblichen

---

672 H. Blumenberg: Methodologische Probleme einer Geistesgeschichte der Technik, S. 80.
673 Ebd.
674 H. Blumenberg: Lebenszeit und Weltzeit, S. 69 ff.
675 Siehe dazu H. Weinrich: Knappe Zeit. Siehe auch B. Adam: Das Diktat der Uhr.
676 M. Heidegger: Sein und Zeit, S. 333.
677 M. Heidegger: Grundprobleme der Phänomenologie, S. 365.
678 M. Heidegger: Beiträge zur Philosophie, S. 120 f.

Versuche, Kongruenz herzustellen, führen zu verschiedenen Dynamisierungen der Lebensgestaltung. Ihre Linearisierung stellt dabei ein Instrument dar, die Zeit zu strukturieren. Dass wir diese Linearisierung allerdings auch als „Herrschaft der Zeit" erfahren können, hat Michael Theunissen gezeigt.[679] Dann empfinden wir uns dem Fluss der Zeit unterworfen; wir versuchen, uns von ihr zu befreien, weil es uns belastet, sie zu spüren, wollen sie durch unsere Terminkalender kontrollieren. Theunissen untersucht bestimmte Psychopathologien, um das „Scheitern menschlicher Existenzen an einer nur noch entfremdet erfahrbaren Zeitherrschaft" zu illustrieren.[680] Charakteristisch sind die Erfahrungen der „Versperrung der Zukunft" und die „Determinierung durch das Vergangene" als Störungen des Zeitempfindens, die ex negativo auf die Verfasstheit des Menschen verweisen. Der Mensch muss Zukunftsperspektiven entwickeln und sich frei machen können von vergangenen Erlebnissen. Das Problem ist die Erfahrung der Auslieferung an die linear organisierte Zeit bei gleichzeitigem „Zerfall der dimensionalen Zeitordnung".[681] Wenn der Zusammenhang der Dimensionen der Vergangenheit, Gegenwart und Zukunft als Orientierungsrahmen des menschlichen Individuums verloren geht, wird dies als Entmächtigung des Subjekts und als Ermächtigung des anonymen Gangs der Dinge wahrgenommen. Technisierungsprozesse sedimentieren nun die Linearisierung der Zeit, da die Abfolge von Zeitpunkten eine der Grundstrukturen der Zeit-Rationierung ist.

In der frühen Neuzeit griff man in diesem Zusammenhang gern auf die Uhrwerk- und Uhrmachermetaphorik zurück. Das neue mechanistische Weltbild wurde mit der Zeit-Thematik verknüpft: Im Rahmen der Idee der Mathematisierung und technischen Kontrolle der Zeit wurde Gottes Wirken mit dem Bild des transzendenten Uhrmachers erklärt (etwa Leibniz).[682] Die technisierte Zeit erscheint einerseits als „gestundete Zeit" (Ingeborg Bachmann), die in den Zeit-Standardisierungen und Chronometrisierungen des 19. Jahrhunderts eine ihrer Wurzeln hat.[683] Andererseits ist die Linearisierungserfahrung an die Idee des Immer-weiter-Fortschreitens geknüpft, sie kennt kein Ende. Dies ist damit die Voraussetzung der Akzeleration von Zeiterfahrungen. Es ist kein Zufall, dass die Erfahrung von Beschleunigung ihre Wurzeln in der Subjektkrise des 19. Jahrhunderts hat. Lore Hühn hat in der Analyse des Schopenhauerschen Nihilismus gezeigt, dass diese Krise folgendermaßen beschrieben werden kann:

---

679 M. Theunissen: Negative Theologie der Zeit, S. 37 ff.

680 Ebd., S. 14.

681 Ebd., S. 224 ff.

682 Siehe dazu G. F. Jünger: Die Perfektion der Technik, S. 39 ff.

683 Siehe J. Osterhammel: Die Verwandlung der Welt, S. 116 ff. Siehe auch G. F. Jünger: Die Perfektion der Technik, S. 49 ff.

> Diese Gegenwart ist an sich selbst der zeitlose Vorentwurf dessen, was auf dem Weg linearer Prozessualität erreicht werden soll, aber nicht erreicht werden kann, ja was diesen Weg als ein ständig im Aufschub befindliches Immer-Weiter in seiner nirgendwo ankommenden Rastlosigkeit nachgerade definiert, nämlich völliger Entzug eigener Gegenwärtigkeit zu sein.[684]

Charakteristisch für „die Zeiterfahrung jener schlechten Unendlichkeit“ ist, dass der „treibende Impuls“, das „stetige Immer-Weiter“ nicht von außen oktroyiert ist, sondern dem menschlichen Dasein selbst inne wohnt.[685]

Wie solche Zeitstrukturen sich auf unser individuelles In-der-Welt-Sein auswirken, hat Hartmut Rosa in seinem Buch *Beschleunigung* untersucht.[686] Darin versucht er, die Frage nach dem guten Leben unter temporalstrukturellen Aspekten zu reformulieren:

> Die Frage danach, wie wir leben möchten, ist gleichbedeutend mit der Frage, wie wir unsere Zeit verbringen wollen, aber die Qualitäten ‚unserer‘ Zeit, ihre Horizonte und Strukturen, ihr Tempo und ihre Rhythmen, stehen nicht oder nur zu einem geringen Maße in unserer Verfügung. Zeitstrukturen sind kollektiver Natur, gesellschaftlichen Charakters; sie treten den handelnden Individuen stets in solider Faktizität entgegen. Die Temporalstrukturen der Moderne [...] stehen vor allem im Zeichen der *Beschleunigung*.[687]

Vor diesem Hintergrund interessiert ihn das Paradox, dass wir durch die technischen Beschleunigungsprozesse unser Leben nicht etwa *entschleunigen*, sondern, im Gegenteil, dass sich die Tendenz der Akzeleration auch in unserer Lebens- und Arbeitswelt derart niederschlägt, dass die Allokation von Zeitressourcen typisch für unsere Lebensform wird. Der geschickte Umgang mit der Zeit gehört zum gelingenden Leben; Rosa diagnostiziert in diesem Zusammenhang Erfahrungen der Desynchronisation, die zu Desintegrationsphänomenen führen können, im Extrem sogar zum Anstieg von Depressionen und ähnlichen Krankheiten.[688]

Die Verknüpfung von Beschleunigungserfahrungen mit Technisierungsprozessen wurde schon zu Beginn der Industriellen Revolution als eine der entscheidenden lebensweltlichen Veränderungen gesehen; so nannte William Turner sein Bild der Great Western Railway von 1844 *Rain, Steam and Speed* und Gioacchino Rossini fasste seine Zeit in Musik, indem er in seinen Opern die Beschleunigungserfahrung in schnellen, auf Wiederholungsstrukturen basierenden

---

684 L. Hühn: Die Wahrheit des Nihilismus, S. 148 f.
685 Ebd., S. 149.
686 H. Rosa: Beschleunigung.
687 Ebd., S. 15.
688 Ebd., S. 387. Siehe dazu auch T. Fuchs: Die Zeitlichkeit des Leidens.

Arien und Ensemblenummern zum Ausdruck brachte. Goethe gab das Stichwort, als er in einem Brief an Karl Friedrich Zelter den Schnelle und Teuflische vermischenden Neologismus „velociferisch" erfand,[689] um seinem Unbehagen an der Beschleunigungstendenz seiner Zeit Ausdruck zu verleihen; vielleicht hatte er sich von jener Stelle aus der Apokalypse des Johannes inspirieren lassen, in der es heißt, der Teufel wisse, dass er wenig Zeit hat.[690]

Diese Zeiterfahrungen haben in der Endlichkeit des Menschen ihren anthropologischen Ursprung, sie machen ihn konstitutiv zu einem „Zeitmangelwesen".[691] Mit der Technik können Menschen auf diese Erfahrung reagieren, indem sie in der der Technik eigenen „Anstrengung, Anstrengung zu sparen", um erneut die Formel von Ortega aufzugreifen, auf „Zeitgewinn" aus sind. Blumenberg vermutet sogar: „Zeitgewinn für Zeitvertreib, das scheint mir die Grundstruktur in der ganzen Neuzeit zu sein."[692]

Doch der Eindruck, zu wenig Zeit zu haben, wird durch ebendiese Prozesse noch verschärft. Schließlich impliziert Technisierung ja die genannte Akzeleration, die sie selbst erst hervorbringt. Dies kann dazu führen, dass Verstehensprozesse unterminiert werden, dass das Sich-selbst-klar-Werden und Rechenschaftablegen über das Geschehene unterbunden wird. Die mangelnde Einsicht in Prozesse ist nun eben ein Indikator für die technische Akzeleration – von Max Frisch in seinem Roman *Homo faber* aus der Perspektive Walter Fabers folgendermaßen beschrieben: „*Technik als Kniff, die Welt als Widerstand aus der Welt zu schaffen, beispielsweise durch Tempo zu verdünnen, damit wir sie nicht erleben müssen. (Was Hanna damit meint, weiß ich nicht.).*"[693] Frisch schließt damit den Topos des Erfahrungsschwundes durch Technik mit der Beschleunigungsthematik kurz.

Der andere Effekt, den die Technisierung hier haben kann, ist die Anästhesierung der Endlichkeitserfahrung. Das Gewahrsein der eigenen Endlichkeit, das Gewahrsein der Begrenztheit der Lebensmöglichkeiten und des Sterbenmüssens kann dazu führen, dass man nicht länger wahrhaben will, dass die Zeit vergeht. Sie wird dann in erster Linie als eine zu managende Abfolge (prinzipiell unendlich vieler) Zeitpunkte wahrgenommen; die Endlichkeit als wesentliche Zeiterfahrung des personalen Selbst wird verdrängt. Insbesondere der „optimierende" Einsatz von Medizintechnologien im Auftrag einer „wunscherfüllenden Medizin"[694] kann

689 J. W. v. Goethe und K. F. Zelter: Briefwechsel (11. Oktober 1826), S. 519.
690 Siehe H. Blumenberg: Lebenszeit und Weltzeit, S. 71f.
691 O. Marquard: Menschliche Endlichkeit I & II.
692 H. Blumenberg: Beschreibung des Menschen, S. 616.
693 M. Frisch: Homo faber, S. 169.
694 M. Kettner (Hg.): Wunscherfüllende Medizin.

zu einer solchen Anästhetisierung der Endlichkeitserfahrung führen und damit wichtige Selbsterfahrungen unterlaufen.[695] Die biotechnologische Optimierung, die durch den Einsatz von medizinischen Mitteln an Gesunden möglich wird – dazu später mehr –, versucht auch, die menschliche Leistung an Akzelerationserscheinungen anzupassen – und diese kann den Blick für die sinnvollen Seiten der Begrenztheit der Möglichkeiten durch die Endlichkeit des menschlichen Lebens trüben. Diese Einsicht hat auch Frischs Romanfigur Hanna; der Schriftsteller formuliert sie wiederum aus Sicht Walter Fabers:

> *Mein Irrtum: daß wir Techniker versuchen, ohne den Tod zu leben. Wörtlich: Du behandelst das Leben nicht als Gestalt, sondern als bloße Addition, daher kein Verhältnis zur Zeit, weil kein Verhältnis zum Tod. Leben sei Gestalt in der Zeit. Hanna gibt zu, daß sie nicht erklären kann, was sie meint. Leben ist nicht Stoff, nicht mit Technik zu bewältigen.*[696]

Auch Cassirer hatte in seiner Analyse der Technik auf die veränderten Zeit-Strukturen hingewiesen. Er entwickelt in *Form und Technik* seine an Simmel angelehnte Entfremdungsdiagnose in erster Linie sogar exemplarisch anhand der Änderung der Zeitstrukturen durch die Technik. So beschreibt er mit Blick auf eine anthropologisch-ethnologische Untersuchung den ursprünglichen organischen Rhythmus, der Leben und Arbeit des Menschen bestimmt habe, bevor er durch die brüske Emanzipationsbewegung der Technik verloren gegangen sei.[697] Auch in *Vita activa* finden sich immer wieder Bemerkungen zu Beschleunigungsvorgängen durch die Technik und dem damit verbundenen Verlust der Einpassung in die „natürlichen" Lebensrhythmen.[698] Dieser Rekurs auf natürliche Lebensrhythmen mag vage klingen und sicher kann damit keine strenge Norm im Umgang mit der Technik abgeleitet werden, doch kann die Reflexion auf die verschiedenen Zeit-Vorstellungen ein ernstzunehmender Aspekt in der humanen Selbstdeutung sein – welche Konsequenzen das dann auch immer für die individuelle Lebensgestaltung haben mag. Auch Cassirer würde beileibe nicht wollen, dass wir zu den Zeit-Rhythmen vormoderner Lebensformen zurückkehren, doch betont eben auch er den Reflex solcher anthropologischen Grunderfahrungen im kulturell-geistigen Leben und damit in seiner Bedeutung für das menschlich Selbstverständnis; in gewisser Weise bleibt die Zeit als Rhythmus des „organischen Daseins" in seiner Reflexion über das Problem der Technik subkutan präsent. Diese Bemerkungen zu den Temporalstrukturen der Moderne könnten auch mit Simmels Analysen zur

695 Siehe dazu O. Müller/C. Bozzaro: Endlichkeit und Technisierung.
696 M. Frisch: Homo faber, S. 170.
697 E. Cassirer: Form und Technik, S. 170 ff.
698 H. Arendt: Vita activa, S. 155.

Beschleunigung, zur Veränderung des „Tempos des Lebens" in der *Philosophie des Geldes* zusammenhängen.[699] Dort beschreibt Simmel die „Zusammendrängung der Lebensinhalte"[700] und die „Steigerung des Lebenstempos"[701] durch den Geldverkehr, die Pate stehen können für die Phänomene der Technisierung der Lebenswelt. In der prägnanten Diagnose der letzten Sätze der *Philosophie des Geldes* betont Simmel nicht nur das Moment der Beschleunigung, sondern verbindet es auch mit der Freiheit:

> Ja, indem jene Besitze bei sehr rapidem Geldverkehr überhaupt nicht mehr unter der Kategorie eines definitiven Lebensinhaltes angesehen werden, so kommt es von vornherein nicht zu jener innerlichen Bindung, Verschmelzung, Hingabe, die der Persönlichkeit zwar eindeutig determinierende Grenzen, aber zugleich Halt und Inhalt giebt. So erklärt es sich, daß unsere Zeit, die, als Ganzes betrachtet, trotz allem, was noch zu wünschen bleibt, sicher mehr Freiheit besitzt als irgendeine frühere, dieser Freiheit doch so wenig froh wird.[702]

Dieser Befund spiegelt die Dialektik von Selbstbehauptung und Selbstverlust eindrücklich wider: Einerseits scheint die moderne Welt die Freiheit des Menschen zu vergrößern, andererseits scheint doch auch ein Verlust an Erfahrungsräumen registrierbar. Da es aus den genannten Gründen in dieser Frage keine endgültige Antwort geben kann, lässt sich gerade an dieser Diagnose Simmels die Bedeutung der Herausarbeitung der ambivalenten Strukturmomente unterstreichen, denn damit kann es möglich sein, ein Deutungsmuster zu entwickeln, mit dem beschreibbar ist, in welchen Situationen und hinsichtlich welcher Technik das moderne Individuum „so wenig froh" wird, ohne behaupten zu müssen, dass es nie froh werden kann oder, anders gewendet, dass es angesichts der Technik eigentlich immer froh zu sein habe.

Den Zusammenhang von Technik und Temporalstruktur bei Cassirer haben auch seine Interpreten gesehen; Orth spricht in diesem Zusammenhang von der „Desorientierung des Zeitgefühls".[703] Krois geht darüber hinaus und entwickelt in seiner Studie zu Cassirers Philosophie der Technik das Modell der „tychastischen Zeit".[704] Damit bezeichnet er die Fragmentierung des Zeitlerlebens in Momente, den Verlust der Kontinuität der erlebten Zeit und damit eine Fragmentierung des Individuums; Krois verweist hier unter anderem auf die Arbeiten des Soziologen

699 G. Simmel: Philosophie des Geldes, S. 696 ff.
700 Ebd., S. 704.
701 Ebd., S. 706.
702 Ebd., S. 723.
703 E. W. Orth: Zum Begriff der Technik bei Ernst Cassirer und Martin Heidegger, S. 286.
704 J. M. Krois: Ernst Cassirers Theorie der Technik, S. 80 ff.

und Historikers Wolfgang Schivelbusch.[705] Die These, dass die Menschen sich angesichts der tychastischen Zeiterfahrungen nach einem autoritären Staat sehnen können, so Krois' Interpretation des *Myth of the State*, in dem Cassirer bekanntlich das Problem der Technik als Problem der Medientechnik – als „technique of political myths" – wieder aufnimmt, kann hier nicht diskutiert werden.

Unter den aktuellen Technikphilosophen, die in der Tradition Heideggers stehen, ist es vor allem Bernard Stiegler, der das Verhältnis von Technik und Zeit systematisch untersucht und zur programmatischen Aufgabe deklariert:

> Er [sic] gibt heute eine Verbindung der Frage der Technik und der Frage der Zeit, die durch die Geschwindigkeit der technischen Evolution, durch die Brüche in der Zeitigung (Hervorbringung von Ereignissen), die sie auslöst, und durch die Deterritorialisierungsprozesse, die sie begleiten, spürbar gemacht wird und die eine *neue Betrachtung der Technizität* erfordert.[706]

Das hat für Stiegler auch eine anthropologische Dimension:

> Der kollektive Entscheidungsprozess, die Zeitigung, kurz, das *Schicksal* wird den techno-ökonomischen Imperativen unterworfen, die das Kalkül regulieren. Das ist auch die Vorherrschaft einer bestimmten Auffassung von *Zeit* [...]. Es geht darum, die ursprüngliche Beziehung zwischen Mensch und Technik *als Phänomen der Zeitlichkeit* neu zu untersuchen.[707]

Da Stieglers an Heidegger und Foucault entwickelte Theorie sehr voraussetzungs- und beziehungsreich ist und eine umfänglichere Rekonstruktion seiner Theoriebildung geleistet werden müsste, muss es an dieser Stelle bei diesem Hinweis bleiben.

Die Überlegungen zu den Änderungen von Zeitstrukturen sollten verdeutlichen, welchen Einfluss Technisierungsformen auf lebensweltliche Erfahrungen haben. Auch wenn Technik nicht die alleinige Ursache von Akzelerationen ist, da immer auch soziale und ökonomische Transformationen zu berücksichtigen sind, so spielt die Technik aber doch eine herausragende Rolle, weil es meist Techniken sind, die Arbeitsabläufe erleichtern oder die das Reisen beschleunigen etc. Wichtig ist aber zu sehen, dass über einzelne Erfindungen und Technologien hinaus Technisierungsvorgänge durch prekäre Zeitverhältnisse fundiert sind. Technisierung ist aus der ihr eigenen Struktur heraus immer Akzeleration. Und dies birgt die Gefahr, dass Verstehensprozesse unterlaufen werden, dass das Wissen um

705 Siehe dazu auch J. M. Krois: Symbolic Forms and History, S. 102ff.
706 B. Stiegler: Technik und Zeit, S. 31.
707 Ebd., S. 61f.

„richtige" und „angemessene" Zeit für bestimmte Erfahrungsformen verloren geht, sich Erfahrungen von Desynchronisation einstellen.

5.2.3 Logik der Kontrolle und Kontrollverlust

Auch wenn Hannah Arendt die Bedeutung der Technik für die Konstitution der objektiven Welt betont – „In dieser Dingwelt ist menschliches Leben zuhause, das von Natur in der Natur heimatlos ist"[708] –, ist diese Objektivität, völlig anders als bei Cassirer, immer auch durch einen gewalttätigen Aspekt gekennzeichnet. In der Technik liegt in ihren Augen eine „gewalttätige Vergewaltigung eines Teils der von Gott geschaffenen Natur".[709] Dass Arendt die Technik nicht als eine Art friedliche Parallelaktion zur Schöpfung sehen kann, sondern als eine brutale Konkurrenz, liegt auch daran, dass sie hinter dem technischen Herstellen eine neue Art des Umgangs mit der Welt vermutet, die weitreichende ontologische und anthropologische Konsequenzen haben könnte:

> Unabhängig von Allem und Allen, allein mit dem ihm vorschwebenden Bild des herzustellenden Dinges, steht es Homo faber frei, es wirklich hervorzubringen; und wiederum allein, konfrontiert mit dem Resultat seiner Tätigkeit, kann er entscheiden, ob das Werk seiner Hände der Vorstellung seines Geistes entspricht, und ist frei, wenn es ihm nicht gefällt, es zu zerstören.[710]

Seit dem Prometheus-Mythos oder Lukrez' Lehrgedicht *De rerum natura* wird immer wieder behauptet, dass die menschliche Kulturentfaltung und mit ihr die Technik in sich gewalttätig sei. Als Stichwortgeber der modernen Kulturkritik hatte dann Simmel in seiner These von der „Tragödie der Kultur" das Moment des Gewalttätigen als konstitutiv für die menschliche Selbstbehauptungsleistung diagnostiziert.[711] Auch Habermas hat die Technisierung der Lebenswelt mitunter unter das Stichwort der Gewalt gefasst.[712]

Dabei stellt der konkrete Raubbau an der Natur oder an sich selbst gar nicht den entscheidenden Aspekt von Arendts Kritik dar, sondern die veränderte Perspektive auf die Wirklichkeit, die als Anmaßung empfunden wird. Die Gewalttätigkeit besteht in der Neu-Definition des Wirklichen durch die eigenen Produkte, in der die Etablierung einer aus dem natürlichen Zyklus von Entstehen und Vergehen

708 H. Arendt: Vita activa, S. 16.
709 Ebd., S. 165.
710 Ebd., S. 170.
711 G. Simmel: Der Begriff und die Tragödie der Kultur, S. 195.
712 J. Habermas: Technik und Wissenschaft als ‚Ideologie', S. 91.

herausgenommenen eigenen Objektwelt, die der Mensch beherrscht, weil er weiß, wie sie hergestellt werden.

Diese Verbindung von Gewalt und Technik scheint konstitutiv für das Aufspüren der Gründe für die Erweiterung der Verfügbarkeitssphäre. Am radikalsten hat dies Emanuele Severino formuliert, der aus seiner These, metaphysisches Denken sei in seinem Kern nihilistisch, weil es davon ausgehe, Seiendes könne entstehen und vergehen und man daher das prinzipielle Nicht-Sein-Können der Dinge annehmen müsse, ebenfalls die gewaltsame Verfügung über die Wirklichkeit ableitete. Im *Wesen des Nihilismus* schreibt er: „Im Horizont der wissenschaftlich-technologischen Aktion ist ein ‚Ding' eben ein absolutes Verfügbarsein, hergestellt um zerstört zu werden; ein Ding, das nicht so verfügbar ist, ist unwirklich."[713]

Doch ist es wenig plausibel, die Technik nur vor dem Hintergrund des ontologischen Gewaltaspekts und damit ausschließlich im Horizont einer metaphysischen Anmaßung zu sehen. Unter diesem allzu düsteren Szenario leiden viele kulturkritische Ansätze. Dabei sollte es eigentlich gerade darum gehen, die technische Erweiterung der Verfügbarkeitssphäre im Hinblick auf die den Technisierungsprozessen eigene Dynamik zu beschreiben, die zwar ohne Zweifel nihilistisch-zerstörerische Züge tragen kann, aber nicht muss.

Die These von der Technik als gewalttätige Unterwerfung der Natur bekommt bei Simmel die Wendung, dass Gewalt der Technik auf den Menschen zurückfällt. In seiner *Philosophie des Geldes* beschreibt er den Eindruck, „daß die Maschine, die den Menschen doch die Sklavenarbeit an der Natur abnehmen sollte, sie zu Sklaven eben an der Maschine selbst herabgedrückt hat".[714] Dieses Motiv findet sich in besonders bedrückender Form in Franz Kafkas Erzählung *In der Strafkolonie*, in der eine raffinierte Apparatur in den Körper eines Delinquenten ein von ihm übertretenes Gebot einritzt (und damit die kulturellen Formen der Sprache und des Rechts in einer mechanistisch pervertierten Weise präsentiert). Diese Parabel kann man als Verschärfung und Pervertierung der Habermasschen These lesen, dass „zweckrationales Handeln seiner Struktur nach die Ausbildung von Kontrolle sei."[715]

Doch das Bedürfnis nach größtmöglicher Kontrolle hat eine dunkle Kehrseite,[716] die sich oft in der Angst ausdrückt, die Technik nicht mehr kontrollieren zu können. Eine klassische Stelle findet sich dazu in Max Horkheimers *Kritik der instrumentellen Vernunft*. Dort schreibt er: „Die Maschine hat den Piloten abge-

---

713 E. Severino: Vom Wesen des Nihilismus, S. 17.

714 G. Simmel: Philosophie des Geldes, S. 673.

715 J. Habermas: Technik und Wissenschaft als ‚Ideologie', S. 49.

716 C. Taylor: Das Unbehagen an der Moderne.

worfen; sie rast blind in den Raum. Im Augenblick ihrer Vollendung ist die Vernunft irrational und dumm geworden. Das Thema dieser Zeit ist Selbsterhaltung, während es gar kein Selbst zu erhalten gibt."[717] Havarien wie in Tschernobyl oder Fukushima scheinen Horkheimer Recht zu geben. Doch hier geht es nicht um Fragen der Technikfolgenabschätzung, sondern um die Selbsterfahrung des Menschen, ehemaligen Hilfsmitteln nun plötzlich ausgeliefert zu sein. Goethe hat mit seinem Gedicht *Der Zauberlehrling* für die menschliche Kontrollverlustängste gegenüber der Technik einen parabelhaften Ausdruck gefunden. Günther Anders betreibt vor dieser Folie eine Art „Arbeit am Mythos", wenn er schreibt: „*Heute wissen wir Zauberlehrlinge nicht nur nicht, daß wir die Entzauberungsformel nicht wissen, oder daß es keine gibt; sondern noch nicht einmal, daß wir Zauberlehrlinge sind.*"[718] Die Anwendung von Technik generiert den Anspruch, möglichst große Kontrolle über die Abläufe zu haben. Ohne diese Prämisse ist die Entwicklung von Technik nicht möglich. Dieser Kontrollanspruch wurde immer wieder als Herrschaftsanspruch interpretiert und diskutiert, indem er beispielsweise in den Horizont des Nihilismus gerückt wird. Gleichzeitig ist aber auch deutlich geworden, dass der Anspruch der Kontrollierbarkeit Kontrollverlustängste produziert. Die Formen der Verfügung, die es dem Menschen erlauben, die Welt zu humanisieren, können also ebenfalls von der Selbstbehauptung zu Erfahrungen des Selbstverlusts führen, nämlich dann, wenn der der Technik zugrundliegende Kontrollanspruch totalisiert wird.

Diese ambivalente Grundstruktur betrifft das Selbstverständnis des Menschen als rationales Wesen. Ausgangspunkt für diese quasidialektische Beschreibung der Technisierungsprozesse sind die Störungen, die sie auch in den Versuchen auslösen, sie selbst zu verstehen. Solche Störungen manifestieren sich etwa in der von Blumenberg beschriebenen Spannung zwischen der *Leistung* der Technisierung und der *Einsicht* in das in ihnen liegende für den Menschen qualitativ Gute.[719] Die Leistungssteigerungen, die mit der Entwicklung der modernen Technik möglich werden, können in einen Widerspruch geraten zu ihrer Integration in einen verstehenden Lebensvollzug: Einerseits generiert der Mensch technische Rationalitätsformen, andererseits können diese mit einem verstehenden, sinnexplikativen Bezugsrahmen kollidieren, wenn die technische Rationalität zum Maßstab von Rationalität überhaupt wird.[720]

Technisierungsprozesse dürfen Verstehensprozesse nicht unterlaufen. Wenn die Motive für Technisierungsprozesse nicht endogen entstehen oder nicht als

717 M. Horkheimer: Zur Kritik der instrumentellen Vernunft, S. 146.
718 G. Anders: Die Antiquiertheit des Menschen II, S. 398.
719 H. Blumenberg: Lebenswelt und Technisierung unter Aspekten der Phänomenologie, S. 34.
720 Siehe ebd., S. 51.

endogene verstanden werden, kann dies zu Entfremdungserfahrungen führen. Einsichten können nicht verordnet werden. Das Verstehen solcher Entwicklungen steht, in Anlehnung an Kant, im Zusammenhang mit der Forderung nach einem Primat der praktischen Vernunft. Denn die Nichtentscheidbarkeit der letzten theoretischen Fragen muss auch hier zu einer Reflexion über die Ziele und Hoffnungen des Menschen führen.

5.3 Fazit

Ausgangspunkt der vorangegangenen Überlegungen war der Befund, dass eine Reihe von DenkerInnen unterschiedlicher Provenienz Mitte des 20. Jahrhunderts um die adäquate Beschreibung der technischen Welt rangen. Und da wir auf der einen Seite technikkritische bis dystopische Erklärungsfiguren finden und auf der anderen Seite eher um Nüchternheit bemühte bis technikoptimistische Deutungen zu verzeichnen haben, war die Idee dieses Kapitels, die offenbar als ambivalent wahrgenommenen Technisierungsprozesse in ein dialektisches Raster zu überführen, um zu verdeutlichen, dass wir Phänomene von Technisierung in beiderlei Hinsicht erschließen können, sowohl als Formen humaner Selbstbehauptung als auch im Horizont von Selbstverlusterfahrungen. Zur Erschließung jener Phänomene bedürfen wir wiederum der Beschreibungsformen sowohl begrifflicher als auch metaphorischer Art, die wir den oben behandelten Texten entnehmen konnten. Gleichwohl war es auch wichtig, die Sprachen nicht anzugleichen und das zum Teil „Sperrige" der Ausdrucksweise zu konservieren, denn nur so können wir für die „Störgeräusche", die mit Technisierungsprozessen einhergehen, ein Ohr bekommen, sensibel bleiben und auch subtile Änderungen des technischen Selbst- und Weltverhältnisses zum Thema machen.

Mit der Systematisierung der genannten Beschreibungsfiguren bekommen wir Deutungsmuster an die Hand, die uns erlauben, die ambivalente Struktur der Technisierungsprozesse in den Blick zu bekommen – ohne in die „Heidegger-Falle" zu treten: Man braucht nämlich Heideggers These, der Erfahrungs- und Wissensverlust sei gewissemaßen ein ontologisches Muss, nicht zu teilen. Plausibler ist es, davon auszugehen, dass die technische Konstitution von Objektivität, die nach Maßgabe der „organischen" menschlichen Einpassung in die Kulturwelt geschieht, im Rahmen des Herstellungsparadigmas in eine einseitige Deutung des Objektiven als des bloß Nutzbaren umschlagen kann, bei der andere Erfahrungsdimensionen der Wirklichkeit marginalisiert werden. Die Technik erschließt und garantiert uns unsere Welt – doch in einer Weise, dass alternative Erfahrungen und andere Arten, die Wirklichkeit zu erkennen und zu beschreiben, verloren gehen können. Doch damit ist nicht bewiesen, dass es bei der Verfallsform bleiben muss. Aus der Erfahrung eines einseitig technomorphen Fokus auf die Wirklichkeit kann es auch zu einer Korrektur des bloß technischen „Stellens“ der Wirklichkeit kommen. Auf diese Weise wird dann unter Umständen – gewissermaßen auf einer neuen Stufe – die Technik als vertrautes Element in die Welt- und Selbstgestaltung integriert.

Ein solches dialektisches Modell vermeidet die antimoderne Konstruktion einer Verfallsgeschichte und ist gleichzeitig in der Lage, die den Technisierungsprozessen inhärenten Verkehrungsstrukturen sichtbar zu machen. Als Pointe der Überlegungen insgesamt lässt sich festhalten, dass die Ambivalenz im Hinblick auf die ethische Orientierung keiner „Lösung“ auf grundsätzlicher Ebene bedarf, sondern dass in der Beschreibung der genannten Strukturmomente und der entsprechenden Phänomenlagen ein Deutungshorizont und eine Sprache entwickelt werden kann, mit denen eine geschärfte Aufmerksamkeit für Entfremdungserfahrungen möglich ist.

Auf der Basis dieser Überlegungen behandeln die nächsten beiden Kaptitel folgende Problemzusammenhänge: Zunächst wird geklärt werden, wie die Ambivalenz der Technisierung überhaupt mit dem handelnden Individuum in Verbindung gebracht werden kann. Im übernächsten Kaptitel schließlich wird das Thema der Entfremdung durch Technisierung aufgegriffen und ausführlicher betrachtet, da der Entfremdungsbegriff für viele Deutungen der Technik leitend, dabei aber voraussetzungsreich ist. Es wird zu zeigen sein, in welchem Theorierahmen Entfremdungsfiguren sinnvollerweise verwendet werden können, um bestimmte Aspekte von Technisierungsprozessen zu erschließen, von denen wir nicht wollen können, dass sie uns aus dem Blick geraten.

6 Zur Integration der Technisierung in die Selbstdeutung des handelnden Individuums

Das Nachdenken über den Menschen kommt nach Cassirer in „allen großen Wendepunkten des Denkens“ auf. Die Erfahrungen einer gesellschaftlichen, metaphysischen oder ethischen „Krisis“ führen immer wieder zur Beschäftigung mit der philosophischen Anthropologie:

> Es liegt im Wesen der Philosophie, daß sie nicht nur, ja nicht einmal in erster Linie Besinnung über die Welt, über den Kosmos, sondern daß sie wesentlich *Selbstbesinnung* ist – und diese *Selbst*besinnung findet als erstes, als wesentliches Problem die Frage nach dem Menschen.[721]

Dieses Bedürfnis nach einer anthropologischen Standortbestimmung entsteht meist in Umbruchzeiten und reicht bis auf Sokrates und seiner Suche nach philosophisch belastbaren Kriterien für ein gutes Handeln in einer krisenhaften Zeit der Polis zurück. Die *Essais* von Montaigne, Kants Konzeption einer endlichen, dezidiert menschlichen Vernunft, die spekulative Selbstbegründung im deutschen Idealismus, Schellings und Kierkegaards Entdeckung der Existenzproblematik und Nietzsches moralkritische, aber hoch moralistische Destruktion überkommener normativer Ordnungssysteme sind weitere Beispiele für die kritische Selbstbesinnung des Menschen über sein Sein und sein Selbstverständnis in Zeiten, in denen vertraute Rahmenvorstellungen ins Wanken geraten.

Und seit dem 19. Jahrhundert ist es immer wieder die Technik und die mit ihr verbundene Veränderung des Handlungshorizonts und der Lebenswelt von Menschen, die zum Thema anthropologischer Selbstbesinnung wird: Eisenbahn und Dampfmaschine werden in Romantik und Biedermeier als einschneidende und verstörende Neuerungen wahrgenommen; der aus Anlass der Pariser Weltausstellung 1889 errichtete Eiffelturm steht für das neue Selbstbewusstsein der Ingenieure und wird als Symbol der Zeit empfunden; die Gründung der ersten Anti-Lärm-Vereine am Anfang des 20. Jahrhunderts nimmt sich harmlos aus gegenüber der Technisierung der Kriegsführung in den Stahlgewittern des Ersten Weltkriegs; die damit einhergehende fundamentale Orientierungskrise ließ den Untergang des Abendlandes konsequent erscheinen: Oswald Spengler empfahl daher in herzlosem amor fati, sich „der Technik statt der Lyrik“ zuzuwenden.[722]

721 Zitiert nach E. W. Orth: Einheit und Vielheit der Kulturen in der Sicht Edmund Husserls und Ernst Cassirers, S. 346 ff.

722 O. Spengler: Der Untergang des Abendlandes I, S. 56.

Diese fundamentale Sinnkrise führte in den 1920er Jahren zu einer ersten Welle der systematischen Auseinandersetzung mit der Mechanisierung und Monotonisierung des Lebens, etwa bei Walther Rathenau oder Ludwig Klages. Der Zweite Weltkrieg brachte einen erneuten Vertrauensverlust in den Nutzen der Technik, da sie, wie es schien, so ohne weiteres in den Dienst der Unmenschlichkeit gestellt werden konnte. In der langen Debatte um die Atombombe ab den 1950er und 1960er Jahren wurde das zerstörerische Potential der Technik erneut ins Zentrum gerückt. Ab den 1960er Jahren wurden zunehmend die Medizintechnologien zum Thema ethischer Reflexionen. Insbesondere die ganz konkrete Änderung der Lebenswelt durch die Reproduktionsmedizin, die Abkopplung der Fortpflanzung von natürlichen Prozessen auf der einen und die von phantastischen Zukunftsvisionen gespeisten Ängste um den geklonten Menschen auf der anderen Seite, weckten den Wunsch nach einer Selbstauslegung des modernen Subjekts und seiner Orientierung in der Welt der technischen Möglichkeiten.

Die Fortschritte in den Medizin-, Bio- und Neurotechnologien sorgen auch heute wieder für ein Bedürfnis nach anthropologisch-ethischer Standortbestimmung: Dass die Technik nicht nur zur äußeren Naturbeherrschung eingesetzt wird, sondern zur Beeinflussung und Gestaltung unserer eigenen Natur, die Selbsttechnisierung des Homo faber, also die immer weiter fortschreitende Invasivität der Technisierungsprozesse,[723] macht vielen Menschen Sorgen, die Emanuele Severino folgendermaßen auf den Punkt bringt:

> La tecnica oltrepassa ogni limite e diventa sempre più invenzione di un mondo nuovo che si libera dal vecchio; nin si limita più a produrre beni di consumo e strumenti di lavoro, ma si è già incamminata verso la produzione dell'uomo stesso, della sua vita, sentimenti e rappresentazioni, e della sua felicità ultima, ossia verso la liberazione dell'uomo da dolore e dalla morte.[724]

Gerade weil die Technik so tief in das menschliche Leben einzuschneiden scheint, bedürfen wir gegenwärtig einer Ethik, die das menschliche Selbstverständnis in ihr Zentrum rückt. Denn wenn die Ethik beim Selbstverständnis des Menschen ansetzt, dann kann ihr Thema auch das durch Technik veränderte Sich-selbst-Verstehen des Menschen werden. Dies ist daher von einiger Relevanz für die Ethik,

---

723 G. Böhme: Invasive Technisierung.

724 E. Severino: Gli abitatori del tempo, S. 13. In der Übersetzung: „Die Technik überschreitet jede Grenze und wird immer mehr zur Erfindung einer neuen Welt, die sich von der alten befreit; sie beschränkt sich nicht mehr darauf, Konsumgüter und Werkzeuge zu produzieren, sondern ist schon auf dem Weg der Produktion des Menschen selbst, seines Lebens, seiner Gefühle und Vorstellungen und seiner höchsten Glückseligkeit, nämlich der Befreiung des Menschen von Leid und Tod." (E. Severino: Vom Wesen des Nihilismus, S. 16 f.)

weil wir in der Selbstdeutung in Bezug auf Technisierungsvorgänge und Technisierungsversprechen, die wiederum die Art und Weise der (Selbst-)Anwendung von Technik bestimmt, uns selbst, die conditio unserer Existenz als ein Problem der Ethik mitaufnehmen. In der Auseinandersetzung um unsere Verortung in der technischen Welt werden wir uns selbst zu einem Problem. Und wenn das so ist, dann ist es die Aufgabe der Ethik, zu klären, worin eigentlich ein Problem besteht – um dann dem Menschen als handelndem Wesen zu helfen, *„das Problem zu bewältigen, das es sich selber ist.“*[725] Dass der Mensch sich selbst zum Problem werden kann, liegt an dem gebrochenen Weltbezug, den Walter Schulz mit folgender dialektischen Grundfigur beschrieben hat: Diese Dialektik „beruht darauf, daß der Mensch sich in der Welt befindet und daß er zugleich doch die welthaften Bezüge relativ zu überschreiten vermag.“[726] Daher gebe es ein doppeltes Selbstverständnis: Sich restlos in das Gegebene einzufügen und sich problematisierend aus diesen Gegebenheiten herauszulösen. Dies spiegelt sich bei Schulz in der Dialektik von „Weltvertrauen“ und „Weltangst“ wider.

Im Folgenden werden die Grundzüge einer anthropologisch fundierten Ethik entwickelt, um dann die Selbstauslegung des Menschen als Techniker in den Blick zu nehmen. Dabei wird auch untersucht, ob und inwiefern die Technik als „Schicksal“ des Menschen begriffen werden kann oder ob sie „schicksalhaftes Erleben“ unterbindet, denn offenbar scheint die Technik vielfach als eine anonyme, den Menschen bestimmende Macht wahrgenommen zu werden. Und da auch in der Moderne tragische Konstellationen zum Deutungshorizont von Individuen gehören, kann auf diese Weise ein zentraler Reflexionsraum über die conditio humana gesichert werden. Daher ist es wichtig, dass eine philosophische Ethik recht grundlegend ansetzt. Die Philosophie hat, so beschreibt es Wolfgang Wieland,

> eine Deutung der Wirklichkeit im ganzen anzubieten, auf deren Verläßlichkeit der Mensch vertrauen kann, wenn er es unternimmt, seine Stellung in der Welt so zu bestimmen, daß er auf dieser Grundlage die Möglichkeit erlangt, Klarheit über die Verbindlichkeit von Normen zu gewinnen, die dazu bestimmt sind, sein Leben und Handeln und darüber auch das Zusammenleben mit seinesgleichen zu regulieren.[727]

Die Aufgabe der Ethik ist nicht nur, aber auch die Selbstverortung des Menschen in der technologischen Zivilisation.

---

725 V. Gerhardt: Selbstbestimmung, S. 97.
726 W. Schulz: Grundprobleme der Ethik, S. 24.
727 W. Wieland: Strukturwandel der Medizin und ärztliche Ethik, S. 7.

6.1 Ethik der Selbstaufklärung

Volker Gerhardt hat in *Selbstbestimmung* die Ethik als eine *„Selbstaufklärung des Individuums in praktischer Absicht"* definiert.[728] Dabei geht er davon aus, dass die *„anthropologische Beschreibung der Ausgangslage* des auf eigenes Handeln angewiesenen Menschen" ganz von selbst zu den tragenden Begriffen des moralischen Handelns führe.[729] Und insgesamt ziele die ethisch-anthropologische Selbstaufklärung

> auf die *Selbstsicherheit*, die ein Individuum gewinnt, das unter dem Anspruch lebt, ein nachdenkliches und vorausschauendes, ein begründendes und erschließendes Wesen zu sein – ein Wesen, das von seinen Abhängigkeiten und Unzulänglichkeiten weiß und eben deshalb von sich aus größten Wert darauf legt in Übereinstimmung mit sich selbst zu sein.[730]

Ausgehend von dieser Einsicht sollen im Folgenden einige Grundzüge einer Ethik der Selbstaufklärung dargestellt und problematisiert werden, um die Grundlagen für die Selbstauslegung im Horizont der Technik zu schaffen. Dies wird nur mit einer anthropologisch rückgebundenen Ethik möglich sein.

6.1.1 Anthropologie und Ethik

Anthropologie und Ethik in einem Atemzug zu nennen, ist alles andere als selbstverständlich. Es gibt sogar eine gewichtige Tradition, die Ethik gerade nicht auf eine Anthropologie zu gründen, sie von anthropologischen Vorannahmen zu „reinigen" versucht. Kant ist vielleicht der erste, der die Anthropologie programmatisch aus der Grundlegung der Ethik ausschließt. Eine Ethik müsse von allem anthropologisch-empirischen „gesäubert" sein.[731] Denn „alle Moralphilosophie beruht gänzlich auf ihrem reinen Teil, und, auf den Menschen angewandt, entlehnt sie nicht das Mindeste von der Kenntnis desselben (Anthropologie), sondern gibt ihm als vernünftigem Wesen Gesetzte a priori".[732]

Kant meint an dieser Stelle nicht die Anthropologie im Sinne seiner Grundfrage „Was ist der Mensch?", sondern bezieht sich auf die empirische psychologia seiner Zeit. Und es ist erstaunlich, dass er noch im gleichen Satz unterstreicht, dass

728 V. Gerhardt: Selbstbestimmung, S. 101.
729 Ebd., S. 100.
730 Ebd., S. 101.
731 I. Kant: Grundlegung zur Metaphysik der Sitten, S. 388.
732 Ebd., S. 389.

eine „durch Erfahrung geschärfte Urteilskraft" erforderlich sei, um die sinnvolle Anwendung der Gesetze a priori zu garantieren und um Möglichkeiten zu finden, die Gesetze im individuellen „Lebenswandel *in concreto* wirksam zu machen."[733] Offenbar ist auch Kants Ethik nicht ohne eine Reflexion über das Selbst- und Weltverständnis handelnder Individuen zu verstehen. Wie kann das zusammengehen?

6.1.1.1 „Wesen" und „Natur" des Menschen

Da im Zentrum ethischer Reflexionen in den meisten Fällen das menschliche Handeln, das Handeln von menschlichen Wesen steht, scheint es nachgerade absurd zu sein, sich *nicht* darüber zu verständigen, was der Mensch sei. Daher ist diese anthropologische Enthaltsamkeitsforderung erklärungsbedürftig. Da wir offenbar von bestimmten ethischen Kompetenzen ausgehen, die menschentypisch sein müssen, oder von Regeln und Pflichten, die auf ebenso menschentypische Fehlbarkeiten reagieren, kann es eine Ethik im Sinne einer Reflexion über das angemessene Handeln nur für Wesen geben, die in Konflikte geraten können, die also soziale Wesen sind, die anfällig für das Böse sind, also wissentlich ethische Normen verletzen können, oder Wesen, die über Lebensführungsfragen nachzudenken in der Lage sind. Es scheint, könnte man in einer Gegenthese zu Kant behaupten, dass wir in jeder Ethik ein „Menschverständnis" voraussetzen, Heideggers ontologische Ausgangsthese zum Seinsverständnis anthropologisch abwandelnd. Michael Landmann hat in diesem Zusammenhang von einer „Menschanschauung" und einer „impliziten Anthropologie" geredet.[734] Und ein solcher Ansatzpunkt heißt in einer philosophischen Abhandlung ausdrücklich nicht, irgendwelche dubiosen anthropologischen Kryptoweltanschauungen durch die Hintertür in die Debatte zu bringen, sondern das entsprechende menschliche Selbstverständnis selbst explizit zum Thema zu machen. Es muss nämlich vielmehr darum gehen, darauf hat Jan-Christoph Heilinger hingewiesen, und einen Terminus von Kant in die Debatte gebracht, eine „anthroponome Ethik" zu entwickeln, eine Ethik, die den Begriff „Mensch" an die Instanz zurückbindet, die ihn verwendet, nämlich die Menschen.[735]

Warum also die Skepsis gegen die Anthropologie in der Ethik? Eine Antwort kann sein, dass die philosophische Anthropologie zu viele Momente umfasst, so dass ein gewisser Präzisionsverlust befürchtet wird. Eine sachgerechte philoso-

---

733 Ebd.

734 M. Landmann: De homine, S. XI.

735 J.-C. Heilinger: Anthropologie und Ethik des Enhancements; siehe zum Begriff der „Anthroponomie" bei Kant auch U. J. Wenzel: Anthroponomie.

phische Anthropologie hat schließlich mindestens folgende Aspekte in eine Theorie vom Menschen zu integrieren: Personalität und Selbstbestimmungsfähigkeit, Endlichkeit, Sozialität, Leiblich- und Körperlichkeit des Menschen, kombiniert mit den Erkenntnissen der Biologie, Evolutionsbiologie und der Neurowissenschaften. Nicht zuletzt spielt das Bedürfnis nach Metaphysik, das Gottsuchertum des Menschen ebenso eine Rolle, wie seine „natürliche Künstlichkeit", die Bedeutung von Technik und Kultur für die menschliche Selbstentfaltung usw.[736] Dies alles auch noch normativ ausweisen zu wollen, erscheint offenbar recht maßlos.

Ein anderer Grund für die Skepsis scheint zu sein, dass die Anthropologie oft auf die Mängelwesentheorie oder die „Natur des Menschen" reduziert wird, wobei die Mängelwesentheorie zu einseitig das heroisch Abgerungene der prekären menschlichen Existenz zu unterstreichen scheint, und die Natur des Menschen für viele einen verstaubt essentialistischen Beigeschmack hat. Gegen die Engführung der Anthropologie auf die Mängelwesentheorie gibt es in der Tat einige gute Argumente, die hier nicht vertieft werden sollen.[737]

Dabei ist die „Natur des Menschen" im Grunde als eine Pathosformel zu verstehen, als eine Figur, die die Sehnsucht nach der einen großen Theorie vom Menschen zu konservieren scheint. Das philosophisch Interessante an dieser Formel ist, dass sie die Äquivokation zwischen „Natur" und „Wesen" des Menschen zum Ausdruck bringt: Natur also verstanden im Sinne von „die Natur der Dinge" und als ein Rückbindungsversuch an die Natur im Sinne des Naturhaften, Biologischen, Naturalistischen. Eine derartige Verbindung von „ousía" und „phýsis" hätte die systematische Zusammenführung von nicht-empirischen, personalistischen und normativen Aspekten des Menschseins und deskriptiven biologisch-empirischen und kulturanthropologischen Erkenntnissen über den Menschen zu ihrem Programm.

Wollte man an dem Begriff der „Natur des Menschen" festhalten, sollte man das von John McDowell formulierte methodische caveat beherzigen, weder einem „unverblümten Naturalismus" noch einem „zügellosen Platonismus" verfallen,[738] also, konstruktiv gewendet, essentialistische und naturalistische Konzeptionen in ein stimmiges Verhältnis bringen. Der Mensch will offenbar in seiner Selbstauslegung zwischen der Skylla der wissenschaftlichen Genauigkeit bzw. größtmöglichen Gewissheit und der Charybdis eines umfassenden Sinnhorizonts hindurchnavigieren. Oftmals scheint es, als soll die metaphysische und theologische

---

736 Siehe dazu O. Müller/J.-C. Heilinger: Zehn Thesen zur „Natur des Menschen".

737 Siehe dazu V. Gerhardt: Selbstbestimmung, S. 192ff; O. Müller: Zwischen Mensch und Maschine, S. 54ff.

738 J. McDowell: Geist und Welt, S. 102f.

Sehnsucht nach ontologischer Gewissheit über die „Natur des Menschen“ mit den heutigen naturwissenschaftlichen Mitteln gestillt werden (die weitreichenden Probleme um den Naturalismus und die Naturalismus-Kritik können hier nicht gebührend diskutiert werden).[739] Der Mensch will also einerseits wissenschaftliche Genauigkeit und sucht gleichzeitig aber nach einem Sinnhorizont, der mit naturwissenschaftlichen Methoden nicht erfasst werden kann. Ein Hauptproblem der „Natur des Menschen“ ist die Diskrepanz zwischen ihrer Leistungsfähigkeit und dem an sie herangetragenen Anspruch. Da sich die Selbstverständigung über den Naturbegriff immer auch zwischen „neutral“ und „sehr wertbeladen“ abspielt, ist die Frage nach dem „Reduktionsgrad“ in der jeweiligen Fassung der „Natur des Menschen“ ein Nachklang der Unterscheidung zwischen „verzauberter“ und „entzauberter“ Natur. Der Mensch hat viele Doppelgesichtigkeiten, eine davon ist sicher, dass er die Natur und „seine“ Natur als werthaft, sinnhaft, vielleicht sogar mythisch-narrativ erfahren will und dass er gleichzeitig auch eine „sichere“ Erkenntnis haben will, ein fundamentum inconcussum, das ihm nur die Naturwissenschaften zu liefern scheinen. Dass viele Verwendungen der „Natur des Menschen“ in diesen Problemkonstellationen verharren, liegt auch daran, dass in der aktuellen Debatte die Tradition der originär anthropologischen Reflexion von Montaigne über Kants pragmatische Anthropologie bis hin zu Scheler, Plessner, Gehlen und Cassirer weitgehend vergessen zu sein scheint. Dabei wurden durch die drei Hauptverdienste der philosophischen Anthropologie – die Einbindung der Biologie für die humane Standortbestimmung, die Radikalisierung des kulturellen Offenheitsgedankens und, in Allianz mit der Phänomenologie, der Sensibilisierungsschub für den Begriff des Leibes – bereits Standards für die anthropologische Debatte gesetzt.[740]

Doch da die Formel von der „Natur des Menschen“ für viele Ohren zu voraussetzungsreich und festgefügt erscheint, soll an dieser Stelle ohne große Trauer für einen Abschied von der Rede der „Natur des Menschen“ plädiert werden – jedoch keinesfalls für einen Abschied vom Begriff des „Menschen“. Denn auch ohne eine anthropologische Großtheorie entwerfen zu wollen, ist es möglich, sich sachgerecht und methodisch reflektiert über den Menschen und seine charakteristischen Eigenschaften zu verständigen, die trotz verschiedener kultureller Ausprägungen über die Zeit stabil sind. Denn „[d]er Mensch müßte schon ein

739 Siehe zum Problem des Naturalismus B. Goebel/A. M. Hauk/G. Kruip (Hg.): Probleme des Naturalismus; G. Keil/H. Schnädelbach (Hg.): Naturalismus; G. Keil: Kritik des Naturalismus; J. McDowell: Wert und Wirklichkeit.

740 Siehe A. Gehlen: Der Mensch; M. Scheler: Die Stellung des Menschen im Kosmos; H. Plessner: Die Stufen des Organischen und der Mensch; E. Cassirer: An Essay on Man.

absolutes Nichts sein, wenn er keine charakteristischen Merkmale haben sollte".[741] Ganz ähnlich unterstreicht auch Martha Nussbaum:

> Aber es läßt sich doch mit Fug und Recht sagen, daß diese Bereiche [ihres Fähigkeitenansatzes, O.M.] eine Basis für weitere Bemühungen um die Bestimmung des menschlich Guten darstellen. Wir haben keinen Fundus von völlig uninterpretierten ‚gegebenen' Daten, sondern wir haben Erfahrungskerne, von denen die Konstruktionen der verschiedenen Gesellschaften ausgehen. Es gibt keinen Archimedischen Punkt, keinen reinen Zugang zu einer gleichsam jungfräulichen – auch menschlichen – ‚Natur' an sich. Es gibt nur ein menschliches Leben in seiner gelebten Form. Aber in dem gelebten Leben stoßen wir auf Erfahrungen, die um bestimmte Schwerpunkte zentriert sind, welche vernünftige Ausgangspunkte für eine kulturübergreifende Reflexion abgeben.[742]

Nussbaum hat hier ein methodisches Programm verdichtet – freilich vor dem Hintergrund ihrer neoaristotelischen Position –, mithilfe dessen sich dem Begriff des „Menschen" genähert werden kann, ohne in essentialistische Bestimmungen der „Natur des Menschen" zu verfallen – und ohne die wohlfeile Absage an den Begriff des „Menschen" überhaupt, wenn sie sich in der Beschreibung der menschlichen Lebensformen um „Erfahrungskerne" und um eine kulturübergreifende Reflexion bemüht. Da schon die Beschreibung der menschliche Lebensform und ihrer typischen „Fähigkeiten"[743] ethische Implikationen hat – die Fähigkeiten gelten als schützenswert –, weist Nussbaum die „humane Lebensform" auch als einen normativen Begriff aus.

Ein zentraler deskriptiv-normativer Begriff der Selbstauslegung des Menschen ist die „Person". Schon Max Scheler, einem der glühendsten Verfechter einer philosophischen Anthropologie, hat den Personbegriff ins Zentrum seiner Konzeption gerückt – ein anthropologischer Ansatz und die Theorie der Person lassen sich also sehr wohl miteinander verbinden.[744] Aber auch unter den aktuellen Ansätzen wird der Personbegriff immer wieder in eine philosophische Anthropologie integriert; am entschiedensten unternimmt dies Gerhardt in seiner ethischen Grundlegung.[745] Unter anderem gegen Singers „Stückgut-Reduktionismus des Utilitarismus",[746] aber auch gegen Habermas' Ansatz hat Volker Gerhardt seinen anthropologischen Personbegriff entworfen und pointiert. In *Selbstbe-*

741 V. Gerhardt: Selbstbestimmung, S. 190.
742 M. Nussbaum: Nicht-relative Tugenden, S. 260.
743 Für eine Variante dieser Fähigkeiten siehe M. Nussbaum: Die Grenzen der Gerechtigkeit, S. 112.
744 M. Scheler: Der Formalismus in der Ethik und die materiale Wertethik, S. 381–421, S. 482–493.
745 V. Gerhardt: Selbstbestimmung, S. 311–361.
746 Ebd., S. 329.

stimmung – wo er direkt auf die Probleme des Personbegriffs in der bioethischen Debatte reagiert[747] – betont er: „Das begreifende und wollende Selbst des Menschen ist ursprünglich auf die leiblichen und körperlichen Zusammenhänge des Daseins bezogen."[748] Die Vernunft ist selbst Organ des Organismus und damit eine „integrale Leistung" des Menschen, denn „das Vermögen zu schließen ist elementarer Bestandteil einer jeden Orientierungs- und Verständigungsleistung."[749] Erst aus seinem Personsein heraus kann der Mensch das, worauf es ihm ankommt, in einen Grund fassen. Aus seinem Personsein heraus kann der Mensch sein humanes Selbstverständnis formulieren. Daher pointiert Gerhardt: „Der Mensch ist Person."[750] Und diese These erläutert er folgendermaßen:

> Diese Aussage läßt sich nur rechtfertigen, sofern wir den Begriff der Person als Selbstbegriff des Menschen verstehen, in dem alle ihm zugänglichen Elemente seines Daseins zusammengefaßt sind. Der Begriff bezieht sich daher nicht allein auf die intellektuellen Leistungen des Menschen, sondern er umfaßt ausdrücklich auch die physischen, physiologischen und sozio-kulturellen Faktoren des menschlichen Lebens. Denn der Mensch ist nicht nur in jedem Akt des Begreifens ursprünglich auf anderes vor anderen seiner selbst gerichtet, er hat also nicht nur in allen intellektuellen Leistungen eine realitätsbezogene und soziomorphe Verfassung, sondern er begreift sich unvermeidlich als ein durch und durch lebendiges Wesen, das auf das Zusammenspiel aller seiner organischen Funktionen angewiesen ist, um so zu sein, wie es sich begreift.[751]

Die Selbstauszeichnung des Menschen bleibt auf die Lebendigkeit und Organizität des Menschen ebenso bezogen wie auf seine Sozialität und Kulturalität.

Dieter Sturma sieht daher sogar die Philosophie der Person als rechtmäßige Erbin der philosophischen Anthropologie.[752] Die Debatte über das Verhältnis von philosophischer Anthropologie und Persontheorie oder über Natur und Person soll an dieser Stelle nicht vertieft werden. Gegenüber einem engen Personbegriff soll hier aber unterstrichen werden, dass der hier verwendete Begriff des „Menschen" in die Reflexion über praktische Selbstverhältnisse und Selbstverständnisfragen ausdrücklich auch kulturelle und naturphilosophische Aspekte integriert. Dabei ist die Frage nach der Identität, also ob es ein einziges, vielleicht irgendwie substantielles Selbst gibt oder viele oder gar keins, gar nicht so aufregend, wie sie gern dargestellt wird. Der Mensch kann auf verschiedene Weisen

---

747 Ebd., S. 328–330.
748 Ebd., S. 331.
749 Ebd.
750 Ebd., S. 332 (mit Blick und in Anspielung auf Johannes Schwartländers Kant-Buch).
751 Ebd., S. 332.
752 D. Sturma (Hg.): Person, S. 12; siehe auch D. Sturma: Philosophie der Person.

auf sich selbst Bezug nehmen; diese Reflexivität erlaubt es uns, uns wie in einem Prisma wahrzunehmen. In der Moderation zwischen den verschiedenen Selbstbezugnahmen und -modellierungen scheint die Instanz auf, die einen Anhaltspunkt für das gibt, was wir als Identität bezeichnen.

6.1.1.2 Das Verhältnis von Anthropologie und Ethik

Über das Verhältnis von Anthropologie und Ethik wird typischerweise in zweierlei Hinsicht reflektiert, denn „[a]nthropologisch gesehen existiert die Moral zunächst auf zweierlei Weise: wegen der Intelligenz und Weltoffenheit als Moralfähigkeit, wegen des Gefahrenpotentials im Antriebsüberschuß und der Weltoffenheit aber auch als Moralbedürftigkeit."[753] Generell muss man also zwischen zwei grundsätzlich verschiedenen Traditionslinien hinsichtlich der Reflexion über den Zusammenhang von Ethik und Anthropologie unterscheiden, die zwar miteinander verknüpft werden können, meist aber zu unrecht vermischt werden. Eine erste Traditionslinie unterstreicht die „natürliche" Moralfähigkeit des Menschen. Im Mittelpunkt stehen dabei die Fragen, ob der Mensch von Natur aus moralisch ist oder nicht, und ob der Mensch seiner Natur nach ein Wesen ist, das sein moralisches Potential entfalten will, kann und soll. Die Anthropologie wird dabei als Moralbegründungsressource betrachtet. Dabei wird die differentia specifica des Menschen hinsichtlich seiner moralischen Existenz oder zumindest hinsichtlich seines zur moralischen Selbsterziehung fähigen Wesens gedeutet. In diese Tradition fallen – hier nur kursorisch genannt – sowohl aristotelische Ansätze über die „natürliche Tugendhaftigkeit" des Menschen[754] oder Kants *Anthropologie in pragmatischer Hinsicht*, als auch Theorien der evolutionären Ethik.[755] Im Mittelpunkt steht dabei also die Frage, inwiefern der Mensch von Natur aus moralisch ist oder von Natur aus ein Wesen ist, das sein moralisches Potential entfalten will und soll.

Die zweite Traditionslinie des Verhältnisses zwischen Anthropologie und Ethik richtet sich auf die Ausweitung des Unverfügbarkeitsrahmens auf Akteure, Entitäten oder auf bestimmte Eigenschaften von Entitäten. Dies ist die Tradition der Menschenrechte und der schützenswerten Güter.[756] Die Verweise auf die „passive" „Natur des Menschen" stehen meist nicht in der Tradition der Moral-

753 O. Höffe: Lebenskunst und Moral, S. 54.
754 Siehe exemplarisch P. Foot: Die Natur des Guten.
755 Siehe dazu C. Illies: Philosophische Anthropologie im biologischen Zeitalter.
756 Hannah Arendt und später Giorgio Agamben haben herausgearbeitet, was es heißt, wenn der Schutz des „nackten" Lebens nicht mehr garantiert wird: H. Arendt: Elemente und Ursprünge totaler Herrschaft; G. Agamben: Homo sacer.

begründung, sondern in der Tradition der Einforderung von Grundwerten und Grundrechten.

Diese Tradition verfolgt keine Ethikbegründungsstrategie, sondern sie hat vielmehr mit Wertbildungsprozessen zu tun. In diesem Kontext wird etwa diskutiert, ob das vertraute Modell des Schutzes der autonomen Person um den Schutz oder die Würde der Leiblichkeit ergänzt werden sollte. Es stellt sich also z. B. die Frage, ob der Mensch in seiner biologisch-„natürlichen" Kontingenz geschützt werden soll. Oder wie es Habermas formuliert: „Von hier aus fällt Licht auf das unscheinbare normative Zusammenspiel zwischen der moralisch gebotenen und rechtlich garantierten *Unantastbarkeit* der Person und der *Unverfügbarkeit* des naturwüchsigen Modells ihrer leiblichen Verkörperung."[757] Diese häufige Zielrichtung der Argumentation mit der „Natur des Menschen" wird auch unter den Stichworten der „natürlichen" Vulnerabilität des Menschen und der Kontingenzerhaltung geführt.[758] Im Blick auf die moderne Medizin hat dies Wolfgang von den Daele folgendermaßen pointiert: „Was durch Wissenschaft technisch disponibel geworden ist, soll durch moralische Kontrolle normativ wieder unverfügbar gemacht werden."[759]

Viele „passivische" Modelle stehen in der Tradition der Auffassung von der „Geschöpflichkeit" des Menschen; so gibt es bei einigen Verwendern der Formel von der „Natur des Menschen" ein gewisses Pathos hinsichtlich der Dignität des Gewordenen. Dieser „konservative" Impuls mag intuitiv anziehend sein, ist anthropologisch aber wenig überzeugend; schon Kant betont die *beiden* Aspekte des menschlichen Umgangs mit seiner Natur. Dem Grundsatz „lebe der Natur gemäß"/ „erhalte dich in der Vollkommenheit deiner Natur" („naturae convenienter vive"), wird ein zweiter Grundsatz an die Seite gestellt: „mache dich vollkommener, als die bloße Natur dich schuf" („perfice te ut finem, perfice te ut medium").[760]

Doch kann die philosophische Anthropologie für die Ethik noch mehr leisten, nämlich die Aufklärung über Selbst- und Weltverhältnisse, die für die Orientierung des handelnden Individuums unumgänglich sind. Denn ein weiteres Moment, das die philosophische Anthropologie kennzeichnet, ist, dass sie das, was man als „menschliches Selbstverständnis" bezeichnet, thematisieren kann. Geert Keil hat das menschliche Selbstverständnis folgendermaßen definiert: „Damit ist das Ensemble von Interpretationsmustern gemeint, mit denen wir die Erfahrungen, die wir als im Denken und Handeln sich orientierende Wesen mit uns selbst

---

757 J. Habermas: Die Zukunft der menschlichen Natur, S. 41.

758 M. Fuchs et. al.: Enhancement, S. 30 ff.

759 W. van den Daele: Die Natürlichkeit des Menschen als Kriterium und Schranke technischer Innovationen.

760 I. Kant: Metaphysik der Sitten, S. 419.

machen, kognitiv und sprachlich organisieren."[761] Dabei gelte es, das „selbst" im Begriff „Selbstverständnis" ernst zu nehmen, da es hier ausdrücklich um die reflexive Struktur des Verstehens geht. Keil schließt hier an Taylor an, der konstatiert hatte:

> Als Menschen sind wir Wesen, die sich selbst definieren, und zum Teil sind wir das, was wir kraft der von uns akzeptierten Selbst-Definitionen sind, ganz gleich wie wir zu ihnen gelangt sind [...]. Veränderungen der Selbst-Definition des Menschen bedingen Veränderungen dessen, was der Mensch ist [...].[762]

Das Sich-selbst-als-Mensch-Verstehen charakterisiert den Menschen als „animal sibi praefiniens",[763] als ein „animal symbolicum", das sich durch seine Kultur einen Selbstdeutungsrahmen schafft.[764] Die Anthropologie als begriffliche Selbstaufklärung ist elementarer Bestandteil der ethischen Grundlegung.

6.1.2 Begriffliche Selbstauslegung

Die Frage, was der Mensch sei, will, so Johannes Schwartländer in seiner Kant-Exegese,

> aber letztlich mehr aufklären als die Natur und den Charakter des menschlichen Daseins, sie will auch mehr als die Freiheit des Menschen aufhellen und sichern. Sie will den Sinn des Seins selbst zum Vorschein bringen. Insofern geht ihre letzte Absicht notwendig auf Metaphysik, welche nach Kant eine unabweisliche Naturanlage des Menschen ist.[765]

Während die Frage nach der „Natur des Menschen" eine gewisse Festgefügtheit der Antwort voraussetzt, steht hinter der Kantischen Frage nach dem Menschen – so wie sie hier zugespitzt ist – ein Wesen, das sich selbst zum Thema des Fragens macht, um in einem Beantwortungsprozess sich selbst über sein Selbst aufzuklären: „Das Neue der Frage liegt darin, daß einmal der Mensch selbst jetzt Grund des Fragens wird, daß der Mensch sich selbst im ursprünglichen Sinn fragwürdig geworden ist."[766] Da die Antwort auf die Frage nach dem Menschen nur noch an die kritische Selbstreflexion der Vernunft geknüpft werden kann, bleibt die Ant-

761 G. Keil: Kritik des Naturalismus, S. 3.
762 C. Taylor: Erklärung und Interpretation in den Wissenschaften vom Menschen, S. 213 ff.
763 V. Gerhardt: Homo publicus.
764 E. Cassirer: An Essay on Man, S. 31.
765 J. Schwartländer: Der Mensch ist Person, S. 18 f.
766 Ebd., S. 14.

wort konstitutiv offen. Allerdings kann der Mensch – diese Tradition der fragenden Selbsterkenntnis geht auf Sokrates zurück – ohne eine Antwort nicht leben, ja als vernünftiges Wesen „darf“ er ohne Antwort nicht leben.[767] Auch wenn eine abschließende, alles erklärende Antwort unmöglich ist, kann es doch einen erschließenden, Orientierung bietenden Diskurs geben. In diesem Sinne hat auch Holmer Steinfath von der prinzipiellen Unabschließbarkeit der Selbstdeutung gesprochen, nicht aber ohne gleichzeitig die große Bedeutung der Selbstdeutung für die philosophische Orientierung zu unterstreichen.[768] Es dürfte Charles Taylor sein, der die Funktion der Selbstinterpretation in der Ethik am deutlichsten hervorgehoben hat; er sagt sogar, dass „unsere Selbstinterpretationen teilweise für unsere Erfahrungen konstitutiv sind“, es könne nämlich sein, „daß eine veränderte Beschreibung unserer Motivationen untrennbar mit der Veränderung dieser Motivation selbst verknüpft ist.“[769] Und dies würde heißen, dass die Selbstauslegung als Mensch eng mit den Motiven des Handelns verknüpft ist und Motivationen zumindest zum Teil auch konstituiert. Diese Fassung der anthropologischen Konstitution macht den Menschen zu einem Wesen, das zu sich selbst Stellung beziehen kann, dem es um sein Selbst selbst geht. Denn wir selbst sind, wie Thomas Rentsch betont, „die Subjekte der Auslegung unserer Grundsituation“, und dies kann weder an eine formale Semantik noch an eine empirische Disziplin abgegeben werden.[770]

Der Mensch kann sich zu sich selbst verhalten, er kann zu seinen Wünschen, seinen Intentionen, auch zu seiner natürlichen Ausstattung, seinen Neigungen und Trieben eine Position beziehen. Der Mensch mag in vielerlei Hinsicht determiniert sein, doch ist es plausibel, ihn als ein Wesen zu sehen, das nicht nur innerhalb sondern gleichzeitig auch außerhalb eines Reiz-Reaktions-Schemas steht. Auch wenn Tiere das Moment der Verzögerung kennen und nicht automatisiert auf Reize und Triebe reagieren, hat dieses Verzögerungsmoment beim Menschen eine andere Dimension. Der Mensch kann auf die Umwelt „antworten“ („response“), wie Cassirer sagt, und sich daher „verantworten“, „Verantwortung übernehmen“ („being responsible“).[771] Dieser Befund korrespondiert mit der Sonderstellung im Kosmos; der Mensch ist das Wesen, das sich um seine Einpassung in den Kosmos sorgen kann, der Mensch ist, mit Helmuth Plessner gesprochen, nicht nur durch seine „exzentrische Positionalität“ gekennzeichnet,

---

767 Siehe zu dieser sokratischen Position auch E. Cassirer: An Essay on Man, 9f.
768 H. Steinfath: Orientierung am Guten, S. 12ff.
769 C. Taylor: Was ist menschliches Handeln?, S. 40.
770 T. Rentsch: Die Konstitution der Moralität, S. 63.
771 E. Cassirer: An Essay on Man, S. 9f., S. 32–47.

sondern auch durch seinen „utopischen Standort“,[772] er ist sich selbst eine offene Frage.

Damit ist der Mensch das Wesen der Welt- und Selbstdistanz. Diese fundamentale Fähigkeit zur Distanz macht den Menschen grundsätzlich zu einem „handelnden Wesen“. Das heißt nicht, dass der Mensch jederzeit moralisch gewissenhaft handelt, sondern dass er prinzipiell zum reflektierten Handeln fähig ist. Das heißt, dass der Mensch seinen Handlungen nicht nur momentane Triebe, sondern Gründe unterlegen kann. Der Mensch ist ein Wesen, das Gründe hat, das Gründe für seine Handlungen und für Handlungskomplexe, etwa, wie man sein Leben leben soll, angeben kann. So liest Gerhardt etwa die alte Bestimmung des Menschen als „animal rationale“ genau in dieser fundamentalanthropologischen Hinsicht.[773] Eine Moralbegründungstheorie kann mit gutem Recht die prinzipielle Moral*fähigkeit* des Menschen, die natürliche „Anlage zum Guten“ (Kant) annehmen, kann aber nicht behaupten, dass der Mensch aufgrund seiner Konstitution, seiner Natur moralisch handeln *muss*. So überzeugend moralische Normen sein können, das Verständnis für Moral ist nur durch einen umfassenden Sensibilisierungs- und Kultivierungsprozess möglich.

Die *Tugendlehre* der *Metaphysik der Sitten* von Kant ist ein gutes Beispiel dafür, wie die Ausarbeitung universal begründeter Prinzipien in ein – teilweise fortschrittliches, teilweise konservatives – Sittenbild seiner Zeit mündet, das wiederum auf bestimmten Prämissen über Mensch und Natur fußt, die man heute zum Teil revidieren würde. Kant entwickelt in der *Tugendlehre* ein System von „Zwecken, die zugleich Pflicht“ sind;[774] aus der Grundpflicht gegen sich selbst, die eigene Vollkommenheit zu befördern, folgen zunächst die zentralen Pflichten gegen sich selbst als ein physisches, als ein animalisches Wesen. In diesem Kontext werden das Selbstmordverbot, das Verbot von Selbstbefriedigung und des Auslebens von sexuellen Perversionen und das Verbot der Unmäßigkeit im Alkohol- und Speisekonsum abgehandelt.[775] Leitend ist der schon erwähnte doppelte Grundsatz: Der Mensch soll einerseits gemäß der Natur leben und sich in der Vollkommenheit seiner Natur erhalten und sich andererseits vollkommener machen als die Natur ihn schuf. Das führt zur Doppelbewegung der *Respektierung* biologisch-„natürlicher“ Prinzipien wie dasjenige der Selbsterhaltung einerseits und der *Kultivierung* der natürlichen „Anlage zum Guten“ andererseits.

---

772 Siehe H. Plessner: Die Stufen des Organischen und der Mensch, S. 288 ff., S. 341 ff.

773 V. Gerhardt: Selbstbestimmung, 323 ff.

774 Siehe zur Begriffsklärung der „Zwecke, die zugleich Pflicht sind“, I. Kant: Metaphysik der Sitten, S. 382–388.

775 Ebd., S. 421–428.

An Kants eigenen Beispielen sieht man, dass die Umsetzungskonsequenz – und vielleicht auch sogar die Tragfähigkeit – des normativen Selbstbestimmungsmodells mit der konkreten Wertbildung steht und fällt. Wenn man den Selbstmord nicht als ein Handeln „gegen die Natur" beschreiben will und auch Onanie und Homosexualität nicht als „widernatürlich" ansieht, dann wird man zu einer anderen moralischen Einschätzung kommen, dann wird man eine andere moralische Kultur etablieren als Kant – auch wenn man die formalen Bedingungen seiner Theorie akzeptiert. Das kulturell-moralische Selbstverständnis hat sich seit Kant verändert, während man die Kriterien für die normative Selbstbestimmung bei aller Kritik im Detail als gleich geblieben betrachten kann. Diese Erkenntnis lässt sich nun mit der Einsicht verbinden, dass es so etwas wie einen Wertewandel gibt. Die Auseinandersetzung mit dem, was die Natur für uns ist oder was für uns „natürlich" ist – was in gewisser Hinsicht auch unser Verständnis von „gesund" und „krank" mitumfasst –, was uns unsere Natur ist, ist ein kultureller Selbstbildungsprozess.

Diese kulturellen Formprozesse dienen der humanen Selbstauslegung. Dabei werden immer auch die Natur und das Natürliche für diese Selbstauslegung fruchtbar gemacht, denn in den Strukturphänomenen der Natur erkennt der Mensch sich selbst wieder. Natur und Kultur sind zwei Sinnbereiche des Menschen, die nicht strikt getrennt werden können. Naturerfahrungen spielen in der Kultur, in Literatur, Theater und Philosophie eine zentrale Rolle, die Natur wird – zum Teil – kulturalisiert für den Menschen erst erfahrbar. Dabei spielt auch die Selbstauslegung als natürliches Wesen eine wichtige Rolle: Die ethische Anweisung der Stoa, der Natur zu folgen oder secundum naturam vivere, kann jedoch nur noch vor dem Hintergrund jenes kulturellen Bruchs befolgt werden, den Schiller mit seiner Unterscheidung zwischen „naiv" und „sentimentalisch" bezeichnet hat – einem Begriffspaar, das nicht nur zentral für seine Dichtungstheorie ist, sondern auch die conditio humana moderna erfasst. Eine „naive" anthropologische Haltung ginge von einem direkten Bezug zur „Natur des Menschen" aus, während in der „sentimentalischen" Haltung nur noch vermittelte Erfahrungen des Natürlichen möglich sind. „Sie empfanden natürlich", schreibt Schiller, „wir empfinden das Natürliche."[776] Dass wir das Natürliche empfinden können, liegt an einer zeitspezifischen education naturelle, in der nicht selten ein bestimmter Aspekt des Natürlichen hervorgehoben wird. So wird üblicherweise eher weniger das Unempfindlich-Brutale der Natur unterstrichen – wie Nietzsche gegen die Stoa polemisiert –, sondern meist Aspekte, die das menschliche Leben bereichern

776 F. Schiller: Naive und sentimentalische Dichtung, S. 431.

können, wie etwa die Vorstellungen des Wachsens oder Gedeihens.[777] Jede Zeit hat ihre leitenden Begriffe und Metaphern des „Natürlichen". In ihnen ist ein elementares anthropologisches Wissen um sich selbst und die Welt konserviert.

Damit ergibt sich auch das Werthafte von Natur und „Natürlichkeit" aus der kulturellen Welt-Orientierung und Welt-Gestaltung des Menschen. Aus seinem Kultivierungsbedürfnis entwickelt der Mensch Bedeutungen und dann Wertvorstellungen von der Natur und von seiner Natur, die er seinem Handeln zugrunde legt. Ein solcher kulturell-selbstreflexiver Wertbildungs- und Orientierungsprozess lässt den Menschen den „Gehalt" seiner „ersten Natur" erkennen und erfahren und kann einen empirischen Bereich in einen evaluativen verwandeln. Natur ist in dieser Hinsicht ein „Reflexionsbegriff", wie Michael Quante betont.[778] Kants *Kritik der Urtheilskraft* ist dafür ein Beispiel. In der Auseinandersetzung mit den teleologischen Strukturen des menschlichen Denkens und ihrer Korrespondenz in der Natur erschließt der Mensch wesentlich sich selbst – auch gerade als ein moralisches Wesen. In diesem reflektiven Sinne sind der Mensch und die menschliche Vernunft Teil der Natur. „Dass Vernunft", schreibt Adorno, „ein anderes als Natur und doch ein Moment von dieser sei, ist ihre zu ihrer immanenten Bestimmung gewordene Vorgeschichte".[779]

Der Mensch ist das Wesen, das in der Lage ist, Korrespondenzbeziehungen zwischen Selbst- und Naturerfahrungen herzustellen, weil der Leib ein Umschlagpunkt von Welt- und Selbstbezug ist. In der Plessnerschen Unterscheidung kann man den Körper als das empirisch Erfassbare sehen, den Leib aber nur in der Dimension der menschlichen Selbsterfahrung, im Sinne von „Körper haben" und „Leib sein"; der Leib ist die Schnittstelle zwischen Ich und Welt, über den Leib erfahren wir uns selbst. Daher ist die anthropologische Bedeutung des Leibes biostatistisch-empirisch nicht einholbar: Mit Leib bezeichnen wir immer ein „Mehr" als das bloß Messbare. Allein die natürliche Gestalt und damit der technische Gestaltungsspielraum des Körperlichen verdeutlicht die Bedeutung von Körper und Leib für die Anthropologie. Die in den letzten Jahren wiederentdeckte Formel des „Eingedenkens der Natur im Subjekt" aus der *Dialektik der Aufklärung* hat auch die Funktion, das Natürliche des Selbstseins in ethisch-anthropologische Überlegungen zu integrieren.[780] Damit können Sinnressourcen erschlossen und in Lebenspraxis transformiert werden. Auch wenn wir hier immer einen individu-

777 Siehe dazu L. Siep: Konkrete Ethik.

778 M. Quante: Ein stereoskopischer Blick?, S. 129 ff.

779 T. W. Adorno: Negative Dialektik, S. 285. Siehe zu diesem Motiv bei Adorno auch J. Habermas: „Ich bin selber ja ein Stück Natur".

780 Siehe G. Böhme/A. Manzei (Hg.): Kritische Theorie der Technik und der Natur; J. Habermas: „Ich selber bin ja ein Stück Natur"; G. Böhme: Ethik leiblicher Existenz, S. 136 ff.

ellen Spielraum ansetzen müssen und wenn es mit der abzuleitenden Werthaftigkeit oder Handlungsanweisung aus dem Natürlichen schwierig ist, kann die pauschale Verabschiedung jeder Rede von Natürlichkeit und die Privilegierung eines zu engen Mensch-Verständnisses unter Delegitimierung bestimmter Sinnhorizonte, wie es das Natürliche darstellt, zu Verlusterfahrungen und Desorientierungen führen; man kann sich eben nicht so einfach aus der Natur „herausreflektieren".[781]

Das heißt nun, um auf den Zusammenhang von Selbst- und Weltbildung zurückzukommen, dass die Weisen des Umgangs mit sich selbst als natürliches Wesen nur in dieser doppelten Perspektive möglich ist. Ein moralphilosophisches Modell, das *autonomistische Selbstbestimmung* und *kulturell-moralisches Selbstverständnis* zusammenzubringen versucht, kann man *transzendentalanthropologisch* nennen, um an Kants Skizze einer „anthropologia transzendentalis" anzuschließen: Die Transzendentalanthropologie hat über das bloße „wissenschaftliche Wissen" hinaus die Selbsterkenntnis der menschlichen Vernunft und die Bestimmung des Menschen in der Welt zum Thema.[782] Die menschliche Weltorientierung bedarf der kulturellen Selbsterkundung.

Die fundamentalen Folgen, die ein solches Modell für die Bestimmung der „Natur des Menschen" hat, hat Cassirer folgendermaßen beschrieben:

> [I]f there is any definition of the nature or ,essence' of man, this definition can only be understood as a functional one, not a substantial one. [...] Man's outstanding characteristic, his distinguishing mark, is not his metaphysical or physical nature – but his work. It is this work, it is the system of human activities, which defines and determines the circle of ,humanity'.[783]

Dieses „Wirken" kann man auch in der Kultur und der Kultivierung des moralischen Selbstverständnisses erfahren, beobachten und beschreiben. Die kulturelle Selbstbildung ist in gewisser Weise unhintergehbar; nur auf diese Weise können wir uns dem nähern, was der Mensch „ist".

In der Ethik bedürfen wir sowohl universaler als auch geschichtlicher Vorstellungen vom Menschen. Der Mensch – als der Kantische „homo noumenon" – kann auf der einen Seite seine Selbstbestimmung universalistisch formulieren und kann allgemeingültige Vorstellungen des Menschseins, etwa der Person, seinen Handlungen zugrundelegen. Auf der anderen Seite geht es in der Bestimmung des menschlichen Selbstverständnisses nicht nur um den „homo noumenon", son-

---

781 V. Hösle: Warum ist die Technik ein philosophisches Schlüsselproblem geworden?, S. 91.
782 Siehe I. Kant: Reflexionen zur Anthropologie (R 903), S. 395.
783 E. Cassirer: An Essay on Man, S. 75f.

dern um den „homo phaenomenon", den Menschen als ein körperliches, leibliches, verletzliches, trostbedürftiges Wesen, das immer wieder neue Sprachen findet, um Schmerz, Leiden und Hoffnung für sich zu formulieren. Auch die Orientierungspunkte der Selbstentfaltung im Sinne einer Anthropologie in pragmatischer Hinsicht sind kulturell variabel. Auch dies kann man mit Kants Tugendlehre der *Metaphysik der Sitten* veranschaulichen, denn dort kann man sehen, wie formale Normen in einer ganz spezifischen Kultur ausgeprägt werden. Kants eigene Beispiele sind an eine ganz bestimmte protestantisch-preußische Kultur und Lebenswelt geknüpft.

Der Mensch ist nach Cassirer ein „animal symbolicum", das sich ein „Symbolnetz" um sich herum geschaffen hat.[784] Auf das moralische Selbstverständnis des Menschen bezogen, wäre ein solches Symbolnetz die Sinnsphäre des Guten, der Werte, auch der Beispiele für Normen und deren historische Konkretisierung. Der Mensch ist ein wirkendes Wesen, ein Wesen, das zu sich und zu seiner Umwelt nie ein bloß deskriptives, sondern immer schon ein einflussnehmendes, „symbolisierendes" Verhältnis hat. Cassirer hat in seiner *Philosophie der symbolischen Formen* die kulturelle Orientierung in Symbolen beschrieben; die Symbole sind kulturelle Kategorien der Weltwahrnehmung, die Sinnliches und Sinnhaftes zu verbinden in der Lage sind.

Für Ludwig Siep ist der Mensch daher grundsätzlich ein „wertendes Wesen".[785] Der Mensch nehme auch kulturelle Entwicklungen in sein Selbstverständnis, in seine Natur mit auf: doch statt in dieser Hinsicht von unveränderlichen Wertungen zu reden, scheint es ihm adäquater, „historische Erfahrungen mit Fähigkeiten der Menschen zu korrelieren, die sie entwickeln *konnten*, nicht aber entwickeln *mussten*, die aber, einmal entwickelt, als ‚Verwirklichungen' des Menschen erfahren, erkannt, begründet werden können."[786] So können bestimmte kulturelle Entwicklungen in das menschliche Selbstverständnis im Laufe der Geschichte integriert werden; gehen bestimmte Fähigkeiten verloren, betont er, spreche man nicht nur von Wertverlust, sondern auch von einer Entfremdung des Menschen.

---

784 Ebd., S. 30 f.
785 L. Siep: Konkrete Ethik, S. 31.
786 Ebd., S. 35.

6.1.3 Hermeneutik des Selbst und pragmatische Anthropologie

Die Hauptfigur in Billy Wilders Film „The apartment" ist C. C. Baxter (gespielt von Jack Lemmon), ein kleiner Angestellter, der sich seine bescheidene Karriere in einem New Yorker Versicherungsunternehmen dadurch sichert, dass er seinen zynischen Vorgesetzten seine Wohnung zur Verfügung stellt, die sich dort mit ihren Geliebten treffen. Als sich die von Baxter heimlich geliebte Fahrstuhlführerin Fran Kubelik (Shirley McLane) in Baxters Wohnung das Leben zu nehmen sucht, beginnt Baxters Weg aus der selbstverschuldeten Unmündigkeit. Eine zentrale Rolle spielt dabei sein Nachbar Dr. Dreyfuss (Jack Kruschen), der in der Annahme, dass Baxter ein gewissenloser Verführer sei, diesem ins Gewissen redet und sagt: „Be a mensch!" Baxter erinnert sich an diesen Appell, wenn er es schließlich schafft, sich nicht mehr korrumpieren zu lassen und seinen Job kündigt mit den Worten: „Just following doctor's orders. I've decided to become a ‚mensch'. You know what that means? A human being."

Mit dem jiddischen Wort „mensch" wird in dieser Filmszene an die normative Bedeutung des Wortes „Mensch" erinnert und in einen Selbstappell transformiert, der ein ganzes Bündel von moralischen Vorstellungen und Selbstverpflichtungen impliziert. Die Aufforderung „Sei ein Mensch!" könnte der knappste Imperativ einer Ethik sein. Das liegt daran, dass zum einen die Frage *Wer bin ich?* von der Frage *Was ist der Mensch?* nicht zu trennen ist, und zum anderen impliziert der Begriff des „Menschen" immer auch normative Aspekte. Die Konturierung des individuellen Selbst findet immer vor dem Horizont der Frage statt, was als typisch und angemessen für den Menschen gelten kann. Kant hat die Frage *Was ist der Mensch?* bekanntlich als leitend für die Philosophie überhaupt ausgewiesen.

Im Individuellen taucht immer auch das Anthropologisch-Allgemeine auf, das Anthropologisch-Allgemeine gibt Orientierung für das Individuelle. Es bedarf einer reflexiven Anthropologie, die die einzelnen Definitionen und Vorstellungen des Menschseins und die verschiedenen Menschenbilder sammelt und kritisch diskutiert, um die Aspekte des Humanen, die uns wertvoll scheinen, zu benennen und zur Grundlage unserer Handlungsorientierung zu machen.[787] Da auch Technisierungsprozesse Auswirkungen auf das menschliche Selbstverständnis haben bzw. weil das menschliche Selbstverständnis bestimmte Technisierungsprozesse möglich macht, wird dieser Aspekt für deren Verständnis im Folgenden eine zentrale Rolle spielen. Die Frage, was der Mensch sei, impliziert auch die „pragmatische" Perspektive, d. h. was der Mensch, „als freihandelndes Wesen, aus

---

787 Siehe im Blick auf die Medizinethik etwa G. Maio: Medizin und Menschenbild; L. Siep: Die biotechnische Neuerfindung des Menschen.

sich selber macht, oder machen kann und soll".[788] Um dieses Kantische Projekt möglich zu machen, bedarf es allerdings eines anthropologischen Orientierungsrahmens.

Charles Taylor entwickelt einen solchen. In *Quellen des Selbst* will er die „gegebene Ontologie des Menschlichen", die „moralische Ontologie", die er derzeit von vielen „verdrängt" sieht, durch das anamnetische Verfahren der „erinnernden Wiedergewinnung" eines verlorenen Wissens um uns selbst und durch das Etablieren einer reichen „Hintergrundsprache" nachzeichnen.[789] Taylor versucht den moralischen Raum zu beschreiben, in dem sich Selbste bewegen, denn seiner Meinung nach ist das Selbst immer in einen solchen eingebettet und entsprechend das Handeln von jenem moralischen Raum wesentlich beeinflusst:

> Wissen, wer man ist, heißt, daß man sich im moralischen Raum auskennt, in einem Raum, in dem sich Fragen stellen mit Bezug auf das, was gut ist oder schlecht, was sich zu tun lohnt und was nicht, was für den Betreffenden Sinn und Wirklichkeit hat und was ihm trivial und nebensächlich vorkommt.[790]

Wer diesen moralischen Raum nicht hat, kann durchaus unter einem „Orientierungsverlust", unter einer „Identitätskrise" leiden.[791] Ein Selbst ist entsprechend

> jemand nur dadurch, daß bestimmte Probleme für ihn von Belang sind. Was ich als Selbst bin – meine Identität –, ist wesentlich durch die Art und Weise definiert, in der mir die Dinge bedeutsam erscheinen, und das Problem meiner Identität wird einer Lösung nur durch eine Sprache der Interpretation zugeführt, die ich im Laufe der Zeit als gültige Artikulation dieser Fragestellung akzeptiert habe.[792]

Für Taylor ist die Selbstdefinition und die Weise des Sich-selbst-Verstehens ein entscheidender Aspekt seiner Anthropologie – die durchaus in der Tradition von Heideggers Definition des Daseins als ein Seiendes, dem es in seinem Sein um dieses Sein selbst geht, steht.[793] Dieses Anliegen, neben der Vorstellung des autonomen Subjekts „verschiedene inhaltsreichere Bilder der menschlichen Natur"[794] fruchtbar zu machen, ist von zentraler Bedeutung für die Erarbeitung des moralischen Selbstverständnisses des Menschen. Neben der formalen Selbstbe-

---

788 I. Kant: Anthropologie in pragmatischer Hinsicht, S. 119.
789 C. Taylor: Quellen des Selbst, S. 27.
790 Ebd., 56.
791 Siehe auch C. Taylor: Was ist menschliches Handeln?, S. 37 f.
792 C. Taylor: Quellen des Selbst, S. 67.
793 Siehe M. Heidegger: Sein und Zeit, S. 12. Siehe zum Verhältnis von Taylor und Heidegger auch H.-H. Gander: Konstitution des Selbst in Situationen.
794 C. Taylor: Quellen des Selbst, S. 31.

stimmungs- und Moralfähigkeit können wir auch ein material-moralisches Selbstverständnis des Menschen benennen, das sich historisch ausbildet und das Menschsein und Menschseinkönnen im Kantischen Sinne wesentlich prägt. Und dieses Wissen um den Menschen kann nun auch in Lebenspraxis transformiert werden. Denn schließlich steht die philosophische Anthropologie auch in der (moralistischen) Tradition von Kants *Anthropologie in pragmatischer Hinsicht* und behandelt die Frage, was der Mensch aus sich machen kann und soll.[795]

In der Aufgabe, das Typische der menschlichen Lebensform zu beschreiben, in dem die möglichen Ziele des menschlichen Strebens, die humanen Kompetenzen, aber auch die Schwächen, Selbsttäuschungen, Fallstricke in den Blick geraten, hat die pragmatische Anthropologie eine fundamentale ethische Orientierungsfunktion. Ausdrückliche „Hülfsmittel" sind bei diesem Unterfangen nach Kant die Literatur und die Reflexion über die Geschichte in Form von Biografien.[796] Exemplarische Lebensentwürfe und die Kohärenzen schaffende narrative Struktur einer Biografie können anderen Individuen Orientierung bieten. Gerade angesichts typisch menschlicher Grenzsituationen – das Leiden am Verlust eines geliebten Menschen, Erfahrungen des Scheiterns, das Anerkennen der eigenen Endlichkeit – brauchen wir die Reflexion auf das anthropologisch Allgemeine. Pragmatische Anthropologie hat die Aufgabe, die Zumutungen der *conditio humana* in Lebenspraxis umzusetzen. Die Angebote der technischen Selbstoptimierung wären ein Beispiel für die Relevanz der Integration anthropologischer Grundfragen in den konkreten Alltag, denn dass es im Wesen des Menschen liegt, sich zu verbessern, scheint eine unmittelbar überzeugende anthropologische Intuition zu sein. Antworten auf derartige Fragen sind jedenfalls nicht nur in der Abwägung individueller Interessen zu finden, sondern müssen die Überlegung beinhalten, was das dem Menschen Angemessene ist.

Als „Hermeneutik des Selbst" wird hier nicht die strenge dreischichtige Konzeption Ricoeurs verstanden,[797] wiewohl man in verschiedener Hinsicht, insbesondere aber im Blick auf die narrative Identität, diese Theorie an Ricoeurs Ansatz anschließen könnte. Hier wird unter „Hermeneutik des Selbst" schlicht die Selbstauslegung im Sinne einer pragmatischen Anthropologie verstanden, d.h. Konzeptionen des Menschseins werden vor dem Hintergrund der individuellen Orientierung verstanden. Leitend ist dabei die Überlegung, dass wir als handelnde Personen immer Vorstellungen davon, was der Mensch ist oder wie er zu sein hat, implizit oder explizit in unseren Entscheidungshorizont mitaufnehmen. Eine

---

795 I. Kant: Anthropologie in pragmatischer Hinsicht, S. 119.
796 Ebd., S. 121f.
797 P. Ricoeur: Das Selbst als ein Anderer, S. 26ff.

pragmatische Anthropologie trägt dieser Einsicht Rechnung und versucht, die anthropologischen Annahmen und Vorannahmen im Blick auf die Dynamiken der Selbstentfaltung offen zu legen.

Die pragmatische Anthropologie wird dieses Selbstverbesserungsgebot mit den Eigenschaften der humanen Lebensform verbinden. Insofern steht die pragmatische Anthropologie in der Tradition der Moralistik, die nach Nietzsche „ins Schwarze der menschlichen Natur" zu treffen in der Lage ist.[798] Moralistik ist durch einen bestimmten Reflexionsstil charakterisiert, mit dem die Unebenheiten und Zerklüftungen des menschlichen Seins, die sich aus seiner Doppelnatur als soziales und einsamkeitsbedürftiges Wesen ebenso ergeben wie aus seiner Selbstverortung zwischen Tier und Gott thematisiert werden. In diesem Zusammenhang ist an eine Reihe von Autoren zu denken, die von Montaigne und LaRochefoucauld über Schopenhauer und Nietzsche zu Pessoa und Adorno reicht, um nur einige zu nennen. Die Moralistik geht davon aus, dass der Mensch durch Erfahrung und Beobachtung der Eigenarten seiner Lebensform besser zu bestimmen ist als durch essentialistische Definitionen. Trotzdem oder gerade deshalb ist Moralistik immer Proto-Anthropologie: Aus dem höfischen Raum, in dem sich die Moralistik mit Blick auf die Vielfalt der Selbstmodellierungen als Kunst der Selbstbeobachtung entwickelt hat, wird sie zur „Menschenkenntnis" Kantischen Typs, das ein „zur Verallgemeinerung tendierendes Wissen" generiert.[799]

Moralistik wurde immer wieder mit einer negativen Anthropologie in Verbindung gebracht.[800] Doch wie skeptisch man auch gegenüber dem Begriff des „Menschen" als in ethischer Hinsicht Orientierung bietender sein mag, wird doch vorausgesetzt, dass es eine Instanz gibt, die sich über das, was sie ist und was sie aus sich machen kann, verständigen will. In der Tradition von Kants *Anthropologie in pragmatischer Hinsicht* hat Blumenberg diese Form der Moralistik in Abgrenzung und Ergänzung zur Moralphilosophie im strengen Sinne, die mit Blick auf die Allgemeinheit des Sittengesetzes den „Zugang von der anthropologischen Seite" zum handelnden Individuum ausschließen muss, „Paraethik" genannt, und versteht darunter „eine Moralistik der pragmatischen Verfahren, mit denen man unter den Bedingungen der Welt *dennoch überleben* kann."[801] Diese pragmatischen Verfahren sind normativ auf einer anderen, „niedrigeren" Ebene anzusiedeln als die moralische Selbstverpflichtung mit Blick auf die Allgemeingültigkeit des moralischen Gesetzes und sind nicht in gleicher Weise zu begründen. Doch

798 F. Nietzsche: Menschliches, Allzumenschliches II, S. 59.
799 R. Behrens, M. Moog-Grünewald (Hg.): Moralistik, S. VIII.
800 K. Stierle: Was heißt Moralistik?, S. 20 ff.
801 H. Blumenberg: Beschreibung des Menschen, S. 501.

sind sie in Fragen der Lebensführung und in der alltäglichen moralischen Orientierung von nicht zu unterschätzender Bedeutung.

Wenn der Mensch ein Wesen ist, das sich selbst zum Thema des Fragens macht, sich über sein Selbst aufklärt, dann steht die Frage, was typisch und angemessen für den Menschen ist, im Horizont. Insgesamt heißt das, dass die humane Selbstauslegung sich in pragmatisch-anthropologische Wissensformen übersetzen lassen kann, die zum Verständlichmachen von Aspekten individueller Lebensführung beitragen können. Und vor diesem Hintergrund ist hier entsprechend die These zu vertreten, dass auch die Selbstauslegung im Horizont der Technik in lebenspraktische Fragen übertragen werden kann.

6.2 Die Selbstverständigung über Technisierungsvorgänge

6.2.1 Selbstauslegung im Horizont der Technik

Weil die „übergreifenden Denkformen" der Technik zu „Kategorien universaler Gültigkeit" werden, so „wie in einer religiös bestimmten Epoche alles, auch das Profane, in den Lichtkegel der religiösen Gültigkeiten und Gegensätze hineingezogen wird",[802] wie es Hans Freyer ausdrückt, rufen sie ein Bedürfnis nach Selbstvergewisserung hervor. Technisierungsprozesse fordern eine anthropologische Selbstverortung. Dass der Mensch sich und seine Welt ganz wesentlich durch Technik gestaltet, dass der Mensch sogar in einem ganz fundamentalen Sinn als „der Techniker" bezeichnet werden kann, ist eines jener typischen Merkmale, die es in einer philosophischen Anthropologie auszubuchstabieren gilt.

Gleichzeitig ist die philosophische Anthropologie diejenige Disziplin, die den Blick für die verschiedenen Aspekte des Menschseins wach hält; bei aller Skepsis gegenüber der Vorstellung einer einzigen, unveränderlichen menschlichen Natur geht es darum, das Biologische, das Leibliche, das Personale, das Soziale, das Vernünftige, das Endliche, das Spirituelle der menschlichen Existenz nicht auseinander fallen zu lassen. Für Cassirer erhält die philosophische Anthropologie ihre Legitimität regelrecht dadurch, dass sie entgegen der klassisch-philosophischen Trias Physik, Logik und Ethik weitere zentrale Sphären des Humanen zu integrieren weiß, die insbesondere den modernen Menschen charakterisieren. Dies sind, wie im Zusammenhang mit Cassirer schon mehrfach betont, vor allem

---

802 H. Freyer: Über das Dominantwerden technischer Kategorien in der Lebenswelt der industriellen Gesellschaft, S. 239.

Sprache, Kunst – und Technik.[803] Und insofern kann die anthropologische Reflexion zur Technik als „Problem“ für das Selbst- und Weltverständnis und insofern zur ethischen Orientierung beitragen. Die philosophische Anthropologie ist beileibe nicht die einzige Möglichkeit, über Technik nachzudenken, aber sie erlaubt es am ehesten, die Technik mit den anderen philosophischen Disziplinen in Verbindung zu bringen. Daher müßten die vier Kantischen Fragen: *Was kann ich wissen? Was soll ich tun? Was darf ich hoffen? Was ist der Mensch?* durch die Fragen: *Was kann, soll, darf ich herstellen?* Und *Was erhoffe ich mir durch die Technik?* ergänzt werden.

Hannah Arendt hat in den anthropologischen Passagen von *Vita activa* mehrfach unterstrichen, dass sie der Rede einer unveränderlichen „Natur des Menschen“ skeptisch gegenübersteht und dass sie lieber den Begriff der „Bedingtheit“ verwendet, um sich der conditio humana zu nähern (sie nimmt damit den Begriff der „conditio“ anthropologisch ernst).[804] Ihre These ist, dass der Mensch als bedingtes Wesen in dem Sinne zu verstehen ist, „daß jegliches, was er vorfindet oder selbst macht, für ihn sofort eine Bedingung seiner Existenz wird“.[805] Als bedingtes Wesen produziert der Mensch eine Dingwelt zu einem Lebensraum, der seine Identität bestimmt, weil er die mit Erinnerungen verknüpfte Dingwelt in sein Selbst- und Weltverhältnis integriert. Die technische Welt wirkt aber auch in gewisser Weise auf den Menschen zurück, insofern der Mensch sich schon immer ab dem Zeitpunkt ihrer Erfindung an seine Maschinen anpasst: „Die Maschinen sind heute für unsere Existenz eine nicht weniger unabdingbare Bedingung als Werkzeuge und Geräte für alle früheren Epochen.“[806] Das bedeutet nun aber nicht, dass der Mensch von seinen Maschinen versklavt wird, sondern verdeutlicht die Interdependenz der menschlichen Existenz und der technischen Welt. Eine von der Technik isolierte „Natur des Menschen“ kann es nicht geben, der Mensch „ist“ in einem emphatischen Sinne erst und nur mit und in seiner technischen Welt.

Der Mensch schafft sich einen variablen Orientierungsrahmen, innerhalb dessen er die Bedingungen seiner Existenz thematisieren kann. Der Mensch als das sich selbst deutende Wesen greift dabei auch auf kulturelle Artefakte zurück, die er selbst hergestellt hat. Selbstbilder des Menschen kommen in ganz unterschiedlichen kulturellen Formen zum Ausdruck. Was der Mensch ist, zeigt sich in seinen Werken, Taten und Produkten; auch und gerade die Technik gehört dazu. Auf diesem Wege kann sich der Mensch an die Normen seiner eigenen Maschinen

803 E. Cassirer: Zur Metaphysik der symbolischen Formen, S. 256 ff.
804 Siehe H. Arendt: Vita activa, S. 19 f., S. 173.
805 Ebd., S. 173.
806 Ebd., S. 173.

anpassen im Sinne der Übernahme bestimmter Strukturphänomene der Technisierung. Einige Formen der Selbstauslegung durch technische Produkte hat Käte Meyer-Drawe in ihrem Buch über *Menschen im Spiegel ihrer Maschinen* untersucht.[807] Weil der Mensch nicht „feststellbar" ist, prägt die von uns hergestellte Welt unser Bild von uns selbst. Anthropologisch bedeutsam ist nicht nur die Frage, ob die Technik zum Wesen des Menschen gehört, sondern wie sie an der Definition dessen mitwirkt, was wir unser Wesen nennen. Daher muss philosophische Anthropologie immer auch historische Anthropologie sein.

Die Technik ist ein elementarer Teil des Menschseins, weil sie eine bestimmte Weise der Erschließung der Welt und ein Moment der Selbstkonstitution ist. Die Technik ist ein Humanum, das gleichzeitig welterschließend-konstruktiven und sinnverschließend-entfremdenden Charakter hat oder haben kann. Mit Blick auf die im vorigen Kapitel dargestellte Dialektik der Technik zwischen Formen der humanen Selbstbehauptung und Formen des Selbstverlusts kann man ambivalente Strukturmomente von Technisierung identifizieren, die eine Auswirkung auf die Selbstauslegung haben können, die die Selbstauslegung ermöglichen oder verzerren und damit entsprechend ebenso zu gelingenden Weisen der Selbstverfügung führen können wie zu Selbstverfehlungen. Auf diese Ambivalenz soll mit Blick auf die Selbstdeutung zunächst noch einmal kurz eingegangen werden.

Erstens: Die Technik konstituiert Objektivität, da durch sie Kausalzusammenhänge erkannt und verbundene kausale Einwirkungsmöglichkeiten manifest werden. Mit der Technik ist infolgedessen ein entsprechender Wahrheitsbegriff verbunden, denn mittels Technik zeigt sich die Wirklichkeit in einer bestimmten Perspektive. In dieser Hinsicht ist die Technik eine fundamentale Grundfunktion des Menschseins und vergleichbar mit der Sprache. Gleichzeitig kann dies aber dazu führen, dass die technische Wahrheit zur Norm *aller* Kulturbereiche wird und Mensch und Natur als bloßen „Bestand" betrachtet, so dass Verdinglichungsphänomene eintreten. Die Technik konstituiert zwar auf der einen Seite Objektivität, auf der anderen Seite kann sie aber auch zu einer umfassenden Norm werden, die droht, zum alleinigen Maßstab von Entscheidungen zu werden. Damit einhergehend werden Technisierungsprozesse nicht selten als Entscheidungen determinierend wahrgenommen oder beschrieben. Mit der Verdinglichung geht dann die Selbstanpassung an den vermuteten „Determinismus" der Technisierungsprozesse einher.

Zweitens: Durch Technisierung werden Abläufe schneller und effizienter. Gleichzeitig kann dies aber auch dazu führen, dass die bloße methodische Effizienz an die Stelle des Sinnes tritt, wodurch die Erfahrungswirklichkeit verarmt.

807 K. Meyer-Drawe: Menschen im Spiegel ihrer Maschinen.

Zudem kann die Verbesserung von Abläufen zu Akzelerationserscheinungen führen. Die Technisierung kann die Zeiterfahrung von Menschen insofern verändern, als die Zeit bloß als lineare, im Modus der „gestundeten Zeit" (Ingeborg Bachmann), wahrgenommen wird und nicht mehr im Horizont der Verschränkung von Gegenwart, Vergangenheit und Zukunft. Die Akzeleration kann dazu führen, dass Verstehensprozesse und damit die Integration von Technik in die Lebenswelt unterlaufen werden. So kann es zu einer defizienten Selbstinterpretation im Hinblick auf Beschleunigungsvorgänge kommen.

Drittens: Insgesamt ist die Technik durch die Ausweitung des menschlichen Verfügbarkeitsrahmens charakterisiert. Damit erschließt sie neue Kontrollbereiche und erlaubt die Ausdehnung des humanen Gestaltungsraums. Die Technik scheint eine „neutrale" Möglichkeit zu sein, Mittel zu realisieren. Gleichzeitig steht die Neutralität der Technik auch in Frage, wenn die Ausweitung der Verfügbarkeitssphäre zur „Totalisierung einer partiellen Rationalität" wird. Die Handlungsweisen können sich bei der Internalisierung dieser Perspektive einseitig an der Maßgabe und Logik des Technischen orientieren.

Viertens: Mit der Einführung von neuen Techniken werden immer auch neue Bedürfnisse mitproduziert, Bedürfnisse, die die Technik dann selbst erfüllt oder zu erfüllen vorgibt. Technisierungsprozesse sind ohne diese Bedürfnisdynamik nicht zu beschreiben. Natürlich geht dies oft Hand in Hand mit Vermarktungsinteressen, wir haben es allerdings mit einer Dynamik zu tun, die der Technisierung selbst inhärent ist: Eine Technologie verlangt die nächste, induziert also Bedürfnisse nach noch mehr neuer Technologie und besserer Technik. Dies liegt nach Adorno an dem Charakter von technischen Produktionsverfahren selbst: „Auf den technischen Fortschritt antwortet der trotzige und bornierte Wunsch, nur ja keinen Ladenhüter zu kaufen, hinter dem losgelassenen Produktionsprozeß nicht zurückzubleiben, ganz gleichgültig, was der Sinn des Produzierten ist."[808] Dagegen könnte man einwenden, dass diese Dynamik nichts Technik-Spezifisches ist, sondern sich auch beim Wechsel von Moden findet. Dieser Einwand ist zum Teil sicher berechtigt; wir haben ja schon an verschiedenen Stellen der Arbeit festgestellt, dass Technik häufig auch mit sozialen und ökonomischen Entwicklungen interferiert. Doch trifft Adorno hier einen Punkt: Denn was er mit der Abscheu vor Ladenhütern umreißt, gilt eben auch für die technische Optimierung von Geräten; und diese fällt nicht einfach mit Tendenzen von Moden ineins. Im Fall der Technik scheint eher die Norm des Neuen als des Leistungsfähigeren leitend zu sein, die typisch ist für Technisierungsvorgänge. Und daher entsteht in der Tat der Impuls, an den technischen Fortschrittsprozessen teilhaben zu müssen.

808 T. W. Adorno: Minima Moralia, S. 153.

Die Reflexion über Technisierungsvorgänge kann für die Grenzen der Integration derselben in die Lebenswelt sensibilisieren. Nicht nur in dem Punkt, dass die ausschließliche Orientierung an der technischen Logik bestimmte Einsichten verdecken kann; selbst die Art und Weise des Umgangs mit existentiellen Fragen kann sich durch die Selbstanpassung an Technisierungsprozesse ändern, wenn Entscheidungsoptionen festgelegt scheinen und Erfahrungsdimensionen verloren gehen können.

Wenn hier die Rede davon ist, dass die Selbstdeutung im Horizont von Technisierung und den entsprechenden normativen Implikationen – wie etwa das oben entwickelte normative Prinzip der Ökonomie – Konsequenzen für das handelnde Individuum hat, dann ist das hier vor dem Hintergrund zu verstehen, dass der Mensch sich als ein Wesen versteht, das sich selbst in seinem Menschsein realisieren kann, dessen Wesen also darin besteht, offen in der Hinsicht zu sein, dass es sich selbst zu dem macht, was es ist. Dieter Birnbacher hat zurecht darauf hingewiesen, dass sich seit der Renaissance die „Ermächtigung" und „Verurteilung" zur Selbstgestaltung aus der Selbstauffassung des Menschen geradezu folgerichtig ergebe:

> Zum Wesen des Menschen gehört u.a. auch die Fähigkeit, sein ‚Wesen' nicht nur jeweils selbst zu definieren, sondern auch seine Existenzweise der jeweiligen Definition entsprechend zu gestalten. Dieser Gedanke hat seinen Platz bereits in Pico della Mirandolas Rede über die Würde des Menschen von 1496: [...] Der Mensch sei ‚ein Geschöpf von unbestimmter Gestalt', ermächtigt, aber auch verurteilt zur Selbsterfindung und Selbstgestaltung.[809]

Doch das ist noch nicht alles. Denn die Selbstgestaltung ist von der Selbstdeutung nicht zu trennen. Daher ist Michael Landmann beizupflichten, der den „Einfluss der menschlichen Selbstdeutung auf die menschliche Selbstgestaltung" unterstreicht.[810] Der Mensch hat keinen unveränderlich abgeschlossenen Seinsbestand, er ist das einzige Seiende, das durch die Erkenntnis selbst verändert wird.[811] Der Mensch sei, sagt Landmann mit Blick auf Ortega y Gasset, in zweifacher Weise causa sui, er schaffe sich selbst und bestimme auch noch das, wozu er sich schaffen will.[812] Dies

> entspringt der Notwendigkeit desjenigen Wesens, das sich selbst schaffen muß und das daher eines Bildes bedarf, auf das hin es sich schaffen soll. Beides greift ineinander. Die Unvollendetheit des Menschen ist es, die als Ausgleich das Selbstverständnis hervortreibt, das ihm

809 D. Birnbacher: Natürlichkeit, S. 184.
810 M. Landmann: Philosophische Anthropologie, S. 7ff.
811 Ebd., S. 9.
812 Ebd.

> sagt, wie er sich vollenden kann. Die Interpretation steht nicht losgelöst neben einer unwandelbaren Wirklichkeit, sondern greift formend in das ein, wovon sie gleichwohl nur die Interpretation sein will.[813]

Vor diesem Hintergrund soll nun im Folgendem an einer spezifischen Form der Selbstgestaltung gezeigt werden, welche Rolle die Selbstdeutung nicht nur zum Verständnis der technischen Vorgänge selbst, sondern auch im Hinblick auf die ethische Einschätzung derselben spielen kann. Am Beispiel der Debatte um das sog. „Enhancement", den Einsatz von medizinischen Mitteln zur Steigerung der menschlichen Leistungsfähigkeit oder des Wohlbefindens, mithin zur Gestaltung des individuellen Seins, soll untersucht werden, wie die Selbstdeutung im Horizont einer Technisierungsform auch Formen des Selbstverlusts oder der Selbstverfehlung Vorschub leisten kann. Dabei soll an die Instrumentalisierung als problematische Verfügung über andere angeschlossen werden und von „Selbstinstrumentalisierung" als problematische Form von Selbstverfügung gesprochen werden. Da der Begriff der „Selbsttechnisierung" nach dem bisher Gesagten nicht ohne weiteres als Indikator für ein gestörtes Selbstverhältnis verwendet werden kann, soll im Folgenden von Selbstinstrumentalisierungsformen die Rede sein, um die verfehlte Selbstauslegung in Bezug auf Technisierungsformen zu bezeichnen.

Da die Selbstgestaltung durch Enhancement-Technologien eine Weise technischer Verfügung ist, die von einer spezifischen Rationalität und einem bestimmten Selbst- und Weltverständnis geleitet ist, ist die Selbstaufklärung als Homo faber wesentlicher Teil der ethischen Selbstverständigung über Einsatz und Anwendung von Technologien.

6.2.2 Diskussion eines aktuellen Beispiels: „Enhancement"

Seit etwa zehn Jahren wird in der angewandten Ethik das Problem des Enhancements diskutiert; dabei ist sowohl die sachgerechte Unterscheidung von Therapie und Enhancement Thema wie die Diskussion der Argumente, die für und wider die entsprechenden Praktiken angeführt werden können.[814] Auch wenn die tatsächlichen Wirkmöglichkeiten auf kognitive und seelische Funktionen in optimierender Absicht noch als eher gering eingeschätzt werden, ist die Enhance-

---

813 Ebd., S. 10.

814 Siehe zum Überblick über die Debatte B. Eßmann/U. Bittner/D. Baltes: Die biotechnische Selbstgestaltung des Menschen; B. Schöne-Seifert et al. (Hg.): Neuro-Enhancement; E. Parens: Enhancing Human Traits; J.-C. Heilinger: Anthropologie und Ethik des Enhancements; R. Kipke: Besser werden; O. Müller: Der Mensch zwischen Selbstgestaltung und Selbstbescheidung.

ment-Debatte von Bedeutung, weil sie einen exemplarischen Charakter hat: An ihr kann der Einsatz von Techniken diskutiert werden, der nicht durch eine therapeutische Absicht legitimiert ist, sondern der die – so scheint es zumindest – freiwillige Selbstgestaltung von Individuen zum Ziel hat.[815] So kann am Beispiel des Enhancements gezeigt werden, welche Bedeutung die Analyse des technischen Selbst- und Weltverhältnisses für die Erschließung der „Tiefenstrukturen" der Selbstverbesserung anhand der oben entwickelten Deutungskategorien haben kann. Dabei soll die Selbstverbesserungslogik gleichsam seziert werden, um die neuralgischen Punkte, die wir hier „eigentlich" zu diskutieren haben, freizulegen.

6.2.2.1 Das Projekt der technischen Selbstverbesserung: Anthropologische Nachfragen

Die Enhancement-Debatte ist im Rahmen dieser Untersuchung auch daher von Interesse, weil hier oftmals Verweise auf die „Natur des Menschen" und die „Natürlichkeit" bei gleichzeitigem Rekurs auf anthropologische Vorannahmen abgelehnt werden. Besonders deutlich findet sich dieses Paradox in dem programmatischen Memorandum *Das optimierte Gehirn* in *Gehirn und Geist* von Thorsten Galert und anderen.[816] Das Autorenkollektiv betont dort, dass es ihrer Ansicht nach keine guten Gründe für ein Verbot von pharmazeutischen Enhancement-Präparaten geben könne, weil es zu unseren gesellschaftlichen Grundüberzeugungen gehöre, jeden entscheidungsfähigen Menschen „über sein Wohlergehen, seinen Körper und seine Psyche selbst [...] bestimmen" zu lassen.[817] Insgesamt bemühen sich die Autoren in der Tat nicht nur um eine Enttabuisierung des Enhancements, sondern durchaus auch um eine positive Bewertung desselben; dabei heben sie etwa das Potential, „Lebensfreude oder unser Mitgefühl zu fördern", die Hilfe, „Leistungsanforderungen besser zu bewältigen" und die Möglichkeit, durch „gesteigerte kognitive und emotionale Kompetenzen das Leben vieler Menschen besser [zu] machen", besonders hervor.[818] Die Autoren lehnen in ihrer Begründung anthropologische Argumente oder Verweise auf die „Natürlichkeit" strikt ab – und verwenden dabei selbst eine Reihe anthropologischer Argumente. So betonen sie, dass Neuro-Enhancement grundsätzlich „die Fortsetzung eines zum Menschen gehörenden geistigen Optimierungsstrebens mit

---

815 Siehe zum Folgenden die Vorarbeiten O. Müller: Die „Natur des Menschen" und ihre medizintechnische Verbesserung; O. Müller: Gibt es unantastbare Grenzen auf dem Weg der Selbstverbesserung?

816 T. Galert et al.: Das optimierte Gehirn.

817 Ebd., S. 3.

818 Ebd., S. 7.

anderen Mitteln"[819] sei, sie sprechen von möglichen zukünftigen Überschreitungen der menschlichen Natur, sie entwerfen gegen das „negative Menschenbild" der Enhancement-Kritiker ein positives Gegenbild und reden davon, dass das Leben vieler Menschen mittels Enhancement besser gemacht werden könne.[820]

Dieses Memorandum spiegelt nicht den Stand der nationalen und internationalen Debatte wider; bestimmte, insbesondere metaethische Aspekte werden inzwischen durchaus auf einem differenzierten Niveau diskutiert.[821] Gleichwohl soll im Folgenden in erster Linie auf dieses Dokument zurückgegriffen werden, weil es zum einen auf ein breites Interesse in der Öffentlichkeit stieß und vermutet werden darf, dass die sich in diesem Text findende Haltung zu technischer Selbstverbesserung und die argumentative Stützung derselben bis zu einem gewissen Grad repräsentativ ist für den „gewöhnlichen" Nutzer von Enhancement-Präparaten. Und zum anderen geht es in diesem Kontext um die Analyse möglicher Selbstinstrumentalisierungsformen in pragmatisch-anthropologischer Perspektive und daher kann das Memorandum als aufschlussreiches Dokument gelten, da die in diesem Text explizit und implizit transportierte Rahmenvorstellung menschlichen Handelns als ein veritables Beispiel für existierende Praktiken und ihre Legitimation gelten kann.

Zunächst ist den Autoren im Prinzip Recht zu geben, wenn sie die Privatsphäre mit Verweis auf die autonome Entscheidungsfähigkeit des Menschen schützen wollen; dies ist aus gutem Grund eine der Säulen vieler westlicher Gesellschaften. Und es hat auch anthropologisch seine Richtigkeit – das Personsein ist schließlich eine der wesentlichen Eigenschaften der menschlichen Natur. Doch wenn andere Aspekte des Menschseins wie seine Endlichkeit, seine Natalität, seine Leiblichkeit, seine Trostbedürftigkeit, seine Technizität, die ebenfalls für die lebensweltliche Orientierung von Bedeutung sind, in dieser Argumentation marginalisiert werden, dann verbindet sich mit der Fokussierung auf die Autonomie eine starke Vorannahme – sowohl über den zugrunde gelegten Begriff des „Menschen" als auch über die Relevanz der verhandelten Thematik. Die intellektuelle Redlichkeit gebietet es nämlich zunächst, das normative und evaluative Feld zu bestimmen, das für die Enhancement-Debatte relevant ist. Meines Erachtens muss angesichts des derzeitigen Stands der Technik und der aktuellen gesellschaftlichen Lage nicht die Autonomie des sich optimierenden Wesens legitimiert und garantiert werden. Im Mittelpunkt scheinen derzeit eher Lebensführungsfragen unter den Bedingungen und Anforderungen einer hochtechnisierten Gesellschaft zu stehen.

---

819 Ebd., S. 11.

820 Ebd., S. 12.

821 Siehe etwa J.-C. Heilinger: Anthropologie und Ethik des Enhancements; A. E. Buchanan: Beyond humanity?

Das auf personalen Eigenschaften des Menschen beruhende Recht auf Selbstbestimmung ist ohne Zweifel in überzeugenderer Weise universalisierbarer als die genannten und im folgenden noch zu diskutierenden Selbstverständnis-Aspekte, für die wir eine gewisse kulturelle Varianz und einen Spielraum für die individuelle Ausgestaltung annehmen müssen. Aber *dass* derartige Momente eine zentrale Rolle im individuellen Umgang mit derartigen Techniken spielen, kann mit der für die menschliche Lebensform typischen „Sorge um sich" begründet werden.[822]

Die Autoren legitimieren die entsprechenden Techniken durch den Verweis, dass der Mensch das Wesen ist, das sich von Natur aus verbessern und daher selbst gestalten will. Auch wenn man mit der Selbstverbesserungstendenz anthropologisch nichts Falsches sagt, ist diese einseitige Plausibilisierungsabsicht verdächtig: Viele andere Wahrheiten über den Menschen werden eben nicht gesagt. Darüber hinaus liegt hier ein klassischer Sein-Sollen-Fehlschluss vor, denn offenbar soll das Enhancement mit Verweis auf eine intuitiv gewonnene deskriptive Aussage legitimiert werden. Und zu guter Letzt haben wir hier auch noch das Problem vorliegen, dass in dem Begriff des „Besserwerdens" offenbar naturwissenschaftliche Kriterien wie bessere Gene oder bessere physiologische Funktionsabläufe mit Vorstellungen vom guten Leben interferieren. Hier liegen augenscheinlich einige Kategorienfehler vor. Und wir sind mitten in der anthropologischen Diskussion.

Vor dem Hintergrund des bisher Gesagten, soll die These aufgestellt werden, dass das technische Selbst- und Weltverständnis Einfluss auf Lebensführungsfragen haben kann und daher von Relevanz für die ethische Einschätzung insbesondere für Life-Style-Technologien ist. Wenn die Biomedizin mit Cornelius Borck die „naturwissenschaftlich elaborierte Selbstinterpretation des Menschen" ist,[823] dann ist eben dies die Ermöglichungsbedingung für die Akzeptanz von Enhancement-Techniken. Das Paradigma der modernen Wissenschaften, natürliche Prozesse zu sequenzieren, zu kontrollieren und auf eine beweisbare Datengrundlage zu reduzieren, versucht also – das ist methodisch auch völlig stimmig –, die Natur technikkompatibel zu machen. Problemtisch wird es erst dann, wenn die Idee der Technikkompatibilität auf die Art und Weise der Selbstdeutung übertragen wird, denn dies kann dann auch den *Umgang* mit sich selbst nachhaltig ändern.

Wie es scheint, ist der Ausgangspunkt der Selbstverbesserung bei den derzeit diskutierten Enhancementpraktiken keine Entgrenzungs-, Überschreitungs- oder

822 Siehe M. Foucault: Die Sorge um sich.
823 C. Borck: Zwischen Vermittlungskrise und Biopolitik, S. 140.

Disziplinierungssehnsucht, sondern die Selbstdeutung als schlecht funktionierende Bio-Maschine, als verbesserungsnötige Biomasse. In der Absicht, mittels Enhancement ganz gezielt unzureichende kognitive Leistungen zu unterstützen oder Verhaltensweisen zu manipulieren, wird das Selbst im Horizont des optimalen technischen Funktionierens interpretiert. Das heißt: die einzelne Enhancement-Maßnahme kann nicht isoliert von dem die Technik begünstigenden Selbst- und Weltverständnis betrachtet werden. Und die Ethik hat, insofern sie in diesem Anwendungsfeld Handlungsoptionen evaluiert, entsprechend die biotechnologische Selbstinterpretation zu ihrem Gegenstand zu machen.

Dies ist insbesondere dann von Bedeutung, wenn Enhancement-Befürworter wie Nick Bostrom und Julian Savulescu sagen, Enhancement-Technologien würden die Chancen auf ein gutes Leben erhöhen und damit die transhumanistische Umformung des jetzigen Menschseins rechtfertigen.[824] Dass aber Infrarotsehen, bessere Konzentrationsfähigkeit, Blondsein, dauerhafte gute Laune (oder was auch immer durch die Technologien angestrebt wird) die Chance auf ein gutes Leben erhöhen soll, dafür gibt es keine Belege. Das gute Leben hat traditionellerweise das Glücklichsein zum Ziel; dass solche partiellen Optimierungen zum Glücklichsein beitragen können, bleibt eine bloße Behauptung. Auch wenn Hannah Arendts Behauptung, dass Glücklichsein nicht herstellbar ist,[825] sicher eine zu pauschale Formel ist – denn mit Hilfe von Technologien kann der Mensch durchaus Voraussetzungen für sein Glücklichsein schaffen (wie etwa, wenn Gesundheit „hergestellt“ wird) –, kann die technische Umformung des Menschen sein Glücklichsein auch nicht garantieren. Eine gesteigerte kognitive Leistungsfähigkeit kann auch unglücklich machen. Im besten Falle ist Enhancement wohl dem guten Leben nicht abträglich, wäre also bloß überflüssig. Dann wäre es aber unseriös, mit dem guten Leben zu werben – auch wenn manche Enhancement-Techniken eher den Charakter von Gadgets, von technischen Spielereien zu haben scheinen. Doch die, sit venia verbo, biotechnologische Gadgetisierung des Menschen kann nicht darüber hinwegtäuschen, dass es einige Gründe dafür gibt, davon auszugehen, dass Enhancement-Technologien die Chance auf ein gutes Leben sogar eher verringern können.

Erstens: Wenn die biotechnologische Verbesserung von sich oder anderen als ernsthafte Option in die Lebensführung integriert wird, kann es dazu führen, dass Personen den Horizont ihrer Möglichkeiten nicht, wie es scheint, erweitern,

---

824 Siehe zur internationalen und deutschen Debatte über mögliche Überschreitungen des Menschseins auch N. Knoepffler/J. Savulescu (Hg.): Der neue Mensch? Siehe kritisch zu den anthropologischen und naturphilosophischen Voraussetzungen der Transhumanisten M. Hauskeller: Prometheus unbound.

825 H. Arendt: Vita activa, S. 389 ff.

sondern verengen. Denn die kausalistische Überzeugungskraft des Enhancements, in die oft auch tiefe mythisch-magische Sehnsüchte nach dem alle Probleme lösenden phármakon mit einfließen, kann für Handlungsalternativen desensibilisieren und diese marginalisieren. Die ethische Reflexion hat auf die eventuelle Verzerrung unseres Verständnisses von „Leben führen" oder „Probleme bewältigen" hinzuweisen, wenn biotechnologische Lösungsansätze für lebensweltliche Aufgaben und Anforderungen favorisiert werden. Die Enhancement-Techniken können für die Prävalenz medikalisierender Antworten auf komplexe Lebensführungsfragen stehen und insofern die Handlungsstrukturen von Menschen ändern. Die Ethik hätte zu fragen, ob mit Enhancement-Maßnahmen tatsächlich eine begrüßenswerte Form der kreativen Selbststeigerung vorliegt oder doch eine in der Reduzierung der eigenen Möglichkeiten durch die Privilegierung der einfachen Lösung einseitige Problembewältigungsstrategie. Im Umgang mit Unzulänglichkeitserfahrungen kann die biotechnologische Nachbesserung die Reflexion über die Angemessenheit von Zielsetzungen oder über die für Anerkennungsverhältnisse typischen Problemlagen nicht ersetzen.[826] Wenn darüber hinaus der neue Technologien begleitende ethische Diskurs desensibiliserende Effekte hat und das Vokabular der menschlichen Selbstauslegung verringert, dann ist das in ethischer Hinsicht als problematisch einzustufen.

Zweitens: Gerade im Blick auf das Enhancement muss man auf die Normierungs- und Standardisierungsphänomene hinweisen, die bioethische Diskurse typischerweise begleiten. Auch hier kann das Memorandum als ein Beispiel für eine gewisse Fahrlässigkeit im Umgang mit Argumenten dienen. Denn in diesem Text wird die staatliche Unterstützung für diejenigen gefordert, die sich die Enhancement-Präparate zur Steigerung ihres Wohlbefindens oder ihrer Leistungsfähigkeit nicht leisten können. Auf diese Weise wird bereits ein Markt für Optimierungsprodukte antizipiert, was eher Akzeptanzstimmungen schafft als eine Aufforderung zum verantwortungsvollen Umgang mit diesen Präparaten.

Daher muss hier auch die Generierung von Bedürfnissen thematisch gemacht werden. Die Autoren des Memorandums betrachten das biotechnologische Selbstverbesserungsbedürfnis als Faktum, auf das die Pharmaindustrie geradezu gnädigerweise reagiert. Doch das Bedürfnis nach biotechnologischer Nachbesserung des eigenen Selbst ist nicht einfach irgendwie da oder quasi naturgegeben, sondern Ergebnis einer komplexen ökonomischen, medialen und privaten Veränderung von Bedürfnisstrukturen, die das selbstbestimmte Individuum in seine Entscheidung miteinbeziehen sollte. Die kritische Analyse bestimmter Bedürfnisse ist eine für die ethische Orientierung unabdingbare Auseinandersetzung mit

826 Siehe U. Bittner/B. Eßmann/O. Müller: Vom Umgang mit Unzulänglichkeitserfahrungen.

den Lebensbedingungen in der modernen Welt, weil dies wiederum für die individuelle Lebensführung von zentraler Bedeutung ist.

Um für die Korrelation von gesellschaftlichen Tendenzen und dem individuellen Bedürfnis nach pharmakologischer Selbstverbesserung zu sensibilisieren, lohnt ein Blick auf die Analysen von Alain Ehrenberg. Der französische Soziologe hat in seinem Buch *Das erschöpfte Selbst* herausgearbeitet, dass die Neurose als „die" Krankheit einer auf Schuld und Disziplin gegründeten Gesellschaft von der Depression abgelöst wurde, einer Krankheit der „Unzulänglichkeit".[827] Die Depression steht für die Kehrseite einer Gesellschaft, die Initiative, Selbsterfindung, Projektentwicklung usw. zu Normen der individuellen Leistung erklärt hat. Ehrenbergs Analyse gesellschaftlicher Normvorstellungen kann in die pragmatisch-anthropologische Selbstbefragung über die Genese etwaiger Unzulänglichkeitserfahrungen fruchtbar gemacht werden. Auch der Philosoph Byung-Chul Han unterstreicht, dass das Übermaß an „Positivität" der Selbsterfindung in der Aktivgesellschaft zum Zwang wird und stellt den Enhancement-Markt eine folgerichtige Reaktion auf die veränderte Bedürfnislage dar.[828] Allerdings führt auch bei ihm der „Exzess der Leistungsgesellschaft zum Infarkt der Seele."[829] Auch wenn man diese Beschreibung der gesellschaftlichen Grundtendenz und ihre individuellen Auswirkungen dramatisch finden kann, hat eine angemessene ethische Einschätzung des Enhancements auch derartige Deutungsmuster zu ihrem Thema zu machen. Die klassische Moralistik setzt üblicherweise gerade an solchen neuralgischen Punkten der Interferenz von gesellschaftlichen Normvorgaben und individuellen Praktiken an – um dann als „Paraethik", um Blumenbergs Begriff aufzugreifen, pragmatische Verfahren zu bedenken, mit denen die genannten Anforderungen und die mit ihr verbundenen Unzulänglichkeitserfahrungen bewältigt werden können.

Und an diesem Punkt kann nun mit Blick auf die These, dass der Mensch als handelndes Wesen Technisierungsformen in seine Selbstdeutung integrieren kann, gezeigt werden, wie dieser Ansatz in Bezug auf die biotechnologische Selbstoptimierung Orientierung bieten kann. Dabei muss es gelingen, die genannten Technisierungsformen in einen paraethischen Raum pragmatisch-anthropologischer Reflexion zu überführen, in dem die Selbstaufklärung im Zentrum steht und nicht die Vorgabe von ethisch richtigen oder falschen Handlungsweisen.

Der Blick auf die Optimierungstechniken im Horizont des Selbst- und Weltverständnisses ist dann von ethischer Relevanz, wenn bestimmte Weisen der

---

827 A. Ehrenberg: Das erschöpfte Selbst, S. 9.
828 B.-C. Han: Müdigkeitsgesellschaft, S. 54 f.
829 Ebd., S. 55.

Selbstauslegung Handlungsstrukturen in problematischer Weise verändern. Dass dies dann überhaupt bedeutsam gemacht werden und für Lebensführungsfragen fruchtbar gemacht werden kann, gründet auf einer These zum Begriff des „Menschen", die nicht empirisch beweisbar, aber doch von einer gewissen Plausibilität ist: Der Mensch ist das orientierungsbedürftige Wesen – und das Wesen, dem es in seinem Sein um sein Sein selbst geht, um Heideggers Formel wieder aufzugreifen und anthropologisch zu wenden.

6.2.2.2 Selbstinstrumentalisierungsformen

Vor diesem Hintergrund kann man dann zunächst festhalten, dass es im Fall des Human Enhancements offenbar darum geht, pharmakologische Präparate in das vertraute selbsttechnische Repertoire einzureihen. Da es bei Selbsttechniken auf das Verhältnis der Ziele zu den Mitteln ankommt, kann zum einen untersucht werden, ob und inwiefern die Bestimmung der Zweck-Mittel-Relation durch die Orientierung an Selbsttechnisierungsangeboten verändert wird. Dann kann zum anderen in den Blick genommen werden, ob sich die Zweck-Mittel-Relation durch die entsprechende an der Technik orientierte Selbstdeutung derart ändert, dass von Selbstinstrumentalisierung gesprochen werden kann. Dabei wird hier davon ausgegangen, dass ein instrumentales Verhältnis zu sich selbst üblicherweise unproblematisch ist, weil die Abschätzung von Mitteln zum Erreichen eines bestimmten Zwecks einem elementaren Rationalitätstyp entspricht und als eine Grundfigur im Rahmen humaner Praxis zu verstehen ist, denn „[i]n der Technik [...] macht der Mensch sich selbst zum Mittel eines selbst gewählten Zwecks."[830] Die humane Lebensform ist durch eine Balancierung des Zweck-Mittel-Verhältnisses charakterisiert, Menschen trachten danach, die angemessenen Mittel für Zwecke zu finden und Zwecke, die in irgendeiner Form durch Mittel realisierbar sind. Für die Balancierung der Zweck-Mittel-Relation gibt es keine allgemeinen Regeln, doch scheint mit der Orientierung an der genannten Balance ein Rahmen gegeben zu sein, das instrumentelle Selbstverhältnis auszutarieren.

Diese Balance, soll nun behauptet werden, kann gestört sein. Um diese Störung zu beschreiben, kann man zunächst zwischen „instrumentell" und „instrumentalistisch" bzw. „instrumentalisieren" unterscheiden. Instrumentalisierung ist eine gravierende Störung der Zweck-Mittel-Balance, die etwa Georg Simmel als das „Übergewicht der Mittel über die Zwecke" beschreibt.[831] Nicht nur Simmel hat die Modernisierungstendenzen seiner Zeit und die damit einherge-

830 V. Gerhardt: Partizipation, S. 198.
831 G. Simmel: Philosophie des Geldes, S. 672ff.

hende Technisierung mit dem Thema der Instrumentalisierung in Verbindung gebracht. Auch für andere Autoren scheint das Thema der Instrumentalisierung zentral für das Problem der Technik zu sein. So hat etwa Jaspers in *Die geistige Situation der Zeit* diagnostiziert, dass sich der Geist selbst zum Mittel macht und damit selbst degradiert.[832] Vor diesem Hintergrund hat er beschrieben, wie sich das Bewusstsein im Zeitalter der Technik durch Instrumentalisierungsformen ändert.[833] Weiterhin leitend für das Folgende soll die These sein, dass es Formen der Selbstinstrumentalisierung gibt. Darunter soll die freiwillige Anwendung von Mitteln zur Erreichung von Zielen verstanden werden, eine Anwendung von Mitteln, die aber nicht gelingt, sondern zu einer Selbstverdinglichung im Sinne Barbara Merkers wird, die sie als defizienten Modus der Selbsterkenntnis beschreibt.[834]

Vor dem Hintergrund dieses klassischen Instrumentalisierungsverdachts sollen im Folgenden einige Formen der gestörten Zweck-Mittel-Balance als Selbstinstrumentalisierungen dargestellt werden, die als kritische Deutungsmuster zur ethischen Problemdiagnose im Bereich der pharmakologischen Selbstverbesserung beitragen können. Aus der Beschreibung der defizienten Modi der Selbstinstrumentalisierung können sich in negativistischer Tradition Perspektiven für alternative Formen des Selbstumgangs eröffnen.

Erstens: Man kann sich zur Erreichung eines Ziels derart auf die Perfektionierung der Mittel konzentrieren, dass das Zweckhafte des Vollzugs verloren geht. Dies kann dann der Fall sein, wenn man sich das Ziel nicht ganz zu Eigen gemacht hat. Wenn Michael Sandel das „Hyper-Parenting" als eines der zentralen Probleme des Enhancements bezeichnet, dann meint er damit ein intergenerationelles Problem.[835] Doch man kann diese Entfremdungsstruktur auch im intrapersonalen Selbstverhältnis finden, nämlich dann, wenn die Techniken den Blick für die Ziele des Handelns verstellen, wenn wir etwa die reine Funktionsweise der Techniken, das Kriterium des „guten Funktionierens" mit echten Zielen verwechseln. Die der Technisierung inhärente Effizienzsteigerung und „Ökonomie" können die Konsequenz haben, dass sich Personen an dem erhofften Effekt, ein Medikament zu nehmen, um dann gewissermaßen „auf Knopfdruck" bessere Leistung zu bringen, derart orientieren, dass sie sich die spezifische Wirkweise der Medikamente zu eigen machen und nur die Verbesserung etwa bestimmter kognitiver Fähigkeiten in den Blick nehmen. Dann können die Nutzer anfällig für reduktive Selbstdeutungen sein, die wiederum Auswirkungen auf die Zwecksetzung haben können.

832 K. Jaspers: Die geistige Situation der Zeit, S. 72.
833 Ebd., S. 41 ff.
834 B. Merker: Selbsttäuschung und Selbsterkenntnis, S. 74 ff.
835 M. J. Sandel: Plädoyer gegen die Perfektion, S. 65 ff.

Denn in der genannten Form der Selbststeigerung kann ein Wissen darum verloren gehen, dass es möglicherweise andere Mittel gibt, das Ziel zu erreichen. An diesem Punkt spielt auch die den Technisierungsprozessen eigene Akzelerationsdynamik eine Rolle. Denn die Einsicht, dass der Erwerb echten Wissens Zeit braucht, wird durch das pharmakologische Optimierungsangebot möglicherweise unterlaufen, Zeit wird „übersprungen". Solche Weisen der Anästhesierung von Zeiterfahrungen durch Technisierungsprozesse könnten dazu führen, dass der Kairos, der richtige Zeitpunkt, und die Erfahrung, dass Wissen „reifen" muss, als Momente der Selbstreflexion aus dem Bewusstsein der Enhancementwilligen verschwinden.

Zweitens: Selbstinstrumentalisierung liegt auch bei Sartres „Mittelmenschen" vor. Dieser

> verliert sich absichtlich im Unendlichen der Mittel, um dem Zweck nicht ins Gesicht zu sehen. Der Zweck bleibt implizit [...]. [D]er Mittelmensch ist pedantisch, weil er den Vorbereitungen eine vorrangige Bedeutung einräumt. Wenn er malt, ist das Wesentliche die Wahl des Pinsels [...]. Der Mittelmensch ist ein statistischer Mensch. Er lehnt das Schicksal ab. Damit sieht er die Welt als Mittel.[836]

Eine Variante der Mittel-Pedanterie würde sich etwa in dem Sich-Verlieren in bloß faktenorientierte Kenntnisse von Enhancement-Präparaten zeigen. Auch die schon genannte Forderung der Bereitstellung der Präparate für sozial Schwache, bleibt im Bereich der Mittel-Pedanterie – auch die Autoren des Memorandums vermeiden es, um Sartres Formulierung noch einmal aufzugreifen, „dem Zweck ins Gesicht zu sehen".

Drittens: Wenn durch Mittelfixierung die Art und Weise des Selbstverhältnisses so festgelegt wird, dass Alternativen oder Erfahrungsdimensionen verloren gehen, dann ist dies auch eine Form von Selbstinstrumentalisierung. Durch Standardisierungsvorgänge – etwa durch eine Etablierung von aufmerksamkeitssteigernden Medikamenten an Schulen oder Universitäten – können Alternativen des Selbstbezugs marginalisiert werden.

Viertens: Eine weitere Form der Selbstinstrumentalisierung kann man in dem sehen, was man in einer lockeren Formulierung „vorauseilenden technologischen Gehorsam" nennen könnte. Das häufig vorgebrachte Argument, man müsse realistisch sein, die Einnahme von Psychopharmaka zur Leistungssteigerung werde sowieso schon praktiziert und sei daher nicht aufzuhalten, kann man als „Technodeterminismus" bezeichnen. Der Technodeterminismus behauptet, dass wir gegen die Implementierungen technischer Entwicklungen in unsere Lebenswelt nichts machen können, weil sich jede technische Möglichkeit sowieso rea-

836 J.-P. Sartre: Entwürfe für eine Moralphilosophie, S. 49 f.

lisieren wird. Wie auch immer die Technisierung der Welt einzuschätzen ist, das Sich-zu-eigen-Machen des Technodeterminismus ist bereits eine Form von Selbstinstrumentalisierung. Auch wenn kein direkter äußerlicher Zwang auf die Selbstverbesserer ausgeübt wird – davon einmal abgesehen, dass Leistungsdruck und Gruppendynamiken durchaus als ein äußerer Zwang fungieren können –, kann die Integration des technodeterministischen Nichts-machen-Könnens in das eigene Selbstkonzept zu einem inneren Zwang werden, der individuelle Entscheidungen festlegt, die Weise der Selbstbezugnahme ändert und für Handlungsalternativen desensibilisiert. Rahel Jaeggi hat in Bezug auf Ernst Tugendhats Diktum, dass wir immer mit „praktischen Fragen" konfrontiert sind, wenn wir unser Leben in einem ernsten Sinne führen, zurecht gesagt, dass wir es als ein Zeichen von Entfremdung werten können, wenn praktische Fragen „verdeckt" werden.[837] Eben dies kann Individuen durch die technodeterministische Selbstinterpretation unterlaufen.

Günther Anders hat die durch Technisierung provozierte Störung im Selbstverhältnis als „Scham" bezeichnet. Dabei geht es ihm nicht um die moralische Scham oder um eine existentielle Scham etwa im Sinne Sartres, die eintritt, wenn der Mensch sich durch den Blick des anderen seiner Erbärmlichkeit bewusst wird, sondern um ein Sich-selbst-Schämen angesichts einer technikinduzierten Unzulänglichkeitserfahrung. In der „prometheischen Scham", geworden, statt gemacht zu sein, wird das Selbstsein als Makel empfunden.[838] Diese Identitätsstörung der Scham ist bei Anders Ausdruck einer fundamentalen Desorientiertheit.[839] Man muss sich von der apokalyptischen Verve von Anders' Technik-Kritik nicht mitreißen lassen, um das selbstdiagnostische Potential des Schambegriffs zu erkennen. Derjenige, der den Wunsch nach pharmakologischer Selbstverbesserung hegt, kann befragt werden und kann sich selbst befragen, ob der Grund dafür jenes prometheische Scham-Gefühl ist, ob also das Vertrauen in die eigenen Leistungen aufgrund der verlockend effektiven und monokausalen Wirkweise der Medikamente gestört ist.

Die Diagnostik der Scham kann also als Moment einer kritischen Reflexion des eigenen Selbstverhältnisses fungieren. Die Diagnose der Scham kann dazu beitragen, „Idole der Selbsterkenntnis" in der technischen Zivilisation zu identifizieren. Ethik fungiert hier als eine Hermeneutik des Verdachts der Selbsttäuschung über die Motive der Selbstverbesserung. Die ethische Reflexion ist, gerade wenn es um die individuelle Orientierung geht, nicht delegierbar; sie kann und

---

837 R. Jaeggi: Entfremdung, S. 78.
838 G. Anders: Die Antiquiertheit des Menschen I, S. 24.
839 Ebd., S. 65 ff.

darf es auch nicht sein. Seit der Antike ist eine Funktion der Ethik, auf Selbsttäuschungspotentiale hinzuweisen; Sokrates wurde im *Menon* ein „Zitterrochen-Effekt“ nachgesagt, der das Gegenüber zunächst lähmt und „verwirrt“ – damit aber eigenständiges Denken und Fragen ermöglicht.[840]

Wenn in den vergangenen Passagen auffällig häufig konjunktivische Wendungen vorkamen, wenn viel von „würde“ und „könnte“ die Rede war, dann ist dies kein Ausdruck für eine Verlegenheit, sondern spiegelt den Status der Normen wider, die für die Orientierung hinsichtlich der freiwilligen Selbstoptimierung maßgeblich sind. Denn angesichts der derzeit diskutierten Medikamente, die für die Selbstverbesserungsbestrebungen genutzt werden, bedarf es nicht nur und nicht in erster Linie einer Ethik, die unantastbare Grenzen formuliert – strikte rechtliche Verbote wären in diesem Feld derzeit sogar abzulehnen –, sondern einer Ethik, die zum Ausgang aus der selbstverschuldeten Unmündigkeit beiträgt. Es soll hier noch einmal unterstrichen werden, dass es im Fall des Enhancements im Wesentlichen um moralistische Fragen geht und dass eine Ethik nicht nur die Aufgabe hat, strikte Grenzen zu formulieren, sondern auch zur Selbstaufklärung im Sinne einer pragmatischen Anthropologie beizutragen hat. Auch wenn eine Ethik nicht vorgeben kann, wie eine gute oder bessere Lebensführung ganz konkret aussehen kann, ist es die Aufgabe der Ethik, über die Rahmenbedingungen der menschlichen Lebensführung zu reflektieren. Bei Aristoteles wird dieses anthropologische Rahmenbedingungswissen durch „typo“ zum Ausdruck gebracht. Es ist damit ein Wissen von der Eigenart, der Güte und des Sinns unserer Lebensführung als Rahmen für die individuelle Ausgestaltung.[841] Und vor diesem Hintergrund könnte die Medikalisierung der Konfliktlösung als problematisch erscheinen.

Insgesamt ist es angesichts dieses Beispiels wichtig zu betonen – gerade weil die Wirkung der Enhancement-Präparate als eher gering eingestuft wird –, dass der Mensch überhaupt in der Anwendung von Techniken immer in der von ihm generierten Technik auch „lebt“ und darum, darauf hat Theodor Litt hingewiesen, „kann er ihr auch nicht die kleinste Leistung abfordern, ohne daß er selbst in ihrem Vollzuge ein anderer würde, als er bei ihrem Unterlassen sein würde.“[842] Auch wenn der Mensch es nicht weiß oder nicht will, in jeder Anwendung seiner technischen Intelligenz „modelt er sich selbst.“[843] Und dieser Zusammenhang gilt auch für die medizinische Optimierung des Menschen. Unabhängig von der

840 Platon: Menon 79eff.

841 Aristoteles: Nikomachische Ethik 1101a24–28, 1113a12–14. Siehe dazu O. Höffe: Aristoteles, S. 199ff.

842 T. Litt: Technisches Denken und menschliche Bildung, S. 58f.

843 Ebd., S. 59.

Reichweite der Medikamente hat sich der Mensch durch die genannten Präparate zu einem pharmakologisch zu optimierenden Subjekt gemacht.

Diese Diagnose wurde immer wieder als beunruhigende interpretiert – denn scheint es nicht doch so zu sein, dass der Mensch durch die Technik determiniert wird? Dass wir uns in unserem Entscheidungs- und Handlungshorizont einfach dem technischen Fortschritt anpassen? Ist es vielleicht sogar tatsächlich so, dass die Technik, wie Günther Anders im zweiten Band der *Antiquiertheit des Menschen* behauptet, das „Subjekt der Geschichte“ sei und dass wir nur noch als „mitgeschichtlich“ zu betrachten seien?[844] Cassirer hatte die Technik immerhin neben der Sprache als das „wichtigste Mittel der Befreiung“, die sich der menschliche Geist geschaffen habe, genannt[845] – unterläuft die Technik die menschliche Freiheit, die sie selbst eigentlich garantieren sollte? Wird die Technik als „Machsal“[846] wieder zu einer Art Schicksalsgläubigkeit, die man nicht zuletzt durch Technik zu überwinden hoffte?

6.3 Technik als „Schicksal“ des Menschen?

Auch in der Frage nach dem Verhältnis der Technik zu Freiheit und Schicksal des Menschen scheinen sich Cassirer und Heidegger unversöhnlich gegenüberzustehen. Cassirer hat die Technik als eine Ermöglichung von Freiheit gesehen, als Teil der kulturellen Selbstbefreiung des Menschen. Heidegger hat die Technik als Schicksal des Menschenwesens interpretiert. Doch überraschenderweise verwendet auch Cassirer gleich zu Beginn von *Form und Technik* den Schicksalsbegriff im Zusammenhang mit dem der Technik: Er versteht den Schicksalsbegriff als eine Art Deutungsmuster für das, was an der Technik beunruhigt, nämlich der Eindruck der völligen Determinierung aller Lebensbereiche.[847] Allerdings betont Cassirer, dass selbst und gerade im Eindruck der völligen Determinierung die Freiheit wieder möglich wird. Denn auch wenn man die Macht der Technik weder abzuwenden noch zu bezwingen in der Lage ist, würde allein durch die Tatsache, dass man die Macht der Technik erkennen, sehen und beschreiben könne, ein Moment der Freiheit möglich sein. „Besinnung“ nennt Cassirer diesen Umschlagpunkt von Schicksal in Freiheit – einen Begriff, den Heidegger selbst später bekanntlich, ohne Nennung Cassirers, im Kontext seiner Technik- und Wissen-

844 G. Anders: Die Antiquiertheit des Menschen II, S. 9.
845 E. Cassirer: Form und Technik, S. 161.
846 O. Marquard: Ende des Schicksals, S. 71.
847 E. Cassirer: Form und Technik, S. 139.

schaftskritik verwenden wird.[848] Über die gemeinsame Verwendung des Begriffs der „Besinnung" hinaus, ist es ebenfalls auffällig, dass Heidegger ein dialektisches Modell vorschlägt, das demjenigen von Cassirer nicht unähnlich ist. Auch Heidegger erkennt in der Technik selbst eine Möglichkeit, sich von dem Diktat der Technik und ihren epistemologischen und ontologischen Implikationen zu befreien; überhaupt ist Heideggers Philosophie das Thema der Freiheit eingeschrieben.[849] Insofern kann man sowohl bei Cassirer als auch bei Heidegger ein dialektisches Moment identifizieren, das deutlich macht, das die Technik weder auf das eine – die Freiheit –, noch auf das andere – die schicksalhafte Determiniertheit – reduziert werden kann.

Jedenfalls ist es wieder auffällig, dass die Technik eine so fundamentale Reflexion und Verortung provoziert, die an die Grundthemen der abendländischen Metaphysik und Anthropologie rühren. Immer wieder wird im Zusammenhang mit der Technik und der mit ihr verbundenen Gefahr der Verdinglichung des Menschen betont, dass wir es hier mit einer „Schicksalsfrage der Menschheit" zu tun haben.[850] Und neuerdings hat Giovanni Maio den Begriff des „Schicksals" mit Nachdruck in die medizinethische Debatte gebracht, um einen zu unrecht vergessenen Reflexionsraum über die conditio humana auch für aktuelle Fragen fruchtbar zu machen.[851]

Im Folgenden soll der Zusammenhang von Schicksal und Technik in einer knappen Auseinandersetzung mit Heideggers Konzeption problematisiert werden, um einen Vorschlag zu machen, wie man den Schicksalsbegriff so formulieren kann, dass er sachgerecht zur Beschreibung der conditio humana und damit zur humanen Orientierung beitragen kann.

Im Kontext seiner Technikkritik führt Heidegger den Begriff des „Schicksals" ein, um zu verdeutlichen, dass der Mensch nicht „ohnmächtig auf Gedeih und Verderb" der Technik ausgeliefert ist.[852] Denn: „Wenn das Gestell ein Wesensgeschick des Seins selbst ist, dann dürfen wir vermuten, daß sich das Gestell als eine Wesensweise des Seins unter anderen wandelt."[853] Gemäß seiner oben skizzierten seinsgeschichtlichen Konzeption, ist die Technik eine bestimmte Form des Seins, die im Gang der Geschichte der Metaphysik für die „Seinsverlassenheit" steht, die

848 Siehe etwa M. Heidegger: Die Frage nach der Technik, S. 35 f.; M. Heidegger: Wissenschaft und Besinnung.
849 Siehe G. Figal: Martin Heidegger.
850 E. Fink: Grundphänomene des menschlichen Daseins, S. 245.
851 G. Maio: Abschaffung des Schicksals?; G. Maio (Hg.): Abschaffung des Schicksals?
852 M. Heidegger: Die Kehre, S. 115. Siehe zum Folgenden ausführlicher O. Müller: Wie die Bahn zweier Sterne im Gang der Gestirne.
853 M. Heidegger: Die Kehre, S. 115.

aber offenbar nicht die letzte ontologische Station ist. Um diesen Zusammenhang von Sein und Technik zu schärfen, führt Heidegger den Begriff des „Schicksals", genauer den des „Geschick des Seins" ein, der in seinen späteren Schriften zu einer seiner denkerischen Grundfiguren wird:

> Noch sind wir zu leicht geneigt, weil gewohnt, das Geschickliche aus dem Geschehen und dieses als einen Ablauf von historisch feststellbaren Begebenheiten vorzustellen. Wir stellen die Geschichte in den Bereich des Geschehens, statt die Geschichte nach ihrer Wesensherkunft aus dem Geschick zu denken. Geschick aber ist wesenhaft Geschick des Seins, so zwar, daß das Sein selber sich schickt und je als ein Geschick west und demgemäß sich geschicklich wandelt.[854]

Auch das technische Zeitalter muss nach Heidegger vor dem Hintergrund des „Geschicks des Seins" verstanden werden.

Mit dem Schicksalsbegriff will Heidegger das Unverfügbare und Unergründliche des Seins verdeutlichen und – trotz der deszendenztheoretisch-genealogischen Anlage seiner Theorie – gleichzeitig jeder Möglichkeit einer Geschichtsphilosophie eine Absage erteilen. Zu diesem Zweck fasst Heidegger den Begriff des „Schicksals" vorläufig so: „Sich schicken heißt: sich aufmachen, um sich zu fügen in die gewiesene Weisung, auf die ein anderes, noch verhülltes Geschick wartet."[855] Damit ist zum Ausdruck gebracht, dass das Schicksal dem Sein gewissermaßen eine Richtung gibt, ohne ein endgültiges Ziel zu formulieren; das Schicksal bleibt unergründlich, bestimmt aber gleichwohl die Geschichte des Seins; denn so hat sich das Sein „als Wesen der Technik in das Gestell geschickt."[856] Und dies gilt auch für den Menschen:

> Das Wesen der modernen Technik bringt den Menschen auf den Weg jenes Entbergens, wodurch das Wirkliche überall, mehr oder weniger vernehmlich, zum Bestand wird. Auf einen Weg bringen – das heißt in unserer Sprache: schicken. Wir nennen jenes versammelnde Schicken, das den Menschen erst auf einen Weg des Entbergens bringt, das *Geschick*.[857]

Der Mensch ist qua der seinsgeschichtlichen Situation in das „Bestellen" gewissermaßen gezwungen. Und daher kann Heidegger die Technik mit dem Schicksal eng verschränken: „Waltet jedoch das Geschick in der Weise des Ge-stells, dann ist es die höchste Gefahr."[858] Die Rettung aus der Gefahr, die ebenfalls mit dem

854 Ebd., S. 115f.
855 Ebd., S. 115.
856 Ebd., S. 116.
857 M. Heidegger: Die Frage nach der Technik, S. 25.
858 Ebd., S. 27.

Schicksalsbegriff verbunden ist, drückt Heidegger in *Die Kehre* mit einer begrifflichen Allusion an die alltägliche Ausdrucksweise „einen Schmerz verwinden" aus:

> Die Verwindung eines Seinsgeschickes aber, hier und jetzt die Verwindung des Gestells, ereignet sich jedesmal aus der Ankunft eines anderen Geschickes, das sich weder logisch-historisch vorausberechnen noch metaphysisch als Abfolge eines Prozesses der Geschichte konstruieren lässt. Denn nie bestimmt das Geschichtliche oder gar das historisch vorgestellte Geschehen das Geschick, sondern jedesmal ist das Geschehen und das ihm zugewiesene Vorstellen seines Bestandes schon das Geschickliche eines Geschickes des Seins.[859]

Und für diese Verwindung wird der Mensch gebraucht: Das Wesen der Technik kann „nicht ohne die Mithilfe des Menschenwesens in den Wandel seines Geschickes geleitet werden."[860] Und das wiederum heißt:

> Demgemäß muß das Wesen des Menschen erst dem Wesen der Technik sich öffnen, was ereignishaft etwas ganz anderes ist als der Vorgang, daß die Menschen die Technik und ihre Mittel bejahen und fördern. Damit aber das Menschenwesen achtsam werde auf das Wesen der Technik, damit zwischen Technik und Mensch hinsichtlich ihres Wesens sich ein Wechselverhältnis stifte, muß der neuzeitliche Mensch zuvor allererst in die Weite seines Wesensraumes zurückfinden.[861]

Eine Möglichkeit, in die „Weite seines Wesensraumes" zurückzufinden, verbindet sich mit dem in dem Zitat genannten Begriff des „Ereignisses", auf das an anderer Stelle wenigstens kurz eingegangen wurde und mit dem Heidegger seinen neuartigen Zugang zum Sein zum Ausdruck bringen will, mit dem die abendländische Tradition der Rationalität verabschiedet werden soll, um ein Wahrheitsgeschehen möglich zu machen, das einen Zugang zum Verstehen des Seins erlaubt, wie er bislang nur bei einigen Vorsokratikern und Dichtern wie Hölderlin zu finden war. Ein privilegierter Zugang zu diesem Ereignis ist wiederum die Einsicht in das Geschick. Dies braucht hier nicht vertieft zu werden, wichtig ist in diesem Zusammenhang nur, dass Technik und Schicksal in folgendem Verhältnis stehen: Die Technik ist nach Heidegger nicht einfach nur die Summe technischer Produkte, die der Mensch verfertigt, sondern sie ist Schicksal im dem Sinne, dass sich der Mensch aus einer gewissen ontologischen Notwendigkeit heraus der Technik bedienen muss. Wenn der Mensch aber die Technik als sein Schicksal begreift (und nicht als das, worüber er einfach verfügen kann), dann wird ihm ereignishaft klar,

859 M. Heidegger: Die Kehre, S. 116.
860 Ebd.
861 Ebd., S. 116 f.

dass er sich in einer anderen Weise dem Sein öffnen muss und kann, um der Seinsverlassenheit zu entkommen, um ein anderes Seinsverständnis zu entwickeln. Doch dies ist eben nicht als eine „logische Konsequenz“ oder als geschichtsphilosophisches Stadium zu verstehen, sondern Heidegger verwendet bezeichnenderweise an einer Stelle für das Verhältnis von Schicksal, Technik und Sein ein altes astronomisch-astrologisches Bild, die Konstellation der Sterne:

> Das Unaufhaltsame des Bestellens und das Verhaltene des Rettenden ziehen aneinander vorbei wie im Gang der Gestirne die Bahn zweier Sterne [...]. Blicken wir auf das zweideutige Wesen der Technik, dann erblicken wir die Konstellation, den Sternenglanz des Geheimnisses.[862]

Auch wenn Heidegger seinen Schicksalsbegriff durchaus geschickt konzipiert hat, bringt er doch einige Schwierigkeiten mit sich. Abgesehen davon, dass Heidegger dem Schicksalsbegriff eine (nicht nur durch die Zeitbedingtheit seiner Texte erklärbare) nationalistische Patina verleiht,[863] gehört zu den Schwierigkeiten seiner Konzeption *erstens*, wie wir schon im Zusammenhang mit den Aporien einer Metaphysik der Technik gesehen haben, dass er trotz seiner Vermeidung von geschichtsphilosophisch-deszendenztheoretischen Modellen davon ausgeht, dass die moderne technische Zivilisation einen ontologischen Tiefpunkt darstellt. Denn so prekär und defizitär eine Zeit sein mag, ist sowohl die pessimistische Rede von glücklicheren Epochen in der Vergangenheit als auch von einer künftigen, ganz anderen ontologischen Ordnung problematisch, weil dies möglicherweise zu nostalgischen Verklärungen und utopischen Fluchträumen führt, die für das ethische Handeln und für Verantwortlichkeit in der Gegenwart desensibilisieren können. *Zweitens* ist Heideggers Engführung des Seins- und des Schicksalsbegriffs in doppelter Hinsicht ein Problem: Zum einen verliert das Schicksal mit den späteren Schriften zunehmend die Prägnanz, die es etwa in *Sein und Zeit* noch hatte, denn Sein und Schicksal werden zunehmend identisch. Und zum anderen führt die ontologische Anlage seit der „Kehre“ dazu, dass das Verhältnis von Schicksal und individuellem Handelnkönnen unterbestimmt bleibt. Deswegen muss festgehalten werden, dass Heideggers Ansatz schwer in eine Ethik zu überführen ist, wenn der Mensch lediglich als seinsgeschichtlicher Agent fungiert. So betont etwa Jaspers gegen Heidegger nicht zu unrecht, dass sich die Lebenspraxis von Menschen auch in einem verantwortungsvollen Tun und nicht nur als

---

862 M. Heidegger: Die Frage nach der Technik, S. 34.
863 M. Heidegger: Hölderlins Hymnen „Germanien“ und „Der Rhein“, S. 173.

„eine imaginäre Seinsgeschichte und das passive Erfahren von Schickungen" darstellt.[864]

Um den Schicksalsbegriff für die humane Selbstverständigung operabel zu machen, muss also anders angesetzt werden. Zunächst kann man an Theunissens Unterscheidung zwischen einem Schicksal „von oben" (dem er Homer in der Antike und Heidegger in der Moderne zuordnet) und einem Schicksal „von unten" (Hesiod, Goethe, Benjamin) anschließen.[865] Einem Schicksalsbegriff, dem ein Fatum als einer alles im Voraus festlegenden Vorherbestimmung zugrunde liegt, stellt er einen Begriff des „Schicksals" gegenüber, der von schicksalhaften „Verstrickungen" von handelnden Individuen ausgeht (was er aus Hesiods Chaosbegriff entwickelt). Ein erster Schritt, Heideggers Schicksalsbegriff anschlussfähig zu machen, wäre eine Reformulierung einiger Strukturmerkmale seines Schicksalsbegriffs als eines Schicksals „von unten", und zwar derart, dass nicht von der „Seinsfrage" ausgegangen wird, sondern von bestimmten Eigenarten der conditio humana und der Perspektive des individuellen Handelns- und Leidenshorizonts. Seit der Antike lässt sich die conditio humana vor dem Hintergrund des Spannungsfeldes beschreiben, einerseits die beste der Handlungsoptionen zu wählen, um die Unbilden der Existenz beseitigen zu können und gleichzeitig andererseits dasjenige, was außerhalb der individuellen Verfügung liegt, akzeptieren zu müssen. Wilhelm Kamlah hat in diesem Sinne vom „Widerfahrnischarakter" des Lebens gesprochen.[866]

Genau an diese Einsichten scheint Michael Landmann mit seinem Aufsatz *Eine Lanze für das Schicksal* anzuknüpfen, wenn er folgende These formuliert: „Die philosophische Schicksalsfeindschaft ruht auf falscher Anthropologie. Die Dichter, die das Schicksal hinnehmend ehren, sind die Weiseren."[867] Landmann sieht das Schicksal vielmehr als konstitutives Element der menschlichen Existenz und beschreibt eine Art Dialektik des Schicksalsbegriffs: „[W]as im ersten Schritt die Antithese herausfordert, das ist zugleich ein positives, zu bewahrendes Moment."[868] Daher betont Landmann:

> Es ist nicht wahr, daß wir nur in Akten der Freiheit unser Wesen erfüllen. Wir tun es auch als an der Welt Teilhabende, als aufnehmend Empfangende. Dieses Moment der Hinnahme von etwas, was wir nicht geschaffen hätten und wofür wir danken müssen, bleibt auch dort er-

864 K. Jaspers: Notizen zu Martin Heidegger, S. 123.
865 M. Theunissen: Schicksal in Antike und Moderne.
866 W. Kamlah: Philosophische Anthropologie, S. 39 ff.
867 M. Landmann: Eine Lanze für das Schicksal, S. 210.
868 Ebd.

> halten, wo wir nun schaffend in die Welt eingreifen. Der Entwurf von innen muß sich flexibel halten für den Gegenwurf von außen.[869]

Diese dialektische Figur, in der Momente des Schicksalhaften mit Momenten der Freiheit verbunden werden, ist ein überzeugender Ansatz für eine Integration des Schicksalsbegriffs in das Selbstverständnis des Menschen der Moderne: Das Schicksal kann nicht mehr als blindes Schicksal dichotomisch zur Freiheit gedacht werden, sondern muss als Moment der conditio humana verstanden werden, in der es mit der Freiheit in ein Wechselverhältnis tritt.

Entzieht man Heideggers Schicksalsbegriff den seinsgeschichtlichen Überbau und stellt ihn in dieser Form „vom Kopf auf die Füße", dann kann man dem Schicksalsbegriff folgende dialektische Dynamik geben: Der Schicksalsbegriff thematisiert *erstens* in spezifischer Weise die Widerfahrnisaspekte im menschlichen Lebensgang. Das Schicksal ist das Unverfügbare, das sich der individuellen Kontrollierbarkeit entzieht, ist das Unvorhersehbare im Bündel von Handlungs- und Geschehnisoptionen; dabei ist das Schicksal zum einen das zufällig Eintreffende, zum anderen das nicht Absehbare von Handlungsfolgen und zum dritten das Kontingente im Sinne des „Geworfenen" und Gewordenseins. Dieses Unverfügbare und unvorhergesehen Eintreffende ist *zweitens* allerdings ein besonderes Geschehnis, es ist etwas, das zunächst individuell erlitten wird; das Schicksal wird als massive Irritation der individuellen Existenz empfunden, die sich zu einer Situation der Tragik zuspitzen kann; das Schicksal ist kein einfaches Ereignis, sondern eine Provokation, eine Herausforderung für die individuelle Existenz. Das Schicksal als eine Zumutung der conditio humana verlangt nun *drittens* eine Auseinandersetzung, eine Haltung gegenüber dem Schicksal, verlangt die Integration des Schicksalhaften in den Existenzvollzug von Individuen; daher ist das Schicksal als Deutungsmuster der Wirklichkeit eine Weise des Erkennens der Wahrheit über die conditio humana, die in individuelle Lebenspraxis umgesetzt werden kann. Schicksal ist daher nicht das Gegenteil von Freiheit, sondern ihr Pendant. Jean-Paul Sartres „Mittelmensch", der pedantisch bloß an Statistiken interessiert ist, lehnt in seiner Borniertheit das Schicksal ab und verliert gerade dadurch seine Freiheit.[870]

In Bezug auf die Technik kann man nun in zweifacher Hinsicht den Begriff des „Schicksals" produktiv machen. Zum einen kann der Schicksalsbegriff an den Widerfahrnischarakter des Lebens erinnern und der Option Raum geben, dass eine technische Intervention diesem Zug der conditio humana nicht Rechnung

869 Ebd., S. 211.
870 J.-P. Sartre: Entwürfe zu einer Moralphilosophie, S. 49 f.

trägt und damit entscheidende Momente des Sein-Lassens unterschlägt. Für den Menschen in der technischen Zivilisation heißt das: Die Integration des Schicksalsbegriffs in den individuellen Lebensvollzug kann verhindern, dass die inhärente Steigerungsdynamik von Technisierungsprozessen, die auf die Ausweitung der menschlichen Verfügbarkeitssphäre angelegt sind, die alleinige Matrix für das Handeln wird. Zum anderen aber kann die Technik selbst als ein Schicksal verstanden werden, dem sich der Mensch in seinem Handeln glaubt nicht mehr entziehen zu können. Auch hier kann es helfen, den Stand technischer Entwicklungen als schicksalhaft gewordene zu verstehen – was aber gerade ermöglicht und dazu herausfordert, „schaffend in die Welt einzugreifen", um Landmanns Formulierung aufzugreifen. Ein Weg kann dabei sein, die ambivalente Struktur der Technisierung, die Erfahrung von Selbstbehauptung und Selbstverlust in das Selbstverständnis des handelnden Individuums zu integrieren.

6.4 Fazit

Kreuzungspunkt der vorigen Überlegungen zur Technik war die Perspektivierung des Individuums. Wenn wir uns über das Verhältnis von Mensch und Technik verständigen wollen, dann müssen wir zeigen, wie Menschen sich an Technisierungsprozessen orientieren und entsprechende Deutungsmuster in ihr Selbstverständnis als handelnde Wesen integrieren. Dazu musste geklärt werden, in welcher Weise anthropologische Überlegungen überhaupt in normativen Kontexten fruchtbar gemacht werden können. Im Zuge der Argumentation wurde vor dem Hintergrund der Beobachtung, dass es eine von allem Anthropologischem gereinigte Ethik nicht geben kann, dafür plädiert, über das Verständnis der Anthropologie als begriffliche Selbstauslegung des handelnden Menschen das jeweilige Selbst- und Weltverhältnis von Individuen in die Ethik mit aufzunehmen. In einem nächsten Schritt wurde dann gezeigt, dass wir in der Tradition der pragmatischen Anthropologie Kants die normative Orientierung am „typisch Menschlichen" in bestimmten Kontexten begründen können, nämlich dann, wenn wir es eher mit „schwachen" Normen zu tun haben, die wir uns in Fragen der Lebensführung zu eigen machen. Auf dieser Grundlage wurde gezeigt, dass wir die Orientierung an Technisierungsprozessen in die Selbstdeutung von handelnden Individuen in verschiedener Hinsicht integrieren können. Hierbei wurde im Rückgriff auf die im Dialektik-Kapitel erarbeiteten ambivalenten Deutungsmuster skizziert, wie Personen sich diese zu eigen machen können und wie sich hiermit unter Umständen der Handlungshorizont ändern kann.

Das sog. „Enhancement" wurde in diesem Zusammenhang als ein Beispiel gewählt, weil es hier um den nicht-therapeutischen Einsatz von Medikamenten geht, mithin um Weisen der vorderhand „freien“ und „kreativen“ Selbstgestaltung, bei der sich die Subjekte dieser Selbstgestaltung im Spiegel pharmazeutischer Präparate und ihrer Wirkweisen betrachten. In der Auseinandersetzung mit diesem Thema konnte gezeigt werden, dass die Art und Weise, wie sich Menschen in Bezug auf technische Interventionen verstehen, Auswirkungen auf die normative Einschätzung des Enhancements hat und dass die Orientierung an einzelnen Strukturmomenten von Technisierung – wie die Prävalenz des „Funktionierenmüssens“ oder die Logik der einfachen Lösung – in das Selbstbild von Personen integriert werden kann. Dies führte dazu, einzelne Formen von Selbstinstrumentalisierung als problematische Orientierung an technischer Logik zu identifizieren. Der Selbstinstrumentalisierungsbegriff diente als Interpretationsmuster dazu, das Verhältnis von Mittel und Zweck im Selbstumgang kritisch zu erschließen.

Da an verschiedenen Punkten dieser Arbeit gezeigt wurde, dass die Sorge der „Überformung“ individueller Entscheidungen und Handlungsmöglichkeiten durch „die Technik“ seit der Industriellen Revolution immer wieder artikuliert wurde, diente die Analyse des Schicksalsbegriffs, der immer wieder und insbesondere von Heidegger auf die Technik gemünzt wurde, dazu, das Verhältnis von individuellem Handlungshorizont und Schicksal derart zu bestimmen, dass wir Widerfahrnisaspekte und Kontingenzen sowie die Konfrontation mit einem in irgendeiner Form „Gegebenen“ in das praktische Selbstverhältnis als eigenständig handelnde Personen zu integrieren in der Lage sind. Auch wenn die Technik zum Beispiel im Kontext ärztlichen Handelns bestimmte Entscheidungen und Behandlungsschritte nahelegt oder eine immer größere Kontrolle biologischer Prozesse erlaubt, bleibt Handlungsoffenheit in beide Richtungen bestehen: Weder dominiert die Technik schicksalhaft unser Handeln durchgängig, noch sind die Momente des Schicksalhaften wie Kontingenz, Zufall, Widerfahrnis je derart unter die Kontrolle der Technik zu bekommen, dass wir diesen Reflexionsraum über die Grenzen menschlichen Handelns verlieren könnten.

Diese Analysen sollten nicht zuletzt zeigen, dass wir in Bezug auf die Einschätzung von Technik Fatalismusresistenz fordern müssen, da die Gefahr besteht, bei dem Rekurs auf determinierende und fatalisierende Vokabulare im Verstehenwollen der Technik blind und taub für die subtilen Änderungen des Selbst- und Weltverhältnisses durch Technisierungsprozesse zu werden. Dass wir bei aller Fatalismusresistenz gleichzeitig aber einer Entfremdungssensibilität bedürfen, wird im nächsten Kapitel zu zeigen sein.

7 Die Entfremdungsdiagnose: Legitimation und Grenzen

Technisierung wird immer wieder mit Entfremdungserfahrungen in Verbindung gebracht. So sieht etwa Bernhard Waldenfels in der Technik eine mögliche Quelle der Fremdheit[871] und diagnostiziert ein „Leiden an der Technik".[872] Schon Hegel und Marx haben, wie gesehen, die Technik mit der Entfremdungsthematik verbunden. Doch können wir heute überhaupt noch auf den Entfremdungsbegriff rekurrieren? Sind Entfremdungsdiagnosen nicht immer Ausdruck eines romantischen Rousseauismus, einer naiven Sehnsucht nach einer heilen Welt oder einer noch nicht von der Zivilisation verdorbenen „Natur des Menschen"? Und wenn es denn Entfremdungsphänomene geben sollte, in welcher Form kann man Entfremdungskritik rechtmäßig in spezifischem Bezug auf die Technik als solche üben?

Auch wenn man Entfremdungsdiagnosen im großen kulturkritischen Stil skeptisch gegenüberstehen mag, scheinen doch sowohl die Entfremdung als Erfahrung des Nicht-über-sich-verfügen-Könnens und die damit verbundene veränderte Selbstwahrnehmung, die allein durch die Option der Verfügbarmachung des eigenen Selbst durch Technik entstehen kann, als auch der Eindruck der Homogenisierung der Lebenswelt durch Technisierung Phänomene zu sein, die wir zum vertrauten humanen Erfahrungsrepertoire zählen dürfen und die daher wert sind, einer genauen Beschreibung unterzogen zu werden. Im Rückgriff auf eine Studie von Rahel Jaeggi[873] soll hier davon ausgegangen werden, dass die Rede von der Entfremdung nicht nur sozialphilosophisch, sondern auch phänomenologisch sachgemäß sein kann. Darüber hinaus soll hier die These vertreten werden, dass wir, auch wenn wir Modernisierungsbewegungen und Fortschrittsprozessen nicht pauschal eine Entfremdungstendenz einschreiben wollen, mit einigem Recht von der Möglichkeit technikinduzierter Entfremdungserfahrungen sprechen können.

Dass dies dann ethische Implikationen hat, liegt auf der Hand; so hat Walter Schulz etwa unterstrichen, dass „gerade in der technisch verwalteten Welt das Problem auftaucht, wie sachliche und personale Bezüge miteinander vereinbar sind. Man fragt, in welchem Maße eine Versachlichung und Entpersönlichung des Umgangs angebracht und zu verantworten ist."[874] Der Frage nach dem verant-

871 B. Waldenfels: Bruchlinien der Erfahrung, S. 456.

872 Ebd., S. 459.

873 R. Jaeggi: Entfremdung.

874 W. Schulz: Grundprobleme der Ethik, S. 18.

wortlichen Umgang mit der Technik soll im Folgenden vor dem Hintergrund der Entfremdungsdiagnose nachgegangen werden. Dabei muss auf die eingangs aufgeworfene Frage, inwiefern die Technik als humane Praxis den Menschen von sich selbst entfremden kann und welche Kriterien gegebenenfalls für die Entfremdungsdiagnose in Geltung gebracht werden können, zurückgekommen werden. Nach dem bisherigen Gang der Untersuchung können wir sagen, dass wir in toto weder sagen können, dass uns die Technik völlig determiniere noch dass sie den Menschen endgültig befreie, sondern dass wir im Blick auf die Ambivalenzen der Technik jeweils spezifische Situationen hinsichtlich der befreienden und determinierenden Momente betrachten müssen, um dies dann im Hinblick auf die entsprechende Selbstdeutung und der mit ihr korrespondierenden Handlungsoptionen zu thematisieren. Um derartige Einschätzungen aber philosophisch rechtfertigen zu können, muss der Geltungsanspruch möglicher Urteile über die Technik näher betrachtet werden. Um in dieser Frage Orientierung zu bekommen, soll die Gerichtshof-Metaphorik Kants und Cassirers aufgegriffen werden, um anhand dieser die zu berücksichtigenden Aspekte zu erarbeiten.

Juridische, forensische und tribunalistische Metaphoriken haben eine lange Tradition in der Geschichte der Philosophie.[875] Und insbesondere Kant hat sich bekanntlich der Gerichtshofmetaphorik gern bedient, um die unbestechlich kritische Arbeit der reinen Vernunft angesichts der großen metaphysischen Streitigkeiten zu unterstreichen[876] und um in der Unterscheidung der Frage „quid iuris" und „quid facti" den Typus transzendentalphilosophischen Argumentierens deutlich zu machen.[877] Auch in ethischen Fragen hat sich Kant der juridischen Metaphorik bedient und etwa vom Menschen „als dem angebornen Richter über sich selbst" gesprochen und das Gewissen den „inneren Gerichtshof" genannt.[878] Es ist nun Cassirer, der angesichts der Schwierigkeiten über die Einschätzung und ethische Bewertung der modernen Technik, die immerhin an philosophische Grundfragen wie Freiheit und Determinierung rührt, auch hier die Gerichtshofmetaphorik eingeführt hat, um für ein philosophisch korrektes Vorgehen zu werben, dass sich nicht von einem simplizistischen Kulturpessimismus korrumpieren lässt.

Wenn ein Generalverdacht gegenüber der Technik und die damit verbundene Delegitimierung der Technik philosophisch nicht haltbar ist, scheint es aber doch so zu sein, dass wir der Registrierung von Entfremdungserfahrungen bedürfen; Cassirer selbst hatte ja sehr wohl die mit Technisierung verbundenen Entfrem-

875 P. L. Oesterreich: Richten.

876 Siehe etwa I. Kant: Kritik der reinen Vernunft, A XIf.

877 I. Kant: Kritik der reinen Vernunft, B 116.

878 I. Kant: Metaphysik der Sitten, A 98f.

dungserfahrungen ernst genommen. Da im Zuge dieser Untersuchung hermeneutische Aspekte des technischen Selbst- und Weltverständnisses eine zentrale Rolle spielen, stellt sich die Frage, ob wir eine „kritische Hermeneutik“[879] der technischen Welt etablieren können. Vor dem Hintergrund, dass wir die Technik durchaus als eine Art Sinngebilde verstehen können, da sich mit der Technik bestimmte Ansprüche, Hoffnungen und Lebensstile verbinden, soll im Blick auf Paul Ricoeurs Hermeneutik des Verdachts und in Auseinandersetzung mit Günther Anders die Möglichkeit einer kritischen Hermeneutik der technischen Welt als ein Instrument kritischer Selbstverständigung im Hinblick auf entfremdungsdiagnostische Auslegungsfiguren skizziert werden.

Da sich Entfremdungsdiagnosen hinsichtlich der Technik oftmals auf die als depraviert eingeschätzte „instrumentelle Vernunft“ bezieht, soll dieser Begriff abschließend untersucht werden – und zwar in doppelter Hinsicht: Zum einen soll derjenige Strang der Entfremdungskritik in den Blick genommen werden, in dem die instrumentellen Vernunft degradiert wird, und zum anderen sollen Argumente verschiedener Provenienz versammelt werden, die für die Notwendigkeit einer Rehabilitierung der instrumentellen Vernunft sprechen.

7.1 „Logodizee des Technischen“

Cassirer hat in *Form und Technik* nicht nur die symbolische Formungsleistung der Technik beschrieben, sondern auch die seinerzeit kursierenden Ängste ernst genommen; gleich im ersten Absatz spricht er von der Gefahr einer gesellschaftlichen „Unterwerfung“ unter Technisierungsprozesse.[880] Und so hat er im weiteren Verlauf des Textes das Entfremdungsthema explizit auf seine philosophische Agenda gesetzt.[881] Gleichzeitig hat er aber die „Rechtmäßigkeit“ der Klage gegen die Technik untersucht und dafür plädiert, hier genau hinzusehen, denn zum einen werden der Technik immer wieder Entfremdungserfahrungen angelastet, die nicht technikspezifisch sind und zum anderen muss das Problem der Technik überhaupt erst in philosophisch angemessener Weise erschlossen werden, um nicht einfach nur punktuell und unsystematisch einzelne als negativ eingeschätzte Folgen von Technik in den Blick zu bekommen.

---

879 Siehe zum Problem einer kritischen Hermeneutik E. Angehrn: Hermeneutik und Kritik.
880 E. Cassirer: Form und Technik, S. 139.
881 Siehe insbesondere ebd., S. 164 ff.

7.1.1 Die Klage gegen die Technik

Mit der These, dass die Technik nicht nur der Selbstbefreiung dient, sondern, im Gegenteil, dass sie die Freiheit unterlaufen kann, setzt sich Cassirer ausführlich auseinander; er nimmt die Entfremdungstheorien seiner Zeit ernst. Wie das Entfremdungsmotiv sich in der individuellen Erfahrung kristallisiert, zeigt vor allem Georg Simmel, auf den Cassirer immer wieder zu sprechen kommt.[882] Unter „Kultur“ versteht Simmel die „Verfeinerungen, die vergeistigten Formen des Lebens, die Ergebnisse der inneren und äußeren Arbeit an ihm“.[883] Dem individuellen Ausbildungsprozess kultureller „Verfeinerungen“ steht der „Objektivierungsprozeß der Kulturinhalte“ gegenüber; dies ist nach Simmel die „Tragödie der Kultur“, denn

> als ein tragisches Verhängnis – im Unterschied gegen ein trauriges oder von außen her zerstörendes – bezeichnen wir doch wohl dies: daß die gegen ein Wesen gerichteten, vernichtenden Kräfte aus den tiefsten Schichten eben dieses Wesens selbst entspringen.[884]

Das „subjektive Leben“, die Profilierung von Individualität, ist nicht mehr möglich, die „typische problematische Lage des modernen Menschen“ ist, dass er der Kultur zur Ausprägung seines individuellen Seins bedarf, dass er aber das Gefühl hat, „von einer Unzahl von Kulturelementen umgeben zu sein, die für ihn nicht bedeutungslos sind, aber im tiefsten Grunde auch nicht bedeutungsvoll“.[885] Vor diesem Hintergrund zieht sich bekanntlich durch Simmels Werk das Problem der Individualität; so geht es ihm etwa in der Unterscheidung von quantitativem und qualitativem Individualismus, wie Klaus Lichtblau formuliert, um die „Selbstverwirklichungschancen des einzelnen in einer durch vornehmlich anonyme Prozesse der Vergesellschaftung geprägten Welt.“[886] Individualität formuliert sich daher als „Widerstand des Subjekts, in einem gesellschaftlich-technischen Mechanismus nivelliert und verbraucht zu werden.“[887]

Während für Cassirer die Entfremdungsproblematik in den ersten Analysen der Technik im zweiten Band der *Philosophie der symbolischen Formen* keine Rolle spielt, nimmt er sich dieser Thematik ab *Form und Technik* intensiv an. Abgesehen

---

882 Etwa E. Cassirer: Zur Logik der Kulturwissenschaften, S. 462ff.; E. Cassirer: Form und Technik, S. 172. Siehe zum Verhältnis von Cassirer und Simmel B. Recki: Kultur als Praxis, S. 172ff.

883 G. Simmel: Philosophie des Geldes, S. 617.

884 G. Simmel: Der Begriff und die Tragödie der Kultur, S. 215.

885 Ebd., S. 216.

886 K. Lichtblau: Georg Simmel, S. 68.

887 Siehe dazu ebd., S. 84.

von der Kritik der Indienstnahmen der Medientechniken durch die totalitären Systeme im *Myth of the State*,[888] finden sich die kulturkritischsten Formulierungen Cassirers sicher in *Zur Logik der Kulturwissenschaften* – und es ist vielleicht kein Zufall, dass der Text in jenen schlimmen 1940er Jahren formuliert wird, in denen Heidegger die Technik als realitätsbestimmendes Thema für sich entdeckt –:

> Durch den Werkzeuggebrauch hat sich der Mensch zum Herrscher über die Dinge aufgeworfen. Aber diese Herrschaft ist ihm selbst nicht zum Segen, sondern zum Fluch geworden. Die Technik, die er erfand, um sich die physische Welt zu unterwerfen, hat sich gegen ihn selbst gekehrt. Sie hat nicht nur zu einer steigenden Selbstentfremdung, sondern zuletzt zu einer Art Selbstverlust des menschlichen Daseins geführt. Das Werkzeug, das zur Befriedigung menschlicher Bedürfnisse bestimmt schien, hat statt dessen unzählige künstliche Bedürfnisse geschaffen. Jede Vervollkommnung der technischen Kultur bleibt in dieser Hinsicht ein wahres Danaergeschenk.[889]

Noch vor dieser düsteren Kulturdiagnose nimmt sich Cassirer, wie gesagt, schon 1930 in *Form und Technik* der Entfremdungsproblematik an; Gewährsmann und Widerpart ist auch hier Simmel. Im metaphorischen Horizont der Kantischen Philosophie zeigt Cassirer aber nun, wie die Technik vor dem Gerichtshof der Vernunft gegenüber der Anklage, dass sie nur der Wirklichkeitsbemächtigung diene und den Menschen von sich selbst entfremde, erfolgreich verteidigt werden kann. In den Notaten zum vierten Band der *Philosophie der symbolischen Formen* nennt er dieses Vorhaben in Anspielung auf die theologische und religionsphilosophische Theodizee-Thematik eine „Logodizee des Technischen",[890] also die Verteidigung der Vernünftigkeit der Technik angesichts einzelner „verderblicher Wirkungen" der Technik. Cassirer lässt hierbei keinen Zweifel daran, dass im Fall der Logodizee des Technischen nicht alle Versuche zum Misslingen verurteilt sind.

Cassirer sieht zwar mit Simmel, dass sich auch die technischen Produktionen, wie alle kulturellen Formen, im anonymen Sein bestimmter Sachordnungen dem Menschen gegenüberstellen können; der Mensch scheint dann ein bloßes Teilstück des technischen Prozesses zu werden.[891] Cassirer mag hier nicht nur an Simmels Aufsatz *Der Begriff und die Tragödie der Kultur*, in dem bereits im ersten Satz die „Vergewaltigung" und das „Vergewaltigtsein" des Menschen durch seine Kultur diagnostiziert wird[892] – eine Diagnose, die Cassirer vehement kritisieren wird –, sondern auch an die kurze technikkritische Passage in *Philosophie des*

---

888 E. Cassirer: The Myth of the State, S. 273–291.

889 E. Cassirer: Zur Logik der Kulturwissenschaften, S. 384.

890 E. Cassirer: Zur Metaphysik der symbolischen Formen, S. 256.

891 E. Cassirer: Form und Technik, S. 172.

892 G. Simmel: Der Begriff und die Tragödie der Kultur, S. 195.

Geldes gedacht haben, in der Simmel von der Versklavung des Menschen durch die Maschine redet.[893] Darüber hinaus verdeutlicht Cassirer in *Form und Technik* die an Simmel angelehnte Entfremdungsdiagnose zugespitzt anhand der Änderung der Zeitstrukturen durch die Technik und mag hier Simmels Analysen zur Veränderung des „Tempos des Lebens" in der *Philosophie des Geldes* im Blick gehabt haben.[894] Dort beschreibt Simmel, wie schon erwähnt, die „Zusammendrängung der Lebensinhalte"[895] und es scheint, als stünde die „Steigerung des Lebenstempos"[896] durch den Geldverkehr Pate für die Phänomene der Technisierung der Lebenswelt.

Und angesichts dieser Anklageschrift ist zunächst die Aufgabe der Philosophie, genau hinzusehen. Doch die Philosophie dürfe, so Cassirer, beim bloßen Hinsehen nicht stehen bleiben, denn sie „steht freilich den Inhalten der geistigen Kultur nicht nur betrachtend und prüfend, sondern richtend gegenüber. Sie will nicht lediglich erkennen, sondern sie darf und muß anerkennen und verwerfen, beurteilen und werten, entscheiden und richten."[897]

7.1.2 Die Verteidigung der Technik

An dieser Stelle erfolgt nun Cassirers Auftritt als Anwalt der Technik vor dem Gerichtshof der Vernunft. Hierbei geht es ihm ausdrücklich um die *Verteidigung* der Technik vor dem „Richterstuhl" der Vernunft. Um die Strategie von Cassirers Anwaltschaft zu verstehen, müssen zwei Stoßrichtungen unterschieden werden. Zum einen müsse – um in der Metaphorik zu bleiben – vor allen Dingen geklärt werden, vor welchem Richterstuhl sich die Technik überhaupt verantworten muss, welcher Aspekt der conditio humana überhaupt in der Frage nach der Technik überhaupt zum Thema wird. Und zum anderen muss die Verortung der Technik in der modernen Kultur thematisiert werden, denn die Technik ist nicht losgelöst von dieser zu betrachten; hinsichtlich des zweiten Punktes formuliert Cassirer ein deutliches caveat: In einer seriösen Diskussion über die Probleme der Technik sollte man zunächst sauber zwischen den verschiedenen kulturellen Formen trennen und gesellschaftliche Probleme, die etwa Ökonomisierung mit sich bringt, nicht der Technik anlasten (diesen Punkt macht Cassirer gegen Walther Rathenaus

893 G. Simmel: Philosophie des Geldes, S. 673.
894 Ebd., S. 696 ff.
895 Ebd., S. 704.
896 Ebd., S. 706.
897 E. Cassirer: Form und Technik, S. 147.

Technikkritik stark).[898] Dies ist im Rahmen des Gerichtsprozesses gegenüber der Technik ein gewichtiger Punkt. Die Trennung zwischen ökonomischen und technischen Strukturphänomenen gehört zur Redlichkeit, mit der man „das Problem" der Technik zu beurteilen hat.

Das heißt aber, dass die Technik nicht per se zu einer entfremdenden Normierung von Individuen führt und dass die Technik nicht in herausragender Weise den Menschen entfremde; dies ist auch durch Bürokratisierungsvorgänge – Max Horkheimer sprach in diesem Zusammenhang von der Gefahr, dass das Denken zur „ancilla administrationis" wird[899] – oder durch Ökonomisierungstendenzen möglich. In diesem Sinne hat auch Cassirer unterstrichen, dass man Technik und Ökonomie nicht verwechseln dürfe; so schreibt er:

> Rathenau selbst läßt keinen Zweifel daran, daß all die Mängel und Schäden der modernen technischen Kultur, die er unerbittlich aufdeckt, nicht sowohl aus ihr selbst, sondern vielmehr aus ihrer Verbindung mit einer bestimmten Wirtschaftsform und Wirtschaftsordnung zu verstehen sind – und daß demnach jeder Versuch der Besserung an dieser Stelle des Hebels anzusetzen hat.[900]

Cassirer betont darüber hinaus sogar, dass diese Verbindung von Wirtschaft und Technik nicht aus dem „Geiste der Technik" zu erklären sei, sondern dass hier aufgrund der geschichtlichen Situation eine spezifische Allianz zu beobachten sei. Mit anderen Worten: Cassirer trennt hier begrifflich und sachlich sinnvoll zwischen dem Homo faber und dem Homo oeconomicus. Eine Trennung, die man sicher auf Marx zurückführen kann, der im *Kapital* aber letztlich die Ausbildung der technisierten Arbeitswelt auf die Veränderung der Produktionsverhältnisse zurückgeführt hatte. Auch wenn Friedrich Georg Jünger ebenfalls zwischen Homo faber und Homo oeconomicus unterscheidet, vertritt er doch die Gegenthese zu Cassirer und Marx: für ihn ist die Technisierungsdynamik die treibende Kraft, die die Veränderung der ökonomischen Verhältnisse bedingt.[901] Wie auch immer diese Zusammenhänge zu beschreiben und zu bewerten sind – das kann und soll hier nicht geleistet werden –, es dürfte deutlich geworden sein, dass die Technik weder vom gesellschaftlich-wirtschaftlichen Kontext, in dem menschliches Handeln stattfindet, noch vom kulturellen Rahmen, in den das menschliche Agieren eingebettet ist, zu isolieren ist.

Um der Technikkritik einen methodisch klaren Rahmen zu geben, betont Cassirer, dass es nicht ausreicht,

898 Ebd., S. 182.
899 M. Horkheimer: Zur Kritik der instrumentellen Vernunft, S. 75.
900 E. Cassirer: Form und Technik, S. 182.
901 F. G. Jünger: Die Perfektion der Technik, S. 33 ff.

> den verderblichen Wirkungen des rational-technischen Geistes, die offen zutage liegen, andere erfreuliche und wohltuende Folgen gegenüberzustellen und aus dieser Gegenüberstellung eine erträgliche oder günstige Bilanz zu ziehen, eine bestimmte ‚Lustsumme' zu errechnen.[902]

In der Bewertung der Technik kann es nicht nur und nicht in erster Linie um die Folgen gehen, sondern um die kritische Diskussion der Funktion, die die Technik für den Menschen hat. Daher betont er, dass die Frage über Wert und Unwert der Technik nicht dadurch entschieden werden kann,

> daß man ‚Nutzen' und ‚Nachteil' der Technik erwägt und gegeneinander aufrechnet – daß man die Glücksgüter, mit denen sie die Menschheit beschenkt, dem Idyll eines vortechnischen ‚Naturzustandes' entgegenhält und sie, in dieser Abwägung, zu leicht befindet. Hier geht es nicht um Lust oder Unlust, um Glück oder Leid, sondern um Freiheit oder Unfreiheit. Findet sich, daß das Wachstum technischen Könnens und technischer Güter notwendig und wesentlich ein immer stärkeres Maß an Gebundenheit in sich schließt, daß es die Menschheit, statt ein Vehikel zu ihrer Selbstbefreiung zu sein, mehr und mehr in Zwang und Sklaverei verstrickt: so ist der Stab über die Technik gebrochen.[903]

Der für die Technik zuständige Gerichtshof ist also derjenige, der über Freiheit und Unfreiheit richtet. Doch wann führt die Technik zu Unfreiheit? Dies ist dann der Fall, wenn sich die Technik nicht „friedlich und harmonisch" in die gesamte Kultur einordnet, sondern die anderen kulturellen Formen dominiert: „Sie beharrt nicht nur auf ihrer einen Norm, sondern sie droht diese Norm absolut zu setzen und sie den anderen Gebieten aufzuzwingen."[904] Hier könne nicht einfach die „Natur" als das andere der Technik Auskunft geben, unterstreicht Cassirer, wir haben es vielmehr mit einem Norm-Problem innerhalb der Ordnung der kulturellen Formen selbst zu tun. In einem solchen Fall könne aber das „Verdammungsurteil" nicht allein über die Technik gefällt werden, sondern es müsse die „gesamte geistige Kultur" betreffen.[905]

Dies führt zu zwei Befunden: Zum einen haben wir es mit einem Paradox zu tun, denn die Technik garantiert, wie oben gesehen, die Freiheit des Menschen, gleichzeitig soll sie diese aber als kulturelle Hegemonialisierung auch in Frage stellen können. Und zum anderen betont Cassirer, dass eine solche Hegemonialisierung nicht nur die Technik diskreditiert, sondern der Kultur überhaupt ihrer Grundlage beraubt, ist doch die Norm der Kultur, wie er im *Essay on Man* schreibt,

---

902 E. Cassirer: Form und Technik, S. 165.
903 Ebd., S. 172f.
904 Ebd., S. 173.
905 Ebd., S. 172.

die humane Selbstbefreiung: „Human culture taken as a whole may be described as the process of man's progressive self-liberation."[906]

Cassirers Kulturbegriff kann an dieser Stelle nicht vertieft werden,[907] Ansatzpunkt für die weiteren Überlegungen bleibt in diesem Zusammenhang die These, dass die Technik nicht isoliert von den anderen kulturellen Formen betrachtet werden kann: Wenn die technische Rationalität zur Norm der Kultur überhaupt werden kann, dann steht die gesamte Kultur einer Gesellschaft auf dem Prüfstand und nicht nur die Technik. Denn erst dann ist die Freiheit des Menschen gefährdet. Daher muss die Technikkritik die „Frage nach dem Menschen selbst" in den Mittelpunkt rücken.[908] Wie das aussehen kann, verdeutlicht Cassirer mit Schillers Essay über die *Ästhetische Erziehung des Menschen in einer Reihe von Briefen*, einen Text, den er ausdrücklich als Grundtext der modernen philosophischen Anthropologie liest. Schiller schlägt nach einer Entfremdungsdiagnose die Trias von Form-, Stoff- und Spieltrieb als ein anthropologisches Modell vor, in dem verschiedene Aspekte des Menschseins in einem freien Modus integriert werden können; dieses anthropologische Integrationsvorhaben will Cassirer auf die Technik erweitert wissen. Christian Bermes hat vor diesem Hintergrund betont, dass man Cassirers Anthropologie der Technik als eine andere Form von Technikfolgenabschätzung verstehen kann, wenn man den Menschen bzw. den Begriff des „Menschen" als eine „Folge" der Technik betrachtet.[909]

Indem Cassirer Schillers Spielbegriff aufgreift und als fundamentale anthropologische Charakterisierung versteht – „der Mensch spielt nur, wo er in voller Bedeutung des Worts Mensch ist, und er ist nur da ganz Mensch, wo er spielt",[910] zitiert er aus dem berühmten 15. Brief der *Ästhetischen Erziehung* –, unterstreicht er die Einsicht, dass das menschliche Selbst Kreuzungspunkt der kulturellen Formen und Maßstab der Freiheit ist. Wenn sich Cassirer in diesem Kontext der Metapher des Organischen bedient, um das kulturelle Leben zu beschreiben oder wenn er von der „organischen Einheit des Daseins"[911] spricht, dann steht das Organische für Lebendigkeit und Eigenständigkeit der verschiedenen kulturellen Formen. Dies ist sicherlich in der Tradition von Kants *Kritik der Urtheilskraft* zu sehen.[912]

906 E. Cassirer: An Essay on Man, S. 244.
907 Siehe dazu B. Recki: Kultur als Praxis; G. Hartung: Das Maß des Menschen.
908 E. Cassirer: Form und Technik, S. 165.
909 C. Bermes: Cassirers Konzeption einer Anthropologie der Technik, S. 585 ff.
910 F. Schiller: Über die ästhetische Erziehung des Menschen, S. 63.
911 E. Cassirer: Form und Technik, S. 173.
912 Siehe dazu auch A. Pieper: Technik und Humanität.

Ernst Bloch hatte in *Das Prinzip Hoffnung* von der „Entorganisierung"[913] durch die Technik gesprochen; dies kann man nun so reformulieren, dass die Technik nicht mehr in einen Gegensatz zur Natur gebracht wird. Denn der vermeintliche Bezug zur Natur oder zu „menschenferneren Naturgebieten" (so nennt das Bloch) braucht gar nicht mehr die Orientierungsnorm zu sein, sondern das Prinzip des Organischen, das Kant, wie gesehen, als den Wechselbezug von Mitteln und Zweck beschrieben hatte, kann selbst diese Orientierungsfunktion übernehmen. Insofern kann das Organische eine elementare sinnexplikative Funktion bekommen – die nicht unbedingt in einen Gegensatz zur Technik treten muss, sondern durchaus auch die Integration von Technik in Lebensvollzüge zur Folge haben kann.

Der anthropologische Zusammenhang des Organischen, Freien, Spielerischen, der es Kant erlaubt, Naturnotwendigkeit und Freiheit in einer Einheit zu denken, findet sich bei Cassirer in der Freiheit der gelebten Kultur wieder, die das Ziel aller wissenschaftlichen und technischen Fortschrittsprozesse sein muss. Wenn Cassirer in *Form und Technik* auf die dritte Kritik verweist,[914] scheint die Urteilskraft gewissermaßen eine zusätzliche Aufgabe zu bekommen: Sie muss nun nicht mehr nur zwischen Naturgesetzen und Freiheit, sondern auch zwischen der Freiheit, die der technischen Entfaltung inhärent ist und den Überformungen des Handelns durch die Normvorgaben der Technisierungsprozesse vermitteln können.

Cassirer betont, dass die Ziele nicht aus der Technik selbst kommen können und dass die Technik nicht in der Lage sei, „aus ihrem eigenen Kreis heraus [...] unmittelbar ethische Werte" zu schaffen."[915] Insofern stellt sich die Frage, wie die Ziele und Zwecke des Daseins bestimmt werden können. Wenn er dabei unterstreicht, dass die Technik niemals Selbstzweck sein könne und sich in ein „Reich der Zwecke" einzuordnen und sich an einer Teleologie zu orientieren habe, die Kant als „Ethiko-Teleologie" bezeichne,[916] dann wird deutlich, dass es um die Kompetenz der Urteilskraft auch bezüglich der Erkenntnis von technischen Strukturmomenten gehen muss. Die Urteilskraft ist bei Kant eine Kompetenz, die es erlaubt, zwischen theoretischer Erkenntnis und praktischen Einsichten zu vermitteln; eine Kompetenz, die den Menschen in Cassirers Interpretation in *Kants Leben und Lehre* schließlich befähigt, „das Ganze des natürlichen und des geistigen Lebens zu überblicken und von innen her als einen einzigen Organismus der

---

913 E. Bloch: Das Prinzip Hoffnung II, S. 815. Siehe dazu G. Gamm: Unbestimmtheitsstrukturen der Technik, S. 19.

914 E. Cassirer: Form und Technik, S. 182.

915 Ebd.

916 Kant spricht eigentlich von „Ethikotheologie" (I. Kant: Kritik der Urtheilskraft, S. 442 ff.), doch der Sache nach hat Cassirer natürlich recht.

‚Vernunft' zu begreifen."[917] Kant führt in der *Kritik der Urtheilskraft* eine kulturphilosophische Erweiterung der Leistung der Urteilskraft vor. Die „reflektierende Urteilskraft" ist in der Lage, den „letzten Zweck" des Menschen als die „Kultur" zu erfassen.[918] Die Kultur fungiert als Nährboden für die „Tauglichkeit" des Menschen, „sich selbst Zwecke zu setzen" und, so fährt Kant fort, „die Natur den Maximen seiner freien Zwecke überhaupt angemessen als Mittel zu gebrauchen".[919] Was Kant für die Natur formuliert, überträgt Cassirer auf die Technik. In diesem Sinne hätte Cassirer sagen können, dass die Urteilskraft erlaube, „die Technik den Maximen seiner freien Zwecke überhaupt angemessen als Mittel zu gebrauchen".

Dieses Vermögen der Urteilskraft, auf die Ziele und Zwecke zu reflektieren und dies mit der Sachgesetzlichkeit der Technik zu verbinden, ist indirekt auch eines der Argumente, die Cassirer gegen Simmel ins Feld führt. Dieser hatte in einer kurzen Passage der *Philosophie des Geldes* seine Technikkritik als die Dominanz der Mittel über die Zwecke gefasst; so schreibt er etwa: „[D]er Mensch [ist] gleichsam aus sich selbst entfernt, zwischen ihn und sein Eigentlichstes, Wesentlichstes, hat sich eine Unübersteigbarkeit von Mittelbarkeiten, technischen Errungenschaften, Fähigkeiten, Genießbarkeiten geschoben."[920] Cassirer würde Simmel antworten, dass dieser den Menschen zu einseitig zeichne und sich von einem anthropologischen Pessimismus leiten lasse. Ihm geht es, wenn man das so sagen kann, um eine „Entfatalisierung". Der Entfremdungsdiagnose kann gewissermaßen nur dann therapeutisch begegnet werden, wenn die Kategorie des Schicksalhaften mit der Freiheit in ein dialektisches Verhältnis gebracht wird. Die Suggestion der völligen Ausweglosigkeit aus den Verstrickungen der Technik unterminiert die Selbstauslegung. Die Selbstauslegung im Horizont des Technodeterminismus ist verzerrend, denn sie unterschlägt die humane Fähigkeit, die Verortung in der jeweiligen Ordnung kritisch zu reflektieren. Cassirers Logodizee des Technischen knüpft sich also ganz wesentlich an die Urteilskraft in ihrer Rolle als Vermittlerin zwischen dem Technischen und Praktischen und damit als sinnstiftende Kompetenz des Individuums. Auch Arendt hatte ja die Urteilkraft in das Zentrum ihrer Ethik gestellt.[921] Dabei hatte sie insbesondere die Bedeutung des Gemeinsinns betont. Auch wenn sie dabei vor einem anderen Hintergrund argumentiert, ist auch die Orientierung am Gemeinsinn für die Bewertung der Technik nicht zu unterschlagen.

---

917 E. Cassirer: Kant's Leben und Lehre, S. 346.
918 I. Kant: Kritik der Urtheilskraft, S. 429 ff.
919 Ebd., S. 431.
920 G. Simmel: Philosophie des Geldes, S. 674.
921 Siehe H. Arendt: Über das Böse.

Einen ähnlichen Aspekt arbeitet Cassirer in *Zur Logik der Kulturwissenschaften* heraus, indem er die intersubjektive, nicht-solipsistische Dimension der Kultur unterstreicht:

> Es wäre vergeblich, diese Tragödie zu leugnen oder sich mit irgendeinem oberflächlichen Trostmittel über sie hinwegsetzen zu wollen. Aber sie erhalten ein anderes Gesicht, wenn man den Weg, der hier gezeichnet ist, fortsetzt und bis zum Ende verfolgt. Denn am Ende dieses Weges steht nicht das Werk, in dessen beharrender Existenz der schöpferische Prozeß erstarrt, sondern das ‚Du', das andere Subjekt, das dieses Werk empfängt, um es in sein eigenes Leben einzubeziehen und es damit wieder in das Medium zurückzuverwandeln, dem es ursprünglich entstammt [...]. Es ist kein ‚Absolutes', an welches das Ich anstößt, sondern es ist die Brücke, die von einem Ichpol zum andern hinüberführt [...]. Der Lebensprozeß der Kultur besteht eben darin, daß sie in der Schaffung derartiger Vermittlungen und Übergänge unerschöpflich ist. Wenn wir diesen Prozeß ausschließlich oder vornehmlich vom Standpunkt des Individuums aus sehen, so behält er stets einen eigentümlich zwiespältigen Charakter.[922]

Cassirer macht zurecht darauf aufmerksam, dass wir die Technik ebenso wenig wie andere Kulturformen als eine dem Individuum anonym gegenüberstehende Größe betrachten dürfen; es ist einseitig, bloß das Produkt in den Blick zu nehmen, nicht aber die soziale Interaktion, die mit der Technik möglich ist und die sie bisweilen sogar erst garantiert. Diesen Aspekt übersieht auch Hannah Arendt, wiewohl er bei ihr implizit vorhanden ist, wenn sie nicht nur das Zerstörerische und Verfehlte der Technik hervorhebt, sondern wenn sie beschreibt, wie die Technik humanes Leben erst ermöglicht, weil sie dem flüchtigen Dasein Verlässlichkeit entgegensetzt und damit auch den Erinnerungsraum schafft, dessen wir bedürfen.[923]

Wenn es Cassirers These ist, dass die Technik nicht isoliert von der Kultur und der Gesellschaft, in der sie eingebettet ist, betrachtet und beurteilt werden kann, dann berührt er in diesem Punkt übrigens Adorno, der sich in seiner Rede über „Technik und Humanismus" ausdrücklich um eine Differenzierung und um eine Einordnung der Technik bemüht. Trotz einer gewissen Illusionslosigkeit („Nur in Schundromanen werden große medizinische Erfindungen aus Liebe zu den Menschen gemacht, oder kriegstechnische aus Patriotismus")[924] konstatiert er hinsichtlich der Technik:

> Ob die moderne Technik der Menschheit schließlich zum Heil oder Unheil gereicht, das liegt nicht an den Technikern, nicht einmal an der Technik selber, sondern an dem Gebrauch, den die Gesellschaft von ihr macht. Dieser Gebrauch ist keine Sache des guten oder bösen

---

922 E. Cassirer: Zur Logik der Kulturwissenschaften, S. 468 ff.
923 H. Arendt: Vita activa, S. 212, S. 227.
924 T. W. Adorno: Über Technik und Humanismus, S. 315.

> Willens, sondern hängt ab von der objektiven gesamtgesellschaftlichen Struktur. Die Technik würde nicht nur befreit werden, sondern auch zu sich selbst kommen in einer menschenwürdig eingerichteten Gesellschaft.[925]

Aus diesem Befund entwickelt Adorno einen Humanismus, der an die Flaschenpost-Metapher der *Dialektik der Aufklärung* erinnert, wenn er fordert, der „Bildung zum Überwintern zu verhelfen“; in diesem Kontext formuliert er ein utopisches Moment:

> Die Form, in der wir heute und hier allenfalls den Humanismus real erfahren können, ist die Unbestechlichkeit des Gedankens und die Unerschrockenheit im Angesicht der Unmenschlichkeit, die nicht von der Technik herrührt und nicht von den einzelnen Menschen, sondern von der Fatalität dessen, worin wir alle, ein jeder Mensch, auf der ganzen Welt eingespannt sind.[926]

Adornos Kritik können wir nach dem Gesagten auch so interpretieren, dass es ihm um den Technodeterminismus geht, also die Orientierung des individuellen Handlungs- und Entscheidungsraumes an das vermeintliche Vorab-Festgelegtsein durch die Technik. Technisierungsformen können daher den gemeinsamen Handlungsraum von Menschen strukturieren und dies kann in der Tat zu Überformung und Homogenisierung von Handlungsräumen führen. Die Änderungen im Selbst- und Weltverhältnis durch Technisierungsvorgänge können in der Tat durch gesellschaftliche Normvorgaben verschärft werden, wenn etwa die durch Technisierung verstärkte Akzelerierung bestimme Leistungsimperative hervorbringt. Insofern sind Ontologie, Metaphysik, Anthropologie und Sozialphilosophie der Technik nicht von einander zu trennen.

Vor dem Hintergrund dieser Logodizee des Technischen kann nun aus der Ambivalenz der Technisierung eine Entfremdungsdiagnostik entwickelt werden, die es erlaubt, einzelne Technisierungsformen als entfremdend auszuweisen, ohne „die“ Technik als solche zu desavouieren, denn dann können die durch die Selbstanpassung an Aspekte der Technisierungslogik möglichen Änderungen des individuellen Handlungsrahmens in den Blick kommen. Und damit kann die Entfremdungskritik eine philosophische Fundierung bekommen.

---

925 Ebd., S. 316.
926 Ebd., S. 317.

7.2 Entfremdungssensibilität

7.2.1 Zum Begriff der „Entfremdung"

Der Begriff der „Entfremdung" wurde im Laufe der Untersuchung immer wieder verwendet. Philosophen und Soziologen wie Rousseau, Wilhelm von Humboldt, Hegel, Schelling, Marx, Kierkegaard, Weber, Simmel, Lukács und Heidegger haben auf verschiedene Weise solche Erfahrungen beschrieben und sie explizit zu Charakteristiken des modernen Menschen gemacht. Ganz allgemein wird unter „Entfremdung" und „Selbstentfremdung" die Verfehlung des menschlichen Wesens in seiner Selbstentfaltung verstanden, wobei die gesellschaftlichen, ökonomischen und technischen Verhältnisse diese Selbstverfehlung bedingen.[927] Der Entfremdungsbegriff ist philosophisch und insbesondere ethisch schwer zu fassen, weil er auf essentialistischen Prämissen zu fußen scheint – ein unverdorbene menschliche Natur ist oftmals die Folie für Entfremdungsdiagnosen – und weil wir eines Gradmessers für Entfremdungserfahrungen bedürfen, weil sicher nicht jede Entfremdungserfahrung als Selbstverfehlung interpretiert und gewertet werden kann.

Dass man den Begriff der „Entfremdung" auch ohne Rekurs auf essentialistische Vorstellungen durchaus sinnvoll verwenden kann, hat Rahel Jaeggi in ihrer eingangs erwähnten Studie zu diesem Thema gezeigt.[928] Der Begriff der „Entfremdung" sensibilisiere ihrer Einschätzung nach vielmehr für Erfahrungen der Ohnmacht, Fragmentierung, Verarmung, des Sinnverlusts und der Unsicherheit. Daher betont Jaeggi, man könne die klassisch-aristotelische Frage nach dem guten Leben heute nur noch vor dem Hintergrund einer Entfremdungstheorie stellen:

> Entfremdungskritik ist immer schon verbunden mit der Frage danach, ‚wie wir leben wollen'. ‚Negativistisch' im Ansatz thematisiert der Entfremdungsbegriff dabei nicht nur, was uns daran hindert, gut zu leben, sondern vor allem auch, was uns daran hindert, die Frage danach, wie wir leben wollen, auch nur angemessen zu stellen.[929]

Entfremdung ist für Jaeggi also ein diagnostischer Begriff, der zugleich normativ und deskriptiv zu verstehen ist, als „ein Deutungsmuster, mithilfe dessen wir bestimmte Phänomene in der Welt gleichzeitig erschließen, interpretieren und

927 Siehe zur tragischen Dialektik der Selbstentfremdung in sündentheologischem Horizont L. Hühn: Selbstentfremdung und Gefährdung menschlichen Selbstseins.
928 R. Jaeggi: Entfremdung.
929 Ebd., S. 14.

beurteilen."[930] Das Problem bleibt: Wo ist der Richtwert? Brauchen wir nicht doch eine genaue Vorstellung eines wahren und authentischen Selbst? Oder eine Idee davon, wie eine intakte Welt aussehen könnte? Jaeggi lehnt strenge anthropologische Begründungsversuche ab:

> Wie soll man die menschliche Natur bestimmen, wenn doch zu gelten scheint, daß es zur Natur des Menschen gehört, in vielfältiger Hinsicht veränderbar und formbar zu sein? Und wie soll man in Bezug auf menschliche Lebensformen diejenigen hervorheben, die der ‚Natur des Menschen' wirklich entsprechen, wenn es doch zunächst als Faktum gelten muß, daß auch die als entfremdet kritisierten Lebensformen auf irgendeine Weise von Menschen entwickelt und befördert worden sind und von ihnen gelebt werden?[931]

Und vor diesem Hintergrund zeigt Jaeggi, dass wir nicht von unserem „eigentlichen" Wesen oder von einer festumrissenen menschlichen Natur auszugehen brauchen, um der Entfremdungskritik Kredit geben zu können; wir können uns mit guten Gründen und einiger Aussicht auf Erfolg damit begnügen, entfremdete Weisen des Lebensvollzugs zu identifizieren.

Auch wenn sie damit eine relativ enge Vorstellung hinsichtlich der Bedeutung von philosophisch-anthropologischen Überlegungen hat, zeigt Jaeggi plausibel, dass und wie der Entfremdungsbegriff für die Beschreibung von Selbstverhältnissen fruchtbar gemacht werden kann:

> Der Entfremdungsbegriff thematisiert, so verstanden, die komplexen Bedingungen dieses ‚Mit-sich-in-Verbindung-Bringens', ‚Sich-zuschreiben-Könnens' oder ‚Sich-zu-Eigen-Machens' der eigenen Handlungen, Wünsche (oder genereller: des eigenen Lebens) und die vielfältigen Obstruktionen und Störquellen, die diese Verhältnisse betreffen können. Man ist nicht immer schon ‚bei sich', Handlungen und Wünsche sind nicht selbstverständlich immer schon die ‚eigenen' und das Verhältnis zur umgebenden natürlichen wie sozialen Welt ist gleichermaßen konstitutiv wie bedroht.[932]

Entfremdung bezeichnet ein Sich-selbst-fremd-Werden, bezeichnet die Unmöglichkeit, bestimmte Ereignisse, Gefühle, Erinnerungen und Widerfahrnisse als eigene Erfahrung zu interpretieren, in sein Selbst zu integrieren. Während das *Sich-fremd-Werden* ein elementarer Aspekt der Selbsterfahrung und der Auseinandersetzung mit der eigenen und mit anderen Kulturen ist, bezeichnet die *Entfremdung* eine dauerhafte Identitätskrise.

---

930 Ebd., S. 44.
931 Ebd., S. 49.
932 Ebd., S. 54.

Galimberti hat die These aufgestellt, dass die marxistische Rede von der Entfremdung in Bezug auf die Technik überholt sei, dass man nicht mehr von der Entfremdung durch das System, sondern von der Identifizierung mit dem System sprechen müsse:

> In questo caso non possiamo più parlare di *alienazione*, ma di *identificazione*, nel senso che il soggetto individuale non reperisce in sé altra identità al di fuori della funzione conferitagli dal sistema. Quando le leggi rigorose del sistema economico troveranno nelle leggi ancor più rigorose del sistema tecnico il loro condizionamento, allora l'identificazione degli individui con la loro funzione si sarà compiuta, e la funzionalità, divenuta autonoma, riassorbirà in sé ogni residuo senso di ciascuna identità.[933]

Damit nennt Galimberti einen Aspekt, der für die Einschätzung der Technik von Bedeutung ist, da offenbar die Selbstausrichtung an Funktionsweisen der Technisierung eine zentrale Quelle der Entfremdung darstellt. Gleichwohl besteht hier die Gefahr eines Kategorienfehlers, weil der genannte Identifizierungsvorgang als notwendige systemische Entwicklung dargestellt wird und nicht als ein problematisches Selbstverhältnis.

Insgesamt soll hier die These vertreten werden, dass man auf die Begriffe der „Entfremdung" und der „Selbstentfremdung" und die mit diesen verbundenen Formen der Selbstverfehlung, des Selbstverlusts und der Desintegrationserfahrung philosophisch nicht verzichten braucht, dass man mit guten Gründen auf sie rekurrieren kann und dass sie für die humane Orientierung sogar von großer Bedeutung sind – dass diese Begriffe gleichzeitig aber sehr vorsichtig verwendet werden müssen. Sie können dazu dienen, einzelne Phänomene zu identifizieren und Aspekte der Technisierung sowohl zu erschließen als auch zu kritisieren, ohne in eine pauschalisierende Gesamtdiagnose der Moderne fallen zu müssen.

7.2.1 Entfremdungsdiagnostik als Hermeneutik des Verdachts

Die Kategorie der Entfremdung dient im Folgenden ganz im Sinne Rahel Jaeggis als Deutungsmuster, nicht als kulturkritischer Indikator einer umfassenden Ver-

---

933 U. Galimberti: Psiche e techne, S. 556. Meine Übersetzung: „In diesem Fall können wir nicht mehr von *Entfremdung*, sondern von *Identifizierung* reden in dem Sinne, dass das individuelle Subjekt in sich keine andere Identität jenseits der ihm vom System übertragenen Funktionen antrifft. Wenn die strengen Gesetze des ökonomischen Systems in den noch strengeren Gesetzen der Technik ihren Sachzwang finden, dann wird die Identifizierung der Individuen mit ihrer Funktion abgeschlossen sein; und die Funktionalität, autonom geworden, saugt in sich jeden Rest von Sinn einer jeden Identität auf."

fallsdiagnose. Wenn man also mit Jaeggi die Entfremdungsdiagnostik als ein Deutungsmuster nimmt, mit der wir bestimmte Phänomene erschließen und beurteilen, kann man auch Anders' Entfremdungsdiagnose als Möglichkeit verstehen, Technisierungsphänomene zu beschreiben, ohne dabei auf den Natur-Technik-Gegensatz zurückzugreifen. Anders stellt ein phänomenologisches Vokabular bereit, Selbstentfremdungsformen überhaupt beschreiben zu können. Damit sind dann „Selbsterlebensbeschreibungen", um eine Wendung von Jean Paul zu nehmen,[934] im eigentlichen Sinne erst möglich. Eine Selbstbeschreibung ohne ein differenziertes Vokabular muss auf dem Niveau von „Newspeak", der systematisch verarmten und reduktiv codierten Sprache in George Orwells Roman *1984* bleiben, mit der Erfahrungsreichtum und kritische Reflexion unterbunden werden sollen.

Ausgehend von Heideggers Theorie, dass der Technik eine bestimmte Auslegung von Wahrheit zugrunde liegt und das mit der Technik ein bestimmter Wahrheitsbegriff verbunden ist, der die Auslegung entsprechend leitet, soll gezeigt werden, dass der Ansatz, ein sich der technischen Auslegung derart entziehendes Sein anzunehmen, dass insgesamt nur in den defizienten Modi der „Verlassenheit" und „Vergessenheit" denkbar ist,[935] in vieler Hinsicht problematisch einzustufen ist, weil man dafür die Prämissen der Heideggerschen Seinsgeschichte teilen muss. Die bisherige Untersuchung dürfte gezeigt haben, dass allein schon die Marginalisierung oder sogar Negierung der humanen Perspektive und des Raum individueller Identitäten, wie sie die seinsgeschichtliche Konzeption nahe legt, hier in keiner Weise als plausibel angesehen werden.

Statt die Technik im Horizont der Seinsverlassenheit zu denken, soll hier für eine kritische Hermeneutik der technischen Welt plädiert werden, mit der Entfremdungserfahrungen mit Blick auf die technische Selbst- und Weltgestaltung beschrieben und erfahrbar gemacht werden können. Dafür kann man sich nun an der „Hermeneutik des Verdachts" im Sinne Paul Ricoeurs orientieren. In verschiedenen Texten, unter anderem in der Einleitung zu *Die Interpretation* hat Ricoeur die spezifische Auslegungsleistung von Nietzsche, Marx und Freud herausgehoben als eine „Hermeneutik des Zweifels", der es um „kein Herauslösen des Objekts" geht, sie sei vielmehr „ein Herunterreißen der Maske, eine die Verkleidungen reduzierende Interpretation."[936] Grundlage der Auslegung sei eine Art „durchtriebener Entstellung",[937] die es ermöglicht, sichtbar zu machen, was sonst nicht sichtbar wäre – ein Konzept, das er übrigens trotz aller Sympathie für

934 Siehe D. Thomä: Erzähle dich selbst, S. 27.
935 M. Heidegger: Beiträge zur Philosophie, etwa S. 113 ff.
936 P. Ricoeur: Die Interpretation, S. 43.
937 Ebd., S. 30.

Cassirer in kritischer Auseinandersetzung mit dessen Philosophie der symbolischen Formen entwickelt (dieser Zusammenhang braucht an dieser Stelle nicht weiter entfaltet zu werden).[938] Auf die weiterreichenden Fragen, die man hinsichtlich einer kritischen Hermeneutik, auch vor dem Hintergrund theorie- und methodengeschichtlicher Aspekte, hier zu diskutieren hätte,[939] soll an dieser Stelle nicht eingegangen werden; vielmehr soll ein möglichst konkreter Blick auf eine kritische Hermeneutik der Technik geworfen werden.

Im Zuge dieses Anliegens soll hier gezeigt werden, dass man die *Antiquiertheit des Menschen* von Günther Anders als einen Beitrag zu einer solchen Hermeneutik des Zweifels oder einer Hermeneutik des Verdachts hinsichtlich der technischen Zivilisation lesen kann. Denn Anders entwickelt Sprach- und Beschreibungsformen, um die Logiken, Genealogien, Strukturgesetzlichkeiten und Implikationen der Technik sichtbar und verstehbar zu machen.

Die Entfremdungsdiagnostik von Anders ist in einem besonderen Stil verfasst; er selbst nennt sein Schreiben und Denken eine „hybride *Kreuzung von Metaphysik und Journalismus*" und versteht darunter ein Philosophieren, „das die heutige Situation, bzw. charakteristische Stücke unserer heutigen Welt zum Gegenstande hat."[940] So geht es ihm um die Beschreibung der „Menschsituation" in der modernen technischen Zivilisation[941] und um eine *„philosophische Anthropologie im Zeitalter der Technokratie."*[942] Dabei lässt er sich – so fasst er es im Vorwort zur fünften Auflage der *Antiquiertheit des Menschen* zusammen – von drei Hauptthesen leiten. Erstens: wir sind der Perfektion unserer Produkte nicht gewachsen. Zweitens: wir können mehr herstellen als wir überblicken und verantworten können. Drittens: wir glauben, dass wir das, was wir können, auch tun dürfen. Anders hat versucht, Beschreibungsformen der durch Technisierungsprozesse veränderten Selbstwahrnehmungs- und Selbstdeutungsweisen zu finden. Anders' Beschreibungen sind zum Teil drastisch, doch können sie gerade deshalb ein Instrumentarium von Selbstbeschreibungen zur Verfügung stellen, das für feine Risse im Selbstverständnis sensibilisiert. Denn liest man Anders nicht als apokalypsediagnostischen Technikkritiker, sondern versteht seine Begriffe und Analysen als eine Art phänomenologisches „Vergrößerungsglas", dann kann man damit auch die subtilen Änderungen unseres Selbstseins durch Technisierungsprozesse wahrnehmen. So überspannt manches klingen mag, was Anders über die

---

938 Ebd., S. 21 ff.

939 Siehe dazu G. Figal: Verstehen – Verdacht – Kritik; E. Angehrn: Hermeneutik und Kritik.

940 G. Anders: Die Antiquiertheit des Menschen I, S. 8. Siehe zu Anders grundsätzlich H. Hildebrandt: Weltzustand Technik.

941 G. Anders: Die Antiquiertheit des Menschen I, S. VII.

942 G. Anders: Die Antiquiertheit des Menschen II, S. 9.

Technisierungsvorgänge sagt, er generiert vielfältige sprachliche Formen und Figuren, die nicht selten durch Überraschungseffekte einen Zusammenhang erhellen. Anders geht es darum, eine Sprache für sein Unbehagen zu finden. Ausgangspunkt seiner Analysen ist die These vom „prometheischen Gefälle“: „Die Tatsache der täglich wachsenden *A-synchronisiertheit des Menschen mit seiner Produktwelt*, die Tatsache des von Tag zu Tag breiter werdenden Abstandes, nennen wir ‚*das prometheische Gefälle*‘.“[943]

Für seine Entfremdungsdiagnose verwendet Anders meist die Begriffe „Verdinglichung“ und „Selbstverdinglichung“, Begriffe, die seit Simmel und Lukács gebräuchlich sind und üblicherweise eine spezifische Form von Entfremdung bezeichnen. Anders hält die Selbstverdinglichung für eine Art masochistische, vom Menschen selbst gemachte, die conditio humana ebenso charakterisierende „höhere Gewalt“ wie Not, Krankheit, Alter und Tod.[944] Um seinen Verdinglichungsbegriff zu konturieren, unterscheidet er mehrere Stufen in der Geschichte der Verdinglichung. Nach der klassisch-kulturkritischen Stufe etwa bei Simmel oder auch Arendt will Anders eine zweite Stufe erkennen, in der der Mensch die Überlegenheit der Dinge anerkennt und sich mit ihnen gleichschaltet. In dieser zweiten Stufe bejaht der Mensch ausdrücklich seine eigene Verdinglichung bzw. verwirft sein Nicht-Verdinglichtsein als ein „Manko“.[945] Als dritte Stufe bezeichnet Anders die Situation, in der der Mensch sich das Verdinglichtsein so zu eigen gemacht hat, dass er „eingeschüchtert durch die Überlegenheit und durch die Übermacht der Produkte“, wie er es ausdrückt, „*in deren Lager desertiert.*“[946] Der Mensch schämt sich, „geworden, statt gemacht zu sein.“[947] Anders diagnostiziert daher eine „Selbsterniedrigung vor dem Selbstgemachten“.[948] Das Gefühl der „prometheischen Scham“ – das Gefühl der Unzulänglichkeit im Vergleich zur Perfektion der selbst hergestellten Produkte – wird eine Selbstentwürdigung gegenüber dem Selbstgemachten: „‚Vertauschung von creator und creatum‘ bedeutet hier daher, daß er die Ehre, die er seinen Dingen erweist, eigentlich sich selbst schuldet und allein sich selbst.“[949]

Selbstverdinglichend sind Technisierungsprozesse, wenn der Mensch nur noch als ein „Gerät für Geräte“ betrachtet wird – und wenn er sich selbst als ein solches betrachtet –, als Gerät, das möglicherweise eine Fehlkonstruktion sein

943 G. Anders: Die Antiquiertheit des Menschen I, S. 16.
944 Ebd., S. 48.
945 Ebd., S. 30.
946 Ebd.
947 Ebd., S. 24.
948 Ebd., S. 30.
949 Ebd., S. 25.

könnte,[950] oder wenn der Mensch nur noch als „Werkstück innerhalb bereits gebauter Maschinen oder innerhalb bereits festgelegter technischer Entwürfe" fungiert.[951] Der Mensch folge einer „imitatio instrumentorum" und führe die Selbstverwandlung den Geräten zuliebe durch.[952] Die Technik gibt die Norm vor, an die wir uns anzupassen haben. Anders formuliert dies in Abwandlung von Marx' Feuerbach-These: Es genügt nicht, den Leib zu interpretieren, man muss ihn auch verändern: „Und zwar täglich neu; und für jedes Gerät anders."[953] Daher betont Anders auch: „Was aus dem Leib werden soll, ist also jeweils durch das Gerät festgelegt; durch das, was das Gerät verlangt."[954] Die Technik und die sich aus ihr ableitenden Ansprüche an den Menschen überfordern ihn, machen ihn „antiquiert" im Vergleich zu seinen Maschinen, lassen ihn sein bloßes Selbstsein als Makel empfinden.[955]

Im zweiten Band der *Antiquiertheit des Menschen* beschreibt Anders die Implikationen der Technisierungsprozesse in Anspielung auf Kants „kopernikanische Drehung" als eine „tayloristische Drehung" (Frederick Winslow Taylor hatte Anfang des 20. Jahrhunderts die wissenschaftlichen Grundlagen für die Steigerung der betrieblichen Arbeitseffizienz gelegt). Die Technik steht für eine ebenso grundlegende Änderung des Welt- und Selbstbezugs, vergleichbar mit der Transzendentalphilosophie:

> Jeder, der einmal an einer Maschine gearbeitet hat, wird die Beobachtung gemacht haben, daß er diese erst dann als ‚seine' betrachtet hat, wenn seine von ihrem Gange erforderten Handgriffe eingegleist waren und automatisch vor sich gingen – wenn *er* also *ihre* war. Erst dadurch, daß wir uns an die Geräte adaptieren (nein, selbst diese Formulierung unterstellt noch zuviel Spontaneität), erst dadurch, daß *die Geräte uns an sich adaptieren*, kommt diejenige ‚adaequatio', nämlich ‚producti et hominis', zustande, die es uns dann nachträglich erlaubt zu glauben, daß unsere Welt ‚unsere', daß sie Ausdruck von uns heutigen Menschen sei.[956]

In seiner Variation der mittelalterlichen Wahrheitsformel „adaequatio rei et intellectus" ist für Anders die Übereinstimmung von Mensch und Maschine das zeitgemäße Wahrheitskriterium. Die tayloristische Drehung bezeichnet dann entsprechend die einseitige Orientierung des eigenen Selbstverständnisses an Funktionsweise und Effizienz der Technik.

---

950 Ebd., S. 32.
951 Ebd.
952 Ebd., S. 47.
953 Ebd., S. 38.
954 Ebd., S. 39.
955 Ebd., S. 75.
956 G. Anders: Die Antiquiertheit des Menschen II, S. 424.

Im Zentrum von Anders' Überlegungen steht die Scham: Der Mensch schämt sich angesichts der hohen Qualität der von ihm selbst gemachten Produktwelt. Die Scham ist auch an die leibliche Erfahrung des Menschen zurückgebunden, der sich „[i]n seiner fleischlichen Tölpelhaftigkeit" und wegen seiner „kreatürlichen Ungenauigkeit" schämt, „vor den Augen der perfekten Apparaturen stehen zu müssen".[957]

Mit dem Schambegriff erfasst Anders ein durch Technik verändertes Leibverständnis und die Implikationen für das Selbstverhältnis. Dabei geht es ihm nicht um die moralische Scham oder um eine existentielle Scham etwa im Sinne Sartres, die eintritt, wenn der Mensch sich durch den Blick des anderen seiner Erbärmlichkeit bewusst wird, sondern um ein Sich-selbst-Schämen angesichts einer technikinduzierten Unzulänglichkeitserfahrung. Anhand der Scham kann Anders die Identitätsstörung deutlich machen, die er als Folge von Technisierungsvorgängen betrachtet. Die prometheische Scham bezeichnet das Verhältnis der Perfektion der Technik zum als imperfekt empfundenen eigenen Selbst. Scham ist ein reflexives Verhältnis: Man verhält sich im Modus der Scham zu sich selbst, man begegnet sich als durch Angleichung an technische Normvorgaben optimierbar, man begegnet sich selbst, klassisch ausgedrückt, als zugleich identisch und nicht-identisch. Der Sich-Schämende wird mit der widerspruchsvollen Selbstbegegnung nicht fertig. Die Folge ist nach Anders Desorientiertheit, eine Störung der eigenen Identität.[958]

An dieser Stelle berührt sich der negativ-anthropologische Ansatz von Anders mit dem negativ-dialektischen Adornos. Adorno hat sich zwar intensiv mit der Genese der instrumentellen Vernunft auseinander gesetzt, kaum aber mit dem spezifischen Problem der Technik befasst; ihn interessierten in erster Linie die Verdinglichungsformen, in denen die Ökonomisierung des Subjekts manifest wird. Gemeinsam mit Max Horkheimer betont er etwa in der *Dialektik der Aufklärung*, dass die Technik das „Wesen" des Baconschen Diktums „Wissen ist Macht" sei:

> Es zielt nicht auf Begriffe und Bilder, nicht auf das Glück der Einsicht, sondern auf Methode, Ausnutzung der Arbeit anderer, Kapital. Die vielen Dinge, die es nach Bacon noch aufbewahrte, sind selbst wieder nur Instrumente: das Radio als sublimierte Druckerpresse, das Sturzkampfflugzeug als wirksame Artillerie, die Fernsteuerung als der verläßlichere Kompaß. Was die Menschen von der Natur lernen wollen, ist, sie anzuwenden, um sie und die Menschen vollends zu beherrschen. Nichts anderes gilt.[959]

957 G. Anders: Die Antiquiertheit des Menschen I, S. 23.
958 Ebd., S. 65f.
959 M. Horkheimer und T. W. Adorno: Dialektik der Aufklärung, S. 10.

Dieser apodiktisch reformulierte Topos der Technik als ein Instrument der (Natur-) Beherrschung führt auch bei Horkheimer und Adorno zum Thema der Selbstersetzung durch die Technik. In Auseinandersetzung mit Husserls *Krisis*-Schrift schreiben sie: „Denken verdinglicht sich zu einem selbsttätig ablaufenden, automatischen Prozeß, der Maschine nacheifernd, die er selber hervorbringt, damit sie ihn schließlich ersetzen kann."[960] Auch wenn Horkheimer und Adorno an dieser Stelle einen zentralen Punkt streifen, nämlich den, dass es in der Problematisierung der Technik auf die verfehlte Selbstauslegung ankommt, erfolgt diese Technikkritik doch eher am Rande und bleibt daher holzschnittartig.

In seinem Aphorismus 147 der *Minima Moralia* analysiert Adorno das Problem der Technik präziser.[961] Das Motto „Novissimum Organum" verweist wieder auf Bacon als einer der Fluchtpunkte seiner Überlegungen. Vor dem Hintergrund von Marx' Engführung von Ökonomisierungs- und Technisierungsvorgängen untersucht Adorno die Verdinglichung der Subjekte, die nicht mehr als „lebendige Zwecke", sondern als „Produktionsmittel" bestimmt sind. Dabei sei die „geläufige Rede von der ‚Mechanisierung' des Menschen" trügerisch, denn sie denke den Menschen als etwas Statisches, „das durch ‚Beeinflussung' von außen, Anpassung an ihm äußerliche Produktionsbedingungen gewissen Deformationen unterliege."[962] Adorno betont vielmehr, dass es sich hier um eine Deindividualisierung handelt, die auf einer bestimmten, an technichen Produktionsprozessen orientierten Selbstauslegung beruht:

> Das Ich nimmt den ganzen Menschen als seine Apparatur bewußt in den Dienst. Bei dieser Umorganisation gibt das Ich als Betriebsleiter so viel von sich an das Ich als Betriebsmittel ab, daß es ganz abstrakt, bloßer Bezugspunkt wird: Selbsterhaltung verliert ihr selbst.[963]

Dieser Verlust der eigenen Identität beruht auf einer Transformation des Selbst, das technische und ökonomische Handlungsstrukturen internalisiert. Das ist für Adorno ein pathologischer, ein schizoider Vorgang:

> Die im Individuum vollendete Arbeitsteilung, seine radikale Objektivation, kommt auf seine kranke Aufspaltung heraus [...]. Gerade der Übergang fester Eigenschaften in einschnappende Verhaltensweisen – scheinbar Verlebendigung – ist Ausdruck einer steigenden organischen Zusammensetzung. Quickes Reagieren, ledig der Vermittlung durchs Beschaf-

960 Ebd., S. 31.
961 T. W. Adorno: Minima Moralia, S. 307 ff.
962 Ebd., S. 307 f.
963 Ebd., S. 309.

fensein, stellt nicht Spontaneität wieder her, sondern etabliert die Person als Meßinstrument, disponibel und ablesbar für die Zentrale.[964]

Völlig überzeugend hebt Adorno hervor, dass bestimmte Verhaltenstypen (etwa das gern gesehene „quicke Reagieren") nicht als Spontaneität, also als Form von Freiheit missverstanden werden dürfen, sondern Ausdruck von Selbstanpassung an Technisierungsvorgänge sind; und in dieser Analyse von Entindividualisierungserscheinungen können wir die Struktur des Nichtseinsollenden erkennen, die Adornos negative Dialektik überhaupt, aber insbesondere auch derartige Phänomenerschließungen für eine Ethik der Technik anschlussfähig machen.

Die Befürchtung von Entindividualisierung und die Umstrukturierung der eigenen Identität durch Technisierungsvorgänge verweist auf die Frage nach der Instanz, die dazu in der Lage sein soll und die Heidegger etwa, so könnte man sagen, in den ontologischen Rahmenbedingungen der modernen Welt gesucht hatte („Seinsverlassenheit"). Adorno dagegen weist die gesellschaftlichen Zwänge auf, die aus der technischen Rationalität eine normierende Form von Rationalität machen. Die Instanz, die er für die Entfremdung verantwortlich macht, ist eine in sich falsche Gesellschaftsordnung. Für die hier verfolgte Fragestellung ist in diesem Kontext allerdings weniger die ontologische und gesellschaftliche Verfassung und deren Prinzipien von Bedeutung, sondern der individuelle Auslegungshorizont. Daher ist der Zusammenhang von Identitätsbildung und Technik ein zentraler Aspekt, weil die Art und Weise der Selbstauffassung von Technisierungsoptionen auch den Handlungsrahmen verändert.

Doch erlaubt die Diagnose, dass Technisierung Rückwirkungen auf individuelle Selbstverhältnisse hat, nicht den Schluss, dass wir es mit einem anonymen System zu tun haben, das Menschen gleichsam fernsteuert. Auch wenn sich der Bezugsrahmen des Menschen durch Technik nachhaltig ändert, wenn sich die Arbeitsbedingungen durch den Stand der Technik verändern, kann die Unausweichlichkeit der Selbstanpassung an Technisierungsprozesse nicht gedacht werden, ohne in einen performativen Widerspruch zu geraten. In der Beschreibung der „Macht" der Technik formuliert sich, wie Cassirer ja betont hatte, menschliche Freiheit aus.[965] Der befürchtete Selbstverlust wird zur Selbstbehauptung – so wie die technische Selbstbehauptung dialektisch auch den Selbstverlust impliziert.

964 Ebd., S. 310.
965 E. Cassirer: Form und Technik, S. 139 f.

7.3 Degradierung und Rehabilitierung der instrumentellen Vernunft

Adorno konstatiert in der „Zueignung" der *Minima Moralia* knapp: „Mittel und Zweck werden vertauscht."[966] Der Topos, dass Mittel und Zweck vertauscht werden bzw. dass alle Zwecke wieder zu Mitteln werden und Technisierung daher als ein infiniter Progress zu verstehen ist, findet sich immer wieder in der Literatur, etwa, wie gesehen, bei Simmel und Galimberti, unter anderem aber auch und besonders prägnant bei Hannah Arendt, die den genannten Topos in folgende Analyse überführt:[967] Zunächst betont sie, dass der Homo faber „keine andere Kategorie kennt als die Zweck-Mittel-Kategorie" und daher unfähig sei, „Sinn zu verstehen"; dass die Welt auch mit der Kategorie der Sinnhaftigkeit beschrieben werden kann, würde den Verstand des Homo faber übersteigen.[968] Dies erklärt sie mit einem Verweis auf Nietzsche und sagt, dass die moderne technische Welt als ein „Zweckprogressus ad infinitum"[969] zu verstehen sei. Und vor diesem Hintergrund umreißt sie die Weltanschauung des Homo faber als „konsequenten Utilitarismus" und der ihm eigenen „inhärenten Unfähigkeit", „den Unterschied zwischen Nutzen und dem Sinn einer Sache zu verstehen".[970]

Arendt will allerdings nicht die Zweckdienlichkeit als solche, den Gebrauch von Mitteln für einen Zweck kritisieren, sondern „die Verallgemeinerung der für die Herstellung gültigen Erfahrungen, in welcher Nutzen und Nützlichkeit die eigentlichen Maßstäbe für das Leben und die Welt der Menschen werden".[971] Dies sei auch der Grund für das oben erwähnte „Glückskalkül" des Homo faber, weil innerhalb des Utilitarismus „das Um-zu der eigentliche Inhalt des Um-willens geworden" sei, „was nur eine andere Art ist zu sagen, daß, wo der Nutzen sich als Sinn etabliert, Sinnlosigkeit erzeugt wird."[972] Parallel zu dieser Kritik des Nutzenkalküls wird im Umfeld der Frankfurter Schule die „instrumentelle Vernunft" immer wieder zum Gegenstand der Kritik. Instrumentelle Vernunft im Verständnis von Max Horkheimer gilt als „Mittelrationalität bei Verlust der rationalen Zwecksetzung", als „Verkehrung von Zweck und Mittel" und als „Verselbständi-

---

966 T. W. Adorno: Minima Moralia, S. 7.
967 H. Arendt: Vita activa, S. 183.
968 Ebd., S. 184.
969 Ebd., S. 182.
970 Ebd., S. 182f. Auf Hannah Arendts problematische Engführung der Philosophie Kants mit jener Art des Utilitarismus braucht an dieser Stelle nicht weiter eingegangen werden.
971 Ebd., S. 186.
972 Ebd., S. 183.

gung der Mittel".[973] Habermas schließlich hat vor diesem Hintergrund behauptet, dass die Eliminierung des Unterschieds von Praxis und Technik als der „ideologische Kern" des „technokratischen Bewußtseins" zu verstehen sei.[974] Die Struktur der instrumentellen Vernunft scheint die Praxis als menschliche Tätigkeitsform hinfällig werden zu lassen.

In der Auseinandersetzung mit Cassirer und dem Heidegger von *Sein und Zeit* – und in gewisser Hinsicht auch in derjenigen mit Platon – haben wir allerdings schon gesehen, dass die instrumentelle Vernunft eine elementare Rolle in der Weltorientierung spielt und dass sogar Formen des Wissens aus der instrumentellen Verfasstheit des menschlichen Erkenntnisvermögens – bei Cassirer – oder der Grundstruktur des In-Welt-Seins – bei Heidegger – generiert werden können. Gethmann entwickelt an Heideggers *Sein und Zeit* ganz explizit einen Praxisbegriff, der das technische Herstellen miteinschließt, im Sinne des „besorgenden" und „umsichtigen Umgangs".[975] Dabei sieht er die Zweck-Mittel-Organisation als Charakteristikum des Begriffs der „Praxis".[976] Also sind, so kann man zuspitzen, elementare Formen des Handels technisch.

Ausdrücklich in die Tradition des amerikanischen Pragmatismus hat Sennett wiederum seine Rehabilitierung der instrumentellen Vernunft gestellt, die er durch die Aufwertung der handwerklichen Fähigkeiten durchführen will.[977] Sennett hat sein Buch *Handwerk* in diesem Punkt gegen seine Lehrerin Hannah Arendt geschrieben, der er in der Einleitung seine Reverenz erweist, indem er von einer zufälligen Begegnung auf einer New Yorker Straße berichtet, bei der sie ihm eingeschärft hätte, dass der Homo faber in seinem technischen Herstellen nicht wisse, was er tue.[978] Zunächst bemerkt Sennett, dass Arendt ihrem Verständnis des Homo faber überhaupt ein enges Bild der conditio humana zugrundelege, das Freude, Spiel und Kultur unberücksichtigt lasse,[979] um dann seine Gegenthese zu formulieren, nämlich, „dass die Menschen durch die von ihnen hergestellten Dinge etwas über sich selbst lernen können, dass also materielle Kultur durchaus ihre Bedeutung hat."[980] Und daher ist Sennett überzeugt: „Wir können das materielle Leben humaner gestalten, wenn wir das Herstellen von Dingen besser

973 G. Schmid Noerr: Technik und Technikkritik im Denken Max Horkheimers, S. 63
974 J. Habermas: Technik und Wissenschaft als ‚Ideologie', S. 91.
975 C. F. Gethmann: Die Konzeption des Handelns in *Sein und Zeit*, S. 290.
976 Ebd., S. 291.
977 R. Sennett: Handwerk, S. 26.
978 Ebd., S. 9.
979 Ebd., S. 15.
980 Ebd., S. 18.

verstehen lernen.“[981] Dafür müsse auch das Erbe von „Bruchlinien“ überwunden werden, die in der Trennung von Theorie und Praxis, Technik und Ausdruck, Handwerker und Künstler und Hersteller und Benutzer bestehen. Zu diesen Bruchlinien ist auch die Dichotomisierung von Technik und Praxis zu zählen.

In ganz anderer Art hat sich Charles Taylor mit der instrumentellen Vernunft befasst und – bei aller Kritik derselben – ein Modell entwickelt, dass ebenfalls deren Rehabilitierung erlaubt. Taylor stellt sich die Frage, ob sich Technisierung so determinierend auswirken kann, dass wir berechtigterweise von einem „stahlharten Gehäuse“ im Sinne Max Webers sprechen könnten.[982] Taylor hat hier Zweifel, er ist vielmehr davon überzeugt, dass wir eine gewisse „Anzahl“ an Freiheitsgraden haben,[983] auch wenn die Bilder des stahlharten Gehäuses etwas Wahres über die technisierte Welt zum Ausdruck brächten.[984] Vor diesem Hintergrund schlägt er nun vor, die instrumentelle Vernunft nicht pauschal abzulehnen, sondern erst in ihren Grundzügen zu begreifen, auch gerade hinsichtlich des mit ihr verbundenen Ethos, um sie in einen verstehenden Vollzug integrieren zu können. Zunächst umreißt Taylor die Herkunft der instrumentellen Vernunft aus dem „Modell des als desengagiert hingestellten Subjekts“, denn

> [d]ieses Modell bietet ein Idealbild des menschlichen Denkens, das sich gelöst hat von seiner liederlichen Einbettung in unsere leibliche Konstitution, unsere dialogische Situation, unsere Gemütsbewegungen und unsere traditionellen Lebensformen, um zur reinen, sich selbst verifizierenden Rationalität zu werden.[985]

Aber statt nun angesichts dieses Porträts des desengagierten Subjekts in ein kulturkritisches Lamento zu verfallen, plädiert Taylor dafür, dieses Modell als das Ideal eines bestimmten Typus von Rationalität zu sehen, der eben auch von bestimmten Moralvorstellungen getragen ist. Dabei nennt Taylor in erster Linie die mit der technischen Rationalität verbundene Verantwortlichkeit des Machen-Könnens, das auch für die Herstellung von besseren Lebensbedingungen gilt. Aufgrund dieses Ideals betont er:

> Die instrumentelle Vernunft erreicht uns also mit ihrem eigenen reichhaltigen moralischen Hintergrund. Was sie antreibt, ist keineswegs bloß eine überentwickelte *libido dominandi.*

981 Ebd.
982 C. Taylor: Das Unbehagen an der Moderne, S. 105ff.
983 Ebd., S. 113.
984 Ebd., S. 110.
985 Ebd., S. 114.

> Dennoch hat es allzu oft den Anschein, als diene sie den Zwecken umfassenderer Kontrolle und technischer Herrschaft.[986]

Und vor diesem Hintergrund sagt er nun, dass wir auch angesichts der technischen „Auswüchse", die man etwa im Bereich der Medizin beobachten mag, das Ideal der instrumentellen Vernunft sehen müssen, das dahinter steht. Es kommt darauf an, das Ideal des desengagierten Subjekts nicht als Zerrbild des Menschen zu verstehen, sondern als Instanz einer in vielen Bereichen wichtigen und hilfreichen Rationalitätsform. Erst wenn wir die Technik in diesem Horizont verstehen, seien „alternative Formen der Rahmengebung" möglich.[987] Dieses Argument ist an dieser Stelle sehr knapp, aber Taylor meint damit, dass wir die Technik durch eine Ethik der Fürsorge „begrenzen" können, gerade wenn wir sie nicht dämonisieren.[988] Ob „Begrenzung", so wie er an dieser Stelle eingeführt wurde, der richtige Begriff ist, mag dahingestellt bleiben. Was aber deutlich geworden sein dürfte, ist, dass im Verstehen der Technik der Raum für die Ethik erschlossen werden kann. Insofern kann die Notwendigkeit und Richtigkeit der Rehabilitierung der instrumentellen Vernunft nur unterstrichen werden – dies schon allein aus dem Grund, weil sich mit der Degradierung der instrumentellen Vernunft gewichtige philosophische Probleme ergeben. So suggeriert etwa die abwertende Rede von der instrumentellen Vernunft, dass es noch eine andere Vernunft ganz anderen Typs geben muss. Doch diese Spaltung der Vernunft kann nicht einleuchten, die Rede von der instrumentellen Vernunft kann nur als Synekdoche möglich sein, um eine spezifische „Leistung", „Eigenschaft" oder „Fähigkeit" der Vernunft hervorzuheben. Menschen haben eine Vernunft, können aber verschiedene rationale Strategien verfolgen oder dem Handeln verschiedene Rationalitätstypen zugrunde legen. Des Weiteren dürfte aber auch deutlich geworden sein, dass in der Desavouierung der instrumentellen Vernunft auch Momente des Selbst- und Weltverständnisses des Menschen desavouiert werden, wodurch elementare anthropologische und ontologische Bezüge des menschlichen Seins ignoriert werden.

Auch diese Überlegungen können zeigen, dass wir vor einer Diagnose von Entfremdungsmomenten die verschiedenen Traditionslinien, die sich mit der instrumentellen Vernunft verbinden, nachzeichnen müssen, um die Tiefenstrukturen der Reflexion über das technische Vermögen des Menschen zu verstehen. Auf diese Weise können wir die instrumentelle Vernunft als solche rehabilitieren, ohne das Sensorium für Entfremdungssymptome aufgeben zu müssen.

986 Ebd., S. 117.
987 Ebd., S. 120, Fußnote.
988 Ebd., S. 119.

7.4 Fazit

Die Argumentationslinie dieses Kapitels zielte darauf ab, zu verdeutlichen, dass wir uns aufgrund der Begrenztheit unseres Erkenntnisvermögens hinsichtlich der Entscheidung über Determinierung oder Freiheit durch Technik, auf eine situationsorienterte Entfremdungsdiagnostik beschränken müssen – aber guten Gewissens auch auf diese beschränken können. Bereits im IV. Kapitel hatten wir die gravierenden Probleme der totalisierenden Rede über die Technik erarbeitet, um im V. Kapitel in einem dialektischen Raster Beschreibungsformen zu entwickeln, die es erlauben sollen, sowohl Selbstbehauptungs- als auch Selbstverlustdiagnosen in Bezug auf Technisierungsprozesse möglichst präzise zu erschließen.

Nun war die Frage offen, mit welcher Methode diejenigen Erfahrungen zugänglich gemacht werden können, die traditionell im Horizont von Entfremdungstheoremen benannt werden. Um pauschale Entfremdungsdiagnosen zu vermeiden, wurde für eine Hermeneutik der technischen Welt plädiert, die angelehnt an Ricoeurs Hermeneutik des Verdachts von der Möglichkeit der prinzipiellen Täuschung über die Güte von Technisierung ausgeht, um Verdachtsmomente zu identifizieren, die phänomennahe und situationsadäquate Verstehensprozesse in Gang setzen helfen. Dies geht nur mit einer Sprache, die in der Lage ist, auch subtile Änderungen des technischen Selbst- und Weltverhältnisses zu registrieren. Die Vielstimmigkeit, die die textnahe Generierung der Beschreibungsformen und Deutungsfiguren in dieser Studie überhaupt mit sich brachte, sollte die Vielschichtigkeit des uns zur Verfügung stehenden Repertoires von Begriffen, Gedankenfiguren und Formulierungsmöglichkeiten vor Augen führen.

8 Schluss

Die leitende Frage dieser Studie war, wie wir unser Handeln in der technischen Zivilisation beschreiben und verstehen können, wenn wir davon ausgehen, dass Handlungsrationalität und Rationalitätsformen technischer Ordnungs- und Strukturmomente interferieren können. Dies war in rein deskriptiver Hinsicht von Interesse, weil sich zeigte, dass Handlungsformen aus verschiedenen Gründen nicht isoliert von Technisierungsprozessen betrachtet werden können: So müssen wir davon ausgehen, dass es ein technisches Selbstverständnis des Handelnden gibt, der sich im Blick auf das technisch Mögliche, das technisch Unmögliche, vielleicht sogar auf technische Phantasien und Utopien hin entwirft. Gleichzeitig wissen Handelnde um die Konsequenzen und Implikationen technischer Interventionen und integrieren diese Art „technischer Logik“ in ihre Handlungsrahmen. Personen generieren Gründe im Blick auf Verfügungsräume, insofern finden sich immer Spuren instrumenteller Vernunft im Raum der Gründe. Schließlich wirkt die Anwendung von Technik und die entsprechende Gestaltung der Welt auf den Akteur und sein Selbstverständnis ebenfalls zurück, weil wir mittels Technik nicht nur Räume von Objektivität erschließen, sondern auch – wie bei der Etablierung und Differenzierung sprachlicher Ausdrucksformen oder epistemischer Zugänge zur Wirklichkeit – immer auch uns selbst begegnen. Der Zusammenhang von Handlungsformen und Technisierungsprozessen war auch in normativer Hinsicht von Bedeutung, da die Selbstdeutung im Spiegel von technischen Möglichkeiten oder in Bezug auf technische Rationalitätsformen häufig mit Entfremdungsdiagnosen in Verbindung gebracht wird und weil die Art und Weise, wie und als was wir uns selbst verstehen, Konsequenzen für unser Handeln hat.

Ausgehend von diesem Befund wurden Deutungsmuster und Beschreibungsformen erarbeitet, mit denen wir das technische Selbst- und Weltverhältnis in den Blick bekommen und die Spannungsmomente zwischen individueller Handlungsperspektive und technischem Deutungsrahmen identifizieren können. Dabei wurde zunächst auf eine Reihe philosophischer Selbstverständigungsversuche über die Technik zurückgegriffen, die in den 1930er bis 1960er Jahren entstanden sind, da sich hier zum einen die bis in die aktuellen Debatten gültigen Grundlinien anthropologischer und ontologischer Zugänge zum Phänomen der Technik ausgearbeitet finden, und da wir hier zum anderen ein Ringen um sprachliche Formulierungen beobachten können, mithilfe derer versucht wird, die Transformationsprozesse durch die moderne Technik adäquat zu beschreiben. Auch wenn wir uns von den Ausdrucksweisen einzelner Autorinnen und Autoren heute distanzieren – insbesondere Heidegger, Arendt und Anders finden zum Teil sehr drastische Worte in ihrer Auseinandersetzung mit der Technik –, helfen auch diese Versuche, Erfahrungsräume in Bezug auf die Technik lebendig zu halten, indem sie zu Neuformulierungen herausfordern.

In der Erarbeitung der Deutungsmuster und Beschreibungsformen wurden verschiedene Wege und Zugänge gewählt. *Erstens* wurde an verschiedenen Stellen der Untersuchung deutlich gemacht, dass wir in der Erfassung des technischen Selbst- und Weltverhältnisses immer auch die Genese desselben in den Blick nehmen müssen, da sich das Nachdenken über die Technik an philosophischen Sachproblemen vollzieht, die mit Änderungen von Wirklichkeitsverständnissen und Arbeitsverhältnissen zu tun haben, um daraus dann spezifische Probleme der Technik zu formulieren und zu profilieren. So ist es kein Zufall, dass Hegel die schon geläufige Mittel-Zweck-Kategorie deutlicher als seine Vorgänger auch im Hinblick auf das technische Mittel, das Werkzeug zu beschreiben versucht, um ein Charakteristikum der menschlichen Lebensform deutlicher zu konturieren und in sein Gesamtsystem zu integrieren; durch diese Konturierung wurde das technische Werkzeug als philosophisches Thema zwar nicht neu entdeckt, aber doch deutlich wiederbelebt. Daher war es auch wichtig, dass wir mit Blumenberg die „neue Qualität des Bewusstseins" als geistesgeschichtliche Kategorie zur Beschreibung von Technisierungs- und Modernisierungsprozessen thematisiert haben, denn für das Verständnis der Entstehung der modernen technischen Welt ist die Beschreibungsfigur, dass der Mensch seine Technizität wahrnimmt und als „Thema und Signatur" seiner Selbstdeutung und Selbstverwirklichung ergreift, von großer Bedeutung, weil auf diese Weise die Dynamiken technischer Prozesse mit Selbstdeutungsvorgängen verschränkt werden können; dies hat den Vorteil, dass wir nicht davon ausgehen müssen, dass technische Entwicklung „einfach so" passiert oder lediglich Produkt einzelner ingeniöser Individuen ist, sondern dass wir über humane Selbstdeutungshorizonte reden können, die sowohl aus Technisierungsprozessen gespeist werden, als auch dieselben erst ermöglichen. Ein Nährboden für die Technik sind darüber hinaus auch Träume und Utopien, die sich nicht zuletzt im prometheischen Selbstverständnis des Menschen als Motor für Technisierungsprozesse prismatisch brechen.

Zweitens musste ein systematischer Rahmen für die Beschreibung des technischen Selbst- und Weltverhältnisses erarbeitet werden. Ausgehend von der Einsicht, dass wir es hier immer mit der Doppelstruktur Selbst/Welt zu tun haben, wurden zunächst in der Perspektive anthropologischer Überlegungen in Auseinandersetzung mit Cassirer diejenigen Momente herausgearbeitet, die deutlich machen, dass die Entwicklung von Technik zum einen nur durch ein entsprechendes technisches Selbstverständnis möglich ist und gleichzeitig zum anderen auf die Selbsterkenntnis des Menschen zurückwirkt. Dabei ist das Verhältnis von Menschsein und Technik so verschränkt, dass die Ausbildung des Selbstbegriffes nur vor dem Hintergrund des sich als Homo faber verstehenden Menschen zu erklären ist. Komplementär dazu muss die Technik auch über das spezifisch mit ihr verbundene Verhältnis und Verständnis der Welt beschrieben werden. Dabei hat sich gezeigt, dass wir mit der Technik nicht nur „Objektivität" erzeugen, sondern dass wir die Technik im Horizont des Wahrheitsbegriffs betrachten müssen, um ihrem Begriff gerecht zu werden, da wir durch Technik Gegenstände erst konstituieren. Aus diesem Grund hat sie auch eine ontologische Dimension. Die Art und Weise, als was wir Menschen, Tiere und Dinge verstehen und wie wir mit ihnen umgehen, hängt auch von dem technischen Dispositiv ab, mit dem wir die Welt strukturieren. Diese ontologische Dimension musste hinsichtlich der Totalisierung, die dem „Weltzustand" Technik insbesondere von Heidegger, aber auch von Anders zugeschrieben wird, untersucht werden, da wir in den Totalisierungen der Technik Erklärungstypen erkennen können, die einschlägige Verständigungsmuster über die Technik charakterisieren, insbesonders verfallsgeschichtliche Ansätze und (häufig damit zusammenhängende) Modelle, die die Determinierung und Kanalisierung des Handelns in den Vordergrund stellen. Wie problematisch diese negativistischen Modelle auch sein mögen, sie reagieren offenbar auf eine Verunsicherungssituation und bieten in negativen Narrativen eine Erklärungsstruktur, wo Sinnbezüge fehlen. Im Zuge dieser Analysen wurde die Technik vor dem Hintergrund des nicht lösbaren metaphysischen Konflikts zwischen der These, dass die Technik den Menschen befreie, und der Antithese, dass sie den Menschen festlege und determiniere, beschrieben, um mit Kant zu argumentieren, dass die Lösung dieses Konflikts aus prinzipiellen Gründen nicht gefunden werden kann, da sowohl die durchgängige Befreiung durch Technik als auch die vollständige Determinierung unseren Erkenntnisrahmen überschreitet.

Drittens wurde daher ein dialektisch strukturiertes Raster entwickelt, in dem unter den Rubriken „Selbstbehauptung" und „Selbstverlust" eine Reihe von Deutungsmustern und Beschreibungsformen gebündelt und ausdifferenziert wurden, mit denen spezifische Phänomene von Technisierung erschlossen werden können, wie etwa die Erfahrungen von Desynchronisierung durch die Technisierungsprozessen inhärenten Akzelerierungstendenzen. Auch in diesem Kontext wurde auf den genannten Textcorpus und seine Vielstimmigkeit zurückgegriffen. Leitend in der Entwicklung dieses Rasters war die oben genannte Einsicht, dass wir uns der Entscheidung über Freiheit und Determinierung in Bezug auf die Technik aus guten Gründen enthalten können und vielmehr eines Instrumentariums bedürfen, mit denen einzelne Erfahrungen, Phänomene und Situationen adäquat erfasst werden können, um entsprechend Momente von Selbstbehauptung *und* Selbstverlust zu identifizieren und gegebenenfalls in ihrer Wechselseitigkeit dialektisch aufeinander beziehen können. Damit wird sowohl der pauschalen Technikkritik als auch dem unreflektierten Technikoptimismus eine Abfuhr erteilt. Entscheidend für die konkrete Einschätzung von Technisierungsformen ist daher die Etablierung eines an dem genannten dialektischen Raster ausgebildeten Sensoriums.

Viertens musste ein Zugang zum Thema gewählt werden, mit dem gezeigt werden kann, dass Technisierungsprozesse überhaupt in den Selbstdeutungshorizont handelnder Individuen integriert und damit Gegenstand normativer Orientierungen werden. Dafür wurde ein konzeptueller Rahmen entworfen, der es der ethischen Selbstverständigung erlaubt, anthropologische Aspekte zu berücksichtigen, denn der Selbstentwurf als Homo faber und das Selbstverständnis in Bezug auf technische Verfügungsformen sind elementare Momente der Selbstdeutung, die Konsequenzen für den individuellen Handlungshorizont haben können. Im Zuge der Argumentation wurde gezeigt, dass wir anthropologische Aspekte nicht nur auf verschiedenen Ebenen in ethischen Konzeptionen fruchtbar machen können, sondern auch, dass wir in einer Ethik auf die Reflexion auf anthropologische Rahmenvorstellungen nicht verzichten können; dies schon allein deshalb, weil das Bedürfnis nach normativer Selbstaufklärung als charakteristisch für die menschliche Lebensform betrachtet werden kann und weil wir in der Reflexion über Normen und Werte immer auch über „typisch menschliche" Verfehlungen und Befähigungen nachdenken müssen. Im Rahmen der Fragestellung dieser Studie wurde der Schwerpunkt auf die normative Orientierung gelegt, die eine pragmatische Anthropologie im Anschluss an Kant bieten kann. Dabei wurde die pragmatische Anthropologie in der Tradition der Moralistik gesehen, der es in der Beschreibung „menschentypischer" Täuschungen und Fallstricke in der sozialen Welt darum geht, einen Orientierungsrahmen zu entwickeln, der im Bereich „schwacher" Normen, also insbesondere in Fragen der Lebensführung fruchtbar gemacht werden kann. Wie dieser Ansatz in Bezug auf Technisierungsprozesse operationalisiert werden kann, wurde am Beispiel des sog. „Enhancements" vorgeführt, der vorderhand „freien" Selbstgestaltung durch bestimmte Medikamente. Dabei war zu zeigen, dass wir hier die anthropologischen Hintergrundannahmen und die Selbstdeutungsstrategien freilegen müssen, um Enhancements in angemessener Weise ethisch einzuschätzen. Die bloße Verständigung über ein „Verbot" oder die Verletzung grundlegender Normen wie der Autonomie schien in diesem Kontext nicht zielführend. Von ethischer Relevanz ist vielmehr der Zusammenhang von Selbstdeutungskategorien und normativen Einstellungen. So wurde herausgearbeitet, dass die Anpassung an Akzelierungsvorgänge durch die Übernahme der mit den Medikamenten verbundenen „Logik", effizienter Aufgaben erledigen zu können, oder die mit der Wirkweise der Medikamente einhergende „Verdürrung" des Erfahrungsraums, weil z. B. das Lernen in die Perspektive technisch herstellbarer Operabilität gerät, vor dem Hintergrund der oben genannten Deutungsmuster erschlossen werden können. Damit werden in dem Beispiel des Enhancements die Themen der Studie gebündelt: Wenn wir das „Problem" der Technik verstehen wollen, dann müssen wir das individuelle Handelnkönnen im Horizont der Selbstinterpretation in Bezug auf Technisierungsprozesse beschreiben. Aufgabe der Ethik ist es dann, diese Deutungsmuster herauszuarbeiten, um auf diese Weise zur Selbstaufklärung des handelnden Individuums beizutragen.

Insgesamt ging es darum, einen Raum moralischer Orientierung zu erschließen, der durch das Raster bestehender Normsysteme gewissermaßen hindurchfällt. Schlimme Verletzungen individueller Rechte durch Technik könnten etwa durch die Kantische Ethik thematisiert und kritisiert werden. In dieser Studie ging es dagegen um subtile Änderungen des Selbstverhältnisses und um die hieraus resultierenden Entfremdungserfahrungen, für deren Registrierung der hier vorgestellte hermeneutische Ansatz vorgeschlagen wurde. Dieser Ansatz erlaubt es, mögliche Entfremdungsphänomene zu erschließen, ohne „die Technik" im Ganzen zu deskreditieren, erlaubt Entfremdungssensibilität bei Fatalismusresistenz.

9 Paraethische Nachbemerkung: Von der Gelassenheit zum Zögern

Eine der zentralen Thesen dieser Untersuchung ist, dass das Handeln von Menschen durch ihr Selbst- und Weltverständnis bestimmt ist. Da dieses Selbst- und Weltverständnis sich aber wiederum durch die Praxis – und dabei eben auch in der Anwendung und Entwicklung von Technik – ausprägt und konturiert und wir es hier mit einem Wechselverhältnis zu tun haben, bleibt in der Selbstdeutung notwendigerweise ein Rest von Unschärfe und Unbestimmtheit. Und dieser „Evidenzmangel" im Wissen um sich und die Welt führt, wie Blumenberg (mit Gehlen) unterstreicht, zu einem elementaren „Handlungszwang", insofern ist Handeln „die Kompensation der ‚Unbestimmtheit' des Wesens Mensch."[989] Aufgrund der Grundsituation konstitutiver Unbestimmtheitsstrukturen in der humanen Selbstauslegung muss der Mensch handeln, auch wenn dies nicht durch stabile Wesenseinsichten gedeckt ist.

Dieser Befund erlaubt nun eine abschließende Bemerkung zu einem Aspekt, den man prima vista vielleicht nicht an dieser Stelle vermuten würde und den man wohl noch weniger für ethisch relevant hielte: das Zögern. Gemeint ist ein Zögern, mit dem man sich den als determinierend erfahrenen Technisierungsvorgängen entziehen kann, Momente der Widerständigkeit und des möglichen Aufschubs erkennen kann, die etwaige reflexhafte, „automatisierte" Handlungsweisen unterbricht und Reflexionsräume eröffnet. Da in der Analyse der Entfremdungserfahrungen durch Technisierung den temporalphänomenologischen Überlegungen ein größerer Platz eingeräumt wurde, soll in dieser Nachbemerkung die Bedeutung von Zeitformen des Zögerns als eine „Haltung" gegenüber der Technik kurz umrissen werden. Dies kann man als eine Antwort auf Heideggers Begriff der „Gelassenheit" verstehen.

Heidegger hatte bekanntlich für Gelassenheit im Umgang mit der Technik plädiert. Seiner Meinung nach können wir gleichzeitig Ja und Nein zur Technik sagen:

> Wir können ‚ja' sagen zur unumgänglichen Benützung der technischen Gegenstände, und wir können zugleich ‚nein' sagen, insofern wir ihnen verwehren, daß sie uns ausschließlich beanspruchen und so unser Wesen verbiegen, verwirren und zuletzt veröden.[990]

989 H. Blumenberg: Anthropologische Annäherung an die Aktualität der Rhetorik, S. 108.
990 M. Heidegger: Gelassenheit, S. 22f.

In dieser Haltung werde unser Verhältnis zur technischen Welt „auf eine wundersame Weise einfach und ruhig."[991] Gleichzeitig bleibe man in dieser Haltung offen für das „Geheimnis".[992] Auch wenn das blinde Anrennen gegen die technische Welt sicher in der Tat „töricht" ist, wie Heidegger schreibt,[993] und auch wenn Gelassenheit in jedem Fall eine gute Grundhaltung ist, weil damit blinder Aktionismus vermieden werden kann, konturiert Heidegger seinen Gelassenheitsbegriff allerdings allzu quietistisch. Es scheint ihm gar nicht mehr darum zu gehen, dass Menschen auch mitbestimmen können, wie die technische Welt eingerichtet wird, in der sie leben wollen.

Um derartige Verständigungen und Reflexionen über die Technik, die wir als human einschätzen, zu ermöglichen, scheint man aber in erster Linie der Zeit zu bedürfen. Die durch technische Innovationen induzierten Beschleunigungserfahrungen in Wissenschaft und Alltag scheinen zu dem „Betrieb" zu werden, der Reflexion und Gestaltung erschwert. Daher scheint das Verhältnis von Technik und Zeit auch für die ethische Einschätzung von Technik von Bedeutung zu sein.

Wir haben gesehen, dass Blumenberg die Bedeutung der Zeitthematik für das Verständnis von Technisierung mehrfach unterstrichen hat; unter anderem hat er die Beschleunigungstendenz der Technik folgendermaßen beschrieben:

> Letztlich lassen sich alle technischen Entwicklungen direkt oder indirekt auf die Steigerung von Geschwindigkeiten zurückführen. Die Lebenszeit ist für den Menschen eine unveränderliche Größe; will er mehr Leistungen und Genuß, an Selbstdarstellung und Lebensfülle, muß er die Realisierung seiner Möglichkeiten in einer vorgegebenen Zeit beschleunigen.[994]

Wir können dank der Technisierung, sagt er an anderer Stelle, „Sprünge [...] machen, statt Schritte tun".[995] Und dies kann zur Antinomie zwischen „Leistung" und „Einsicht" führen: Die Leistung, die mit der Technisierung möglich ist, kann in einen Widerspruch zur Integration dieser Leistung in einen verstehenden Lebensvollzug geraten. Die von der Technik generierten Zeit-Strukturen sind mit unserem individuellen Zeithorizont nicht mehr zu synchronisieren. In solchen Fällen lässt die Technik, wie Blumenberg sagt, Geschichte aus. Das Problem der Technik habe daher etwas mit der „Verantwortung gegenüber der Geschichte" zu tun. Wenn Geschichte, mit Blick auf Blumenbergs Cassirer-Rede, die Aufgabe des

---

991 Ebd., S. 23.
992 Ebd., S. 24.
993 Ebd., S. 22.
994 H. Blumenberg: Geistesgeschichte der Technik, S. 93.
995 H. Blumenberg: Lebenswelt und Technisierung unter Aspekten der Phänomenologie, S. 50 f.

Lebendighaltens, des Nicht-Verlorengebens des Humanen ist,[996] dann ist das Auslassen von Geschichte ein Moment der Entfremdung.

Eine Reaktion auf derartige Verstehensverluste wäre der Wunsch nach Deakzeleration. Blumenberg hat unterstrichen, dass das Zögern ein Merkmal des Menschen sei, dass die „Kultur" durch den „Verzicht auf die raschen Lösungen" charakterisiert sei;[997] er hat den Menschen als ein zögerndes Wesen beschrieben, den Beinamen „cunctator" ins Spiel gebracht und den Menschen entsprechend Homo cunctator genannt.[998] Das Zögern wurde in letzter Zeit aus kulturwissenschaftlicher Perspektive immer wieder als anthropologisches Phänomen bemerkt. So hat etwa der Literaturwissenschaftler Joseph Vogl den Begriff des „Zauderns" in Blick genommen und auch direkt gegen Heideggers Gelassenheitsbegriff konturiert.[999] Ihn interessieren dabei

> Situationen und Umstände, die deshalb zeichenhaft werden, weil in ihnen das Tun wie dessen Weltbezug wenigstens für Augenblicke problematisch geworden sind. Im Zaudern verdichtet sich ein kritisches, krisenhaftes Verhältnis von Tat und Hemmung, Handeln und Grund, Gesetz und Vollzug; und dabei wird zwangsläufig der Boden aufgewühlt, auf dem überhaupt sich eine Welt, ein Weltverhalten konstituiert.[1000]

Im Zaudern geht es um Skepsis, nicht um Fatalismus, da im Zaudern das Handeln nur suspendiert, nicht aber völlig unterlassen wird. Im Zaudern kann auch die techniktypische Akzelerationsdynamik unterbrochen werden, ohne damit gegenüber der technischen Moderne insgesamt auf Distanz gehen zu müssen. Es entstehen Momente des Zweifels, der Skepsis und der Nachdenklichkeit – und damit bleibt auch in Bezug auf die Verfasstheit der technischen Welt und im Hinblick auf unsere Technisierungsabsichten nicht alles so selbstverständlich, wie es war.[1001]

Selbstverständlich gibt es Situationen, in denen es auf spontanes Handeln ankommt, doch gerade in komplexen Entscheidungssituationen, wenn bestimmte Handlungen nicht nur naheliegend, sondern alternativlos scheinen und das Sich-Einfinden in einen als unvermeidlich angesehenen Technodeterminismus Verstehensformen unterbindet und damit Handlungen beschleunigt, kann das Zaudern eine gute Haltung gegenüber der Technik sein. Im Zaudern kann man die Selbstdeutung und den Selbstanpassungszwang von Technisierungsvorgängen

996 H. Blumenberg: Ernst Cassirer gedenkend.
997 H. Blumenberg: „Nachdenklichkeit".
998 H. Blumenberg: Beschreibung des Menschen, S. 276.
999 J. Vogl: Über das Zaudern, S. 115.
1000 Ebd., S. 25.
1001 Siehe H. Blumenberg: „Nachdenklichkeit".

entkoppeln – und die Voraussetzung für das Glücklichsein schaffen. Adorno hatte in den *Minima Moralia* notiert: „Denn inmitten der allgemeinen Fungibilität haftet Glück ausnahmslos am Nichtfungiblen."[1002] Adornos apodiktische Formulierung ist der negativ-dialektischen Methode geschuldet: Doch im Zögern können wir auch in Technisierungsprozessen Momente des „Nichtfungiblen", des Individuellen, Nicht-Austauschbaren, Sinnhaften entdecken.

1002 T. W. Adorno: Minima Moralia, S. 155.

Literaturverzeichnis

Ach, Johann S./Pollmann, Arnd (Hg.): no body is perfect. Baumaßnahmen am menschlichen Körper – bioethische und ästhetische Aufrisse. Transcript: Bielefeld 2006.

Ackeren, Marcel van: têchne-Analogie. In: Christoph Horn, Jörn Müller, Joachim Söder (Hg.): Platon-Handbuch. Leben – Werk – Wirkung. Metzler: Stuttgart 2009, S. 334 – 339.

Adam, Barbara: Das Diktat der Uhr. Zeitformen, Zeitkonflikte, Zeitperspektiven. Suhrkamp: Frankfurt am Main 2005.

Adorno, Theodor W.: Jargon der Eigentlichkeit. Zur deutschen Ideologie. Suhrkamp: Frankfurt am Main 1964.

Adorno, Theodor W.: Minima Moralia. Reflexionen aus dem beschädigten Leben. Suhrkamp: Frankfurt am Main 1969.

Adorno, Theodor W.: Negative Dialektik. Suhrkamp: Frankfurt am Main 1975.

Adorno, Theodor W.: Über Technik und Humanismus. In: Vermischte Schriften I. Theorien und Theoretiker. Gesellschaft, Unterricht, Politik [Gesammelte Schriften, Bd. 20.1]. Suhrkamp: Frankfurt am Main 1986, S. 310 – 317.

Agamben, Giorgio: Homo sacer. Die souveräne Macht und das nackte Leben. Suhrkamp: Frankfurt am Main 2002.

Aischylos: Der gefesselte Prometheus. Die Schutzsuchenden. Reclam: Stuttgart 1999.

Alsberg, Paul: Das Menschheitsrätsel. Versuch einer prinzipiellen Lösung. Sibyllen-Verlag: Dresden 1922. Bearbeitete Neuauflage unter dem Titel: Der Ausbruch aus dem Gefängnis. Zu den Entstehungsbedingungen des Menschen, hg. von Dieter Claessens. Focus: Gießen 1975.

Anders, Günther: Die Antiquiertheit des Menschen, Bd. 1: Über die Seele im Zeitalter der zweiten industriellen Revolution. Beck: München 1956.

Anders, Günther: Die Antiquiertheit des Menschen, Bd. 2: Über die Zerstörung des Lebens im Zeitalter der dritten industriellen Revolution. Beck: München 1980.

Angehrn, Emil: Kritik der Metaphysik und der Technik. Heideggers Auseinandersetzung mit der abendländischen Tradition. In: Dieter Thomä (Hg.): Heidegger-Handbuch. Leben – Werk – Wirkung. Metzler: Stuttgart/Weimar 2003, S. 268 – 279.

Angehrn, Emil: Hermeneutik und Kritik. In: Rahel Jaeggi und Tilo Wesche (Hg.): Was ist Kritik? Suhrkamp: Frankfurt am Main 2009, S. 319 – 338.

Arendt, Hannah: Vita activa oder Vom tätigen Leben. Piper: München 1981.

Arendt, Hannah: Elemente und Ursprünge totaler Herrschaft. Antisemitismus, Imperialismus, totale Herrschaft. Piper: München 1986.

Arendt, Hannah: Was ist Existenz-Philosophie? Anton Hain: Frankfurt am Main 1990.

Arendt, Hannah: Über das Böse. Eine Vorlesung zu Fragen der Ethik, hg. von Jerome Kohn. Piper: München 2006.

Aristoteles: De partibus animalium (Perì zóon mórion). In: Aristotelis Opera, Bd. 1. De Gruyter: Berlin 1960, S. 639 – 697.

Aristoteles: Nikomachische Ethik (Ethiká Nikomácheia). In: Aristotelis Opera, Bd. 2, S. 1094 – 1181.

Bacon, Francis: Neu-Atlantis. Reclam: Stuttgart 1982.

Bartels, Klaus: Der Begriff der Techne bei Aristoteles. In: Hellmut Flashar und Konrad Gaiser (Hg.): Synusia. Festgabe für Wolfgang Schadewaldt. Neske: Pfullingen 1965, S. 275 – 287.

Baruzzi, Arno: Mensch und Maschine. Das Denken sub specie machinae. Fink: München 1973.

Bayertz, Kurt (Hg.): Die menschliche Natur. Welchen und wieviel Wert hat sie? Mentis: Paderborn 2005.
Beauvoir, Simone de: Das andere Geschlecht. Sitte und Sexus der Frau. Rowohlt: Reinbek 1992.
Behrens, Rudolf/Moog-Grünewald, Maria (Hg.): Moralistik. Explorationen und Perspektiven. Fink: München 2010.
Benedikter, Roland (Hg.): Italienische Technikphilosophie für das 20. Jahrhundert. Frommann-Holzboog: Stuttgart, Bad Cannstatt 2002.
Benhabib, Seyla: Hannah Arendt. Die melancholische Denkerin der Moderne. Erweiterte Ausgabe. Suhrkamp: Frankfurt am Main 2006.
Berg, Christian/Charbonnier, Ralph/Gräb-Schmidt, Elisabeth/Wende, Sven (Hg.): Der Mensch als Homo faber. Technikentwicklung zwischen Faszinosum und Verantwortung. Forum Technikethik Loccum 1999. LIT: Münster u.a. 1999.
Bergson, Henri: Schöpferische Entwicklung. Eugen Diederichs: Jena 1912.
Bergson, Henri: Denken und schöpferisches Werden. Aufsätze und Vorträge. Europäische Verlagsanstalt: Hamburg 1993.
Bermes, Christian: Technik als Provokation zur Freiheit. Cassirers Konzeption einer Anthropologie der Technik. In: Birgit Recki (Hg.): Philosophie der Kultur – Kultur des Philosophierens. Ernst Cassirer im 20. und 21. Jahrhundert. Meiner: Hamburg 2012, S. 583–599.
Bernhard, Thomas: Alte Meister. Suhrkamp: Frankfurt am Main 1985.
Birnbacher, Dieter: Natürlichkeit. De Gruyter: Berlin, New York 2006.
Birnbacher, Dieter: Bioethik zwischen Natur und Interesse. Suhrkamp: Frankfurt am Main 2006.
Bittner, Uta/Müller, Oliver: Technisierung der Lebensführung. Zur ethischen Legitimität des Einfrierens von Eizellen bei gesunden Frauen als Instrument der Familienplanung. In: Jahrbuch für Wissenschaft und Ethik 14 (2009), S. 23–45.
Bittner, Uta/Eßmann, Boris/Müller, Oliver: Vom Umgang mit Unzulänglichkeitserfahrungen. Die Enhancement-Problematik im Horizont des Weisheitsbegriffs. In: Jahrbuch für Wissenschaft und Ethik 15 (2010), S. 101–119.
Bloch, Ernst: Das Prinzip Hoffnung. Suhrkamp: Frankfurt am Main 1979.
Blumenberg, Hans: Das Verhältnis von Natur und Technik als philosophisches Problem. In: Studium Generale 4 (1951), S. 461–467.
Blumenberg, Hans: Technik und Wahrheit. In: Actes du XI. Congrès International de Philosophie, Bruxelles 20–26 août 1953, vol. II: Épistémologie. North-Holland Publication Company: Amsterdam, Louvain 1953, S. 113–120.
Blumenberg, Hans: Art. Kontingenz. In: Religion in Geschichte und Gegenwart, Bd. 3. Mohr: Tübingen 1959, Sp. 1793f.
Blumenberg, Hans: Weltbilder und Weltmodelle. In: Gießener Hochschulschriften 30 (1961), S. 67–75.
Blumenberg, Hans: Ordnungsschwund und Selbstbehauptung. Über Weltverstehen und Weltverhalten im Werden der technischen Epoche. In: Helmut Kuhn und Franz Wiedmann (Hg.): Das Problem der Ordnung [VI. deutscher Kongress für Philosophie]. Hain: Meisenheim am Glan 1962, S. 37–57. Zitiert nach: Alexander Schmitz und Bernd Stiegler (Hg.): Hans Blumenberg: Geistesgeschichte der Technik. Suhrkamp: Frankfurt am Main 2009, S. 99–136.

Blumenberg, Hans: Die Genesis der kopernikanischen Welt. Suhrkamp: Frankfurt am Main 1975.
Blumenberg, Hans: Arbeit am Mythos. Suhrkamp: Frankfurt am Main 1979.
Blumenberg, Hans: Ausblick auf eine Theorie der Unbegrifflichkeit. In: Schiffbruch mit Zuschauer. Paradigma einer Daseinsmetapher. Suhrkamp: Frankfurt am Main 1979, S. 85–106.
Blumenberg, Hans: „Nachdenklichkeit“. In: Neue Züricher Zeitung vom 22./23.11.1980, S. 65.
Blumenberg, Hans: Anthropologische Annäherung an die Aktualität der Rhetorik. In: Wirklichkeiten, in denen wir leben. Aufsätze und eine Rede. Reclam: Stuttgart 1981, S. 104–136.
Blumenberg, Hans: „Nachahmung der Natur“. Zur Vorgeschichte der Idee des schöpferischen Menschen. In: Wirklichkeiten, in denen wir leben. Aufsätze und eine Rede. Reclam: Stuttgart 1981, S. 55–103.
Blumenberg, Hans: Lebenswelt und Technisierung unter Aspekten der Phänomenologie. In: Wirklichkeiten, in denen wir leben. Aufsätze und eine Rede. Reclam: Stuttgart 1981, 7–54.
Blumenberg, Hans: Die Lesbarkeit der Welt. Suhrkamp: Frankfurt am Main 1981.
Blumenberg, Hans: Lebenszeit und Weltzeit. Suhrkamp: Frankfurt am Main 1986.
Blumenberg, Hans: Die Sorge geht über den Fluß. Suhrkamp: Frankfurt am Main 1987.
Blumenberg, Hans: Die Legitimität der Neuzeit. Erneuerte Ausgabe. Suhrkamp: Frankfurt am Main 1988.
Blumenberg, Hans: Paradigmen zu einer Metaphorologie. Suhrkamp: Frankfurt am Main 1998.
Blumenberg, Hans: Die Verführbarkeit des Philosophen. Suhrkamp: Frankfurt am Main 2000.
Blumenberg, Hans: Licht als Metapher der Wahrheit. Im Vorfeld der philosophischen Begriffsbildung. In: Anselm Haverkamp (Hg.): Ästhetische und metaphorologische Schriften. Suhrkamp: Frankfurt am Main 2001, S. 139–171.
Blumenberg, Hans: Beschreibung des Menschen. Aus dem Nachlaß hg. von Manfred Sommer. Suhrkamp: Frankfurt am Main 2006.
Blumenberg, Hans: Einige Schwierigkeiten, eine Geistesgeschichte der Technik zu schreiben. In: Alexander Schmitz und Bernd Stiegler (Hg.): Geistesgeschichte der Technik. Suhrkamp: Frankfurt am Main 2009, S. 7–47.
Blumenberg, Hans: Methodologische Probleme einer Geistesgeschichte der Technik. In: Alexander Schmitz und Bernd Stiegler (Hg.): Geistesgeschichte der Technik. Suhrkamp: Frankfurt am Main 2009, S. 49–94.
Böhme, Gernot: Leibsein als Aufgabe. Leibphilosophie in pragmatischer Hinsicht. Die graue Edition: Kusterdingen 2003.
Böhme, Gernot: Invasive Technisierung. Technikphilosophie und Technikkritik. Die graue Edition: Kusterdingen 2008.
Böhme, Gernot: Ethik leiblicher Existenz. Über unseren moralischen Umgang mit der eigenen Natur. Suhrkamp: Frankfurt am Main 2008.
Böhme, Gernot: Goethes Faust als philosophischer Text. Die Graue Edition: Kusterdingen 2005.
Böhme, Gernot: Technische Zivilisation. In: Technik und Gesellschaft 6 (1992), S. 17–39.
Böhme, Gernot/Manzei, Alexandra (Hg.): Kritische Theorie der Technik und der Natur. Fink: München 2003.
Boldt, Joachim/Maio, Giovanni: Neuroenhancement. Vom technizistischen Missverständnis geistiger Leistungsfähigkeit. In: Oliver Müller, Jens Clausen und Giovanni Maio (Hg.): Das

technisierte Gehirn. Neurotechnologien als Herausforderung für Ethik und Anthropologie. Mentis: Paderborn 2009, S. 383–397.
Borck, Cornelius: Zwischen Vermittlungskrise und Biopolitik. Der Aktionsradius der modernen Medizin. In: Thomas Lux (Hg.): Kulturelle Dimensionen der Medizin. Ethnomedizin – Medizinethnologie – Medical Anthropology. Reimer: Berlin 2003, S. 124–144.
Bourdieu, Pierre: Die politische Ontologie Martin Heideggers. Suhrkamp: Frankfurt am Main 1988.
Braun, Hans-Jürg/Holzhey, Helmut/Orth, Ernst Wolfgang (Hg.): Über Ernst Cassirers Philosophie der symbolischen Formen. Suhrkamp: Frankfurt am Main 1988.
Buchanan, Allen E.: Beyond humanity? The ethics of biomedical enhancement. Oxford University Press: Oxford u. a. 2011.
Cassirer, Ernst: Das Erkenntnisproblem in der Philosophie und Wissenschaft der neueren Zeit, Bd. 2. In: Gesammelte Werke [Hamburger Ausgabe], hg. von Birgit Recki. Meiner: Hamburg 1998 ff.
Cassirer Ernst: Kant's Leben und Lehre. In: Gesammelte Werke, Bd. 8.
Cassirer, Ernst: Vorrede und Einleitung zu: Gottfried Wilhelm Leibniz, Hauptschriften zur Grundlegung der Philosophie. In: Gesammelte Werke, Bd. 9, S. 515–598.
Cassirer, Ernst: Philosophie der symbolischen Formen. Zweiter Teil: Das mythische Denken. In: Gesammelte Werke, Bd. 12.
Cassirer, Ernst: Philosophie der symbolischen Formen. Dritter Teil: Phänomenologie der Erkenntnis. In: Gesammelte Werke, Bd. 13.
Cassirer, Ernst: Individuum und Kosmos in der Philosophie der Renaissance. In: Gesammelte Werke, Bd. 14, S. VI–220.
Cassirer, Ernst: Die Kantischen Elemente in Wilhelm von Humboldts Sprachphilosophie. In: Gesammelte Werke, Bd. 16, S. 105–133.
Cassirer, Ernst: Zur „Philosophie der Mythologie". In: Gesammelte Werke, Bd. 16, S. 165–195.
Cassirer, Ernst: Sprache und Mythos. Ein Beitrag zum Problem der Götternamen. In: Gesammelte Werke, Bd. 16, S. 227–311.
Cassirer, Ernst: Form und Technik. In: Gesammelte Werke, Bd. 17, S. 139–183.
Cassirer, Ernst: Kant und das Problem der Metaphysik. Bemerkungen zu Martin Heideggers Kant-Interpretation. In: Gesammelte Werke, Bd. 17, S. 221–250.
Cassirer, Ernst: Goethe und die geschichtliche Welt. Drei Aufsätze. In: Gesammelte Werke, Bd. 18, S. 353–434.
Cassirer, Ernst: An Essay on Man. An Introduction to a Philosophy of Human Culture. In: Gesammelte Werke, Bd. 23.
Cassirer, Ernst: Zur Logik der Kulturwissenschaften. In: Gesammelte Werke, Bd. 24, S. 355–486.
Cassirer: Ernst: The Myth of the State. In: Gesammelte Werke, Bd. 25.
Cassirer: Ernst: Zur Metaphysik der symbolischen Formen. In: Nachgelassene Manuskripte und Texte, Bd. 1, hg. von John Michael Krois und Oswald Schwemmer. Meiner: Hamburg 1995 ff.
Cassirer, Ernst: Geschichte der philosophischen Anthropologie. In: Nachgelassene Manuskripte und Texte, Bd. 6, S. 1–187.
Cassirer, Ernst: Seminar on Symbolism and Philosophy of Language. In: Nachgelassene Manuskripte und Texte, Bd. 6, S. 189–343.
Cues, Nicolaus von: Die Kunst der Vermutung. Auswahl aus den Schriften, hg. v. Hans Blumenberg. Schünemann: Bremen 1957.

DeGrazia, David: Prozac, Enhancement, and Self-Creation. In: Hastings Center Report, 30/2 (2000), S. 34–40.
Derrida, Jacques: Heideggers Hand (Geschlecht II). In: Peter Engelmann (Hg.): Postmoderne und Dekonstruktion. Texte französischer Philosophen der Gegenwart. Reclam: Stuttgart 1990, S. 165–223.
Diels, Hermann: Antike Technik. Sieben Vorträge. Teubner: Leipzig, Berlin 1914.
Ehrenberg, Alain: Das erschöpfte Selbst. Depression und Gesellschaft in der Gegenwart. Campus: Frankfurt am Main, New York 2004.
Elias, Norbert: Über den Prozeß der Zivilisation. Soziogenetische und psychogenetische Untersuchungen, Bd. 1: Wandlungen des Verhaltens in den weltlichen Oberschichten des Abendlandes. Suhrkamp: Frankfurt am Main 1997.
Elliott, Carl: Better than well. American Medicine meets the American Dream. Norton & Company: New York, London 2003.
Engelhardt, Dietrich von: Krankheit und Lebenskunst. Goethe als Patient im Urteil des Arztes, Naturphilosophen und Malers Carl Gustav Carus. In: Andrea Bartl und Antonie Magen (Hg.): Auf den Schultern des Anderen. Festschrift für Helmut Koopmann zum 75. Geburtstag. Mentis: Paderborn 2008, S. 43–62.
Eßmann, Boris/Bittner, Uta/Baltes, Dominik: Die biotechnische Selbstgestaltung des Menschen. Neuere Beiträge zur ethischen Debatte über das Enhancement. In: Philosophische Rundschau 58 (2011), S. 1–21.
Fahrenbach, Helmut: Heidegger und das Problem einer „philosophischen" Anthropologie. In: Vittorio Klostermann (Hg.): Durchblicke. Martin Heidegger zum 80. Geburtstag. Klostermann: Frankfurt am Main 1970, S. 97–131.
Falkenburg, Brigitte: Wissenschaft und Technik als symbolische Formen. In: Birgit Recki (Hg.): Philosophie der Kultur – Kultur des Philosophierens. Ernst Cassirer im 20. und 21. Jahrhundert. Meiner: Hamburg 2012, S. 567–582.
Feenberg, Andrew: Heidegger und Marcuse. Sündenfall und Erlösung der Aufklärung. In: Gernot Böhme und Alexandra Manzei (Hg.): Kritische Theorie der Technik und der Natur. Fink: München 2003.
Figal, Günter: Martin Heidegger. Phänomenologie der Freiheit. Athenäum: Frankfurt am Main 1988.
Figal, Günter: Die Komplexität philosophischer Hermeneutik. In: Der Sinn des Verstehens. Reclam: Stuttgart 1996, S. 11–31.
Figal, Günter: Erörterung des Nihilismus. Ernst Jünger und Martin Heidegger. In: Études germaniques 51 (1996), S. 717–725.
Figal, Günter: Martin Heidegger zur Einführung. Junius: Hamburg 1999.
Figal, Günter: Verstehen – Verdacht – Kritik. In: Rahel Jaeggi und Tilo Wesche (Hg.): Was ist Kritik? Suhrkamp: Frankfurt am Main 2009, S. 339–352.
Fink, Eugen: Grundphänomene des menschlichen Daseins, hg. von Egon Schütz und Franz Anton Schwarz. Alber: Freiburg, München 1979.
Fischer, Joachim: Philosophische Anthropologie. Eine Denkrichtung im 20. Jahrhundert. Alber: Freiburg 2008.
Fischer, Peter: Philosophie der Technik. Eine Einführung. Fink: München 2004.
Fischer, Peter (Hg.): Technikphilosophie. Von der Antike bis zur Gegenwart. Reclam: Leipzig 1996.
Förstl, Hans: Neuroenhancement. Gehirndoping. Nervenarzt 80 (2009), S. 840–846.
Foot, Philippa: Die Natur des Guten. Suhrkamp: Frankfurt am Main 2004.

Foucault, Michel: Die Ordnung der Dinge. Suhrkamp: Frankfurt am Main 1974.
Foucault, Michel: Die Sorge um sich. Sexualität und Wahrheit, Bd. 3. Suhrkamp: Frankfurt am Main 1986.
Freud, Sigmund: Totem und Tabu. Einige Übereinstimmungen im Seelenleben der Wilden und der Neurotiker. Fischer: Frankfurt am Main 1956.
Freud, Sigmund: Das Unbehagen in der Kultur. In: Das Unbehagen in der Kultur und andere kulturtheoretische Schriften. Fischer: Frankfurt am Main 2001, S. 29–108.
Freyer, Hans: Zur Philosophie der Technik. In: Blätter für deutsche Philosophie 3/2 (1929), S. 192–201.
Freyer, Hans: Über das Dominantwerden technischer Kategorien in der Lebenswelt der industriellen Gesellschaft. In: Peter Fischer (Hg.): Technikphilosophie. Von der Antike bis zur Gegenwart. Reclam: Leipzig 1996, S. 237–254.
Frisch, Max: Homo Faber. Ein Bericht. Suhrkamp: Frankfurt am Main 1977.
Fuchs, Markus et al. (2002): Enhancement. Die ethische Diskussion über biomedizinische Verbesserungen des Menschen [drze Sachstandsbericht Nr. 1]. Alber: Freiburg 2002.
Fuchs, Thomas: Leib – Raum – Person. Entwurf einer phänomenologischen Anthropologie. Klett-Cotta: Stuttgart 2000.
Fuchs, Thomas: Psychopathologie von Leib und Raum. Phänomenologisch-empirische Untersuchungen zu depressiven und paranoiden Erkrankungen. Steinkopff: Darmstadt 2000.
Fuchs, Thomas: Die Zeitlichkeit des Leidens. In: Martin Heinze, Christian Kupke und Christoph Kurth (Hg.): Das Maß des Leidens. Klinische und psychoanalytische Aspekte seelischen Krankseins. Königshausen und Neumann: Würzburg 2003, S. 59–78.
Fukuyama, Francis: Our posthuman Future. Consequences of the biotechnological Revolution. Farrar Straus & Giroux: New York 2002.
Gaier, Ulrich: Faust, Tragische Bilanz der Neuzeit. In: Fausts Modernität. Stuttgart 2000, S. 15–56.
Galert, Thorsten et al.: Das optimierte Gehirn. Ein Memorandum sieben führender Experten. In: Gehirn und Geist 11 (2009), S. 1–12. Zitiert nach der Online-Version: http://www.gehirn-und-geist.de/memorandum.
Galimberti, Umberto: Psiche e teche. L'uomo nell'età della tecnica. Feltrinelli: Mailand 1999.
Galimberti, Umberto: Die Technik und das Wesen des Menschen im 21. Jahrhundert. In: Roland Benedikter (Hg.): Italienische Technikphilosophie für das 21. Jahrhundert. Frommann-Holzboog: Stuttgart, Bad Cannstatt 2002, S. 11–32.
Gamm, Gerhard: Unbestimmtheitsstrukturen der Technik. In: Gerhard Gamm und Andreas Hetzel (Hg.): Unbestimmtheitssignaturen der Technik. Eine neue Deutung der technisierten Welt, hg. von Gerhard Gamm und Andreas Hetzel. Transcript: Bielefeld 2005, S. 17–35.
Gander, Hans-Helmuth: Konstitution des Selbst in Situationen. Zur Konzeption personaler Identität bei Martin Heidegger und Charles Taylor. In: Wolfgang Eßbach (Hg.): wir/ihr/sie. Identität und Alterität in Theorie und Methode. Ergon: Würzburg 2000.
Gander, Hans-Helmuth: Selbstverständnis und Lebenswelt. Grundzüge einer phänomenologischen Hermeneutik im Ausgang von Husserl und Heidegger. Klostermann: Frankfurt am Main 2001.
Gebauer, Gunter: Hand und Gewißheit. In: Dietmar Kamper und Christoph Wulf (Hg.): Das Schwinden der Sinne. Suhrkamp: Frankfurt am Main 1984, S. 234–260.

Gehlen, Arnold: Der Mensch und die Technik. In: Die Seele im technischen Zeitalter. Sozialpsychologische Probleme in der industriellen Gesellschaft. Rowohlt: Reinbek 1957, S. 7–22.
Gehlen, Arnold: Die Seele im technischen Zeitalter. Sozialpsychologische Probleme in der industriellen Gesellschaft. Rowohlt: Reinbek 1957.
Gehlen, Arnold: Ein Bild vom Menschen. In: Anthropologische Forschung. Zur Selbstbegegnung und Selbstentdeckung des Menschen. Rowohlt: Reinbek 1961, S. 44–54.
Gehlen, Arnold: Der Mensch. Seine Natur und seine Stellung in der Welt. Textkritische Edition unter Einbeziehung des gesamten Textes der 1. Auflage von 1940, hg. von Karl-Siegbert Rehberg [= Arnold-Gehlen-Gesamtausgabe, Bd. 3]. Klostermann: Frankfurt am Main 1993.
Gehlen, Arnold: Der Mensch. Seine Natur und seine Stellung in der Welt. Quelle & Meyer: Wiesbaden 1997.
Gehring, Petra: Was ist Biomacht? Vom zweifelhaften Mehrwert des Lebens. Camus: Frankfurt am Main, New York 2006.
Gerhardt, Volker: Selbstbestimmung. Das Prinzip der Individualität. Reclam: Stuttgart 1999.
Gerhardt, Volker: Individualität. Das Element der Welt. Beck: München 2000.
Gerhardt, Volker: Der Rest ist Warten. Von Heidegger führt kein Weg in die Zukunft. In: Dominic Kaegi und Enno Rudolph (Hg.): Cassirer – Heidegger. 70 Jahre Davoser Disputation. Meiner: Hamburg 2002, S. 183–206.
Gerhardt, Volker: Immanuel Kant. Vernunft und Leben. Reclam: Stuttgart 2002.
Gerhardt, Volker: Partizipation. Das Prinzip der Politik. Beck: München 2007.
Gerhardt, Volker: Homo publicus. In: Detlev Ganten, Volker Gerhardt, Jan-Christoph Heilinger und Julian Nida-Rümelin (Hg.): Was ist der Mensch? [Humanprojekt 3]. De Gruyter: Berlin 2008, S. 97–102.
Gerhardt, Volker: Menschwerdung durch Technik. Ernst Cassirers Theorie des Geistes. In: Birgit Recki (Hg.): Philosophie der Kultur – Kultur des Philosophierens. Ernst Cassirer im 20. und 21. Jahrhundert. Meiner: Hamburg 2012, S. 601–621.
Gethmann-Siefert, Annemarie/Pöggeler, Otto (Hg.): Heidegger und die praktische Philosophie. Suhrkamp: Frankfurt am Main 1988.
Gethmann, Carl Friedrich: Heidggers Konzeption des Handelns in *Sein und Zeit*. In: Annemarie Gethmann-Siefert und Otto Pöggeler (Hg.): Heidegger und die praktische Philosophie. Suhrkamp: Frankfurt am Main 1989, S. 140–176. Wiederschienen in und zitiert nach: Carl Friedrich Gethmann: Dasein: Erkennen und Handeln. Heidegger im phänomenologischen Kontext. De Gruyter: Berlin, New York 1993, S. 281–321.
Gethmann, Carl Friedrich: Dasein: Erkennen und Handeln. Heidegger im phänomenologischen Kontext. De Gruyter: Berlin, New York 1993.
Gethmann, Carl Friedrich: Wunscherfüllende Medizin. Kontingenzbewältigung oder Kontingenzbeseitigung? In: Dietrich Grönemeyer, Theo Kobusch und Heinz Schott unter Mitarbeit von Thomas Welt (Hg.): Gesundheit im Spiegel der Disziplinen, Epochen, Kulturen. Niemeyer: Tübingen 2008, S. 333–343.
Giedion, Siegfried: Die Herrschaft der Mechanisierung. Ein Beitrag zur anonymen Geschichte. Europäische Verlagsanstalt: Frankfurt am Main 1982.
Gloy, Karen: Das Verständnis der Natur I: Die Geschichte des wissenschaftlichen Denkens. Beck: München 1995.
Goebel, Bernd/Hauk, Anna Maria/Kruip, Gerhard (Hg.): Probleme des Naturalismus. Philosophische Beiträge. Mentis: Paderborn 2005.

Goethe, Johann Wolfgang von: Faust. Der Tragödie zweiter Teil. In: Werke [Hamburger Ausgabe], Bd. 3. Beck: München 1981.
Goethe, Johann Wolfgang von: Wilhelm Meisters Wanderjahre. In: Werke, Bd. 8.
Goethe, Johann Wolfgang von und Zelter, Karl Friedrich: Briefwechsel, hg. von Max Hecker. Insel: Frankfurt am Main 1987.
Goldstein, Kurt: Human Nature in the Light of Psychopathology. Schocken/Harvard University Press: Cambridge/Mass. 1963.
Gordijn, Bert/Chadwick, Ruth (Hg.): Medical Enhancement and Posthumanity. Springer: New York, Heidelberg 2008.
Graeser, Andreas: Ernst Cassirer. C.H. Beck: München 1994.
Greely, Henry et al.: Towards responsible use of cognitive-enhancing drugs by the healthy. In: Nature 456 (2008), S. 702–705.
Grunwald, Armin/Julliard, Yannick: Technik als Reflexionsbegriff. Überlegungen zur semantischen Struktur des Redens über Technik. In: Philosophía naturalis 42 (2005), S. 127–157.
Guardini, Romano: Briefe vom Comer See. Matthias-Grünewald-Verlag: Mainz 1953.
Gutmann, Mathias: Der Mensch als technisches Wesen. Systematische Überlegungen zum Verständnis menschlicher Konstitution. In: Gerhard Banse und Andrzej Kiepas (Hg.): Rationalität heute. Vorstellungen, Wandlungen, Herausforderungen. LIT: Münster 2002, S. 171–190.
Habermas, Jürgen: Die Dialektik der Rationalisierung. Vom Pauperismus in Produktion und Konsum. In: Arbeit, Erkenntnis, Fortschritt. Aufsätze 1954–1970. De Munter: Amsterdam 1970, S. 7–30.
Habermas, Jürgen: Soziologische Notizen zum Verhältnis von Arbeit und Freizeit. In: Arbeit, Erkenntnis, Fortschritt. Aufsätze 1954–1970. De Munter: Amsterdam 1970, S. 56–74.
Habermas, Jürgen: Marx in Perspektiven. In: Arbeit, Erkenntnis, Fortschritt. Aufsätze 1954–1970. De Munter: Amsterdam 1970, S. 74–80.
Habermas Jürgen: Der verschleierte Schrecken. Bemerkungen zu C. F. Weizsäckers „Mit der Bombe leben". In: Arbeit, Erkenntnis, Fortschritt. Aufsätze 1954–1970. De Munter: Amsterdam 1970, S. 92–96.
Habermas, Jürgen: Technik und Wissenschaft als ‚Ideologie'. Suhrkamp: Frankfurt am Main 1969.
Habermas, Jürgen: Die Zukunft der menschlichen Natur. Auf dem Weg zu einer liberalen Eugenik? Suhrkamp: Frankfurt am Main 2001.
Habermas, Jürgen: „Ich selber bin ja ein Stück Natur" – Adorno über die Naturverflochtenheit der Vernunft. Überlegungen zum Verhältnis von Freiheit und Unverfügbarkeit. In: Zwischen Naturalismus und Religion. Philosophische Aufsätze. Suhrkamp: Frankfurt am Main 2005, S. 187–215.
Han, Byung-Chul: Müdigkeitsgesellschaft: Mathes und Seitz: Berlin 2010.
Haraway, Donna: Ein Manifest für Cyborgs. Feminismus im Streit mit den Technowissenschaften. In: Carmen Hammer (Hg.): Die Neuerfindung der Natur. Primaten, Cyborgs und Frauen. Campus: Frankfurt am Main, New York 1995, S. 33–72.
Hard, Mikael/Jamison, Andrew: Hubris and hybrids. A cultural history of technology and science. Routledge: New York 2005.
Hartung, Gerald: Das Maß des Menschen. Aporien der philosophischen Anthropologie und ihre Auflösung in der Kulturphilosophie Ernst Cassirers. Velbrück Wissenschaft: Weilerswist 2003.

Hauskeller, Michael: Prometheus unbound. Transhumanist arguments from (human) nature. In: Ethical Perspectives 16 (2009), S. 3–20.
Hegel, Georg Wilhelm Friedrich: Phänomenologie des Geistes. In: Werke. Auf der Grundlage der Werke von 1832–1845 neu edierte Ausgabe. Redaktion Eva Moldenhauer und Karl Markus Michel, Bd. 3. Suhrkamp: Frankfurt am Main 1986.
Hegel, Georg Wilhelm Friedrich: Wissenschaft der Logik. In: Werke, Bd. 5 & 6.
Hegel, Georg Wilhelm Friedrich: Enzyklopädie der philosophischen Wissenschaften. In: Werke, Bd. 8–10.
Hegel, Georg Wilhelm Friedrich: Vorlesungen über die Philosophie der Religion. Werke, Bd. 16 & 17.
Hegel, Georg Wilhelm Friedrich: Jenaer Systementwürfe I. Das System der speculativen Philosophie. In: Gesammelte Werke, Bd. 6, hg. von der Rheinisch-Westfälischen Akademie der Wissenschaften. Meiner: Hamburg 1975.
Heidegger, Martin: Die Zeit des Weltbildes. In: Holzwege. Gesamtausgabe, Bd. 5. Klostermann: Frankfurt am Main 1975 ff., S. 73–110.
Heidegger, Martin: Nietzsche. Erster Band. In: Gesamtausgabe, Bd. 6.1.
Heidegger, Martin: Nietzsche. Zweiter Band. In: Gesamtausgabe, Bd. 6.2.
Heidegger, Martin: Die Frage nach der Technik. In: Vorträge und Aufsätze. Gesamtausgabe, Bd. 7, S. 5–36.
Heidegger, Martin: Wissenschaft und Besinnung. In: Vorträge und Aufsätze. Gesamtausgabe, Bd. 7, S. 37–65.
Heidegger, Martin: Überwindung der Metaphysik. In: Vorträge und Aufsätze. Gesamtausgabe, Bd. 7, S. 67–98.
Heidegger, Martin: Das Ding. In: Vorträge und Aufsätze. Gesamtausgabe, Bd. 7, S. 165–187.
Heidegger, Martin: Was heißt denken? In: Gesamtausgabe, Bd. 8.
Heidegger, Martin: Brief über den ‚Humanismus'. In: Wegmarken. Gesamtausgabe, Bd. 9, S. 313–364.
Heidegger, Martin: Der Satz der Identität. In: Identität und Differenz. Gesamtausgabe, Bd. 11, S. 31–50.
Heidegger, Martin: Die Kehre. In: Identität und Differenz. Gesamtausgabe, Bd. 11, S. 113–124.
Heidegger, Martin: Die Selbstbehauptung der deutschen Universität. In: Reden und andere Zeugnisse eines Lebensweges. Gesamtausgabe, Bd. 16, S. 107–117.
Heidegger, Martin: Platon: Sophistes. In: Gesamtausgabe, Bd. 19.
Heidegger, Martin: Grundprobleme der Phänomenologie. In: Gesamtausgabe, Bd. 24.
Heidegger, Martin: Hölderlins Hymnen „Germanien" und „Der Rhein". In: Gesamtausgabe, Bd. 39.
Heidegger, Martin: Nietzsche. Der europäische Nihilismus. Gesamtausgabe, Bd. 48.
Heidegger, Martin: Parmenides. In: Gesamtausgabe, Bd. 54.
Heidegger, Martin: Beiträge zur Philosophie (Vom Ereignis). Gesamtausgabe, Bd. 65.
Heidegger, Martin: Zu Ernst Jünger. Gesamtausgabe, Bd. 90. Klostermann: Frankfurt am Main 2004.
Heidegger, Martin: Gelassenheit. Klett-Cotta: Stuttgart 1959.
Heidegger, Martin: „Nur ein Gott kann uns retten". Spiegel-Gespräch mit Martin Heidegger am 23. September 1966. In: Der Spiegel, Nr. 23, 1976, S. 193–219.
Heidegger, Martin: Sein und Zeit. Niemeyer: Tübingen 1993.
Heidegger, Martin: Phänomenologische Interpretationen zu Aristoteles. Reclam: Stuttgart 2003.

Heilinger, Jan-Christoph: Anthropologische und Ethik des Enhancements. De Gruyter: Berlin 2010.
Heilinger, Jan-Christoph/Müller, Oliver: Der Cyborg und die Frage nach dem Menschen. Kritische Überlegungen zum „homo arte emendatus et correctus". In: Jahrbuch für Wissenschaft und Ethik 12 (2007), S. 21–44.
Heilinger, Jan-Christoph/King, Colin/Wittwer, Héctor: Individualität und Selbstbestimmung. Akademie-Verlag: Berlin 2009.
Held, Klaus: „Einleitung" zu Edmund Husserl: Phänomenologie der Lebenswelt. Ausgewählte Texte II. Reclam: Stuttgart 2002, S. 5–53.
Hildebrandt, Helmut: Weltzustand Technik. Ein Vergleich der Technikphilosophien von Günther Anders und Martin Heidegger. Metropol: Berlin 1990.
Höffe, Otfried: Moral als Preis der Moderne. Ein Versuch über Wissenschaft, Technik und Umwelt. Suhrkamp: Frankfurt am Main 1993.
Höffe, Otfried: Aristoteles. Beck: München 1999.
Höffe, Otfried: Lebenskunst und Moral. Oder macht Tugend glücklich? Beck: München 2007.
Hösle, Vittorio: Warum ist die Technik ein philosophisches Schlüsselproblem geworden? In: Praktische Philosophie in der modernen Welt. Beck: München 1992, S. 87–108.
Honneth, Axel: Verdinglichung. Eine anerkennungstheoretische Studie. Suhrkamp: Frankfurt am Main 2005.
Horkheimer, Max/Adorno, Theodor W.: Dialektik der Aufklärung. Philosophische Fragmente. Fischer: Frankfurt am Main 1969.
Horkheimer, Max: Zur Kritik der instrumentellen Vernunft. Fischer: Frankfurt am Main 2007.
Hubig, Christoph: Macht und Dynamik der Technik – Hegels verborgene Technikphilosophie. In: Die Weltgeschichte – Das Weltgericht?, hg. von Rüdiger Bubner und Walter Mesch. Klett-Cotta: Stuttgart 2000, S. 335–343.
Hubig, Christoph: Historische Wurzeln der Technikphilosophie. In: Christoph Hubig, Alois Huning und Günter Ropohl (Hg.): Nachdenken über Technik. Edition Sigma: Berlin 2000, S. 19–40.
Hubig, Christoph: Die Kunst des Möglichen, Bd. 1: Grundlinien einer dialektischen Philosophie der Technik. Transcript: Bielefeld 2008.
Hubig, Christoph/Huning, Alois/Ropohl, Günter (Hg.): Nachdenken über Technik. Edition Sigma: Berlin 2000.
Hubig, Christoph/Luckner, Andreas/Mazouz, Niels (Hg.): Handeln und Technik – mit und ohne Heidegger. LIT: Münster 2007.
Hühn, Lore: Die tragische Selbstverfehlung menschlicher Freiheit. Zu Schopenhauers Lektüre der Schellingschen Freiheitsschrift. In: István M. Fehér und Wilhelm G. Jacobs (Hg.): Zeit und Freiheit. Schelling, Schopenhauer, Kierkegaard, Heidegger. Éthos Könyvek: Budapest 1999, S. 127–150.
Hühn, Lore: Die Wahrheit des Nihilismus. Schopenhauers Theorie der Willensverneinung im Lichte der Kritik Friedrich Nietzsches und Theodor W. Adorno. In: Günter Figal (Hg.): Interpretationen der Wahrheit. Attempto: Tübingen 2002, S. 143–181.
Hühn, Lore: Selbstentfremdung und Gefährdung menschlichen Selbstseins. Zu einer Schlüsselfigur bei Schelling und Kierkegaard. In: Thomas Buchheim und Friedrich Hermanni (Hg.): „Alle Persönlichkeit ruht auf einem dunkeln Grunde". Schellings Freiheitsschrift. Akademie: Berlin 2004, S. 151–162.
Hühn, Lore: Kierkegaard und der Deutsche Idealismus. Konstellationen des Übergangs. Mohr Siebeck: Tübingen 2009.

Hühn, Lore/Schwab, Philipp (Hg.): Die Philosophie des Tragischen. Schopenhauer – Schelling – Nietzsche. De Gruyter: Berlin 2011.
Hülswitt, Tobias/Brinzanik, Roman: Werden wir ewig leben? Gespräche über die Zukunft von Mensch und Technologie. Suhrkamp: Berlin 2010.
Husserl, Edmund: Die Krisis der europäischen Wissenschaft und die transzendentale Phänomenologie. In: Husserliana, Bd. 6, hg. von Walter Biemel. Kluwer: Dordrecht, Boston, London 1954.
Ihde, Don: Technics and praxis. D. Reidel: Dordrecht, Boston, London 1979.
Illies, Christian: Philosophische Anthropologie im biologischen Zeitalter. Zur Konvergenz von Moral und Natur. Suhrkamp: Frankfurt am Main 2006.
Irrgang, Bernhard: Homo faber. Arbeit, technische Lebensform und menschlicher Leib. Königshausen und Neumann: Würzburg 2010.
Jaeggi, Rahel: Welt und Person: Zum anthropologischen Hintergrund der Gesellschaftskritik Hannah Arendts. Lukas: Berlin 1997.
Jaeggi, Rahel: Entfremdung. Zur Aktualität eines sozialphilosophischen Problems. Campus: Frankfurt am Main, New York 2005.
Jaspers, Karl: Vom Ursprung und Ziel der Geschichte. Piper: München 1949.
Jaspers, Karl: Philosophie I. Philosophische Weltorientierung. Springer: Berlin, Heidelberg 1973.
Jaspers, Karl: Philosophie II. Existenzerhellung. Springer: Berlin, Heidelberg 1973.
Jaspers, Karl: Notizen zu Martin Heidegger, hg. von Hans Saner. Piper: München 1978.
Jaspers, Karl: Zur geistigen Situation der Zeit. De Gruyter: Berlin 1979.
Jonas, Hans: Das Prinzip Verantwortung. Versuch einer Ethik für die technologische Zivilisation. Suhrkamp: Frankfurt am Main 1984.
Jonas, Hans: Technik, Medizin und Ethik. Praxis des Prinzips Verantwortung. Suhrkamp: Frankfurt am Main 1987.
Jonas, Julia/Lembeck, Karl-Heinz (Hg.): Mensch – Leben – Technik. Aktuelle Beiträge zur phänomenologischen Anthropologie. Königshausen und Neumann: Würzburg 2006.
Jünger, Ernst: Der Arbeiter. Herrschaft und Gestalt. Klett-Cotta: Stuttgart 1981.
Jünger, Ernst: Die totale Mobilmachung. In: Sämtliche Werke, Bd. 7. Klett-Cotta: Stuttgart 1980, S. 119–142.
Jünger, Georg Friedrich: Die Perfektion der Technik. Klostermann: Frankfurt am Main 1953.
Kästner, Erhart: Aufstand der Dinge. Byzantinische Aufzeichnungen. Insel: Frankfurt am Main 1973.
Kamlah, Wilhelm: Philosophische Anthropologie. Sprachkritische Grundlegung und Ethik. B. I.-Wissenschaftsverlag: Mannheim, Wien, Zürich 1973.
Kant, Immanuel: Kritik der reinen Vernunft. Meiner: Hamburg 1998. Zitiert nach der Erst- und Zweitausgabenpaginierung.
Kant, Immanuel: Allgemeine Naturgeschichte und Theorie des Himmels oder Versuch von der Verfassung und dem mechanischen Ursprunge des ganzen Weltgebäudes, nach Newtonischen Grundsätzen abgehandelt. In: Kant's gesammelte Schriften [= Akademie-Ausgabe, Bd. 1]. Reimer: Berlin 1902 ff., Bd. 1, S. 215–368.
Kant, Immanuel: Träume eines Geistersehers, erläutert durch Träume der Metaphysik. In: Akademie-Ausgabe, Bd. 2, S. 315–373.
Kant, Immanuel: Grundlegung zur Metaphysik der Sitten. In: Akademie-Ausgabe, Bd. 4, S. 385–464.
Kant, Immanuel: Kritik der Urtheilskraft. In: Akademie-Ausgabe, Bd. 5. S. 165–485.

Kant, Immanuel: Anthropologie in pragmatischer Hinsicht. In: Akademie-Ausgabe, Bd. 7, S. 117–333.
Kant, Immanuel: Brief an Marcus Herz („nach dem 11. Mai 1781"). In: Akademie-Ausgabe, Bd. 10.
Kant, Immanuel: Reflexionen zur Anthropologie. In: Akademie-Ausgabe, Bd. 15.
Kant, Immanuel: Erste Einleitung in die Kritik der Urtheilskraft. In: Akademie-Ausgabe, Bd. 20, S. 195–251.
Kapp, Ernst: Grundlinien einer Philosophie der Technik. Zur Entstehung der Cultur aus neuen Gesichtspunkten. Georg Westermann: Braunschweig 1877.
Karafyllis, Nicole C. (Hg.): Biofakte. Versuch über den Menschen zwischen Artefakt und Lebewesen. Mentis: Paderborn 2004.
Kato, Morimichi: Techne und Philosophie bei Platon. Peter Lang: Frankfurt am Main u. a. 1986.
Keil, Geert: Kritik des Naturalismus. De Gruyter: Berlin, New York 1993.
Keil, Geert: Willensfreiheit. De Gruyter: Berlin, New York 2007.
Keil, Geert/Schnädelbach, Herbert (Hg.): Naturalismus. Philosophische Beiträge. Suhrkamp: Frankfurt am Main 2000.
Kettner, Matthias (Hg.): Wunscherfüllende Medizin. Ärztliche Behandlung im Dienst von Selbstverwirklichung und Lebensplanung. Campus: Frankfurt am Main, New York 2009.
Kiesel, Helmuth: Ernst Jünger. Die Biographie. Seidler: München 2007.
Kipke, Roland: Besser werden. Eine ethische Untersuchung zu Selbstformung und Neuro-Enhancement. Mentis: Paderborn 2011.
Kittsteiner, Heinz Dieter: Mit Marx für Heidegger – mit Heidegger für Marx. Fink: München 2004.
Knoepffler, Nikolaus/Savulescu, Julian (Hg.): Der neue Mensch? Enhancement und Genetik. Alber: Freiburg 2009.
Konersmann, Ralf (Hg.): Wörterbuch der philosophischen Metaphern. Wissenschaftliche Buchgesellschaft: Darmstadt 2007.
Kogge, Werner: Technologie des 21. Jahrhunderts. Perspektiven der Technikphilosophie. In: Deutsche Zeitschrift für Philosophie 6 (2008), S. 935–956.
Krämer, Felicitas: Neuro-Enhancement von Emotionen. Zum Begriff emotionaler Authentizität. In: Bettina Schöne-Seifert, Davinia Talbot, Uwe Opolka und Johann S. Ach (Hg.): Neuro-Enhancement. Ethik vor neuen Herausforderungen. Mentis: Paderborn 2009, S. 189–217.
Kramer, Peter D.: Listening to Prozac. The Landmark Book about Antidepressants and the Remaking of the Self. Penguin Books: New York 1997.
Krockow, Christian Graf von: Die Entscheidung. Eine Untersuchung über Ernst Jünger, Carl Schmitt, Martin Heidegger. Campus: Frankfurt am Main, New York 1990.
Krohn, Wolfgang: Platons Philosophie der Technik. In: Gregor Schiemann, Dieter Mersch und Gernot Böhme (Hg.): Platon im nachmetaphysischen Zeitalter. Wissenschaftliche Buchgesellschaft: Darmstadt 2006, S. 155–178.
Krois, John Michael: Ernst Cassirers Theorie der Technik und ihre Bedeutung für die Sozialphilosophie. In: Phänomenologische Forschungen 15 (1983), S. 68–93.
Krois, John Michael: Symbolic Forms and History. Yale University Press: New Haven und London 1987.
Krüger, Hans-Peter: Die condition humaine des Abendlandes. Philosophische Anthropologie in Hannah Arendts Spätwerk. In: Deutsche Zeitschrift für Philosophie 55 (2007), S. 605–626.

Kube, Jörg: TEXNH und ARETH. Sophistisches und platonisches Tugendwissen. De Gruyter: Berlin 1969.
Landmann, Michael: De Homine. Der Mensch im Spiegel seines Gedankens. Alber: Freiburg 1962.
Landmann, Michael: Eine Lanze für das Schicksal. In: Das Ende des Individuums. Anthropologische Skizzen. Ernst Klett: Stuttgart 1971, S. 208–214.
Landmann, Michael: Philosophische Anthropologie. Menschliche Selbstdarstellung in Geschichte und Gegenwart. De Gruyter: Berlin, New York 1982.
Lanzerath, Dirk: Enhancement: Form der Vervollkommnung des Menschen durch Medikalisierung der Lebenswelt? – ein Werkstattbericht. In: Jahrbuch für Wissenschaft und Ethik 7 (2002), S. 319–336.
Lem, Stanislaw: Summa technologiae. Suhrkamp: Frankfurt am Main 1981.
Lemke, Thomas/Kollek, Regine: Hintergründe, Dynamiken und Folgen der prädiktiven Diagnostik. In: Willy Viehöver und Peter Wehling (Hg.): Entgrenzung der Medizin. Von der Heilkunst zur Verbesserung des Menschen? Transcript: Bielefeld 2011, S. 163–194.
Lenk, Hans: Macht und Machbarkeit der Technik. Reclam: Stuttgart 1994.
Leroi-Gourhan, André: Hand und Wort. Die Evolution von Technik, Sprache und Kunst. Suhrkamp: Frankfurt am Main 1980.
Lichtblau, Klaus: Georg Simmel. Campus: Frankfurt am Main, New York 1997.
Litt, Theodor: Technisches Denken und menschliche Bildung. Quelle & Meyer: Heidelberg 1957.
Löbl, Rudolf: TEXNH – Techne. Untersuchungen zur Bedeutung dieses Wortes in der Zeit von Homer bis Aristoteles. Band I: Von Homer bis zu den Sophisten. Königshausen & Neumann: Würzburg 1997.
Löbl, Rudolf: TEXNH – Techne. Untersuchungen zur Bedeutung dieses Wortes in der Zeit von Homer bis Aristoteles. Band II: Von den Sophisten bis Aristoteles. Königshausen & Neumann: Würzburg 2003.
Löw, Reinhard: Philosophie des Lebendigen. Der Begriff des Organischen bei Kant, sein Grund und seine Aktualität. Suhrkamp: Frankfurt am Main 1980.
Löwith, Karl: Natur und Humanität des Menschen. In: Klaus Ziegler (Hg.): Wesen und Wirklichkeit des Menschen. Festschrift für Helmuth Plessner. Vandenhoeck und Ruprecht: Göttingen 1957, S. 259–294.
Löwith, Karl: Vicos Grundsatz: verum et factum convertuntur. In: Aufsätze und Vorträge 1930–1970. Kohlhammer: Stuttgart u. a. 1971, S. 157–188.
Luckner, Andreas/Hubig, Christoph: Natur, Kultur und Technik als Reflexionsbegriffe. In: Peter Janich (Hg.): Naturalismus und Menschenbild. Meiner: Hamburg 2008, S. 52–66.
Luckner, Andreas: Wie man über den Hammer philosophiert. Technik beim frühen Heidegger. In: Wolfram Hogrebe (Hg.): Grenzen und Grenzüberschreitungen. Sektionsbeiträge. XIX. Deutscher Kongreß für Philosophie. Sinclair Press 2002, S. 873–883.
Luckner, Andreas: Heidegger und das Denken der Technik. Transcript: Bielefeld 2008.
Lübbe, Hermann: Religion nach der Aufklärung. Fink: München 2004.
Lukrez: De rerum natura/Welt aus Atomen. Reclam: Stuttgart 1973.
Mach, Ernst: Die Mechanik in ihrer Entwicklung. Historisch-kritisch dargestellt, hg. von Renate Wahsner und Horst-Heino von Borzeszkowski. Akademie: Berlin 1988.
Maio, Giovanni: Medizin und Menschenbild. Eine Kritik anthropologischer Leitbilder der modernen Medizin. In: Giovanni Maio, Jens Clausen und Oliver Müller (Hg.): Mensch ohne Maß? Reichweite und Grenzen anthropologischer Argumente in der biomedizinischen Ethik. Alber: Freiburg 2008, S. 215–229.

Maio, Giovanni: Abschaffung des Schicksals? Zum impliziten Versprechen einer Medizin ohne Maß. In: Stimmen der Zeit 12 (2010), S. 807–816.

Maio, Giovanni (Hg.): Abschaffung des Schicksals? Menschsein zwischen medizinisch-technischer Gestaltbarkeit und Gegebenheit des Lebens. Herder: Freiburg 2011.

Manzei, Alexandra: Körper – Technik – Grenzen. Kritische Anthropologie am Beispiel der Transplantationsmedizin. LIT: Münster 2003.

Marcuse, Herbert: Der eindimensionale Mensch. Studien zur Ideologie der fortgeschrittenen Industriegesellschaft. In: Schriften, Bd. 7. Zu Klampen: Springe 2004.

Marcuse, Herbert: Industrialisierung und Kapitalismus im Werk Max Webers. In: Schriften, Bd. 8, S. 79–99.

Marquard, Odo: Menschliche Endlichkeit I & II. In: Odo Marquard, Hans-Georg Gadamer, Hans Michael Baumgartner und Walter Ch. Zimmerli (Hg.): Menschliche Endlichkeit und Kompensation. Bamberger Hegelwochen '94. Fränkischer Tag: Bamberg 1995, S. 19–48.

Marquard, Odo: Ende des Schicksals? Einige Bemerkungen über die Unvermeidlichkeit des Unverfügbaren. In: Abschied vom Prinzipiellen. Reclam: Stuttgart 1995, S. 67–90.

Marx, Karl: Über die Differenz der demokritischen und epikureischen Naturphilosophie. In: Frühe Schriften, Bd. 1, hg. von Hans-Joachim Lieber und Peter Furth. Klett-Cotta: Stuttgart 1962, S. 18–106.

Marx, Karl: Das Kapital. Kritik der politischen Ökonomie, Bd. 1. In: Marx-Engels-Gesamtausgabe, Bd. 23. Dietz: Berlin 1974.

Marx, Karl: Ökonomisch-Philosophische Manuskripte (1844). In: Die Frühschriften, hg. von Siegried Landshut. Kröner: Stuttgart 2004, S. 292–378.

McDowell, John: Geist und Welt. Suhrkamp: Frankfurt am Main 2001.

McDowell, John: Wert und Wirklichkeit. Aufsätze zur Moralphilosophie. Suhrkamp: Frankfurt am Main 2002.

Merker, Barbara: Selbsttäuschung und Selbsterkenntnis. Zu Heideggers Transformation der Phänomenologie Husserls. Suhrkamp: Frankfurt am Main 1988.

Merleau-Ponty, Maurice: Phänomenologie der Wahrnehmung. De Gruyter: Berlin, New York 1965.

Meyer-Drawe, Käte: Menschen im Spiegel ihrer Maschinen. Fink: München 1996.

Meyer-Drawe, Käte: ‚Lebendige Rechenbanken' – ‚automatische Nachkommen'. Notizen zu einer Phänomenologie der Technik. In: Julia Jonas und Karl-Heinz Lembeck (Hg.): Mensch – Leben – Technik. Aktuelle Beiträge zur phänomenologischen Anthropologie. Königshausen und Neumann: Würzburg 2006, S. 185–201.

Mittelstraß, Jürgen: Leonardo-Welt. Über Wissenschaft, Forschung und Verantwortung. Suhrkamp: Frankfurt am Main 1992.

Morat, Daniel: Von der Tat zur Gelassenheit. Konservatives Denken bei Martin Heidegger, Ernst Jünger und Friedrich Georg Jünger 1920–1960. Wallstein: Göttingen 2007.

Müller, Oliver: Sorge um die Vernunft. Hans Blumenbergs phänomenologische Anthropologie. Mentis: Paderborn 2005.

Müller, Oliver: Natur und Technik als falsche Antithese. Die Technikphilosophie Hans Blumenbergs und die Struktur der Technisierung. In: Philosophisches Jahrbuch 115 (2008), S. 99–124.

Müller, Oliver: Wie die Gefangenen in Platons Höhle. Ernst Cassirer und Kurt Goldstein: Die Psychopathologie in der philosophisch-anthropologischen Grundlegung. In: Kai Vogeley,

Thomas Fuchs und Martin Heinze (Hg.): Psyche zwischen Natur und Kultur. Parodos: Lengerich, Berlin 2008, S. 105–120.
Müller, Oliver: Der Mensch zwischen Selbstgestaltung und Selbstbescheidung. Zu den Möglichkeiten und Grenzen anthropologischer Argumente in der Debatte um das Neuroenhancement. In: Jens Clausen, Oliver Müller und Giovanni Maio (Hg.): Die „Natur des Menschen“ in Neurowissenschaft und Neuroethik. Königshausen und Neumann: Würzburg 2008, S. 185–209.
Müller, Oliver/Heilinger, Jan-Christoph: Zehn Thesen zur „Natur des Menschen“. Grundriss einer Anthropologie. In: Detlev Ganten, Volker Gerhardt, Jan-Christoph Heilinger und Julian Nida-Rümelin (Hg.): Was ist der Mensch? [Humanprojekt 3]. De Gruyter: Berlin 2008, S. 190–196.
Müller, Oliver: Technik als Methode des Lebens. Eine Überlegung mit Ernst Cassirer. In: Simon Springmann und Asmus Trautsch (Hg.): Was ist Leben? Festgabe für Volker Gerhardt zum 65. Geburtstag. Duncker & Humblot: Berlin 2009, S. 209–211.
Müller, Oliver/Pauly, Frank: Ecce Cyborg. In: Das Magazin der Kulturstiftung des Bundes, Nr. 13 (2009), S. 32–33.
Müller, Oliver/Clausen, Jens/Maio, Giovanni (Hg.): Das technisierte Gehirn. Neurotechnologien als Herausforderung für Ethik und Anthropologie. Mentis: Paderborn 2009.
Müller, Oliver/Clausen, Jens/Maio, Giovanni: Der technische Zugriff auf das Gehirn. Methoden – Herausforderungen – Reflexionen. In: Oliver Müller, Jens Clausen und Giovanni Maio (Hg.): Das technisierte Gehirn. Neurotechnologien als Herausforderung für Ethik und Anthropologie. Mentis: Paderborn 2009, S. 11–19.
Müller, Oliver/Bozzaro, Claudia: Endlichkeit und Technisierung. Philosophische und anthropologische Überlegungen zur Veränderung von Zeiterfahrungen und zum angemessenen Umgang damit am Beispiel der Anti-Aging-Medizin. In: Markus Höfner, Stephan Schaede und Günter Thomas (Hg.): Endliches Leben. Interdisziplinäre Zugänge zum Phänomen der Krankheit. Mohr Siebeck: Tübingen 2010, S. 93–112.
Müller, Oliver: Zwischen Mensch und Maschine. Vom Glück und Unglück des Homo faber. Suhrkamp: Berlin 2010.
Müller, Oliver: Wie die Bahn zweier Sterne im Gang der Gestirne. Das Verhältnis von Schicksal und Technik bei Martin Heidegger. In: Giovanni Maio (Hg.): Abschaffung des Schicksals? Menschsein zwischen Gegebenheit des Lebens und medizinisch-technischer Gestaltbarkeit. Herder: Freiburg 2011, S. 119–143.
Müller, Oliver: Die „Natur des Menschen“ und ihre medizintechnische Verbesserung. Ethische Überlegungen. In: Peter Kunzmann und Sabine Odparlik (Hg.): Gentechnik – Pflanzen, Tiere und das Humane. Königshausen und Neumann: Würzburg 2011, S. 87–100.
Müller, Oliver: Gibt es unantastbare Grenzen auf dem Weg zur Selbstverbesserung? Ethische Überlegungen zum „Enhancement“. In: Monika C. M. Müller, Gerald Hartung und Stephan Schaede (Hg.): Sind wir gut genug? Zur (Selbst-)Optimierung und Vervollkommnung des Menschen (Loccumer Protokolle 60/10). Rehberg-Loccum 2011, S. 49–61.
Müller, Oliver: Selbstsein durch Technik. Ernst Cassirers Philosophie der Technik als Beitrag zur Praxis von Individualität. In: Wilhelm Gräb und Lars Charbonnier (Hg.): Individualität. Genese und Konzeption einer Leitkategorie humaner Selbstdeutung. Berlin University Press: Berlin 2012, S. 230–264.
Müller, Oliver: Blumenberg liest eine Fußnote von Marx. Zur Methodik einer „kritischen Geschichte der Technologie“. In: Cornelius Borck (Hg.): Hans Blumenberg beobachtet Wissenschaft, Technik und Philosophie. Alber: Freiburg 2013, S. 50–66.

Musil, Robert: Der Mann ohne Eigenschaften. Rowohlt: Reinbek 1983.
Musil, Robert: Tagebücher, hg. von Adolf Frisé. Rowohlt: Reinbek 1983.
Mulsow, Martin/Stamm, Marcelo (Hg.): Konstellationsforschung. Suhrkamp: Frankfurt am Main 2005.
Neurath, Otto: Prinzipielles zur Geschichte der Optik. In: Archiv für die Geschichte der Naturwissenschaften und der Technik 5 (1915), S. 371–389.
Nietzsche, Friedrich: Menschliches, Allzumenschliches. In: Kritische Studienausgabe, Bd. 2, hg. von Giorgio Colli und Mazzino Montinari. Deutscher Taschenbuch Verlag: München 1999.
Nietzsche, Friedrich: Jenseits von Gut und Böse. Vorspiel einer Philosophie der Zukunft. In: Kritische Studienausgabe, Bd. 5, S. 9–243.
Nietzsche, Friedrich: Zur Genealogie der Moral. Eine Streitschrift. In: Kritische Studienausgabe, Bd. 5, S. 245–412.
Nietzsche, Friedrich: Der Antichrist. In: Kritische Studienausgabe, Bd. 6, S. 165–254.
Nietzsche, Friedrich: Nachgelassene Fragmente aus dem Jahr 1884–85. In: Kritische Studienausgabe, Bd. 11.
Nietzsche, Friedrich: Nachgelassene Fragmente aus dem Jahr 1885–87. In: Kritische Studienausgabe, Bd. 12.
Nordmann, Alfred: Technikphilosophie zur Einführung. Junius: Hamburg 2008.
Nussbaum, Martha: Nicht-relative Tugenden. Ein aristotelischer Ansatz. In: Gerechtigkeit oder das gute Leben. Suhrkamp: Frankfurt am Main 1999, S. 227–264.
Nussbaum Martha: Die Grenzen der Gerechtigkeit. Behinderung, Nationalität und Spezieszugehörigkeit. Suhrkamp: Berlin 2010.
Oesterreich, Peter L.: Richten. In: Ralf Konersmann (Hg.): Wörterbuch der philosophischen Metaphern. Wissenschaftliche Buchgesellschaft: Darmstadt 2007, S. 311–321.
Orland, Barbara: Wo hören Körper auf und fängt Technik an? Historische Anmerkungen zu posthumanistischen Problemen. In: Barbara Orland (Hg.): Artifizielle Körper – Lebendige Technik. Technische Modellierungen des Körpers in historischer Perspektive. Chronos: Zürich 2005, S. 9–42.
Ortega y Gasset, José: Betrachtungen über die Technik. In: Gesammelte Werke, Bd. 4. Deutsche Verlags-Anstalt: Stuttgart 1949, S. 7–69.
Ortega y Gasset, José: Der Aufstand der Massen. Rowohlt: Reinbek 1956.
Orth, Ernst Wolfgang: Einheit und Vielheit der Kulturen in der Sicht Edmund Husserls und Ernst Cassirers. In: Christoph Jamme und Otto Pöggeler (Hg.): Phänomenologie im Widerstreit. Zum 50. Todestag Edmund Husserls. Suhrkamp: Frankfurt am Main 1989, S. 332–351.
Orth, Ernst Wolfgang: Zum Begriff der Technik bei Ernst Cassirer und Martin Heidegger. In: Von der Erkenntnistheorie zur Kulturphilosophie. Studien zu Ernst Cassirers Philosophie der symbolischen Formen. Königshausen und Neumann: Würzburg 1996, S. 278–300.
Osten, Manfred: Homunculus. Die künstliche Optimierung des Menschen und der Verlust der Gedächtniskultur. In: Blätter des Deutschen Theaters 3 (2006), S. 71–79.
Osterhammel, Jürgen: Die Verwandlung der Welt. Eine Geschichte des 19. Jahrhunderts. Beck: München 2009.
Parens, Erik (Hg.): Enhancing human traits. Ethical and social Implications. Georgetown University Press: Washington D.C. 1998.
Parens, Erik: Creativity, gratitude, and the enhancement debate. In: Judy Illes (Hg.): Neuroethics. Defining the issues in theory, practice, and policy. Oxford University Press: Oxford 2006, S. 75–86.

Pico della Mirandola, Giovanni: De hominis dignitate/Über die Würde des Menschen. Reclam: Stuttgart 2009.
Pieper, Annemarie: Technik und Humanität. Zur Frage nach dem Ethos des homo faber. In: Philosophisches Jahrbuch 90 (1983), S. 320–334.
Pinzani, Alessandro: Jürgen Habermas. Beck: München 2007.
Platon: Protagoras. In: Werke, Bd. 1, hg. von Gunther Eigler. Wissenschaftliche Buchgesellschaft: Darmstadt 1970.
Platon: Gorgias. In: Werke, Bd. 2.
Platon: Apologie. In: Werke, Bd. 2.
Platon: Menon. In: Werke, Bd. 2.
Platon: Kratylos. In: Werke, Bd. 3.
Platon: Politeia. In: Werke, Bd. 4.
Platon: Sophistes. In: Werke, Bd. 6.
Platon: Timaios. In: Werke, Bd. 7.
Pleger, Wolfgang H.: Heideggers Kritik der neuzeitlichen Wissenschschaft und Technik. In: Zeitschrift für philosophische Forschung 43 (1989), S. 641–655.
Plessner, Helmuth: Die Stufen des Organischen und der Mensch. Einleitung in die philosophische Anthropologie. De Gruyter: Berlin, New York 1975.
Plessner, Helmuth: Conditio Humana. In: Gesammelte Schriften, Bd. 8, hg. von Günter Dux, Odo Marquard und Elisabeth Ströker. Suhrkamp: Frankfurt am Main 1983.
Plessner, Helmuth: Die Utopie in der Maschine. In: Gesammelte Schriften, Bd. 10, hg. von Günter Dux, Odo Marquard und Elisabeth Ströker. Suhrkamp: Frankfurt am Main 1985, S. 31–40.
President's Council on Bioethics: Beyond Therapy. Biotechnology and the Pursuit of Happiness. Government Printing Office: Washington 2003.
Quante, Michael: Ein stereoskopischer Blick? Lebenswissenschaften, Philosophie des Geistes und der Begriff der Natur. In: Dieter Sturma (Hg.): Philosophie und Neurowissenschaften. Suhrkamp: Frankfurt am Main 2006, S. 124–145.
Quante, Michael: Zurück zur verzauberten Natur – ohne konstruktive Philosophie? McDowells Naturbegriff in „Mind and World". In: Deutsche Zeitschrift für Philosophie 48 (2000), S. 953–965.
Rapp, Friedrich: Analytische Technikphilosophie. Alber: Freiburg, München 1978.
Rathenau, Walter: Zur Mechanik des Geistes. Fischer: Berlin 1913.
Recki, Birgit: Kultur als Praxis. Eine Einführung in Ernst Cassirers Philosophie der symbolischen Formen [Deutsche Zeitschrift für Philosophie, Sonderband 6]. Akademie Verlag: Berlin 2004.
Recki, Birgit: Auch eine Rehabilitierung der intstrumentellen Vernunft. In: Michael Moxter (Hg.): Erinnerung an das Humane. Beiträge zur phänomenologischen Anthropologie Hans Blumenbergs. Mohr Siebeck: Tübingen 2011, S. 39–61.
Remmele, Bernd: Maschine. In: Ralf Konersmann (Hg.): Wörterbuch der philosophischen Metaphern. Wissenschaftliche Buchgesellschaft: Darmstadt 2007, S. 224–236.
Rentsch, Thomas: Martin Heidegger – Das Sein und der Tod. Eine kritische Einführung. Piper: München 1989.
Rentsch, Thomas: Die Konstitution der Moralität. Transzendentale Anthropologie und praktische Philosophie. Suhrkamp: Frankfurt am Main 1999.
Rheinberger, Hans-Jörg: Historische Epistemologie zur Einführung. Hamburg 2007.
Ricoeur, Paul: Die Interpretation. Ein Versuch über Freud. Suhrkamp: Frankfurt am Main 1974.

Ricoeur, Paul: Das Selbst als ein Anderer. Fink: München 1996.
Ricoeur, Paul: Wege der Anerkennung. Erkennen, Wiedererkennen, Anerkanntsein. Suhrkamp: Frankfurt am Main 2006.
Riis, Sören: Zur Neubestimmung der Technik. Eine Auseinandersetzung mit Martin Heidegger. Francke: Tübingen 2011.
Rohbeck, Johannes: Technologische Urteilskraft. Zu einer Ethik technischen Handelns. Suhrkamp: Frankfurt am Main 1993.
Rohbeck, Johannes: Technik und symbolische Form bei Cassirer. In: Peter A. Schmidt und Simone Zurbuchen (Hg.): Grenzen der kritischen Vernunft. Helmut Holzhey zum 60. Geburtstag. Schwabe: Basel 1997, S. 197–212.
Rohkrämer, Thomas: Eine andere Moderne? Zivilisationskritik, Natur und Technik in Deutschland 1880–1933. Schöningh: Paderborn 1999.
Rosa, Hartmut: Identität und kulturelle Praxis. Politische Philosophie nach Charles Taylor. Campus: Frankfurt am Main 1998.
Rosa, Hartmut: Beschleunigung. Die Veränderung der Zeitstrukturen in der Moderne. Suhrkamp: Frankfurt am Main 2005.
Rosales-Rodríguez, Amán: Die Technikdeutung Martin Heideggers in ihrer systematischen Entwicklung und philosophischen Aufnahme. projekt verlag: Dortmund 1994.
Sachsse, Hans: Anthropologie der Technik. Ein Beitrag zur Stellung des Menschen in der Welt. Vieweg: Braunschweig 1978.
Sakkas, Konstantin: Was heißt Weltlosigkeit? Der Begriff bei Hannah Arendt und seine Bedeutung. [Dissertationsprojekt an der Technischen Universität Braunschweig].
Sandel, Michael J.: Plädoyer gegen die Perfektion. Ethik im Zeitalter der genetischen Technik. Berlin University Press: Berlin 2008.
Sartre, Jean-Paul: Das Sein und das Nichts. Versuch einer phänomenologischen Ontologie. Rowohlt: Reinbek 1993.
Sartre, Jean-Paul: Entwürfe für eine Moralphilosophie. Rowohlt: Reinbek 2005.
Schapp, Wilhelm: In Geschichten verstrickt. Zum Sein von Mensch und Ding. Klostermann: Frankfurt am Main 1985.
Scheler, Max: Der Formalismus in der Ethik und materiale Wertethik. Neuer Versuch der Grundlegung eines ethischen Personalismus. In: Gesammelte Werke, Bd. 2, hg. von Maria Schler und Manfred S. Krings. Francke: Bern 1954.
Scheler, Max: Zur Idee des Menschen. In: Vom Umsturz der Werte. Gesammelte Werke, Bd. 3, S. 171–195.
Scheler, Max: Die Stellung des Menschen im Kosmos. In: Gesammelte Werke, Bd. 9, S. 7–71.
Schelsky, Helmut: Der Mensch in der wissenschaftlichen Zivilisation. [Arbeitsgemeinschaft für Forschung des Landes Nordrhein-Westfalen, Geisteswissenschaften Heft 96]. Opladen: Köln 1961.
Schiller, Friedrich: Naive und sentimentalische Dichtung. In: Schillers Werke, Bd. 20 [Nationalausgabe]. Böhlau: Weimar 1962.
Schiller, Friedrich: Über die ästhetische Erziehung des Menschen in einer Reihe von Briefen. Reclam: Stuttgart 1965.
Schirmacher, Wolfgang: Technik und Gelassenheit. Zeitkritik nach Heidegger. Fermenta philosophica. Alber: Freiburg, München 1983.
Schirrmacher, Frank: Payback. Warum wir im Informationszeitalter gezwungen sind zu tun, was wir nicht wollen, und wie wir die Kontrolle über unser Denken zurückgewinnen. Karl Blessing: München 2009.

Schmid Noerr, Gunzelin: Technik und Technikkritik im Denken Max Horkheimers. In: Gernot Böhme und Alexandra Manzei (Hg.): Kritische Theorie der Technik und der Natur. Fink: München 2003, S. 55–67.

Schöne-Seifert, Bettina/Talbot, Davinia/Opolka, Uwe/Ach, Johann S. (Hg.): Neuro-Enhancement. Ethik vor neuen Herausforderungen. Mentis: Paderborn 2009.

Schulz, Walter: Grundprobleme der Ethik. Neske: Pfullingen 1989.

Schummer, Joachim: Das Gotteshandwerk. Die künstliche Herstellung von Leben im Labor. Suhrkamp: Berlin 2011.

Schwartländer, Johannes: Der Mensch ist Person. Kants Lehre vom Menschen. Kohlhammer: Stuttgart 1968.

Schwemmer, Oswald: Die kulturelle Existenz des Menschen. Akademie-Verlag: Berlin 1997.

Schwemmer, Oswald: Ernst Cassirer. Ein Philosoph der europäischen Moderne. Akademie-Verlag: Berlin 1997.

Schwemmer, Oswald: Mittel und Werkzeug. Cassirers Philosophie der Technik und Hegels Reflexion auf die Teleologie im Vergleich. In: Rüdiger Bubner und Walter Mersch (Hg.): Die Weltgeschichte – das Weltgericht? Stuttgarter Hegelkongress 1999. Klett-Cotta: Stuttgart 2001.

Sennett, Richard: Handwerk. Berlin Verlag: Berlin 2008.

Seubold, Günter: Heideggers Analyse der neuzeitlichen Technik. Alber: Freiburg 1986.

Seubold, Günter: Der idealische Körper. Philosophische Reflexionen über die Machtergreifung der Körpertechnologien. DenkMal: Alfter 2008.

Severino, Emanuele: Vom Wesen des Nihilismus. Klett-Cotta: Stuttgart 1983.

Severino, Emanuele: Il nulla e la poesia. Alla fine dell'età della tecnica: Leopardi. Rizzoli: Milano 2005.

Severino, Emanuele: Gli abitatori des tempo. La struttura dell'Occidente e il nichilismo. Rizzoli: Milano 2009.

Severino, Emanuele: Il destino della tecnica. Rizzoli: Milano 2009.

Siep, Ludwig: Der Begriff der Person als Grundlage der biomedizinischen Ethik. Zwei Traditionslinien. In: Dieter Sturma (Hg.): Person. Philosophiegeschichte – Theoretische Philosophie – Praktische Philosophie. Mentis: Paderborn 2001, S. 445–460.

Siep, Ludwig: Konkrete Ethik. Grundlagen der Natur- und Kulturethik. Suhrkamp: Frankfurt am Main 2004.

Siep, Ludwig: Die biotechnische Neuerfindung des Menschen. In: Johann S. Ach und Arnd Pollmann (Hg.): no body is perfect. Baumaßnahmen am menschlichen Körper – bioethische und ästhetische Aufrisse. Transcript: Bielefeld 2006, S. 21–42.

Simmel, Georg: Philosophie des Geldes. In: Gesamtausgabe Bd. 6, hg. von David P. Frisby und Klaus Christian Köhnke. Suhrkamp: Frankfurt am Main 1989.

Simmel, Georg: Der Begriff und die Tragödie der Kultur. In: Philosophische Kultur. Über das Abenteuer, die Geschlechter und die Krise der Moderne. Wagenbach: Berlin 1998, S. 195–219.

Sloterdijk, Peter: Regeln für den Menschenpark. Ein Antwortschreiben zu Heideggers Brief über den Humanismus. Suhrkamp: Frankfurt am Main 1999.

Sloterdijk, Peter: Du mußt dein Leben ändern. Über Anthropotechnik. Suhrkamp: Frankfurt am Main 2009.

Snell, Bruno: Die Ausdrücke für den Begriff des Wissens in der vorplatonischen Philosophie. Sophiá, gnóme, synesis, historía, máthema, epsitéme. Weidmannsche Buchhandlung: Berlin 1924.

Snell, Bruno: Die Entdeckung des Geistes. Studien zur Entstehung des europäischen Denkens bei den Griechen. Claassen & Goverts: Hamburg 1948.

Sonnemann, Ulrich: Negative Anthropologie. Vorstudien zur Sabotage des Schicksals. Rowohlt: Reinbek 1969.

Spengler, Oswald: Der Untergang des Abendlandes. Umrisse einer Morphologie der Weltgeschichte. Erster Band: Gestalt und Wirklichkeit. Beck: München 1923.

Spengler, Oswald: Der Untergang des Abendlandes. Umrisse einer Morphologie der Weltgeschichte. Zweiter Band: Welthistorische Perspektiven. Beck: München 1923.

Spengler, Oswald: Der Mensch und die Technik. Beitrag zu einer Philosophie des Lebens. Beck: München 1931.

Steinfath, Holmer: Orientierung am Guten. Praktische Überlegungen und die Konstitution von Personen. Suhrkamp: Frankfurt am Main 2001.

Stiegler, Bernard: Die Logik der Sorge. Verlust der Aufklärung durch Technik und Medien. Suhrkamp: Frankfurt am Main 2008.

Stiegler, Bernard: Technik und Zeit 1. Der Fehler des Epimetheus. Diaphanes: Zürich, Berlin 2009.

Stierle, Karlheinz: Was heißt Moralistik? In: Rudolf Behrens und Maria Moog-Grünewald (Hg.): Moralistik. Explorationen und Perspektiven. Fink: München 2010, S. 1–22.

Strack, Friedrich (Hg.): Titan Technik. Ernst und Friedrich Georg Jünger über das technische Zeitalter. Königshausen und Neumann: Würzburg 2000.

Sturma, Dieter: Philosophie der Person. Die Selbstverhältnisse von Subjektivität und Moralität. Schöningh: Paderborn 1997.

Sturma, Dieter (Hg.): Person. Philosophiegeschichte – Theoretische Philosophie – Praktische Philosophie. Mentis: Paderborn 2001.

Taylor, Charles: Erklärung und Interpretation in den Wissenschaften vom Menschen. Aufsätze. Suhrkamp: Frankfurt am Main 1975.

Taylor, Charles: Hegel. Suhrkamp: Frankfurt am Main 1978.

Taylor, Charles: Was ist menschliches Handeln? In: Negative Freiheit? Zur Kritik des neuzeitlichen Individualismus. Suhrkamp: Frankfurt am Main 1992, S. 9–51.

Taylor, Charles: Quellen des Selbst. Die Entstehung der neuzeitlichen Identität. Suhrkamp: Frankfurt am Main 1994.

Taylor, Charles: Das Unbehagen an der Moderne. Suhrkamp: Frankfurt am Main 1995.

Taylor, Frederick Winslow: Die Grundsätze wissenschaftlicher Betriebsführung, hg. von Walter Volpert. Beltz: Weinheim, Basel 1977.

Theunissen, Michael: Negative Theologie der Zeit. Suhrkamp: Frankfurt am Main 1991.

Theunissen, Michael: Schicksal in Antike und Moderne. Fink: München 2004.

Thomä, Dieter (Hg.): Heidegger-Handbuch. Leben – Werk – Wirkung. Metzler: Stuttgart, Weimar 2003.

Thomä, Dieter: Erzähle dich selbst. Lebensgeschichte als philosophisches Problem. Suhrkamp: Frankfurt am Main 2007.

Thomä, Dieter: Verlorene Passion, wiedergefundene Passion. Arendts Anthropologie und Adornos Theorie des Subjekts. In: Deutsche Zeitschrift für Philosophie 55 (2007), S. 627–647.

Tugendhat, Ernst: Egozentrizität und Mystik. Eine anthropologische Studie. Beck: München 2003.

Tugendhat, Ernst: Anthropologie statt Metaphysik. Beck: München 2007.

Van den Daele, Wolfgang: Die Natürlichkeit des Menschen als Kriterium und Schranke technischer Innovation. In: WechselWirkung. Der künstliche Mensch 21, Nr. 103/104 (2000), S. 24–31.
Vietta, Silvio: Heideggers Kritik am Nationalsozialismus und an der Technik. Niemeyer: Tübingen 1989.
Vogl, Joseph: Über das Zaudern. Diaphanes: Zürich, Berlin 2008.
Volpi, Franco: Der Bezug zu Platon und Aristoteles in Heideggers Fundamentalverständnis der Technik. In: Walter Biemel und Friedrich-Wilhelm von Herrmann (Hg.): Kunst und Technik. Gedächtnisschrift zum 100. Geburtstag von Martin Heidegger. Klostermann: Frankfurt am Main 1989, S. 67–91.
Volpi, Franco: Der Status der existenzialen Analytik. In: Thomas Rentsch (Hg.): Martin Heidegger. Sein und Zeit. Akademie-Verlag: Berlin 2007, S. 29–50.
Volpi, Franco: Il Nichilismo. Laterza: Roma 2009.
Waack-Erdmann, Katharina: Die Demiurgen bei Platon und ihre Technai. Wissenschaftliche Buchgesellschaft: Darmstadt 2006.
Waldenfels, Bernhard: Der Stachel des Fremden. Suhrkamp: Frankfurt am Main 1990.
Waldenfels, Bernhard: Das leibliche Selbst. Vorlesungen zur Phänomenologie des Leibes, hg. von Regula Giuliani. Suhrkamp: Frankfurt am Main 2000.
Waldenfels, Bernhard: Bruchlinien der Erfahrung. Suhrkamp: Frankfurt am Main 2002.
Warburg, Aby: Luftschiff und Tauchboot in der mittelalterlichen Vorstellungswelt. In: Martin Treml, Sigrid Weigel und Perdita Ladwig (Hg.): Werke in einem Band. Suhrkamp: Berlin 2010, S. 415–423.
Weber, Max: Die protestantische Ethik und der Geist des Kapitalismus. Vollständige Ausgabe, hg. von Dirk Kaesler. Beck: München 2004.
Weinrich, Harald: Knappe Zeit. Kunst und Ökonomie des befristeten Lebens. Beck: München 2004.
Wenzel, Uwe Justus: Anthroponomie. Kants Archäologie der Autonomie. Akademie: Berlin 1992.
Wieland, Wolfgang: Platon und die Formen des Wissens. Vandenhoek & Ruprecht: Göttingen 1982.
Wieland, Wolfgang: Strukturwandel der Medizin und ärztliche Ethik. Philosophische Überlegungen zu Grundfragen einer praktischen Wissenschaft. Carl Winter: Heidelberg 1986.
Wiesing, Urban: Zur Geschichte der Verbesserung des Menschen. Von der restitutio ad integrum zur transformatio ad optimum? In: Zeitschrift für medizinische Ethik 52 (2006), S. 323–338.
Zill, Rüdiger: Erstes Fazit. Hans Blumenbergs früher Vortrag über Technik und Wahrheit. In: Zeitschrift für Kulturphilosophie 1 (2008), S. 145–149.
Zoglauer, Thomas (Hg.): Technikphilosophie. Alber: Freiburg 2002.
Zweig, Stefan: Die Monotonisierung der Welt. In: Das Stefan Zweig Buch. Fischer: Frankfurt am Main 1981, S. 240–246.

Namenregister

Sachregister

Kolibri 360 GmbH
Ferdinand-Jühlke-Straße 7
99095 Erfurt, Deutschland
produktsicherheit@kolibri360.de